“中央高校基本科研业务费专项资金资助”

项目号：ZB21BZ0109

机器证明的逻辑推定

李 娜 著

科 学 出 版 社

北 京

内 容 简 介

逻辑定理的机器证明是人工智能领域人们最早从事研究的课题。本书从逻辑定理的人工证明和机器证明两方面来展现逻辑定理证明的艺术，而机器证明又从定理的自动证明和计算机辅助证明两个方面来展现。本书首先用作者构造的命题演算系统 FPC 和狭谓词演算系统 FQC 完成常用逻辑定理的人工证明(一种自然推理证明)。其次，用逻辑定理的机器证明工具 TPG(Tree Proof Generator)实现逻辑定理的自动证明(一种树证明)。最后，用交互式定理机器证明工具 Fitch 实现了逻辑定理的计算机证明(一种自然推理证明)。

本书可作为哲学、逻辑学、数学、语言学等相关专业学生学习逻辑学的参考书，也可为人工智能相关研究者提供参考。

图书在版编目(CIP)数据

机器证明的逻辑推定 / 李娜著. —北京：科学出版社，2023.6

ISBN 978-7-03-075624-4

Ⅰ.①机… Ⅱ.①李… Ⅲ.①逻辑推理-机器证明 Ⅳ.①O141

中国国家版本馆 CIP 数据核字(2023)第 094101 号

责任编辑：胡庆家　范培培 / 责任校对：彭珍珍

责任印制：吴兆东 / 封面设计：无极书装

科学出版社 出版

北京东黄城根北街 16 号

邮政编码：100717

http://www.sciencep.com

北京中石油彩色印刷有限责任公司 印刷

科学出版社发行　各地新华书店经销

*

2023 年 6 月第　一　版　开本：720 × 1000　B5

2024 年 1 月第二次印刷　印张：16 1/2

字数：330 000

定价：128.00 元

(如有印装质量问题，我社负责调换)

前　言

在南开大学实验室设备处的支持下，2007 年，我主持建立了“逻辑推理实验室”(模式：局域网+多媒体)；2015 年，在津南新校区又进一步升级重建了“逻辑推理实验室”(模式：同前)。实验室建成后，2008 年，南开大学哲学院即在逻辑学专业本科生、研究生中开设了“实验逻辑学”课程，将世界著名逻辑学家巴维斯(J. Barwise)等的 *Language Proof and Logic* 一书所附的用于数理逻辑学习的计算机程序软件 LPL(包含三个子程序：Fitch、Boole 和 Tarski's World)引入“实验逻辑学”课程的教学中。2019 年，我完成了“实验逻辑学”慕课建设(智慧树平台)；2022 年上线国家高等教育智慧教育平台。2020 年，“实验逻辑学”课程被教育部首批认定为“国家级一流本科课程”。在这之后，我又响应教育部关于开展虚拟教研室试点建设工作的号召，依托国家级一流课程“实验逻辑学”和南开大学哲学院逻辑教研室，并联合国内中、西部和东北部 9 所高校 20 名教师申报了虚拟“逻辑推理教研室”。2022 年获批教育部“逻辑推理课程虚拟教研室”(课程(群)教学类)建设项目。因此，以我为主的南开大学哲学院逻辑教研室的教师目前正在做“实验逻辑学”课程的推广工作。

本书从人工证明和机器证明两个方面展现经典逻辑系统定理证明的艺术。其中，人工证明是我在 2006 年出版的《数理逻辑的思想与方法》(南开大学出版社)一书中构造的命题逻辑演算系统 FPC 和狭谓词逻辑演算系统 FQC 的基础上完成的；我将这些系统扩充后完成了逻辑定理的机器证明。逻辑定理的机器证明分别是从自动证明(用在线软件：Tree Proof Generator)和人机交互式证明(用 J. Barwise 等的 *Language Proof and Logic* 一书所附的计算机软件：Fitch)两个方面完成的。

为了使逻辑界的朋友们对逻辑定理的机器证明有更多、更详细的了解，也为了配合国家级一流本科课程“实验逻辑学”的教学，我写了这本书。但是，目前还有一些更好、更先进的交互式定理证明器，如 Coq 和 Isabelle。如果以后有机会，我还会出版更多这样的书。

李　娜

2022 年 6 月

目　录

第 1 章　逻辑演算系统 FPC 和 FQC

1.1　命题逻辑演算系统 FPC

命题逻辑演算系统 FPC 是一种自然推理系统，它包括两部分：系统 FPC 的形式语言和推理规则。

1.1.1　系统 FPC 的形式语言

自然推理系统 FPC 的形式语言(或者称命题语言)包括一个初始符号集(字母表)、形成规则和定义。

1.1.1.1　系统 FPC 的初始符号①

FPC 的字母表：

甲类：$p, q, r, s, p_1, q_1, r_1, s_1, p_2, \cdots$；

乙类：T, F；

丙类：$\neg, \vee$；

丁类：(,)。

系统 FPC 的形式语言记作$\mathcal{L}_0$，也可以记作

$$\mathcal{L}_0=\{T, F, \neg, \vee, (,), p, q, r, s, p_1, q_1, r_1, s_1, p_2, \cdots\}。$$

它包含可数无穷多个符号，不加解释时，我们只能从它们的外形和它们所占据的空间上去认知它们。从外形上，我们可以区别出“T”和“F”不同，“p”和“p_1”不同，以及“$\neg$”和“$\vee$”不同。经过解释，甲类符号$p, q, r, s, p_1, q_1, r_1, s_1, p_2, \cdots$表示命题变元；乙类符号$T$和$F$表示常元；丙类符号$\neg$和$\vee$表示真值联结词，其中，“$\neg$”是一元命题联结词并称它为否定词，“$\vee$”是二元命题联结词并称它为析取词；“(”和“)”是一对括号，分别表示左括号和右括号，它们在表达式中起标点的作用。由$\mathcal{L}_0$中任意有穷多个符号组成的符号串称为符号序列。如“p”和“$p\neg$”以及“$T\vee p$”等等都是符号序列。

---

① 李娜. 数理逻辑的思想与方法[M]. 2 版. 天津：南开大学出版社，2016：121-124.

1.1.1.2　系统 FPC 的形成规则

甲：任一甲类符号、任一乙类符号都是合式公式；

乙：如果符号序列X是一个合式公式，则$\neg X$也是一个合式公式；

丙：如果符号序列X和Y都是合式公式，则$(X\vee Y)$也是一个合式公式；

丁：只有适合以上三条的符号序列才是合式公式，简称为公式，记作 Wff。

在解释系统 FPC 的形成规则之前，我们先引进一些有关的符号并说明怎样使用它们。

(1) 小写的希腊字母π是一个语法变项，它的值是甲类符号中任一符号，如p, q等；

(2) 大写的拉丁字母X, Y, Z等是语法变项，它们的值是任一有穷符号序列，如$p\neg$, $\neg p$等；

(3) 小写的希腊字母α, β, γ等是语法变项，它们的值是任一合式公式，如$\neg p$, $(p\vee q)$等；

(4) $\vdash$是一个语法符号，它被写在一个合式公式之前，表示紧跟其后的合式公式是本系统要肯定的。

因此，形成规则甲规定了命题变元和常元都是公式，因为这类公式不能再分解，所以也称它们为原子公式。形成规则乙和丙最初都是由原子公式生成，后经逻辑联结词复合而成，因此，称它们为复合公式。根据公式的构成，乙类公式叫否定式，丙类公式叫析取式。因此，$\neg p$, $\neg\neg p$和$\neg(q\vee p)$都是否定式；$(\neg p\vee q)$和$(p\vee\neg q)$都是析取式。形成规则丁规定了哪些符号序列不是公式。由此，符号序列$s\neg$, $q\vee\neg$和$\vee p$都不是公式。另外，当X是一个公式时，我们也称联结词$\neg$是公式$\neg X$的主联结词；当X和Y都是公式时，我们也称联结词$\vee$是公式$(X\vee Y)$的主联结词。

1.1.1.3　系统 FPC 的定义

由于在 FPC 的初始符号中不包含逻辑联结词$\wedge$, $\rightarrow$和$\leftrightarrow$，为了使用的方便，下面我们将通过定义引入它们，这与将它们作为初始符号没有本质上的区别。

定义甲：$(\alpha\wedge\beta)\overset{\text{def}}{=}\neg(\neg\alpha\vee\neg\beta)$。

定义乙：$(\alpha\rightarrow\beta)\overset{\text{def}}{=}(\neg\alpha\vee\beta)$。

定义丙：$(\alpha\leftrightarrow\beta)\overset{\text{def}}{=}((\alpha\rightarrow\beta)\wedge(\beta\rightarrow\alpha))$。

有了定义甲、乙和丙以后，我们可以将$(\alpha\wedge\beta)$作为符号序列$\neg(\neg\alpha\vee\neg\beta)$的缩写来使用。同理，我们也可以将$(\alpha\rightarrow\beta)$和$(\alpha\leftrightarrow\beta)$分别作为$(\neg\alpha\vee\beta)$和

$((\alpha\to\beta)\wedge(\beta\to\alpha))$的缩写来使用。这样一来，我们在系统 FPC 中使用逻辑联结词符号$\wedge$, $\to$和$\leftrightarrow$就合理了。

1.1.1.4　约定

为了书写公式方便和简洁，对于一对括号的使用，我们有下面的约定。

(1) 最外层的一对括号可以省略；

(2) 对于连续出现的逻辑联结词$\neg$, $\vee$, $\wedge$, $\to$, $\leftrightarrow$，我们采用右结合的方法；

(3) 五个基本联结词的结合力以下列顺序递减：

$$\neg,\ \vee,\ \wedge,\ \to,\ \leftrightarrow。$$

如在$((\alpha\to\beta)\wedge(\beta\to\alpha))$中，由(1)我们可以将它简化为

$$(\alpha\to\beta)\wedge(\beta\to\alpha)。$$

而在$\alpha\to\beta\to\gamma$中，由(2)我们可以将它理解为

$$(\alpha\to(\beta\to\gamma))。$$

在$\alpha\to\neg\beta\vee\gamma$中，由(3)我们可以将它理解为

$$(\alpha\to(\neg\beta\vee\gamma))。$$

1.1.2　系统 FPC 的推理规则①

系统 FPC 是一个命题演算的自然推理系统。因此，它的推理是由引入假设、利用推理规则进行的。由于这种系统的形式推理规则、形式推理关系和形式证明能够比较直接、比较自然地反映推理过程，因此，它更接近于自然科学，特别是一般数学中的推理。

1.1.2.1　系统 FPC 的推理规则

系统 FPC 的推理规则分为两类：一类规则是结构规则，另一类规则是逻辑联结词规则。

1. 结构规则

(1) Hyp(假设引入规则)。

这条规则允许：根据需要可随时引入一个假设。

(2) Rep(重复规则)。

这条规则允许：在一个假设下出现的公式(包括假设)可以重复出现。

① 李娜. 数理逻辑的思想与方法[M].2 版. 天津：南开大学出版社，2016：133-136.

(3) Reit(重述规则)。

这条规则允许:在一个假设下出现的公式(包括假设)可在随后的假设下重复出现。

2. 逻辑联结词规则

(1)¬(¬规则)。

这条规则允许:如果在$\neg\alpha$的假设下,可以得到β和$\neg\beta$,则可以推出α。

(2)∨I(∨-引入规则)。

这条规则允许:从α可以推出$\alpha\vee\beta$;从α也可以推出$\beta\vee\alpha$。

(3)∨E(∨-消去规则)。

这条规则允许:从$\alpha\vee\beta$,$\alpha\rightarrow\gamma$和$\beta\rightarrow\gamma$可以推出γ。

(4)∧I(∧-引入规则)。

这条规则允许:从α和β可以推出$\alpha\wedge\beta$。

(5)∧E(∧-消去规则)。

这条规则允许:从$\alpha\wedge\beta$可以推出α;从$\alpha\wedge\beta$也可以推出β。

(6)→I(→-引入规则)。

这条规则允许:如果在α的假设下,可以得到β,则可以推出$\alpha\rightarrow\beta$。

(7)→E(→-消去规则)。

这条规则允许:从α和$\alpha\rightarrow\beta$可以推出β。

(8)↔I(↔-引入规则)。

这条规则允许:从$\alpha\rightarrow\beta$和$\beta\rightarrow\alpha$可以推出$\alpha\leftrightarrow\beta$。

(9)↔E(↔-消去规则)。

这条规则允许:从$\alpha\leftrightarrow\beta$和$\alpha$可以推出$\beta$,从$\alpha\leftrightarrow\beta$和$\beta$也可以推出$\alpha$;或者从$\alpha\leftrightarrow\beta$可以推出$\alpha\rightarrow\beta$,从$\alpha\leftrightarrow\beta$也可以推出$\beta\rightarrow\alpha$。

1.1.2.2 系统 FPC 逻辑联结词规则的另一种表示

¬规则可以记作:如果$\neg\alpha\vdash\beta$并且$\neg\alpha\vdash\neg\beta$,则$\vdash\alpha$。

它表示:在$\neg\alpha$的假设下,如果得出一对矛盾的公式,则可以消去¬得到α。这一规则也称反消规则,它反映了演绎推理中的反证法。

∨-引入规则可以记作:$\alpha\vdash\alpha\vee\beta$;$\alpha\vdash\beta\vee\alpha$。

它表示:由α可以得到$\alpha\vee\beta$;由α也可以得到$\beta\vee\alpha$。这是演绎推理中的选言

推理原则。

$\vee$-消去规则可以记作：$\alpha\vee\beta, \alpha\to\gamma, \beta\to\gamma\vdash\gamma$。

它表示：如果要证明$\alpha\vee\beta$可以推出γ，首先要证明α和β分别可以推出γ。这是演绎推理中二难推理原则。

$\wedge$-引入规则可以记作：$\alpha, \beta\vdash\alpha\wedge\beta$。

它表示：从α和β能够得出$\alpha\wedge\beta$。这是演绎推理中联言推理原则。

$\wedge$-消去规则可以记作：$\alpha\wedge\beta\vdash\alpha$并且$\alpha\wedge\beta\vdash\beta$。

它表示：由$\alpha\wedge\beta$既可以推出α也可以推出β。这是演绎推理中的联言分解式。

$\to$-引入规则可以记作：如果$\alpha\vdash\beta$，则$\vdash\alpha\to\beta$。

它表示：如果要证明形状为$\alpha\to\beta$的公式，只需要在假设α下推出β。如果实现了这一步，则可以说$\alpha\to\beta$得证。这是演绎推理中的演绎定理。

$\to$-消去规则可以记作：$\alpha, \alpha\to\beta\vdash\beta$。

它表示：由α和$\alpha\to\beta$可以推出β。这是演绎推理中假言推理原则。

$\leftrightarrow$-引入规则可以记作：$\alpha\to\beta, \beta\to\alpha\vdash\alpha\leftrightarrow\beta$。

它表示：由$\alpha\to\beta$和$\beta\to\alpha$可得$\alpha\leftrightarrow\beta$。这是演绎推理中既充分又必要的条件，即：充分必要条件。

$\leftrightarrow$-消去规则可以记作：$\alpha\leftrightarrow\beta\vdash\alpha\to\beta$或者$\alpha\leftrightarrow\beta\vdash\beta\to\alpha$。

它表示：由$\alpha\leftrightarrow\beta$可得$\alpha\to\beta$和$\beta\to\alpha$。这是演绎推理中的充分必要条件，即：既是充分条件又是必要条件。

1.1.2.3　FPC 推理规则的示意图

1. 结构规则示意图(图 1-1～图 1-3)

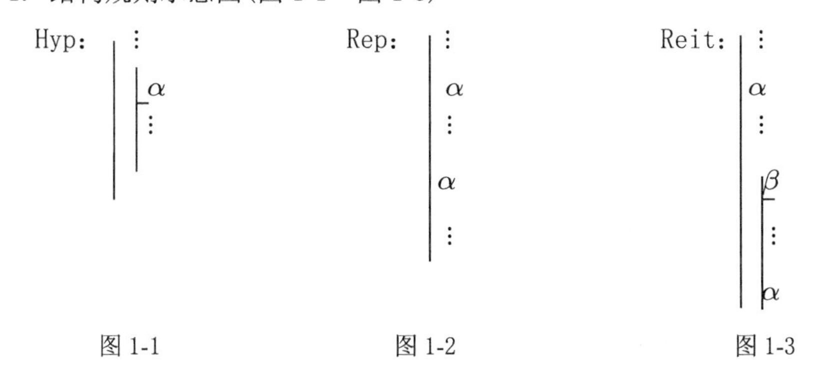

图 1-1　图 1-2　图 1-3

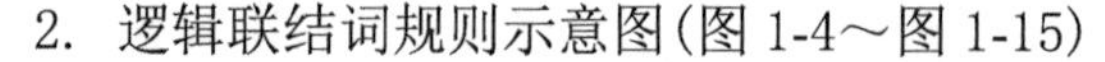

2. 逻辑联结词规则示意图(图 1-4～图 1-15)

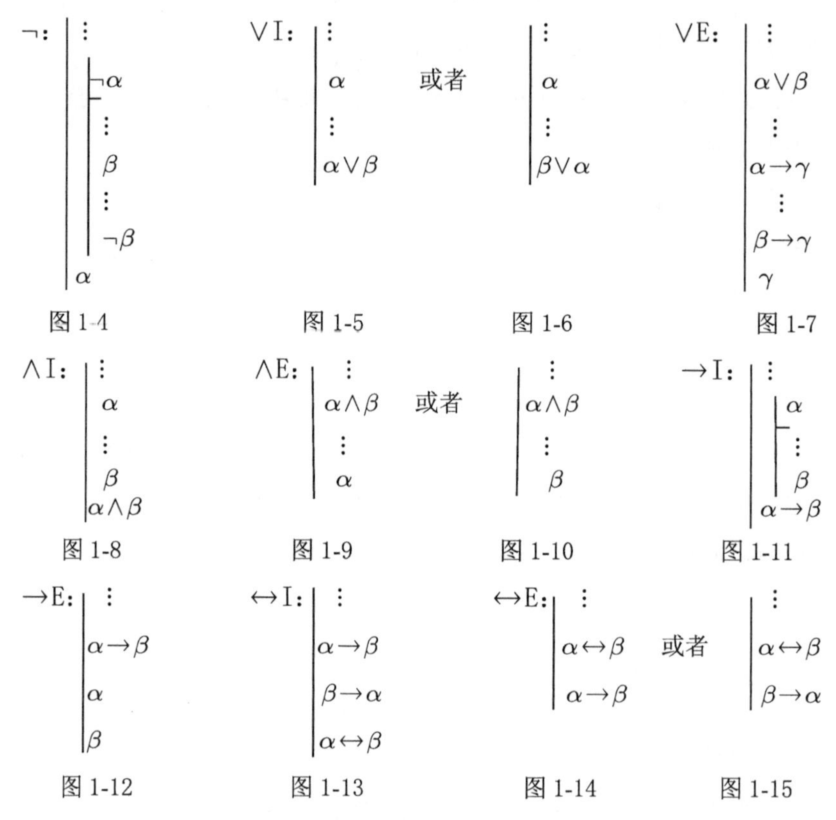

图 1-4　图 1-5　图 1-6　图 1-7

图 1-8　图 1-9　图 1-10　图 1-11

图 1-12　图 1-13　图 1-14　图 1-15

1.1.2.4 系统 FPC 的证明及证明方法

系统 FPC 的逻辑联结词规则可以分为两类：一类规则是直接表示前提和结论之间的关系推理，如→E，↔I 等，这类规则又称为第一类规则。另一类规则不是直接表示前提和结论之间的关系推理，而是假设某个推理关系成立，则另一个推理关系也成立，如¬和→I，这一类规则称为第二类规则。

系统 FPC 的一个证明是依赖于上述两类规则构造出来的一个有穷的公式序列。如果一个证明结束于某个假设下，则称该证明是一个假设性证明(即在每个假设下，并未都用了¬规则和→I)。否则，称该证明是一个非假设性证明。当公式α是某个非假设性证明的最后一步时，称α是一个(形式)可证的公式，或者称α是系统 FPC 的一个定理，记作$\vdash\alpha$，并称该证明是α的一个(形式)证明。

下面将通过两个例子说明系统 FPC 的证明方法。

例 1　在 FPC 中，证明：$\vdash\alpha\to\alpha\vee\beta$。

证明　因为公式$\alpha\to\alpha\vee\beta$是一个蕴涵式，即：它的主联结词是→。由蕴涵引入规则，我们只需证明：$\alpha\vdash\alpha\vee\beta$。下面是$\alpha\vdash\alpha\vee\beta$的一个证明(图 1-16)。

$$\begin{array}{ll} \alpha & (\mathrm{Hyp}) \\ \alpha\vee\beta & (\vee \mathrm{I}) \end{array}$$

图 1-16

由蕴涵引入规则，就可以得到$\vdash\alpha\to\alpha\vee\beta$的证明。下面是$\vdash\alpha\to\alpha\vee\beta$的一个证明(图 1-17)。

$$\begin{array}{ll} \quad\alpha & (\mathrm{Hyp}) \\ \quad\alpha\vee\beta & (\vee \mathrm{I}) \\ \alpha\to\alpha\vee\beta & (\to \mathrm{I}) \end{array}$$

图 1-17

例 2　在 FPC 中，证明：$\vdash\alpha\vee\beta\to\beta\vee\alpha$。

证明　因为公式$\alpha\vee\beta\to\beta\vee\alpha$是一个蕴涵式，即：它的主联结词是→。由蕴涵引入规则，我们只需证明：$\alpha\vee\beta\vdash\beta\vee\alpha$。下面是$\alpha\vee\beta\vdash\beta\vee\alpha$的一个证明(图 1-18)。

$$\begin{array}{ll} \alpha\vee\beta & (\mathrm{Hyp}) \\ \quad\alpha & (\mathrm{Hyp}) \\ \quad\beta\vee\alpha & (\vee \mathrm{I}) \\ \alpha\to\beta\vee\alpha & (\to \mathrm{I}) \\ \quad\beta & (\mathrm{Hyp}) \\ \quad\beta\vee\alpha & (\vee \mathrm{I}) \\ \beta\to\beta\vee\alpha & (\to \mathrm{I}) \\ \beta\vee\alpha & (\vee \mathrm{E}) \end{array}$$

图 1-18

由蕴涵引入规则，就可以得到$\vdash\alpha\vee\beta\to\beta\vee\alpha$的证明。下面是$\vdash\alpha\vee\beta\to\beta\vee\alpha$的一个证明(图 1-19)。

$$\begin{array}{ll} \quad\alpha\vee\beta & (\mathrm{Hyp}) \\ \qquad\alpha & (\mathrm{Hyp}) \\ \qquad\beta\vee\alpha & (\vee \mathrm{I}) \\ \quad\alpha\to\beta\vee\alpha & (\to \mathrm{I}) \\ \qquad\beta & (\mathrm{Hyp}) \\ \qquad\beta\vee\alpha & (\vee \mathrm{I}) \\ \quad\beta\to\beta\vee\alpha & (\to \mathrm{I}) \\ \quad\beta\vee\alpha & (\vee \mathrm{E}) \\ \alpha\vee\beta\to\beta\vee\alpha & (\to \mathrm{I}) \end{array}$$

图 1-19

从以上两个例子可以看出，系统 FPC 的一个证明是利用 FPC 的两类规则构造出来的一个有穷长的公式序列。一个证明中每个假设下的一系列公式(包括假设)称为该证明的一个子证明。每个子证明的开始用一竖一横标出(即：$\vdash$，它起括号的作用)，表明横线上面的公式是子证明的假设或者前提，竖线画到该子证明的最后一个公式的左端，一个非假设性证明(即不是终止于某个假设下的证明)的那个横线上为空(即：没有公式)，标志无假设。

需要注意：在前面的例 1 中，从α到$\alpha\vee\beta$的证明是一个假设性证明，表明$\alpha\vdash\alpha\vee\beta$；从$\alpha$到$\alpha\to\alpha\vee\beta$的证明是一个无假设性证明，表明$\vdash\alpha\to\alpha\vee\beta$。在前面的例 2 中，相对于$\alpha\vee\beta$而言，它有两个子证明。一个子证明的假设是$\alpha$，另一个子证明的假设是$\beta$。这两个子证明排在一列上。而假设$\alpha$前的子证明符号相对于假设$\alpha\vee\beta$而言右移；同理，假设$\beta$前的子证明符号相对于$\alpha\vee\beta$也右移。但是，从$\alpha$到$\alpha\to\beta\vee\alpha$的证明是一个非假设性证明。同理，从$\beta$到$\beta\to\beta\vee\alpha$的证明也是一个非假设性证明。因此，对于第一个公式$\beta\vee\alpha$而言，它有两个假设：$\alpha\vee\beta$和$\alpha$。同理，对于第二个公式$\beta\vee\alpha$而言，它也有两个假设：$\alpha\vee\beta$和$\beta$。

1.2　谓词演算系统 FQC

谓词演算系统 FQC 也包括两部分：FQC 的形式语言和推理规则。但是，它的形式语言和推理规则都是在命题演算系统 FPC 的基础上建立起来的。

1.2.1　系统 FQC 的形式语言

系统 FQC 的形式语言(或者称一阶语言)也包括一个初始符号集(字母表)、形成规则和定义。

1.2.1.1　系统 FQC 的初始符号集

FQC 的字母表：

甲类：$v, v_0, v_1, v_2, \cdots$；

乙类：T, F；

丙类：$\neg, \vee$；

丁类：$\forall, \exists$；

戊类：，，(，)；

己类：对于每个大于等于 1 的自然数n，$Pn, Qn, Rn, \cdots$(可以没有)；

庚类：$c, c_0, c_1, c_2, \cdots$(可以没有)。

这里，甲类符号表示可数无穷多个个体变元；乙类符号仍然表示常元；丙类符号表示逻辑联结词；丁类符号表示量词，其中$\forall$是全称量词，表示“所有的”或者“任意的”，$\exists$是存在量词，表示“存在”或者“有一个”；戊类符号是技术性符号，它们起标点的作用；己类符号表示可数无穷多个n-元谓词符号或者关系符号；庚类符号表示可数无穷多个个体常元符号。

约定：用A_0表示甲～戊类所有符号的集合，用S表示己类和庚类所有符号的集合。显然，S可以是空集合，并且$A_0 \cap S=\emptyset$，称$A_S=A_0 \cup S$为由S确定的一个一阶语言$\mathcal{L}_1$的符号集。

对于一个任意的一阶语言$\mathcal{L}_1$来说，A_0都是不变的，所以甲～戊类符号又称为逻辑符号。S是可变的，因此己类和庚类符号又称为非逻辑符号。给定了S以后，也就确定了一个一阶语言$\mathcal{L}_1$。S不同，所确定的一阶语言也不同。因此，有时也将由符号集S确定的一阶语言记作$\mathcal{L}_S$。以后我们说给定一个一阶语言$\mathcal{L}_S$，也就是给定了$\mathcal{L}_S$的符号集S。需要注意的是，如果一个一阶语言$\mathcal{L}_S$中包含二元关系符号$=$(等词)，则也把它作为逻辑符号。

习惯上，我们用字母x, y, z, u, v, w等(或加下标)表示语法变元，它们的值是个体变元；用字母F, G, H, P, Q, R等(或加下标)表示语法变元，它们的值是任一(n-元)谓词符号(或关系符号)。

1.2.1.2　系统 FQC 的形成规则

设A_S是一个一阶语言$\mathcal{L}_S$的符号集，由A_S中任意有穷多个符号组成的符号串称为A_S上的符号序列。A_S上全部符号序列的集合记作$E(A_S)$。

系统 FQC 的形成规则如下：

甲：A中的个体变元和S中的个体常元统称S-项，并用t或加下标表示；

乙：如果$t_1, t_2, \cdots, t_n$都是S-项，而Rn是S中的一个n-元谓词符号，那么$Rn(t_1, t_2, \cdots, t_n)$是一个$S$-公式；

丙：如果符号序列X是一个S-公式，则$\neg X$也是一个S-公式；

丁：如果符号序列X和Y都是S-公式，则$(X \vee Y)$也是一个S-公式；

戊：如果符号序列X是一个S-公式，而x是一个个体变元，则$\forall xX$和$\exists xX$都是S-公式；

己：$E(A_S)$中的任一符号序列是一个S-公式，当且仅当该符号序列可由形成规则乙～戊的有穷多次运用而生成。

当S在上下文中显然或不重要时，S-项或S-公式中的S常被省略。

由个体变元形成的S-项也叫个体变项，由个体常元形成的S-项也叫个体常项。S-公式有时也称为一阶公式，它的全体组成的集合记作W_S。其中，由规则乙形成的公式$Rn(t_1, t_2, \cdots, t_n)$称为原子公式；由规则丙形成的公式$\neg X$称为公式$X$的否定式；由规则丁形成的公式$(X \vee Y)$称为公式$X$和公式$Y$的析取式；由规则戊形成的公式$\forall xX$和$\exists xX$分别称为公式$X$的全称式和存在式，这里的$x$称为量化变项，而符号序列$xX$为初始符号$\forall$或$\exists$的辖域。

1.2.1.3　定义

由于在FQC的初始符号中也不包含逻辑联结词$\wedge$, $\rightarrow$和$\leftrightarrow$，为了使用方便，下面我们仍通过定义引入它们，这与将它们作为初始符号没有本质的区别。

定义甲：$(\alpha \wedge \beta) \overset{\text{def}}{=} \neg(\neg\alpha \vee \neg\beta)$。

定义乙：$(\alpha \rightarrow \beta) \overset{\text{def}}{=} (\neg\alpha \vee \beta)$。

定义丙：$(\alpha \leftrightarrow \beta) \overset{\text{def}}{=} ((\alpha \rightarrow \beta) \wedge (\beta \rightarrow \alpha))$。

1.2.1.4　约束变项和自由变项

如果个体变元的某次出现不受量词的约束，那么称该出现是自由的，否则称为约束的。

如果个体变元x在公式α中至少有一次出现是自由的，则称x在α中自由出现，x称为α的自由变元。

不含自由变元的公式叫闭公式，否则称为开公式。

例 1　令$S=\{R\}$，在下面的S-公式

$$\alpha: \quad \forall x(R(x, y) \vee \exists yR(y, x)) \wedge \forall zR(x, z)$$

中，包含x,y和z三个个体变元，x的前三次出现都是约束的，最后一次出现是自由的；而y的第一次出现是自由的，后两次出现是约束的，z的两次出现都是约束的。因此，x和y都是α的自由变元。

例 2　令$S=\{R\}$，下面的S-公式都是闭公式

$$\alpha: \quad \forall x\exists y(R(x, y) \vee R(y, x)) \wedge \exists x\forall zR(x, z),$$

$$\alpha': \quad \forall x\exists y(R(x, y) \vee R(y, x)) \wedge \forall zR(c, z)。$$

令$S=\{R\}$，下面的S-公式是开公式

$$\alpha'':\quad \forall x(R(x,y)\vee\exists yR(y,x))\wedge\forall zR(x,z),$$

因为x的最后一次出现是自由的。

1.2.2 系统 FQC 的推理规则

系统 FQC 是一个谓词演算的自然推理系统。因此，它的推理与命题演算的自然推理系统 FPC 一样，也是由引入假设、利用推理规则进行的。由于系统 FQC 是系统 FPC 的一种扩张，它的形式语言是在 FPC 的形式语言的基础上建立起来的，因此，它的推理规则也是在系统 FPC 的推理规则的基础上建立起来的。

1.2.2.1 系统 FQC 的量词规则

系统 FQC 的推理规则分为三类：结构规则、逻辑联结词规则和量词规则。前两类规则从形式上看与系统 FPC 的规则相同，只是在系统 FPC 中，使用的是命题公式，而在系统 FQC 中使用的是一阶公式。因此，下面仅给出关于量词的规则。

关于量词的推理规则如下：

(1) ∀I (∀-引入规则)。

这条规则允许：从公式$\alpha(y/x)$可以推出公式$\forall x\alpha$。这里的y既不在$\forall x\alpha$中自由出现，也不在$\alpha(y/x)$所依赖的假设中自由出现，y被称为关键变项。

(2) ∀E (∀-消去规则)。

这条规则允许：从公式$\forall x\alpha$可以推出公式$\alpha(t/x)$。

(3) ∃I (∃-引入规则)。

这条规则允许：从公式$\alpha(t/x)$可以推出公式$\exists x\alpha$。

(4) ∃E (∃-消去规则)。

这条规则允许：从公式$\exists x\alpha$和$\alpha(y/x)\to\beta$可以推出公式β。这里的y既不在公式$\exists x\alpha$和β中自由出现，也不在公式$\alpha(y/x)\to\beta$所依赖的假设中自由出现，y被称为关键变项。

1.2.2.2 FPC 量词规则的另一种表示

∀-引入规则可以记作：如果$\vdash\alpha(y/x)$，则$\vdash\forall x\alpha$。这里y是关键变项。

它表示：如果要证明形状为$\forall x\alpha$的公式，只需要证明$\alpha(y/x)$。如果实现了这一步，则可以说$\forall x\alpha$得证。

$\forall$-消去规则可以记作：如果$\vdash\forall x\alpha$，则$\vdash\alpha(t/x)$。

它表示：如果要证明形状为$\alpha(t/x)$的公式，只需要证明$\forall x\alpha$。如果实现了这一步，则可以说$\alpha(t/x)$得证。

$\exists$-引入规则可以记作：如果$\vdash\alpha(t/x)$，则$\vdash\exists x\alpha$。

它表示：如果要证明形状为$\exists x\alpha$的公式，只需要证明$\alpha(t/x)$。如果实现了这一步，则可以说$\exists x\alpha$得证。

$\exists$-消去规则可以记作：如果$\vdash\exists x\alpha$并且$\vdash\alpha(y/x)\to\beta$，则$\vdash\beta$。

它表示：如果要证明形状为β的公式，只需要证明$\exists x\alpha$和$\alpha(y/x)\to\beta$。如果实现了这一步，则可以说β得证。

1.2.2.3　关于$\forall$-引入规则和$\exists$-消去规则的使用说明

在使用$\forall$-引入规则时，需要注意对关键变项所附加的条件。这条规则要求"y也不在$\alpha(y/x)$所依赖的假设中自由出现"是指：y不在$\alpha(y/x)$所属子证明利用 Hyp 规则引入的公式中自由出现，也不在该子证明所从属的子证明、所从属的子证明的子证明等等中，利用 Hyp 规则引入的公式中自由出现。但是，当x在α中有自由出现而$\alpha(y/x)$本身是用 Hyp 规则引入时，就不能直接使用$\forall$-引入规则得到$\forall x\alpha$。

在使用$\exists$-消去规则时，也需要注意对关键变项所附加的条件。这条规则要求"y也不在公式$\alpha(y/x)\to\beta$所依赖的假设中自由出现"是指：y不在公式$\alpha(y/x)\to\beta$所属的子证明中。即：该子证明所属的子证明、所属子证明的子证明等等中，利用 Hyp 规则引入的公式中自由出现。

1.2.2.4　FQC 量词规则的示意图

量词规则示意图如图 1-20～图 1-23 所示。

$\forall$I：
| ⋮
| $\alpha(y/x)$，y是关键变项
| $\forall x\alpha$

图 1-20

$\forall$E：
| ⋮
| $\forall x\alpha$
| $\alpha(t/x)$

图 1-21

$\exists$I：
| ⋮
| $\alpha(t/x)$
| $\exists x\alpha$

图 1-22

$\exists$E：
| ⋮
| $\alpha(y/x)\to\beta$，y是关键变项
| $\exists x\alpha$
| β

图 1-23

1.2.2.5　系统 FQC 的证明及证明方法

系统 FQC 的一个证明就是依靠它的三类规则：结构规则、逻辑联结词规则和量词规则构造出来的一个有穷长的公式序列。在不引起混淆的情况下，系统 FQC 的一个定理α，仍然记作$\vdash\alpha$。

下面将通过几个例子说明系统 FQC 的证明方法以及量词规则的使用。

例 1　在系统 FQC 中，证明：$\vdash\forall x\alpha\to\alpha$。

证明

| $\forall x\alpha$	(Hyp)
| $\alpha(x/x)$，即α	($\forall$E)
| α	(Rep)
$\forall x\alpha\to\alpha$	($\to$I)

例 2　在系统 FQC 中，证明：$\vdash\alpha\to\forall x\alpha$，$x$不在$\alpha$中自由出现。

证明

| $\alpha(x/x)$	(Hyp)
| $\forall x\alpha$，x是关键变项	($\forall$I)
$\alpha\to\forall x\alpha$	($\to$I)

例 3　考虑下面的证明形式：

| $\exists v\alpha$，	v在α中自由出现	(Hyp)
| | $\alpha(x/v)$，	任取不在α中出现的x	(Hyp)
| | $\forall v\alpha$		($\forall$I) ×
| | α		($\forall$E)
| $\alpha(x/v)\to\alpha$		($\to$I)
| α		($\exists$E)
$\exists v\alpha\to\alpha$		($\to$I)

这个“证明”的第三步错误地使用了$\forall$I 规则。因为$\alpha(x/v)$是由 Hyp 规则引入的，并且由v在α中自由出现可知，x也在$\alpha(x/v)$中自由出现。所以，这个证明是错误的。

第 2 章　人工对逻辑系统定理的证明

2.1　人工对系统 FPC 定理的证明

系统 FPC 的定理有可数无穷多个，除了 1.1 节已经证明的两个定理之外，本节给出系统 FPC 中一些常用的定理及其证明。[①]

定理 1　$\vdash \alpha\vee\alpha\rightarrow\alpha$。

证明

$\alpha\vee\alpha$　　(Hyp)

$\quad\alpha$　　(Hyp)

$\quad\alpha$　　(Rep)

$\alpha\rightarrow\alpha$　　($\rightarrow$I)

$\alpha\rightarrow\alpha$　　(Rep)

α　　($\vee$E)

$\alpha\vee\alpha\rightarrow\alpha$　　($\rightarrow$I)

定理 2　$\vdash (\beta\rightarrow\gamma)\rightarrow(\alpha\vee\beta\rightarrow\alpha\vee\gamma)$。

证明

$\beta\rightarrow\gamma$　　(Hyp)

$\quad\alpha\vee\beta$　　(Hyp)

$\quad\quad\alpha$　　(Hyp)

$\quad\quad\alpha\vee\gamma$　　($\vee$I)

$\quad\alpha\rightarrow\alpha\vee\gamma$　　($\rightarrow$I)

$\quad\quad\beta$　　(Hyp)

$\quad\quad\beta\rightarrow\gamma$　　(Reit)

$\quad\quad\gamma$　　($\rightarrow$E)

$\quad\quad\alpha\vee\gamma$　　($\vee$I)

$\quad\beta\rightarrow\alpha\vee\gamma$　　($\rightarrow$I)

$\quad\alpha\vee\gamma$　　($\vee$E)

$\alpha\vee\beta\rightarrow\alpha\vee\gamma$　　($\rightarrow$I)

$(\beta\rightarrow\gamma)\rightarrow(\alpha\vee\beta\rightarrow\alpha\vee\gamma)$　　($\rightarrow$I)

① 李娜. 数理逻辑的思想与方法[M]. 2 版. 天津：南开大学出版社，2016：139-161.

定理 3　$\vdash(\beta\to\gamma)\to((\alpha\to\beta)\to(\alpha\to\gamma))$。

证明

$\mid \underline{\beta\to\gamma}$	(Hyp)
$\mid\ \mid \underline{\alpha\to\beta}$	(Hyp)
$\mid\ \mid\ \mid \underline{\alpha}$	(Hyp)
$\mid\ \mid\ \mid \alpha\to\beta$	(Reit)
$\mid\ \mid\ \mid \beta$	(→E)
$\mid\ \mid\ \mid \beta\to\gamma$	(Reit)
$\mid\ \mid\ \mid \gamma$	(→E)
$\mid\ \mid \alpha\to\gamma$	(→I)
$\mid (\alpha\to\beta)\to(\alpha\to\gamma)$	(→I)
$(\beta\to\gamma)\to((\alpha\to\beta)\to(\alpha\to\gamma))$	(→I)

定理 4　$\vdash(\alpha\to\beta)\to((\beta\to\gamma)\to(\alpha\to\gamma))$。

证明

$\mid \underline{\alpha\to\beta}$	(Hyp)
$\mid\ \mid \underline{\beta\to\gamma}$	(Hyp)
$\mid\ \mid\ \mid \underline{\alpha}$	(Hyp)
$\mid\ \mid\ \mid \alpha\to\beta$	(Reit)
$\mid\ \mid\ \mid \beta$	(→E)
$\mid\ \mid\ \mid \beta\to\gamma$	(Reit)
$\mid\ \mid\ \mid \gamma$	(→E)
$\mid\ \mid \alpha\to\gamma$	(→I)
$\mid (\beta\to\gamma)\to(\alpha\to\gamma)$	(→I)
$(\alpha\to\beta)\to((\beta\to\gamma)\to(\alpha\to\gamma))$	(→I)

定理 5　$\vdash\alpha\to\alpha$。

证明

$\mid \underline{\alpha}$	(Hyp)
$\mid \alpha$	(Rep)
$\alpha\to\alpha$	(→I)

定理 6　$\vdash\neg\alpha\vee\alpha$。

证明

$\mid \neg(\neg\alpha\vee\alpha)$	(Hyp)
$\mid\ \mid \neg\alpha$	(Hyp)
$\mid\ \mid \neg\alpha\vee\alpha$	($\vee$I)
$\mid\ \mid \neg(\neg\alpha\vee\alpha)$	(Reit)
$\mid \alpha$	($\neg$)
$\mid \neg\alpha\vee\alpha$	($\vee$I)
$\neg\alpha\vee\alpha$	($\neg$)

定理 7　$\vdash\alpha\vee\neg\alpha$。

证明

$\mid \neg(\alpha\vee\neg\alpha)$	(Hyp)
$\mid\ \mid \neg\alpha$	(Hyp)
$\mid\ \mid \alpha\vee\neg\alpha$	($\vee$I)
$\mid\ \mid \neg(\alpha\vee\neg\alpha)$	(Reit)
$\mid \alpha$	($\neg$)
$\mid \alpha\vee\neg\alpha$	($\vee$I)
$\mid \neg(\alpha\vee\neg\alpha)$	(Rep)
$\alpha\vee\neg\alpha$	($\neg$)

定理 8　$\vdash\alpha\rightarrow\neg\neg\alpha$。

证明

$\mid \alpha$	(Hyp)
$\mid\ \mid \neg\neg\neg\alpha$	(Hyp)
$\mid\ \mid\ \mid \neg\neg\alpha$	(Hyp)
$\mid\ \mid\ \mid \neg\neg\neg\alpha$	(Reit)
$\mid\ \mid\ \mid \neg\neg\alpha$	(Rep)
$\mid\ \mid \neg\alpha$	($\neg$)
$\mid\ \mid \alpha$	(Reit)
$\mid \neg\neg\alpha$	($\neg$)
$\alpha\rightarrow\neg\neg\alpha$	($\rightarrow$I)

定理 9　$\vdash\neg\neg\alpha\rightarrow\alpha$。

证明

$\mid \neg\neg\alpha$	(Hyp)
$\mid\ \mid \neg\alpha$	(Hyp)
$\mid\ \mid \neg\neg\alpha$	(Reit)
$\mid\ \mid \neg\alpha$	(Rep)
$\mid \alpha$	($\neg$)
$\neg\neg\alpha\rightarrow\alpha$	($\rightarrow$I)

说明：假如我们已经证明了$\vdash\alpha\to\beta$并且$\vdash\beta\to\alpha$，那么下面是$\vdash\alpha\leftrightarrow\beta$的一个证明。取$\alpha\to\beta$的一个证明$\pi_1$和$\beta\to\alpha$的一个证明$\pi_2$并且再加上一个公式，就是$\alpha\leftrightarrow\beta$的一个证明$\pi$。

$$
\left.\begin{array}{ll}
\left.\begin{array}{l}\vdots\\ \vdots\\ \alpha\to\beta\end{array}\right\}\pi_1 & \\
\left.\begin{array}{l}\vdots\\ \vdots\\ \beta\to\alpha\end{array}\right\}\pi_2 & \\
\alpha\leftrightarrow\beta & (\leftrightarrow\mathrm{I})
\end{array}\right\}\pi
$$

因此，有了这个证明，在得到了$\vdash\alpha\to\beta$并且$\vdash\beta\to\alpha$之后，我们就可以直接写出结论$\vdash\alpha\leftrightarrow\beta$。所以，我们有下面的定理。

定理 10　$\vdash\alpha\leftrightarrow\neg\neg\alpha$。

证明　由定理 8 和定理 9 可得 $\vdash\alpha\leftrightarrow\neg\neg\alpha$。

定理 11　$\vdash(\alpha\to\beta)\to(\neg\beta\to\neg\alpha)$。

证明

$\mid\ \alpha\to\beta$	(Hyp)
$\mid\ \mid\ \neg\beta$	(Hyp)
$\mid\ \mid\ \mid\ \neg\neg\alpha$	(Hyp)
$\mid\ \mid\ \mid\ \neg\neg\alpha\to\alpha$	(定理 9)
$\mid\ \mid\ \mid\ \alpha$	$(\to\mathrm{E})$
$\mid\ \mid\ \mid\ \beta$	$(\to\mathrm{E})$
$\mid\ \mid\ \mid\ \neg\beta$	(Reit)
$\mid\ \mid\ \neg\alpha$	$(\neg)$
$\mid\ \neg\beta\to\neg\alpha$	$(\to\mathrm{I})$
$(\alpha\to\beta)\to(\neg\beta\to\neg\alpha)$	$(\to\mathrm{I})$

定理 12　$\vdash(\neg\beta\to\neg\alpha)\to(\alpha\to\beta)$。

证明

$\mid\ \neg\beta\to\neg\alpha$	(Hyp)
$\mid\ \mid\ \alpha$	(Hyp)
$\mid\ \mid\ \mid\ \neg\beta$	(Hyp)
$\mid\ \mid\ \mid\ \neg\alpha$	$(\to\mathrm{E})$
$\mid\ \mid\ \mid\ \alpha$	(Reit)
$\mid\ \mid\ \beta$	$(\neg)$
$\mid\ \alpha\to\beta$	$(\to\mathrm{I})$
$(\neg\beta\to\neg\alpha)\to(\alpha\to\beta)$	$(\to\mathrm{I})$

定理 13　$\vdash(\alpha\to\beta)\leftrightarrow(\neg\beta\to\neg\alpha)$。

证明　由定理 11 和定理 12 可得：$\vdash(\alpha\to\beta)\leftrightarrow(\neg\beta\to\neg\alpha)$。

定理 14　$\vdash(\alpha\leftrightarrow\beta)\to(\alpha\to\beta)$。

证明

$\alpha\leftrightarrow\beta$　(Hyp)

$\alpha\to\beta$　($\leftrightarrow$E)

$(\alpha\leftrightarrow\beta)\to(\alpha\to\beta)$　($\to$I)

定理 15　$\vdash(\alpha\leftrightarrow\beta)\to(\beta\to\alpha)$。

证明

$\alpha\leftrightarrow\beta$　(Hyp)

$\beta\to\alpha$　($\leftrightarrow$E)

$(\alpha\leftrightarrow\beta)\to(\beta\to\alpha)$　($\to$I)

定理 16　$\vdash\neg(\alpha\wedge\beta)\to(\neg\alpha\vee\neg\beta)$。

证明

$\neg(\alpha\wedge\beta)$　(Hyp)

$\neg(\neg\alpha\vee\neg\beta)$　(Hyp)

$\neg\alpha$　(Hyp)

$\neg\alpha\vee\neg\beta$　($\vee$I)

$\neg(\neg\alpha\vee\neg\beta)$　(Reit)

α　($\neg$)

$\neg\beta$　(Hyp)

$\neg\alpha\vee\neg\beta$　($\vee$I)

$\neg(\neg\alpha\vee\neg\beta)$　(Reit)

β　($\neg$)

$\alpha\wedge\beta$　($\wedge$I)

$\neg(\alpha\wedge\beta)$　(Reit)

$\neg\alpha\vee\neg\beta$　($\neg$)

$\neg(\alpha\wedge\beta)\to(\neg\alpha\vee\neg\beta)$　($\to$I)

定理 17　$\vdash(\neg\alpha\vee\neg\beta)\to\neg(\alpha\wedge\beta)$。

证明

$$
\begin{array}{ll}
\neg\alpha\vee\neg\beta & \text{(Hyp)}\\
\quad\neg\alpha & \text{(Hyp)}\\
\quad\quad\neg\neg(\alpha\wedge\beta) & \text{(Hyp)}\\
\quad\quad\neg\neg(\alpha\wedge\beta)\to\alpha\wedge\beta & \text{(定理 9)}\\
\quad\quad\alpha\wedge\beta & (\to\text{E})\\
\quad\quad\alpha & (\wedge\text{E})\\
\quad\neg(\alpha\wedge\beta) & (\neg)\\
\neg\alpha\to\neg(\alpha\wedge\beta) & (\to\text{I})\\
\quad\neg\beta & \text{(Hyp)}\\
\quad\quad\neg\neg(\alpha\wedge\beta) & \text{(Hyp)}\\
\quad\quad\neg\neg(\alpha\wedge\beta)\to\alpha\wedge\beta & \text{(定理 9)}\\
\quad\quad\alpha\wedge\beta & (\to\text{E})\\
\quad\quad\beta & (\wedge\text{E})\\
\quad\neg(\alpha\wedge\beta) & (\neg)\\
\neg\beta\to\neg(\alpha\wedge\beta) & (\to\text{I})\\
\neg(\alpha\wedge\beta) & (\vee\text{E})\\
(\neg\alpha\vee\neg\beta)\to\neg(\alpha\wedge\beta) & (\to\text{I})
\end{array}
$$

定理 18　$\vdash\neg(\alpha\wedge\beta)\leftrightarrow(\neg\alpha\vee\neg\beta)$。

证明　由定理 16 和定理 17 可得：$\vdash\neg(\alpha\wedge\beta)\leftrightarrow(\neg\alpha\vee\neg\beta)$。

定理 19　$\vdash\alpha\to(\beta\vee\alpha)$。

证明

$$
\begin{array}{ll}
\quad\alpha & \text{(Hyp)}\\
\quad\beta\vee\alpha & (\vee\text{I})\\
\alpha\to(\beta\vee\alpha) & (\to\text{I})
\end{array}
$$

定理 20　$\vdash\alpha\to(\alpha\vee\alpha)$。

证明　在定理 19 的证明中，将β取作α就可得到$\alpha\to(\alpha\vee\alpha)$的证明。

定理 21　$\vdash\alpha\leftrightarrow(\alpha\vee\alpha)$。

证明　由定理 1 和定理 20 可得：$\vdash\alpha\leftrightarrow(\alpha\vee\alpha)$。

定理 22　$\vdash\neg(\alpha\vee\beta)\to(\neg\alpha\wedge\neg\beta)$。

证明

$\neg(\alpha\vee\beta)$	(Hyp)
$\neg(\neg\alpha\wedge\neg\beta)$	(Hyp)
$\neg(\neg\alpha\wedge\neg\beta)\rightarrow(\neg\neg\alpha\vee\neg\neg\beta)$	(定理 18)
$\neg\neg\alpha\vee\neg\neg\beta$	$(\rightarrow E)$
$\neg\neg\alpha$	(Hyp)
$\neg\neg\alpha\rightarrow\alpha$	(定理 9)
α	$(\rightarrow E)$
$\alpha\vee\beta$	$(\vee I)$
$\neg\neg\alpha\rightarrow\alpha\vee\beta$	$(\rightarrow I)$
$\neg\neg\beta$	(Hyp)
$\neg\neg\beta\rightarrow\beta$	(定理 9)
β	$(\rightarrow E)$
$\alpha\vee\beta$	$(\vee I)$
$\neg\neg\beta\rightarrow\alpha\vee\beta$	$(\rightarrow I)$
$\alpha\vee\beta$	$(\vee E)$
$\neg\alpha\wedge\neg\beta$	$(\neg)$
$\neg(\alpha\vee\beta)\rightarrow(\neg\alpha\wedge\neg\beta)$	$(\rightarrow I)$

定理 23　$\vdash(\neg\alpha\wedge\neg\beta)\rightarrow\neg(\alpha\vee\beta)$。

证明

$\neg\alpha\wedge\neg\beta$	(Hyp)
$\neg\alpha$	$(\wedge E)$
$\neg\beta$	$(\wedge E)$
$\neg\neg(\alpha\vee\beta)$	(Hyp)
$\neg\neg(\alpha\vee\beta)\rightarrow(\alpha\vee\beta)$	(定理 9)
$\alpha\vee\beta$	$(\rightarrow E)$
α	(Hyp)
$\neg\neg(\alpha\vee\beta)$	(Hyp)
α	(Reit)
$\neg(\alpha\vee\beta)$	$(\neg)$
$\alpha\rightarrow\neg(\alpha\vee\beta)$	$(\rightarrow I)$
β	(Hyp)
$\neg\neg(\alpha\vee\beta)$	(Hyp)
β	(Reit)
$\neg(\alpha\vee\beta)$	$(\neg)$
$\beta\rightarrow\neg(\alpha\vee\beta)$	$(\rightarrow I)$
$\neg(\alpha\vee\beta)$	$(\vee E)$
$\neg(\alpha\vee\beta)$	$(\neg)$
$(\neg\alpha\wedge\neg\beta)\rightarrow\neg(\alpha\vee\beta)$	$(\rightarrow I)$

定理 24　$\vdash\neg(\alpha\vee\beta)\leftrightarrow(\neg\alpha\wedge\neg\beta)$。

证明　由定理 22 和定理 23 可得：$\vdash\neg(\alpha\vee\beta)\leftrightarrow(\neg\alpha\wedge\neg\beta)$。

定理 25　$\vdash(\alpha\wedge\beta)\rightarrow(\beta\wedge\alpha)$。

证明

$\alpha\wedge\beta$	(Hyp)
α	(∧E)
β	(∧E)
$\beta\wedge\alpha$	(∧I)
$(\alpha\wedge\beta)\rightarrow(\beta\wedge\alpha)$	(→I)

定理 26　$\vdash(\alpha\wedge\beta)\rightarrow\alpha$。

证明

$\alpha\wedge\beta$	(Hyp)
α	(∧E)
$(\alpha\wedge\beta)\rightarrow\alpha$	(→I)

定理 27　$\vdash(\alpha\wedge\beta)\rightarrow\beta$。

证明

$\alpha\wedge\beta$	(Hyp)
β	(∧E)
$(\alpha\wedge\beta)\rightarrow\beta$	(→I)

定理 28　$\vdash\alpha\vee(\beta\vee\gamma)\rightarrow\beta\vee(\alpha\vee\gamma)$。

证明

$\alpha\vee(\beta\vee\gamma)$	(Hyp)
α	(Hyp)
$\alpha\vee\gamma$	(∨I)
$\beta\vee(\alpha\vee\gamma)$	(∨I)
$\alpha\rightarrow\beta\vee(\alpha\vee\gamma)$	(→I)
$\beta\vee\gamma$	(Hyp)
β	(Hyp)
$\beta\vee(\alpha\vee\gamma)$	(∨I)
$\beta\rightarrow\beta\vee(\alpha\vee\gamma)$	(→I)
γ	(Hyp)
$\alpha\vee\gamma$	(∨I)
$\beta\vee(\alpha\vee\gamma)$	(∨I)
$\gamma\rightarrow\beta\vee(\alpha\vee\gamma)$	(→I)
$\beta\vee(\alpha\vee\gamma)$	(∨E)
$(\beta\vee\gamma)\rightarrow\beta\vee(\alpha\vee\gamma)$	(→I)
$\beta\vee(\alpha\vee\gamma)$	(∨E)
$\alpha\vee(\beta\vee\gamma)\rightarrow\beta\vee(\alpha\vee\gamma)$	(→I)

定理 29　$\vdash \alpha \vee (\beta \vee \gamma) \rightarrow (\alpha \vee \beta) \vee \gamma$。

证明

$\alpha \vee (\beta \vee \gamma)$	(Hyp)
$\quad \alpha$	(Hyp)
$\quad \alpha \vee \beta$	($\vee$I)
$\quad (\alpha \vee \beta) \vee \gamma$	($\vee$I)
$\alpha \rightarrow (\alpha \vee \beta) \vee \gamma$	($\rightarrow$I)
$\quad \beta \vee \gamma$	(Hyp)
$\quad\quad \beta$	(Hyp)
$\quad\quad \alpha \vee \beta$	($\vee$I)
$\quad\quad (\alpha \vee \beta) \vee \gamma$	($\vee$I)
$\quad \beta \rightarrow (\alpha \vee \beta) \vee \gamma$	($\rightarrow$I)
$\quad\quad \gamma$	(Hyp)
$\quad\quad (\alpha \vee \beta) \vee \gamma$	($\vee$I)
$\quad \gamma \rightarrow (\alpha \vee \beta) \vee \gamma$	($\rightarrow$I)
$\quad (\alpha \vee \beta) \vee \gamma$	($\vee$E)
$\beta \vee \gamma \rightarrow (\alpha \vee \beta) \vee \gamma$	($\rightarrow$I)
$(\alpha \vee \beta) \vee \gamma$	($\vee$E)
$\alpha \vee (\beta \vee \gamma) \rightarrow (\alpha \vee \beta) \vee \gamma$	($\rightarrow$I)

定理 30　$\vdash (\alpha \vee \beta) \vee \gamma \rightarrow \alpha \vee (\beta \vee \gamma)$。

证明

$(\alpha \vee \beta) \vee \gamma$	(Hyp)
$\quad \alpha \vee \beta$	(Hyp)
$\quad\quad \alpha$	(Hyp)
$\quad\quad \alpha \vee (\beta \vee \gamma)$	($\vee$I)
$\quad \alpha \rightarrow (\beta \vee \gamma)$	($\rightarrow$I)
$\quad\quad \beta$	(Hyp)
$\quad\quad \beta \vee \gamma$	($\vee$I)
$\quad \beta \rightarrow (\beta \vee \gamma)$	($\rightarrow$I)
$\quad \beta \vee \gamma$	($\vee$E)
$\quad \alpha \vee (\beta \vee \gamma)$	($\vee$I)
$\alpha \vee \beta \rightarrow \alpha \vee (\beta \vee \gamma)$	($\rightarrow$I)
$\quad \gamma$	(Hyp)
$\quad \beta \vee \gamma$	($\vee$I)
$\quad \alpha \vee (\beta \vee \gamma)$	($\vee$I)
$\gamma \rightarrow \alpha \vee (\beta \vee \gamma)$	($\rightarrow$I)
$\alpha \vee (\beta \vee \gamma)$	($\vee$E)
$(\alpha \vee \beta) \vee \gamma \rightarrow \alpha \vee (\beta \vee \gamma)$	($\rightarrow$I)

定理 31　$\vdash \alpha \vee (\beta \vee \gamma) \leftrightarrow (\alpha \vee \beta) \vee \gamma$。

证明　由定理 29 和定理 30 可得：$\vdash \alpha \vee (\beta \vee \gamma) \leftrightarrow (\alpha \vee \beta) \vee \gamma$。

定理 32　$\vdash \alpha \wedge (\beta \wedge \gamma) \rightarrow (\alpha \wedge \beta) \wedge \gamma$。

证明

| $\alpha \wedge (\beta \wedge \gamma)$	(Hyp)
| α	(∧E)
| $\beta \wedge \gamma$	(∧E)
| β	(∧E)
| γ	(∧E)
| $\alpha \wedge \beta$	(∧I)
| $(\alpha \wedge \beta) \wedge \gamma$	(∧I)
$\alpha \wedge (\beta \wedge \gamma) \rightarrow (\alpha \wedge \beta) \wedge \gamma$	(→I)

定理 33　$\vdash (\alpha \wedge \beta) \wedge \gamma \rightarrow \alpha \wedge (\beta \wedge \gamma)$。

证明

| $(\alpha \wedge \beta) \wedge \gamma$	(Hyp)
| $\alpha \wedge \beta$	(∧E)
| γ	(∧E)
| α	(∧E)
| β	(∧E)
| $\beta \wedge \gamma$	(∧I)
| $\alpha \wedge (\beta \wedge \gamma)$	(∧I)
$(\alpha \wedge \beta) \wedge \gamma \rightarrow \alpha \wedge (\beta \wedge \gamma)$	(→I)

定理 34　$\vdash \alpha \wedge (\beta \wedge \gamma) \leftrightarrow (\alpha \wedge \beta) \wedge \gamma$。

证明　由定理 32 和定理 33 可得：$\vdash \alpha \wedge (\beta \wedge \gamma) \leftrightarrow (\alpha \wedge \beta) \wedge \gamma$。

定理 35　$\vdash \alpha \rightarrow (\beta \rightarrow \alpha \wedge \beta)$。

证明

| α	(Hyp)
| | β	(Hyp)
| | α	(Reit)
| | $\alpha \wedge \beta$	(∧I)
| $\beta \rightarrow \alpha \wedge \beta$	(→I)
$\alpha \rightarrow (\beta \rightarrow \alpha \wedge \beta)$	(→I)

定理 36　$\vdash (\alpha \rightarrow (\beta \rightarrow \gamma)) \rightarrow (\beta \rightarrow (\alpha \rightarrow \gamma))$。

证明

$\alpha\to(\beta\to\gamma)$	(Hyp)
$\quad\beta$	(Hyp)
$\quad\quad\alpha$	(Hyp)
$\quad\quad\beta\to\gamma$	(→E)
$\quad\quad\gamma$	(→E)
$\quad\alpha\to\gamma$	(→I)
$\beta\to(\alpha\to\gamma)$	(→I)
$(\alpha\to(\beta\to\gamma))\to(\beta\to(\alpha\to\gamma))$	(→I)

定理 37 $\vdash(\alpha\to(\beta\to\gamma))\to(\alpha\wedge\beta\to\gamma)$。

证明

$\alpha\to(\beta\to\gamma)$	(Hyp)
$\quad\alpha\wedge\beta$	(Hyp)
$\quad\alpha$	(∧E)
$\quad\beta\to\gamma$	(→E)
$\quad\beta$	(∧E)
$\quad\gamma$	(→E)
$\alpha\wedge\beta\to\gamma$	(→I)
$(\alpha\to(\beta\to\gamma))\to(\alpha\wedge\beta\to\gamma)$	(→I)

定理 38 $\vdash(\alpha\wedge\beta\to\gamma)\to(\alpha\to(\beta\to\gamma))$。

证明

$\alpha\wedge\beta\to\gamma$	(Hyp)
$\quad\alpha$	(Hyp)
$\quad\quad\beta$	(Hyp)
$\quad\quad\alpha$	(Reit)
$\quad\quad\alpha\wedge\beta$	(∧I)
$\quad\quad\alpha\wedge\beta\to\gamma$	(Reit)
$\quad\quad\gamma$	(→E)
$\quad\beta\to\gamma$	(→I)
$\alpha\to(\beta\to\gamma)$	(→I)
$(\alpha\wedge\beta\to\gamma)\to(\alpha\to(\beta\to\gamma))$	(→I)

定理 39 $\vdash(\alpha\to(\beta\to\gamma))\leftrightarrow(\alpha\wedge\beta\to\gamma)$。

证明 由定理 37 和定理 38 可得：$\vdash(\alpha\to(\beta\to\gamma))\leftrightarrow(\alpha\wedge\beta\to\gamma)$。

定理 40 $\vdash(\alpha\to(\alpha\to\beta))\to(\alpha\to\beta)$。

证明

$\alpha\to(\alpha\to\beta)$	(Hyp)
α	(Hyp)
$\alpha\to(\alpha\to\beta)$	(Reit)
$\alpha\to\beta$	(→E)
β	(→E)
$\alpha\to\beta$	(→I)
$(\alpha\to(\alpha\to\beta))\to(\alpha\to\beta)$	(→I)

定理 41　$\vdash(\alpha\to\beta)\to(\alpha\to(\alpha\to\beta))$。

证明

$\alpha\to\beta$	(Hyp)
α	(Hyp)
$\alpha\to\beta$	(Reit)
$\alpha\to(\alpha\to\beta)$	(→I)
$(\alpha\to\beta)\to(\alpha\to(\alpha\to\beta))$	(→I)

定理 42　$\vdash(\alpha\to(\alpha\to\beta))\leftrightarrow(\alpha\to\beta)$。

证明　由定理 40 和定理 41 可得：$\vdash(\alpha\to(\alpha\to\beta))\leftrightarrow(\alpha\to\beta)$。

定理 43　$\vdash\alpha\vee(\beta\wedge\gamma)\to(\alpha\vee\beta)\wedge(\alpha\vee\gamma)$。

证明

$\alpha\vee(\beta\wedge\gamma)$	(Hyp)
α	(Hyp)
$\alpha\vee\beta$	(∨I)
$\alpha\vee\gamma$	(∨I)
$(\alpha\vee\beta)\wedge(\alpha\vee\gamma)$	(∧I)
$\alpha\to(\alpha\vee\beta)\wedge(\alpha\vee\gamma)$	(→I)
$\beta\wedge\gamma$	(Hyp)
β	(∧E)
γ	(∧E)
$\alpha\vee\beta$	(∨I)
$\alpha\vee\gamma$	(∨I)
$(\alpha\vee\beta)\wedge(\alpha\vee\gamma)$	(∧E)
$(\beta\wedge\gamma)\to(\alpha\vee\beta)\wedge(\alpha\vee\gamma)$	(→I)
$(\alpha\vee\beta)\wedge(\alpha\vee\gamma)$	(∨E)
$\alpha\vee(\beta\wedge\gamma)\to(\alpha\vee\beta)\wedge(\alpha\vee\gamma)$	(→I)

定理 44　$\vdash(\alpha\vee\beta)\wedge(\alpha\vee\gamma)\to\alpha\vee(\beta\wedge\gamma)$。

证明

$$
\begin{array}{lr}
|(\alpha\vee\beta)\wedge(\alpha\vee\gamma) & (\mathrm{Hyp})\\
|\alpha\vee\beta & (\wedge\mathrm{E})\\
|\alpha\vee\gamma & (\wedge\mathrm{E})\\
|\quad|\alpha & (\mathrm{Hyp})\\
|\quad|\alpha\vee(\beta\wedge\gamma) & (\vee\mathrm{I})\\
|\alpha\to\alpha\vee(\beta\wedge\gamma) & (\to\mathrm{I})\\
|\quad|\beta & (\mathrm{Hyp})\\
|\quad|\quad|\gamma & (\mathrm{Hyp})\\
|\quad|\quad|\beta & (\mathrm{Reit})\\
|\quad|\quad|\beta\wedge\gamma & (\wedge\mathrm{I})\\
|\quad|\quad|\alpha\vee(\beta\wedge\gamma) & (\vee\mathrm{I})\\
|\quad|\gamma\to\alpha\vee(\beta\wedge\gamma) & (\to\mathrm{I})\\
|\quad|\alpha\to\alpha\vee(\beta\wedge\gamma) & (\mathrm{Reit})\\
|\quad|\alpha\vee\gamma & (\mathrm{Reit})\\
|\quad|\alpha\vee(\beta\wedge\gamma) & (\vee\mathrm{E})\\
|\beta\to\alpha\vee(\beta\wedge\gamma) & (\to\mathrm{I})\\
|\alpha\vee(\beta\wedge\gamma) & (\vee\mathrm{E})\\
(\alpha\vee\beta)\wedge(\alpha\vee\gamma)\to\alpha\vee(\beta\wedge\gamma) & (\to\mathrm{I})
\end{array}
$$

定理 45 $\vdash\alpha\vee(\beta\wedge\gamma)\leftrightarrow(\alpha\vee\beta)\wedge(\alpha\vee\gamma)$。

证明 由定理 43 和定理 44 可得：$\vdash\alpha\vee(\beta\wedge\gamma)\leftrightarrow(\alpha\vee\beta)\wedge(\alpha\vee\gamma)$。

定理 46 $\vdash\alpha\wedge(\beta\vee\gamma)\to(\alpha\wedge\beta)\vee(\alpha\wedge\gamma)$。

证明

$$
\begin{array}{lr}
|\alpha\wedge(\beta\vee\gamma) & (\mathrm{Hyp})\\
|\alpha & (\wedge\mathrm{E})\\
|\beta\vee\gamma & (\wedge\mathrm{E})\\
|\quad|\beta & (\mathrm{Hyp})\\
|\quad|\alpha\wedge\beta & (\wedge\mathrm{I})\\
|\quad|(\alpha\wedge\beta)\vee(\alpha\wedge\gamma) & (\vee\mathrm{I})\\
|\beta\to(\alpha\wedge\beta)\vee(\alpha\wedge\gamma) & (\to\mathrm{I})\\
|\quad|\gamma & (\mathrm{Hyp})\\
|\quad|\alpha\wedge\gamma & (\wedge\mathrm{I})\\
|\quad|(\alpha\wedge\beta)\vee(\alpha\wedge\gamma) & (\vee\mathrm{I})\\
|\gamma\to(\alpha\wedge\beta)\vee(\alpha\wedge\gamma) & (\to\mathrm{I})\\
|(\alpha\wedge\beta)\vee(\alpha\wedge\gamma) & (\vee\mathrm{E})\\
\alpha\wedge(\beta\vee\gamma)\to(\alpha\wedge\beta)\vee(\alpha\wedge\gamma) & (\to\mathrm{I})
\end{array}
$$

定理 47　$\vdash(\alpha\wedge\beta)\vee(\alpha\wedge\gamma)\to\alpha\wedge(\beta\vee\gamma)$。

证明

$\mid (\alpha\wedge\beta)\vee(\alpha\wedge\gamma)$	(Hyp)
$\mid\quad\mid \alpha\wedge\beta$	(Hyp)
$\mid\quad\mid \alpha$	(∧E)
$\mid\quad\mid \beta$	(∧E)
$\mid\quad\mid \beta\vee\gamma$	(∨I)
$\mid\quad\mid \alpha\wedge(\beta\vee\gamma)$	(∧I)
$\mid (\alpha\wedge\beta)\to\alpha\wedge(\beta\vee\gamma)$	(→I)
$\mid\quad\mid \alpha\wedge\gamma$	(Hyp)
$\mid\quad\mid \alpha$	(∧E)
$\mid\quad\mid \gamma$	(∧E)
$\mid\quad\mid \beta\vee\gamma$	(∨I)
$\mid\quad\mid \alpha\wedge(\beta\vee\gamma)$	(∧I)
$\mid (\alpha\wedge\gamma)\to\alpha\wedge(\beta\vee\gamma)$	(→I)
$\mid \alpha\wedge(\beta\vee\gamma)$	(∨E)
$(\alpha\wedge\beta)\vee(\alpha\wedge\gamma)\to\alpha\wedge(\beta\vee\gamma)$	(→I)

定理 48　$\vdash\alpha\wedge(\beta\vee\gamma)\leftrightarrow(\alpha\wedge\beta)\vee(\alpha\wedge\gamma)$。

证明　由定理 46 和定理 47 可得：$\vdash\alpha\wedge(\beta\vee\gamma)\leftrightarrow(\alpha\wedge\beta)\vee(\alpha\wedge\gamma)$。

定理 49　$\vdash(\alpha\to\beta)\wedge(\alpha\to\gamma)\to(\alpha\to\beta\wedge\gamma)$。

证明

$\mid (\alpha\to\beta)\wedge(\alpha\to\gamma)$	(Hyp)
$\mid \alpha\to\beta$	(∧E)
$\mid \alpha\to\gamma$	(∧E)
$\mid\quad\mid \alpha$	(Hyp)
$\mid\quad\mid \alpha\to\beta$	(Reit)
$\mid\quad\mid \beta$	(→E)
$\mid\quad\mid \alpha\to\gamma$	(Reit)
$\mid\quad\mid \gamma$	(→E)
$\mid\quad\mid \beta\wedge\gamma$	(∧I)
$\mid \alpha\to\beta\wedge\gamma$	(→I)
$(\alpha\to\beta)\wedge(\alpha\to\gamma)\to(\alpha\to\beta\wedge\gamma)$	(→I)

定理 50　$\vdash(\alpha\to\beta)\to(\neg\alpha\vee\beta)$。

证明

$$
\begin{array}{ll}
\alpha \to \beta & (\text{Hyp}) \\
\quad \neg(\neg\alpha \vee \beta) & (\text{Hyp}) \\
\quad \neg(\neg\alpha \vee \beta) \to \neg\neg\alpha \wedge \neg\beta & (\text{定理 22}) \\
\quad \neg\neg\alpha \wedge \neg\beta & (\to \text{E}) \\
\quad \neg\neg\alpha & (\wedge \text{E}) \\
\quad \neg\beta & (\wedge \text{E}) \\
\quad \neg\neg\alpha \to \alpha & (\text{定理 9}) \\
\quad \alpha & (\to \text{E}) \\
\quad \alpha \to \beta & (\text{Reit}) \\
\quad \beta & (\to \text{E}) \\
\neg\alpha \vee \beta & (\neg) \\
(\alpha \to \beta) \to (\neg\alpha \vee \beta) & (\to \text{I})
\end{array}
$$

定理 51 $\vdash (\neg\alpha \vee \beta) \to (\alpha \to \beta)$。

证明

$$
\begin{array}{ll}
\neg\alpha \vee \beta & (\text{Hyp}) \\
\quad \alpha & (\text{Hyp}) \\
\quad\quad \neg\beta & (\text{Hyp}) \\
\quad\quad \alpha \to \neg\neg\alpha & (\text{定理 8}) \\
\quad\quad \neg\neg\alpha & (\to \text{E}) \\
\quad\quad \neg\neg\alpha \wedge \neg\beta & (\wedge \text{I}) \\
\quad\quad (\neg\neg\alpha \wedge \neg\beta) \to \neg(\neg\alpha \vee \beta) & (\text{定理 23}) \\
\quad\quad \neg(\neg\alpha \vee \beta) & (\to \text{E}) \\
\quad \beta & (\neg) \\
\alpha \to \beta & (\to \text{I}) \\
(\neg\alpha \vee \beta) \to (\alpha \to \beta) & (\to \text{I})
\end{array}
$$

定理 52 $\vdash (\alpha \to \beta) \leftrightarrow (\neg\alpha \vee \beta)$。

证明 由定理 50 和定理 51 可得：$\vdash (\alpha \to \beta) \leftrightarrow (\neg\alpha \vee \beta)$。

定理 53 $\vdash (\alpha \to \beta) \to \neg(\alpha \wedge \neg\beta)$。

证明

$\alpha \to \beta$	(Hyp)
$\quad \neg\neg(\alpha \wedge \neg\beta)$	(Hyp)
$\quad \neg\neg(\alpha \wedge \neg\beta) \to (\alpha \wedge \neg\beta)$	(定理 9)
$\quad \alpha \wedge \neg\beta$	$(\to \mathrm{E})$
$\quad \alpha$	$(\wedge \mathrm{E})$
$\quad \neg\beta$	$(\wedge \mathrm{E})$
$\quad \alpha \to \beta$	(Reit)
$\quad \beta$	$(\to \mathrm{E})$
$\neg(\alpha \wedge \neg\beta)$	$(\neg)$
$(\alpha \to \beta) \to \neg(\alpha \wedge \neg\beta)$	$(\to \mathrm{I})$

定理 54　$\vdash \neg(\alpha \wedge \neg\beta) \to (\alpha \to \beta)$。

证明

$\neg(\alpha \wedge \neg\beta)$	(Hyp)
$\quad \alpha$	(Hyp)
$\quad\quad \neg\beta$	(Hyp)
$\quad\quad \alpha$	(Reit)
$\quad\quad \alpha \wedge \neg\beta$	$(\wedge \mathrm{I})$
$\quad\quad \neg(\alpha \wedge \neg\beta)$	(Reit)
$\quad \beta$	$(\neg)$
$\alpha \to \beta$	$(\to \mathrm{I})$
$\neg(\alpha \wedge \neg\beta) \to (\alpha \to \beta)$	$(\to \mathrm{I})$

定理 55　$\vdash (\alpha \to \beta) \leftrightarrow \neg(\alpha \wedge \neg\beta)$。

证明　由定理 53 和定理 54 可得：$\vdash (\alpha \to \beta) \leftrightarrow \neg(\alpha \wedge \neg\beta)$。

定理 56　$\vdash (\alpha \wedge \beta) \to \neg(\neg\alpha \vee \neg\beta)$。

证明

$\alpha \wedge \beta$	(Hyp)
$\quad \neg\neg(\neg\alpha \vee \neg\beta)$	(Hyp)
$\quad \neg\neg(\neg\alpha \vee \neg\beta) \to \neg\alpha \vee \neg\beta$	(定理 9)
$\quad \neg\alpha \vee \neg\beta$	$(\to \mathrm{E})$
$\quad (\neg\alpha \vee \neg\beta) \to \neg(\alpha \wedge \beta)$	(定理 17)
$\quad \neg(\alpha \wedge \beta)$	$(\to \mathrm{E})$
$\quad \alpha \wedge \beta$	(Reit)
$\neg(\neg\alpha \vee \neg\beta)$	$(\neg)$
$(\alpha \wedge \beta) \to \neg(\neg\alpha \vee \neg\beta)$	$(\to \mathrm{I})$

定理 57　$\vdash \neg(\neg\alpha \vee \neg\beta) \rightarrow (\alpha \wedge \beta)$。

证明

1	$\neg(\neg\alpha \vee \neg\beta)$	(Hyp)
2	$\neg(\alpha \wedge \beta)$	(Hyp)
3	$\neg(\alpha \wedge \beta) \rightarrow (\neg\alpha \vee \neg\beta)$	(定理 16)
4	$\neg\alpha \vee \neg\beta$	($\rightarrow$E)
5	$\neg(\neg\alpha \vee \neg\beta)$	(Reit)
6	$\alpha \wedge \beta$	($\neg$)
7	$\neg(\neg\alpha \vee \neg\beta) \rightarrow (\alpha \wedge \beta)$	($\rightarrow$I)

定理 58　$\vdash (\alpha \wedge \beta) \leftrightarrow \neg(\neg\alpha \vee \neg\beta)$。

证明　由定理 56 和定理 57 可得：$\vdash (\alpha \wedge \beta) \leftrightarrow \neg(\neg\alpha \vee \neg\beta)$。

定理 59　$\vdash (\alpha \vee \beta) \rightarrow \neg(\neg\alpha \wedge \neg\beta)$。

证明

1	$\alpha \vee \beta$	(Hyp)
2	$\neg\neg(\neg\alpha \wedge \neg\beta)$	(Hyp)
3	$\neg\neg(\neg\alpha \wedge \neg\beta) \rightarrow (\neg\alpha \wedge \neg\beta)$	(定理 9)
4	$\neg\alpha \wedge \neg\beta$	($\rightarrow$E)
5	$(\neg\alpha \wedge \neg\beta) \rightarrow \neg(\alpha \vee \beta)$	(定理 23)
6	$\neg(\alpha \vee \beta)$	($\rightarrow$E)
7	$\alpha \vee \beta$	(Reit)
8	$\neg(\neg\alpha \wedge \neg\beta)$	($\neg$)
9	$(\alpha \vee \beta) \rightarrow \neg(\neg\alpha \wedge \neg\beta)$	($\rightarrow$I)

定理 60　$\vdash \neg(\neg\alpha \wedge \neg\beta) \rightarrow (\alpha \vee \beta)$。

证明

1	$\neg(\neg\alpha \wedge \neg\beta)$	(Hyp)
2	$\neg(\alpha \vee \beta)$	(Hyp)
3	$\neg(\alpha \vee \beta) \rightarrow (\neg\alpha \wedge \neg\beta)$	(定理 22)
4	$\neg\alpha \wedge \neg\beta$	($\rightarrow$E)
5	$\neg(\neg\alpha \wedge \neg\beta)$	(Reit)
6	$\alpha \vee \beta$	($\neg$)
7	$\neg(\neg\alpha \wedge \neg\beta) \rightarrow (\alpha \vee \beta)$	($\rightarrow$I)

定理 61　$\vdash (\alpha \vee \beta) \leftrightarrow \neg(\neg\alpha \wedge \neg\beta)$。

证明　由定理 59 和定理 60 可得：$\vdash (\alpha \vee \beta) \leftrightarrow \neg(\neg\alpha \wedge \neg\beta)$。

定理 62　$\vdash (\alpha \leftrightarrow \beta) \rightarrow (\neg\beta \leftrightarrow \neg\alpha)$。

证明

$\alpha\leftrightarrow\beta$	(Hyp)
$\alpha\rightarrow\beta$	($\leftrightarrow$E)
$\beta\rightarrow\alpha$	($\leftrightarrow$E)
$(\alpha\rightarrow\beta)\rightarrow(\neg\beta\rightarrow\neg\alpha)$	(定理 11)
$\neg\beta\rightarrow\neg\alpha$	($\rightarrow$E)
$(\beta\rightarrow\alpha)\rightarrow(\neg\alpha\rightarrow\neg\beta)$	(定理 11)
$\neg\alpha\rightarrow\neg\beta$	($\rightarrow$E)
$\neg\beta\leftrightarrow\neg\alpha$	($\leftrightarrow$I)
$(\alpha\leftrightarrow\beta)\rightarrow(\neg\beta\leftrightarrow\neg\alpha)$	($\rightarrow$I)

定理 63　$\vdash(\alpha\leftrightarrow\beta)\rightarrow((\beta\leftrightarrow\gamma)\rightarrow(\alpha\leftrightarrow\gamma))$。

证明

$\alpha\leftrightarrow\beta$	(Hyp)
$\beta\leftrightarrow\gamma$	(Hyp)
α	(Hyp)
$\alpha\rightarrow\beta$	($\leftrightarrow$E)
β	($\rightarrow$E)
$\beta\rightarrow\gamma$	($\leftrightarrow$E)
γ	($\rightarrow$E)
$\alpha\rightarrow\gamma$	($\rightarrow$I)
γ	(Hyp)
$\gamma\rightarrow\beta$	($\leftrightarrow$E)
β	($\rightarrow$E)
$\beta\rightarrow\alpha$	($\leftrightarrow$E)
α	($\rightarrow$E)
$\gamma\rightarrow\alpha$	($\rightarrow$I)
$\alpha\leftrightarrow\gamma$	($\leftrightarrow$I)
$(\beta\leftrightarrow\gamma)\rightarrow(\alpha\leftrightarrow\gamma)$	($\rightarrow$I)
$(\alpha\leftrightarrow\beta)\rightarrow((\beta\leftrightarrow\gamma)\rightarrow(\alpha\leftrightarrow\gamma))$	($\rightarrow$I)

定理 64　$\vdash(\alpha\leftrightarrow\beta)\rightarrow(\beta\leftrightarrow\alpha)$。

证明

$$
\begin{array}{l|ll}
 & \alpha\leftrightarrow\beta & \text{(Hyp)} \\
 & \alpha\rightarrow\beta & (\leftrightarrow\text{E}) \\
 & \beta\rightarrow\alpha & (\leftrightarrow\text{E}) \\
 & \beta\leftrightarrow\alpha & (\leftrightarrow\text{I}) \\
\multicolumn{2}{l}{(\alpha\leftrightarrow\beta)\rightarrow(\beta\leftrightarrow\alpha)} & (\rightarrow\text{I})
\end{array}
$$

定理 65　$\vdash(\alpha\leftrightarrow\beta)\rightarrow(\neg\alpha\vee\beta)\wedge(\neg\beta\vee\alpha)$。

证明

$$
\begin{array}{l|ll}
 & \alpha\leftrightarrow\beta & \text{(Hyp)} \\
 & \alpha\rightarrow\beta & (\leftrightarrow\text{E}) \\
 & (\alpha\rightarrow\beta)\rightarrow(\neg\alpha\vee\beta) & (\text{定理 }50) \\
 & \neg\alpha\vee\beta & (\rightarrow\text{E}) \\
 & (\beta\rightarrow\alpha)\rightarrow(\neg\beta\vee\alpha) & (\text{定理 }50) \\
 & \neg\beta\vee\alpha & (\rightarrow\text{E}) \\
 & (\neg\alpha\vee\beta)\wedge(\neg\beta\vee\alpha) & (\wedge\text{I}) \\
\multicolumn{2}{l}{(\alpha\leftrightarrow\beta)\rightarrow(\neg\alpha\vee\beta)\wedge(\neg\beta\vee\alpha)} & (\rightarrow\text{I})
\end{array}
$$

定理 66　$\vdash(\neg\alpha\vee\beta)\wedge(\neg\beta\vee\alpha)\rightarrow(\alpha\leftrightarrow\beta)$。

证明

$$
\begin{array}{l|ll}
 & (\neg\alpha\vee\beta)\wedge(\neg\beta\vee\alpha) & \text{(Hyp)} \\
 & \neg\alpha\vee\beta & (\wedge\text{E}) \\
 & \neg\beta\vee\alpha & (\wedge\text{E}) \\
 & (\neg\alpha\vee\beta)\rightarrow(\alpha\rightarrow\beta) & (\text{定理 }51) \\
 & (\neg\beta\vee\alpha)\rightarrow(\beta\rightarrow\alpha) & (\text{定理 }51) \\
 & \alpha\rightarrow\beta & (\rightarrow\text{E}) \\
 & \beta\rightarrow\alpha & (\rightarrow\text{E}) \\
 & \alpha\leftrightarrow\beta & (\leftrightarrow\text{I}) \\
\multicolumn{2}{l}{(\neg\alpha\vee\beta)\wedge(\neg\beta\vee\alpha)\rightarrow(\alpha\leftrightarrow\beta)} & (\rightarrow\text{I})
\end{array}
$$

定理 67　$\vdash(\alpha\leftrightarrow\beta)\leftrightarrow(\neg\alpha\vee\beta)\wedge(\neg\beta\vee\alpha)$。

证明　由定理 65 和定理 66 可得：$\vdash(\alpha\leftrightarrow\beta)\leftrightarrow(\neg\alpha\vee\beta)\wedge(\neg\beta\vee\alpha)$。

定理 68　$\vdash(\alpha\leftrightarrow\beta)\rightarrow(\alpha\rightarrow\beta)\wedge(\beta\rightarrow\alpha)$。

证明

$$
\begin{array}{l|ll}
 & \alpha\leftrightarrow\beta & \text{(Hyp)} \\
 & \alpha\rightarrow\beta & (\leftrightarrow\text{E}) \\
 & \beta\rightarrow\alpha & (\leftrightarrow\text{E}) \\
 & (\alpha\rightarrow\beta)\wedge(\beta\rightarrow\alpha) & (\wedge\text{I}) \\
\multicolumn{2}{l}{(\alpha\leftrightarrow\beta)\rightarrow(\alpha\rightarrow\beta)\wedge(\beta\rightarrow\alpha)} & (\rightarrow\text{I})
\end{array}
$$

定理 69　$\vdash(\alpha\to\beta)\wedge(\beta\to\alpha)\to(\alpha\leftrightarrow\beta)$。

证明

$(\alpha\to\beta)\wedge(\beta\to\alpha)$	(Hyp)
$\alpha\to\beta$	(∧E)
$\beta\to\alpha$	(∧E)
$\alpha\leftrightarrow\beta$	(↔I)
$(\alpha\to\beta)\wedge(\beta\to\alpha)\to(\alpha\leftrightarrow\beta)$	(→I)

定理 70　$\vdash(\alpha\leftrightarrow\beta)\leftrightarrow(\alpha\to\beta)\wedge(\beta\to\alpha)$。

证明　由定理 68 和定理 69 可得：$\vdash(\alpha\leftrightarrow\beta)\leftrightarrow(\alpha\to\beta)\wedge(\beta\to\alpha)$。

定理 71　$\vdash(\alpha\leftrightarrow\beta)\to(\alpha\wedge\beta)\vee(\neg\alpha\wedge\neg\beta)$。

证明

$\alpha\leftrightarrow\beta$	(Hyp)
$\alpha\to\beta$	(↔E)
$\beta\to\alpha$	(↔E)
$\neg((\alpha\wedge\beta)\vee(\neg\alpha\wedge\neg\beta))$	(Hyp)
$\neg(\alpha\wedge\beta)\wedge\neg(\neg\alpha\wedge\neg\beta)$	(→E)
$\neg(\alpha\wedge\beta)$	(∧E)
$\neg(\neg\alpha\wedge\neg\beta)$	(∧E)
$\neg\neg\alpha\vee\neg\neg\beta$	(→E)
$\neg\neg\alpha$	(Hyp)
$\neg\neg\alpha\to\alpha$	(定理 9)
α	(→E)
β	(→E)
$\alpha\wedge\beta$	(∧I)
$\neg\neg\alpha\to\alpha\wedge\beta$	(→I)
$\neg\neg\beta$	(Hyp)
$\neg\neg\beta\to\beta$	(定理 9)
β	(→E)
α	(→E)
$\alpha\wedge\beta$	(∧I)
$\neg\neg\beta\to\alpha\wedge\beta$	(→I)
$\alpha\wedge\beta$	(∨E)
$(\alpha\wedge\beta)\vee(\neg\alpha\wedge\neg\beta)$	(¬)
$(\alpha\leftrightarrow\beta)\to(\alpha\wedge\beta)\vee(\neg\alpha\wedge\neg\beta)$	(→I)

定理 72　$\vdash(\alpha\wedge\beta)\vee(\neg\alpha\wedge\neg\beta)\to(\alpha\leftrightarrow\beta)$。

证明

$(\alpha\wedge\beta)\vee(\neg\alpha\wedge\neg\beta)$	(Hyp)
$\quad\alpha\wedge\beta$	(Hyp)
$\quad\quad\alpha$	(Hyp)
$\quad\quad\alpha\wedge\beta$	(Reit)
$\quad\quad\beta$	(∧E)
$\quad\alpha\to\beta$	(→I)
$\quad\quad\beta$	(Hyp)
$\quad\quad\alpha\wedge\beta$	(Reit)
$\quad\quad\alpha$	(∧E)
$\quad\beta\to\alpha$	(→I)
$\quad\alpha\leftrightarrow\beta$	(↔I)
$(\alpha\wedge\beta)\to(\alpha\leftrightarrow\beta)$	(→I)
$\quad\neg\alpha\wedge\neg\beta$	(Hyp)
$\quad\quad\alpha$	(Hyp)
$\quad\quad\quad\neg\beta$	(Hyp)
$\quad\quad\quad\alpha$	(Reit)
$\quad\quad\quad\neg\alpha\wedge\neg\beta$	(Reit)
$\quad\quad\quad\neg\alpha$	(∧E)
$\quad\quad\beta$	(¬)
$\quad\alpha\to\beta$	(→I)
$\quad\quad\beta$	(Hyp)
$\quad\quad\quad\neg\alpha$	(Hyp)
$\quad\quad\quad\beta$	(Reit)
$\quad\quad\quad\neg\alpha\wedge\neg\beta$	(Reit)
$\quad\quad\quad\neg\beta$	(∧E)
$\quad\quad\alpha$	(¬)
$\quad\beta\to\alpha$	(→I)
$\quad\alpha\leftrightarrow\beta$	(↔I)
$(\neg\alpha\wedge\neg\beta)\to(\alpha\leftrightarrow\beta)$	(→I)
$\alpha\leftrightarrow\beta$	(∨E)
$(\alpha\wedge\beta)\vee(\neg\alpha\wedge\neg\beta)\to(\alpha\leftrightarrow\beta)$	(→I)

定理 73　$\vdash(\alpha\leftrightarrow\beta)\leftrightarrow(\alpha\wedge\beta)\vee(\neg\alpha\wedge\neg\beta)$。

证明　由定理 71 和定理 72 可得：$\vdash(\alpha\leftrightarrow\beta)\leftrightarrow(\alpha\wedge\beta)\vee(\neg\alpha\wedge\neg\beta)$。

定理 74　$\vdash(\alpha\to\beta)\to((\beta\to\alpha)\to(\alpha\leftrightarrow\beta))$。

证明

$$
\begin{array}{ll}
\mid\ \alpha\to\beta & \text{(Hyp)}\\
\mid\ \mid\ \beta\to\alpha & \text{(Hyp)}\\
\mid\ \mid\ \alpha\to\beta & \text{(Reit)}\\
\mid\ \mid\ \alpha\leftrightarrow\beta & (\leftrightarrow \mathrm{I})\\
\mid\ (\beta\to\alpha)\to(\alpha\leftrightarrow\beta) & (\to \mathrm{I})\\
(\alpha\to\beta)\to((\beta\to\alpha)\to(\alpha\leftrightarrow\beta)) & (\to \mathrm{I})
\end{array}
$$

定理 75　$\vdash(\alpha\vee\beta)\to(\neg\alpha\to\beta)$。

证明

$$
\begin{array}{ll}
\mid\ \alpha\vee\beta & \text{(Hyp)}\\
\mid\ \mid\ \neg\alpha & \text{(Hyp)}\\
\mid\ \mid\ \mid\ \neg\beta & \text{(Hyp)}\\
\mid\ \mid\ \mid\ \neg\alpha & \text{(Reit)}\\
\mid\ \mid\ \mid\ \neg\alpha\wedge\neg\beta & (\wedge \mathrm{I})\\
\mid\ \mid\ \mid\ (\neg\alpha\wedge\neg\beta)\to\neg(\alpha\vee\beta) & \text{(定理 23)}\\
\mid\ \mid\ \mid\ \neg(\alpha\vee\beta) & (\to \mathrm{E})\\
\mid\ \mid\ \mid\ \alpha\vee\beta & \text{(Reit)}\\
\mid\ \mid\ \beta & (\neg)\\
\mid\ \neg\alpha\to\beta & (\to \mathrm{I})\\
(\alpha\vee\beta)\to(\neg\alpha\to\beta) & (\to \mathrm{I})
\end{array}
$$

定理 76　$\vdash(\neg\alpha\to\beta)\to(\alpha\vee\beta)$。

证明

$$
\begin{array}{ll}
\mid\ \neg\alpha\to\beta & \text{(Hyp)}\\
\mid\ \mid\ \neg(\alpha\vee\beta) & \text{(Hyp)}\\
\mid\ \mid\ \neg(\alpha\vee\beta)\to(\neg\alpha\wedge\neg\beta) & \text{(定理 22)}\\
\mid\ \mid\ \neg\alpha\wedge\neg\beta & (\to \mathrm{E})\\
\mid\ \mid\ \neg\alpha & (\wedge \mathrm{E})\\
\mid\ \mid\ \neg\beta & (\wedge \mathrm{E})\\
\mid\ \mid\ \neg\alpha\to\beta & \text{(Reit)}\\
\mid\ \mid\ \beta & (\to \mathrm{E})\\
\mid\ \mid\ \alpha\vee\beta & (\vee \mathrm{I})\\
\mid\ \alpha\vee\beta & (\neg)\\
(\neg\alpha\to\beta)\to(\alpha\vee\beta) & (\to \mathrm{I})
\end{array}
$$

定理 77　$\vdash(\alpha\vee\beta)\leftrightarrow(\neg\alpha\rightarrow\beta)$。

证明　由定理 75 和定理 76 可得：$\vdash(\alpha\vee\beta)\leftrightarrow(\neg\alpha\rightarrow\beta)$。

定理 78　$\vdash\neg(\alpha\vee\beta)\rightarrow\neg(\neg\alpha\rightarrow\beta)$。

证明

$\quad\mid\ \neg(\neg(\alpha\vee\beta)\rightarrow\neg(\neg\alpha\rightarrow\beta))$	(Hyp)
$\quad\mid\ (\neg\alpha\rightarrow\beta)\rightarrow(\alpha\vee\beta)$	(定理 76)
$\quad\mid\ ((\neg\alpha\rightarrow\beta)\rightarrow(\alpha\vee\beta))\rightarrow$ $(\neg(\alpha\vee\beta)\rightarrow\neg(\neg\alpha\rightarrow\beta))$	(定理 13)
$\quad\mid\ \neg(\alpha\vee\beta)\rightarrow\neg(\neg\alpha\rightarrow\beta)$	$(\rightarrow\mathrm{E})$
$\neg(\alpha\vee\beta)\rightarrow\neg(\neg\alpha\rightarrow\beta)$	$(\neg)$

定理 79　$\vdash\neg(\neg\alpha\rightarrow\beta)\rightarrow\neg(\alpha\vee\beta)$。

证明

$\quad\mid\ \neg(\neg(\neg\alpha\rightarrow\beta)\rightarrow\neg(\alpha\vee\beta))$	(Hyp)
$\quad\mid\ (\alpha\vee\beta)\rightarrow(\neg\alpha\rightarrow\beta)$	(定理 75)
$\quad\mid\ ((\alpha\vee\beta)\rightarrow(\neg\alpha\rightarrow\beta))\rightarrow$ $(\neg(\neg\alpha\rightarrow\beta)\rightarrow\neg(\alpha\vee\beta))$	(定理 13)
$\quad\mid\ \neg(\neg\alpha\rightarrow\beta)\rightarrow\neg(\alpha\vee\beta)$	$(\rightarrow\mathrm{E})$
$\neg(\neg\alpha\rightarrow\beta)\rightarrow\neg(\alpha\vee\beta)$	$(\neg)$

定理 80　$\vdash\neg(\alpha\vee\beta)\leftrightarrow\neg(\neg\alpha\rightarrow\beta)$。

证明　由定理 78 和定理 79 可得：$\vdash\neg(\alpha\vee\beta)\leftrightarrow\neg(\neg\alpha\rightarrow\beta)$。

定理 81　$\vdash\neg(\neg\alpha\vee\neg\beta)\rightarrow\neg(\alpha\rightarrow\neg\beta)$。

证明

$\quad\mid\ \neg(\neg\alpha\vee\neg\beta)$	(Hyp)
$\quad\mid\ \neg(\neg\alpha\vee\neg\beta)\rightarrow(\neg\neg\alpha\wedge\neg\neg\beta)$	(定理 22)
$\quad\mid\ \neg\neg\alpha\wedge\neg\neg\beta$	$(\rightarrow\mathrm{E})$
$\quad\mid\ \neg\neg\alpha$	$(\wedge\mathrm{E})$
$\quad\mid\ \neg\neg\alpha\rightarrow\alpha$	(定理 9)
$\quad\mid\ \alpha$	$(\rightarrow\mathrm{E})$
$\quad\mid\ \neg\neg\beta$	$(\wedge\mathrm{E})$
$\quad\mid\ \neg\neg\beta\rightarrow\beta$	(定理 9)
$\quad\mid\ \beta$	$(\rightarrow\mathrm{E})$
$\quad\mid\quad\mid\ \neg\neg(\alpha\rightarrow\neg\beta)$	(Hyp)
$\quad\mid\quad\mid\ \neg\neg(\alpha\rightarrow\neg\beta)\rightarrow(\alpha\rightarrow\neg\beta)$	(定理 9)
$\quad\mid\quad\mid\ \alpha\rightarrow\neg\beta$	$(\rightarrow\mathrm{E})$
$\quad\mid\quad\mid\ \alpha$	(Reit)
$\quad\mid\quad\mid\ \neg\beta$	$(\rightarrow\mathrm{E})$
$\quad\mid\quad\mid\ \beta$	(Reit)
$\quad\mid\ \neg(\alpha\rightarrow\neg\beta)$	$(\neg)$
$\neg(\neg\alpha\vee\neg\beta)\rightarrow\neg(\alpha\rightarrow\neg\beta)$	$(\rightarrow\mathrm{I})$

定理 82　$\vdash \neg(\alpha \to \neg\beta) \to \neg(\neg\alpha \vee \neg\beta)$。

证明

$\neg(\alpha \to \neg\beta)$	(Hyp)
$\neg\neg(\neg\alpha \vee \neg\beta)$	(Hyp)
$\neg\neg(\neg\alpha \vee \neg\beta) \to (\neg\alpha \vee \neg\beta)$	(定理 9)
$(\neg\alpha \vee \neg\beta)$	(→E)
$(\neg\alpha \vee \neg\beta) \to (\neg\neg\alpha \to \neg\beta)$	(定理 75)
$\neg\neg\alpha \to \neg\beta$	(→E)
$(\alpha \to \neg\neg\alpha) \to ((\neg\neg\alpha \to \neg\beta) \to (\alpha \to \neg\beta))$	(定理 4)
$\alpha \to \neg\neg\alpha$	(定理 8)
$(\neg\neg\alpha \to \neg\beta) \to (\alpha \to \neg\beta)$	(→E)
$\alpha \to \neg\beta$	(→E)
$\neg(\alpha \to \neg\beta)$	(Reit)
$\neg(\neg\alpha \vee \neg\beta)$	(¬)
$\neg(\alpha \to \neg\beta) \to \neg(\neg\alpha \vee \neg\beta)$	(→I)

定理 83　$\vdash \neg(\neg\alpha \vee \neg\beta) \leftrightarrow \neg(\alpha \to \neg\beta)$。

证明　由定理 81 和定理 82 可得：$\vdash \neg(\neg\alpha \vee \neg\beta) \leftrightarrow \neg(\alpha \to \neg\beta)$。

定理 84　$\vdash (\alpha \wedge \beta) \to \neg(\alpha \to \neg\beta)$。

证明

$\alpha \wedge \beta$	(Hyp)
$\neg\neg(\alpha \to \neg\beta)$	(Hyp)
$\neg\neg(\alpha \to \neg\beta) \to (\alpha \to \neg\beta)$	(定理 9)
$\alpha \to \neg\beta$	(→E)
$\alpha \wedge \beta$	(Reit)
α	(∧E)
β	(∧E)
$\neg\beta$	(→E)
$\neg(\alpha \to \neg\beta)$	(¬)
$(\alpha \wedge \beta) \to \neg(\alpha \to \neg\beta)$	(→I)

定理 85　$\vdash \neg(\alpha \to \neg\beta) \to (\alpha \wedge \beta)$。

证明

$$
\begin{array}{ll}
\quad \neg(\alpha\to\neg\beta) & (\text{Hyp})\\
\quad \neg(\alpha\to\neg\beta)\to\neg(\neg\alpha\vee\neg\beta) & (\text{定理 }82)\\
\quad \neg(\neg\alpha\vee\neg\beta) & (\to\text{E})\\
\quad \neg(\neg\alpha\vee\neg\beta)\to(\neg\neg\alpha\wedge\neg\neg\beta) & (\text{定理 }24)\\
\quad \neg\neg\alpha\wedge\neg\neg\beta & (\to\text{E})\\
\quad \neg\neg\alpha & (\wedge\text{E})\\
\quad \neg\neg\beta & (\wedge\text{E})\\
\quad \alpha & (\to\text{E})\\
\quad \beta & (\to\text{E})\\
\quad \alpha\wedge\beta & (\wedge\text{I})\\
\neg(\alpha\to\neg\beta)\to(\alpha\wedge\beta) & (\to\text{I})
\end{array}
$$

定理 86　$\vdash(\alpha\wedge\beta)\leftrightarrow\neg(\alpha\to\neg\beta)$。

证明　由定理 84 和定理 85 可得：$\vdash(\alpha\wedge\beta)\leftrightarrow\neg(\alpha\to\neg\beta)$。

定理 87　$\vdash\alpha\to(\beta\to\alpha)$。

证明

$$
\begin{array}{ll}
\quad \alpha & (\text{Hyp})\\
\quad\quad \beta & (\text{Hyp})\\
\quad\quad \alpha & (\text{Reit})\\
\quad \beta\to\alpha & (\to\text{I})\\
\alpha\to(\beta\to\alpha) & (\to\text{I})
\end{array}
$$

定理 88　$\vdash(\alpha\to(\beta\to\gamma))\to((\alpha\to\beta)\to(\alpha\to\gamma))$。

证明

$$
\begin{array}{ll}
\quad \alpha\to(\beta\to\gamma) & (\text{Hyp})\\
\quad\quad \alpha\to\beta & (\text{Hyp})\\
\quad\quad\quad \alpha & (\text{Hyp})\\
\quad\quad\quad \alpha\to(\beta\to\gamma) & (\text{Reit})\\
\quad\quad\quad \beta\to\gamma & (\to\text{E})\\
\quad\quad\quad \alpha\to\beta & (\text{Reit})\\
\quad\quad\quad \beta & (\to\text{E})\\
\quad\quad\quad \gamma & (\to\text{E})\\
\quad\quad \alpha\to\gamma & (\to\text{I})\\
\quad (\alpha\to\beta)\to(\alpha\to\gamma) & (\to\text{I})\\
(\alpha\to(\beta\to\gamma))\to((\alpha\to\beta)\to(\alpha\to\gamma)) & (\to\text{I})
\end{array}
$$

定理 89　$\vdash(\neg\alpha\rightarrow\beta)\rightarrow((\neg\alpha\rightarrow\neg\beta)\rightarrow\alpha)$。

证明

$\neg\alpha\rightarrow\beta$	(Hyp)
$\quad\neg\alpha\rightarrow\neg\beta$	(Hyp)
$\quad\quad\neg\alpha$	(Hyp)
$\quad\quad\neg\alpha\rightarrow\neg\beta$	(Reit)
$\quad\quad\neg\beta$	($\rightarrow$E)
$\quad\quad\neg\alpha\rightarrow\beta$	(Reit)
$\quad\quad\beta$	($\rightarrow$E)
$\quad\alpha$	($\neg$)
$(\neg\alpha\rightarrow\neg\beta)\rightarrow\alpha$	($\rightarrow$I)
$(\neg\alpha\rightarrow\beta)\rightarrow((\neg\alpha\rightarrow\neg\beta)\rightarrow\alpha)$	($\rightarrow$I)

定理 90　$\vdash(\alpha\rightarrow\beta)\rightarrow((\gamma\rightarrow\alpha)\rightarrow(\gamma\rightarrow\beta))$。

证明

$\alpha\rightarrow\beta$	(Hyp)
$\quad\gamma\rightarrow\alpha$	(Hyp)
$\quad\quad\gamma$	(Hyp)
$\quad\quad\gamma\rightarrow\alpha$	(Reit)
$\quad\quad\alpha$	($\rightarrow$E)
$\quad\quad\alpha\rightarrow\beta$	(Reit)
$\quad\quad\beta$	($\rightarrow$E)
$\quad\gamma\rightarrow\beta$	($\rightarrow$I)
$(\gamma\rightarrow\alpha)\rightarrow(\gamma\rightarrow\beta)$	($\rightarrow$I)
$(\alpha\rightarrow\beta)\rightarrow((\gamma\rightarrow\alpha)\rightarrow(\gamma\rightarrow\beta))$	($\rightarrow$I)

定理 91　$\vdash(\alpha\rightarrow\gamma)\rightarrow((\beta\rightarrow\gamma)\rightarrow(\alpha\vee\beta\rightarrow\gamma))$。

证明

$\alpha\rightarrow\gamma$	(Hyp)
$\quad\beta\rightarrow\gamma$	(Hyp)
$\quad\quad\alpha\vee\beta$	(Hyp)
$\quad\quad\alpha\rightarrow\gamma$	(Reit)
$\quad\quad\beta\rightarrow\gamma$	(Reit)
$\quad\quad\gamma$	($\vee$E)
$\quad\alpha\vee\beta\rightarrow\gamma$	($\rightarrow$I)
$(\beta\rightarrow\gamma)\rightarrow(\alpha\vee\beta\rightarrow\gamma)$	($\rightarrow$I)
$(\alpha\rightarrow\gamma)\rightarrow((\beta\rightarrow\gamma)\rightarrow(\alpha\vee\beta\rightarrow\gamma))$	($\rightarrow$I)

定理 92　$\vdash(\alpha\to\beta)\wedge(\gamma\to\delta)\to((\alpha\wedge\gamma)\to(\beta\wedge\delta))$。

证明

$\vert\ (\alpha\to\beta)\wedge(\gamma\to\delta)$	(Hyp)
$\vert\ \alpha\to\beta$	(∧E)
$\vert\ \gamma\to\delta$	(∧E)
$\vert\ \vert\ \alpha\wedge\gamma$	(Hyp)
$\vert\ \vert\ \alpha$	(∧E)
$\vert\ \vert\ \alpha\to\beta$	(Reit)
$\vert\ \vert\ \beta$	(→E)
$\vert\ \vert\ \gamma\to\delta$	(Reit)
$\vert\ \vert\ \gamma$	(∧E)
$\vert\ \vert\ \delta$	(→E)
$\vert\ \vert\ \beta\wedge\delta$	(∧I)
$\vert\ (\alpha\wedge\gamma)\to(\beta\wedge\delta)$	(→I)
$(\alpha\to\beta)\wedge(\gamma\to\delta)\to((\alpha\wedge\gamma)\to(\beta\wedge\delta))$	(→I)

定理 93　$\vdash(\alpha\to\beta)\to((\neg\alpha\to\beta)\to\beta)$。

证明

$\vert\ \alpha\to\beta$	(Hyp)
$\vert\ \vert\ \neg\alpha\to\beta$	(Hyp)
$\vert\ \vert\ \vert\ \neg\beta$	(Hyp)
$\vert\ \vert\ \vert\ \alpha\to\beta$	(Reit)
$\vert\ \vert\ \vert\ (\alpha\to\beta)\to(\neg\beta\to\neg\alpha)$	(定理 11)
$\vert\ \vert\ \vert\ \neg\beta\to\neg\alpha$	(Reit)
$\vert\ \vert\ \vert\ \neg\alpha$	(→E)
$\vert\ \vert\ \vert\ \neg\alpha\to\beta$	(Reit)
$\vert\ \vert\ \vert\ \beta$	(→E)
$\vert\ \vert\ \vert\ \neg\beta$	(Rep)
$\vert\ \vert\ \beta$	(¬)
$\vert\ (\neg\alpha\to\beta)\to\beta$	(→I)
$(\alpha\to\beta)\to((\neg\alpha\to\beta)\to\beta)$	(→I)

定理 94　$\vdash\neg(\alpha\to\beta)\to(\alpha\wedge\neg\beta)$。

证明

$\neg(\alpha\to\beta)$	(Hyp)
$\quad\neg(\alpha\wedge\neg\beta)$	(Hyp)
$\quad\neg(\alpha\wedge\neg\beta)\to\neg\alpha\vee\neg\neg\beta$	(定理 16)
$\quad\neg\alpha\vee\neg\neg\beta$	(→E)
$\quad\quad\neg\alpha$	(Hyp)
$\quad\quad\neg\alpha\vee\beta$	(∨I)
$\quad\quad(\neg\alpha\vee\beta)\to(\alpha\to\beta)$	(定理 51)
$\quad\quad\alpha\to\beta$	(→E)
$\quad\neg\alpha\to(\alpha\to\beta)$	(→I)
$\quad\quad\neg\neg\beta$	(Hyp)
$\quad\quad\neg\neg\beta\to\beta$	(定理 9)
$\quad\quad\beta$	(→E)
$\quad\quad\neg\alpha\vee\beta$	(∨I)
$\quad\quad(\neg\alpha\vee\beta)\to(\alpha\to\beta)$	(定理 51)
$\quad\quad\alpha\to\beta$	(→E)
$\quad\neg\neg\beta\to(\alpha\to\beta)$	(→I)
$\quad\alpha\to\beta$	(∨E)
$\quad\neg(\alpha\to\beta)$	(Reit)
$\alpha\wedge\neg\beta$	(¬)
$\neg(\alpha\to\beta)\to(\alpha\wedge\neg\beta)$	(→I)

2.2　人工对系统 FQC 定理的证明

系统 FQC 的定理除了包含系统 FPC 的定理之外，还有可数无穷多个与量词有关的定理。除了 1.2 节已经证明的两个定理之外，本节给出系统 FQC 中一些常用的与量词有关的定理及其证明。[①]但是，为完整起见，这里仍然从已证明过的两个例子开始。

定理 1　$\vdash\forall x\alpha\to\alpha$。

① 李娜. 数理逻辑的思想与方法[M].2 版. 天津：南开大学出版社，2016：237-254.

证明

| $\forall x\alpha$ (Hyp)
| $\alpha(x/x)$，即α ($\forall$E)
| α (Rep)
$\forall x\alpha\to\alpha$ ($\to$I)

定理 2 $\vdash\alpha\to\forall x\alpha$，$x$不在$\alpha$中自由出现。

证明

| $\alpha(x/x)$，即α (Hyp)
| $\forall x\alpha$ ($\forall$I)
$\alpha\to\forall x\alpha$ ($\to$I)

定理 3 $\vdash\forall x\alpha\leftrightarrow\alpha$，$x$不在$\alpha$中自由出现。

证明

| $\neg(\forall x\alpha\leftrightarrow\alpha)$ (Hyp)
| $\forall x\alpha\to\alpha$ (定理 1)
| $\alpha\to\forall x\alpha$ (定理 2)
| $\forall x\alpha\leftrightarrow\alpha$ ($\leftrightarrow$I)
| $\neg(\forall x\alpha\leftrightarrow\alpha)$ (Reit)
$\forall x\alpha\leftrightarrow\alpha$ ($\neg$)

在以后的证明中，如果$\vdash\alpha\to\beta$和$\vdash\beta\to\alpha$均成立，仍然有$\vdash\alpha\leftrightarrow\beta$成立。

定理 4 $\vdash\alpha\to\exists x\alpha$。

证明

| α (Hyp)
| $\exists x\alpha$ ($\exists$I)
$\alpha\to\exists x\alpha$ ($\to$I)

定理 5 $\vdash\exists x\alpha\to\alpha$，$x$不在$\alpha$中自由出现。

证明

| $\exists x\alpha$ (Hyp)
| | $\alpha(x/x)$，即α (Hyp)
| | α (Rep)
| $\alpha\to\alpha$ ($\to$I)
| α，x是关键变项 ($\exists$E)
$\exists x\alpha\to\alpha$ ($\to$I)

由于x不在α中自由出现，当然也不会在$\exists x\alpha$中自由出现，所以我们可以使用$\exists$I-规则。

定理 6 $\vdash\alpha\leftrightarrow\exists x\alpha$，$x$不在$\alpha$中自由出现。

证明 由定理 4 和定理 5 可得：$\vdash\alpha\leftrightarrow\exists x\alpha$，$x$不在$\alpha$中自由出现。

定理 7　$\vdash \forall x\alpha \to \exists x\alpha$。

证明

│ $\forall x\alpha$	(Hyp)
│ $\alpha(x/x)$，即 α	($\forall$E)
│ α	(Rep)
│ $\exists x\alpha$	($\exists$I)
$\forall x\alpha \to \exists x\alpha$	($\to$I)

定理 8　$\vdash \exists x\alpha \to \forall x\alpha$，$x$不在$\alpha$中自由出现。

证明

│ $\exists x\alpha$	(Hyp)
│ │ $\alpha(x/x)$，即 α	(Hyp)
│ │ α	(Rep)
│ $\alpha \to \alpha$	($\to$I)
│ α，x是关键变项	($\exists$E)
│ $\forall x\alpha$，x是关键变项	($\forall$I)
$\exists x\alpha \to \forall x\alpha$	($\to$I)

由于x不在α中自由出现，当然更不会在$\exists x\alpha$和$\forall x\alpha$中自由出现。因此，$\exists$E-规则和$\forall$I-规则在证明中可以使用。

定理 9　$\vdash \forall x\alpha \leftrightarrow \exists x\alpha$，$x$不在$\alpha$中自由出现。

证明　由定理 7 和定理 8 可得：$\vdash \forall x\alpha \leftrightarrow \exists x\alpha$，$x$不在$\alpha$中自由出现。

从定理 3、定理 6 和定理 9 可以看出：对于不在一个公式中自由出现的个体变项，用全称量词修饰和不用全称量词修饰，用存在量词修饰和不用存在量词修饰，以及用全称量词修饰和用存在量词修饰所得的结果都是逻辑等值的。

定理 10　$\vdash \forall x\forall y\alpha \to \forall y\forall x\alpha$。

证明

│ $\forall x\forall y\alpha$	(Hyp)
│ $\forall y\alpha$	($\forall$E)
│ α	($\forall$E)
│ $\forall x\alpha$，x是关键变项	($\forall$I)
│ $\forall y\forall x\alpha$，y是关键变项	($\forall$I)
$\forall x\forall y\alpha \to \forall y\forall x\alpha$	($\to$I)

定理 11　$\vdash \exists x\forall y\alpha \to \forall y\exists x\alpha$。

证明

$\exists x\forall y\alpha$　(Hyp)

$\forall y\alpha$　(Hyp)

α　(∀E)

$\exists x\alpha$　(∃I)

$\forall y\exists x\alpha$，y是关键变项　(∀I)

$\forall y\alpha\rightarrow\forall y\exists x\alpha$　(→I)

$\forall y\exists x\alpha$，x是关键变项　(∃E)

$\exists x\forall y\alpha\rightarrow\forall y\exists x\alpha$　(→I)

定理 12　$\vdash\exists x\exists y\alpha\rightarrow\exists y\exists x\alpha$。

证明

$\exists x\exists y\alpha$　(Hyp)

$\exists y\alpha$　(Hyp)

α　(Hyp)

$\exists x\alpha$　(∃I)

$\exists y\exists x\alpha$　(∃I)

$\alpha\rightarrow\exists y\exists x\alpha$　(→I)

$\exists y\exists x\alpha$，y是关键变项　(∃E)

$\exists y\alpha\rightarrow\exists y\exists x\alpha$　(→I)

$\exists y\exists x\alpha$　(∃E)

$\exists x\exists y\alpha\rightarrow\exists y\exists x\alpha$　(→I)

由定理 10～定理 12 刻画了重叠量词的特征。定理 10 和定理 12 中的→符号可以换成↔符号。由此可得：同名量词可以任意交换顺序，交换后所得的公式与原公式是可证等值的。但是，定理 11 中的→符号不能换成↔符号。由此可以看出：不同名的量词不能任意交换顺序。否则交换后的结果跟原公式不是可证等值的。

定理 13　$\vdash\forall x(\alpha\wedge\beta)\rightarrow(\forall x\alpha\wedge\forall x\beta)$。

证明

$\forall x(\alpha\wedge\beta)$　(Hyp)

$\alpha\wedge\beta$　(∀E)

α　(∧E)

β　(∧E)

$\forall x\alpha$，x是关键变项　(∀I)

$\forall x\beta$，x是关键变项　(∀I)

$\forall x\alpha\wedge\forall x\beta$　(∧I)

$\forall x(\alpha\wedge\beta)\rightarrow(\forall x\alpha\wedge\forall x\beta)$　(→I)

定理 14　$\vdash(\forall x\alpha\wedge\forall x\beta)\rightarrow\forall x(\alpha\wedge\beta)$。

证明

$\forall x\alpha\wedge\forall x\beta$	(Hyp)
$\forall x\alpha$	($\wedge$E)
$\forall x\beta$	($\wedge$E)
α	($\forall$E)
β	($\forall$E)
$\alpha\wedge\beta$	($\wedge$I)
$\forall x(\alpha\wedge\beta)$	($\forall$I)
$(\forall x\alpha\wedge\forall x\beta)\rightarrow\forall x(\alpha\wedge\beta)$	($\rightarrow$I)

定理 15　$\vdash\forall x(\alpha\wedge\beta)\leftrightarrow(\forall x\alpha\wedge\forall x\beta)$。

证明　由定理 13 和定理 14 可得：$\vdash\forall x(\alpha\wedge\beta)\leftrightarrow(\forall x\alpha\wedge\forall x\beta)$。

定理 16　$\vdash\forall x(\alpha\wedge\beta)\rightarrow(\alpha\wedge\forall x\beta)$，$x$不在$\alpha$中自由出现。

证明

$\forall x(\alpha\wedge\beta)$	(Hyp)
$\alpha\wedge\beta$	($\forall$E)
α	($\wedge$E)
β	($\wedge$E)
$\forall x\beta$	($\forall$I)
$\alpha\wedge\forall x\beta$	($\wedge$I)
$\forall x(\alpha\wedge\beta)\rightarrow(\alpha\wedge\forall x\beta)$	($\rightarrow$I)

定理 17　$\vdash(\alpha\wedge\forall x\beta)\rightarrow\forall x(\alpha\wedge\beta)$，$x$不在$\alpha$中自由出现。

证明

$\alpha\wedge\forall x\beta$	(Hyp)
α	($\wedge$E)
$\forall x\beta$	($\wedge$E)
β	($\forall$E)
$\alpha\wedge\beta$	($\wedge$I)
$\forall x(\alpha\wedge\beta)$，$x$是关键变项	($\forall$I)
$(\alpha\wedge\forall x\beta)\rightarrow\forall x(\alpha\wedge\beta)$	($\rightarrow$I)

定理 18　$\vdash\forall x(\alpha\wedge\beta)\leftrightarrow(\alpha\wedge\forall x\beta)$，$x$不在$\alpha$中自由出现。

证明　由定理 16 和定理 17 可得：$\vdash\forall x(\alpha\wedge\beta)\leftrightarrow(\alpha\wedge\forall x\beta)$，$x$不在$\alpha$中自由出现。

定理 19　$\vdash\forall x(\alpha\wedge\beta)\rightarrow(\forall x\alpha\wedge\beta)$，$x$不在$\beta$中自由出现。

证明

$$\begin{array}{ll}
\quad \forall x(\alpha\wedge\beta) & (\mathrm{Hyp})\\
\quad \alpha\wedge\beta & (\forall\mathrm{E})\\
\quad \alpha & (\wedge\mathrm{E})\\
\quad \beta & (\wedge\mathrm{E})\\
\quad \forall x\alpha,\ x\text{是关键变项} & (\forall\mathrm{I})\\
\quad \forall x\alpha\wedge\beta & (\wedge\mathrm{I})\\
\forall x(\alpha\wedge\beta)\to(\forall x\alpha\wedge\beta) & (\to\mathrm{I})
\end{array}$$

定理 20　$\vdash(\forall x\alpha\wedge\beta)\to\forall x(\alpha\wedge\beta)$，$x$不在$\beta$中自由出现。

证明

$$\begin{array}{ll}
\quad \forall x\alpha\wedge\beta & (\mathrm{Hyp})\\
\quad \forall x\alpha & (\wedge\mathrm{E})\\
\quad \beta & (\wedge\mathrm{E})\\
\quad \alpha\wedge\beta & (\wedge\mathrm{I})\\
\quad \forall x(\alpha\wedge\beta),\ x\text{是关键变项} & (\forall\mathrm{I})\\
(\forall x\alpha\wedge\beta)\to\forall x(\alpha\wedge\beta) & (\to\mathrm{I})
\end{array}$$

定理 21　$\vdash\forall x(\alpha\wedge\beta)\leftrightarrow(\forall x\alpha\wedge\beta)$，$x$不在$\beta$中自由出现。

证明　由定理 19 和定理 20 可得：$\vdash\forall x(\alpha\wedge\beta)\leftrightarrow(\forall x\alpha\wedge\beta)$，$x$不在$\beta$中自由出现。

定理 15 是全称量词对于合取联结词的分配律，定理 18 和定理 21 分别是全称量词对右和左的移置律。

定理 22　$\vdash\exists x(\alpha\wedge\beta)\to(\exists x\alpha\wedge\exists x\beta)$。

证明

$$\begin{array}{ll}
\quad \exists x(\alpha\wedge\beta) & (\mathrm{Hyp})\\
\quad\quad \alpha\wedge\beta & (\mathrm{Hyp})\\
\quad\quad \alpha & (\wedge\mathrm{E})\\
\quad\quad \beta & (\wedge\mathrm{E})\\
\quad\quad \exists x\alpha & (\exists\mathrm{I})\\
\quad\quad \exists x\beta & (\exists\mathrm{I})\\
\quad\quad \exists x\alpha\wedge\exists x\beta & (\wedge\mathrm{I})\\
\quad \alpha\wedge\beta\to\exists x\alpha\wedge\exists x\beta & (\to\mathrm{I})\\
\quad \exists x\alpha\wedge\exists x\beta,\ x\text{是关键变项} & (\exists\mathrm{E})\\
\exists x(\alpha\wedge\beta)\to(\exists x\alpha\wedge\exists x\beta) & (\to\mathrm{I})
\end{array}$$

定理 23　$\vdash \exists x(\alpha \wedge \beta) \rightarrow (\exists x\alpha \wedge \beta)$，$x$不在$\beta$中自由出现。

证明

$\exists x(\alpha \wedge \beta)$	(Hyp)
$\alpha \wedge \beta$	(Hyp)
α	($\wedge$E)
β	($\wedge$E)
$\exists x\alpha$	($\exists$I)
$\exists x\alpha \wedge \beta$	($\wedge$I)
$\alpha \wedge \beta \rightarrow \exists x\alpha \wedge \beta$	($\rightarrow$I)
$\exists x\alpha \wedge \beta$，$x$是关键变项	($\exists$E)
$\exists x(\alpha \wedge \beta) \rightarrow (\exists x\alpha \wedge \beta)$	($\rightarrow$I)

定理 24　$\vdash (\exists x\alpha \wedge \beta) \rightarrow \exists x(\alpha \wedge \beta)$，$x$不在$\beta$中自由出现。

证明

$\exists x\alpha \wedge \beta$	(Hyp)
$\exists x\alpha$	($\wedge$E)
α	(Hyp)
$\exists x\alpha \wedge \beta$	(Reit)
β	($\wedge$E)
$\alpha \wedge \beta$	($\wedge$I)
$\exists x(\alpha \wedge \beta)$	($\exists$I)
$\alpha \rightarrow \exists x(\alpha \wedge \beta)$	($\rightarrow$I)
$\exists x(\alpha \wedge \beta)$，$x$是关键变项	($\exists$E)
$(\exists x\alpha \wedge \beta) \rightarrow \exists x(\alpha \wedge \beta)$	($\rightarrow$I)

定理 25　$\vdash \exists x(\alpha \wedge \beta) \leftrightarrow (\exists x\alpha \wedge \beta)$，$x$不在$\beta$中自由出现。

证明　由定理 23 和定理 24 可得：$\vdash \exists x(\alpha \wedge \beta) \leftrightarrow (\exists x\alpha \wedge \beta)$，$x$不在$\beta$中自由出现。

定理 26　$\vdash \exists x(\alpha \wedge \beta) \rightarrow (\alpha \wedge \exists x\beta)$，$x$不在$\alpha$中自由出现。

证明

$\exists x(\alpha\wedge\beta)$	(Hyp)
$\alpha\wedge\beta$	(Hyp)
α	($\wedge$E)
β	($\wedge$E)
$\exists x\beta$	($\exists$I)
$\alpha\wedge\exists x\beta$	($\wedge$I)
$\alpha\wedge\beta\to\alpha\wedge\exists x\beta$	($\to$I)
$\alpha\wedge\exists x\beta$，$x$是关键变项	($\exists$E)
$\exists x(\alpha\wedge\beta)\to(\alpha\wedge\exists x\beta)$	($\to$I)

定理 27　$\vdash(\alpha\wedge\exists x\beta)\to\exists x(\alpha\wedge\beta)$，$x$不在$\alpha$中自由出现。

证明

$\alpha\wedge\exists x\beta$	(Hyp)
$\exists x\beta$	($\wedge$E)
β	(Hyp)
$\alpha\wedge\exists x\beta$	(Reit)
α	($\wedge$E)
$\alpha\wedge\beta$	($\wedge$I)
$\exists x(\alpha\wedge\beta)$	($\exists$I)
$\beta\to\exists x(\alpha\wedge\beta)$	($\to$I)
$\exists x(\alpha\wedge\beta)$, x是关键变项	($\exists$E)
$(\alpha\wedge\exists x\beta)\to\exists x(\alpha\wedge\beta)$	($\to$I)

定理 28　$\vdash\exists x(\alpha\wedge\beta)\leftrightarrow(\alpha\wedge\exists x\beta)$，$x$不在$\alpha$中自由出现。

证明　由定理 26 和定理 27 可得：$\vdash\exists x(\alpha\wedge\beta)\leftrightarrow(\alpha\wedge\exists x\beta)$，$x$不在$\alpha$中自由出现。

定理 25 和定理 28 分别是存在量词对合取联结词的左、右移置律。虽然我们有定理 22，但其中的$\to$不能换成$\leftrightarrow$。所以，存在量词对合取的分配律不成立。稍后，我们将证明存在量词对析取联结词具有分配律。

定理 29　$\vdash\forall x(\alpha\vee\beta)\to(\forall x\alpha\vee\beta)$，$x$不在$\beta$中自由出现。

证明

$\forall x(\alpha \vee \beta)$	(Hyp)
$\alpha \vee \beta$	($\forall$E)
$\neg(\forall x\alpha \vee \beta)$	(Hyp)
$\neg\alpha$	(Hyp)
$\alpha \vee \beta$	(Reit)
β	(Hyp)
β	(Rep)
$\beta \to \beta$	($\to$I)
α	(Hyp)
$\neg\beta$	(Hyp)
α	(Reit)
$\neg\alpha$	(Reit)
β	($\neg$)
$\alpha \to \beta$	($\to$I)
β	($\vee$E)
$\forall x\alpha \vee \beta$	($\vee$I)
$\neg(\forall x\alpha \vee \beta)$	(Reit)
α	($\neg$)
$\forall x\alpha$，x是关键变项	($\forall$I)
$\neg\neg\forall x\alpha$	(Hyp)
$\neg\neg\forall x\alpha \to \forall x\alpha$	(2.1 节定理 9)
$\forall x\alpha$	($\to$E)
$\forall x\alpha \vee \beta$	($\vee$I)
$\neg(\forall x\alpha \vee \beta)$	(Reit)
$\neg\forall x\alpha$	($\neg$)
$\forall x\alpha \vee \beta$	($\neg$)
$\forall x(\alpha \vee \beta) \to (\forall x\alpha \vee \beta)$	($\to$I)

定理 30　$\vdash (\forall x\alpha \vee \beta) \to \forall x(\alpha \vee \beta)$，$x$不在$\beta$中自由出现。

证明

$$
\begin{array}{lr}
\forall x\alpha\vee\beta & \text{(Hyp)} \\
\quad \forall x\alpha & \text{(Hyp)} \\
\quad \alpha & (\forall\text{E}) \\
\quad \alpha\vee\beta & (\vee\text{I}) \\
\forall x\alpha\to\alpha\vee\beta & (\to\text{I}) \\
\quad \beta & \text{(Hyp)} \\
\quad \alpha\vee\beta & (\vee\text{I}) \\
\beta\to\alpha\vee\beta & (\to\text{I}) \\
\alpha\vee\beta & (\vee\text{E}) \\
\forall x(\alpha\vee\beta) & (\forall\text{I}) \\
(\forall x\alpha\vee\beta)\to\forall x(\alpha\vee\beta) & (\to\text{I})
\end{array}
$$

定理 31　$\vdash\forall x(\alpha\vee\beta)\leftrightarrow(\forall x\alpha\vee\beta)$，$x$不在$\beta$中自由出现。

证明　由定理 29 和定理 30 可得：$\vdash\forall x(\alpha\vee\beta)\leftrightarrow(\forall x\alpha\vee\beta)$，$x$不在$\beta$中自由出现。

定理 32　$\vdash\forall x(\alpha\vee\beta)\to(\alpha\vee\forall x\beta)$，$x$不在$\alpha$中自由出现。

证明

$$
\begin{array}{lr}
\forall x(\alpha\vee\beta) & \text{(Hyp)} \\
\alpha\vee\beta & (\forall\text{E}) \\
\quad \neg(\alpha\vee\forall x\beta) & \text{(Hyp)} \\
\quad\quad \neg\beta & \text{(Hyp)} \\
\quad\quad \alpha\vee\beta & \text{(Reit)} \\
\quad\quad\quad \alpha & \text{(Hyp)} \\
\quad\quad\quad \alpha & \text{(Rep)} \\
\quad\quad \alpha\to\alpha & (\to\text{I}) \\
\quad\quad\quad \beta & \text{(Hyp)} \\
\quad\quad\quad\quad \neg\alpha & \text{(Hyp)} \\
\quad\quad\quad\quad \beta & \text{(Reit)} \\
\quad\quad\quad\quad \neg\beta & \text{(Reit)} \\
\quad\quad\quad \alpha & (\neg) \\
\quad\quad \beta\to\alpha & (\to\text{I}) \\
\quad\quad \alpha & (\vee\text{E}) \\
\quad\quad \alpha\vee\forall x\beta & (\vee\text{I}) \\
\quad\quad \neg(\alpha\vee\forall x\beta) & \text{(Reit)} \\
\quad \beta & (\neg) \\
\quad \forall x\beta\text{，}x\text{是关键变项} & (\forall\text{I}) \\
\quad \alpha\vee\forall x\beta & (\vee\text{I}) \\
\quad \neg(\alpha\vee\forall x\beta) & \text{(Rep)} \\
\alpha\vee\forall x\beta & (\neg) \\
\forall x(\alpha\vee\beta)\to(\alpha\vee\forall x\beta) & (\to\text{I})
\end{array}
$$

定理 33　$\vdash(\alpha\vee\forall x\beta)\to\forall x(\alpha\vee\beta)$，$x$不在$\alpha$中自由出现。

证明

$\alpha\vee\forall x\beta$	(Hyp)
$\quad\alpha$	(hyp)
$\quad\alpha\vee\beta$	(∨I)
$\alpha\to\alpha\vee\beta$	(→I)
$\quad\forall x\beta$	(Hyp)
$\quad\beta$	(∀E)
$\quad\alpha\vee\beta$	(∨I)
$\forall x\beta\to\alpha\vee\beta$	(→I)
$\alpha\vee\beta$	(∨E)
$\forall x(\alpha\vee\beta)$，$x$是关键变项	(∀I)
$(\alpha\vee\forall x\beta)\to\forall x(\alpha\vee\beta)$	(→I)

定理 34　$\vdash\forall x(\alpha\vee\beta)\leftrightarrow(\alpha\vee\forall x\beta)$，$x$不在$\alpha$中自由出现。

证明　由定理 32 和定理 33 可得：$\vdash\forall x(\alpha\vee\beta)\leftrightarrow(\alpha\vee\forall x\beta)$，$x$不在$\alpha$中自由出现。

定理 35　$\vdash(\forall x\alpha\vee\forall x\beta)\to\forall x(\alpha\vee\beta)$。

证明

$\forall x\alpha\vee\forall x\beta$	(Hyp)
$\quad\forall x\alpha$	(Hyp)
$\quad\alpha$	(∀E)
$\quad\alpha\vee\beta$	(∨I)
$\forall x\alpha\to\alpha\vee\beta$	(→I)
$\quad\forall x\beta$	(Hyp)
$\quad\beta$	(∀E)
$\quad\alpha\vee\beta$	(∨I)
$\forall x\beta\to\alpha\vee\beta$	(→I)
$\alpha\vee\beta$	(∨E)
$\forall x(\alpha\vee\beta)$，$x$是关键变项	(∀I)
$(\forall x\alpha\vee\forall x\beta)\to\forall x(\alpha\vee\beta)$	(→I)

定理 31 和定理 34 分别是全称量词对析取联结词的左、右移置律。虽然定理 35 成立，但其中的→符号不能换成↔符号。所以，全称量词对析取的分配律不成立。

定理 36　$\vdash \exists x(\alpha \vee \beta) \rightarrow (\exists x\alpha \vee \exists x\beta)$。

证明

$\exists x(\alpha \vee \beta)$	(Hyp)
$\alpha \vee \beta$	(Hyp)
α	(Hyp)
$\exists x\alpha$	($\exists$I)
$\exists x\alpha \vee \exists x\beta$	($\vee$I)
$\alpha \rightarrow \exists x\alpha \vee \exists x\beta$	($\rightarrow$I)
β	(Hyp)
$\exists x\beta$	($\exists$I)
$\exists x\alpha \vee \exists x\beta$	($\vee$I)
$\beta \rightarrow \exists x\alpha \vee \exists x\beta$	($\rightarrow$I)
$\exists x\alpha \vee \exists x\beta$	($\vee$E)
$\alpha \vee \beta \rightarrow \exists x\alpha \vee \exists x\beta$	($\rightarrow$I)
$\exists x\alpha \vee \exists x\beta$，$x$是关键变项	($\exists$E)
$\exists x(\alpha \vee \beta) \rightarrow (\exists x\alpha \vee \exists x\beta)$	($\rightarrow$I)

定理 37　$\vdash (\exists x\alpha \vee \exists x\beta) \rightarrow \exists x(\alpha \vee \beta)$。

证明

$\exists x\alpha \vee \exists x\beta$	(Hyp)
$\exists x\alpha$	(Hyp)
α	(Hyp)
$\alpha \vee \beta$	($\vee$I)
$\exists x(\alpha \vee \beta)$	($\exists$I)
$\alpha \rightarrow \exists x(\alpha \vee \beta)$	($\rightarrow$I)
$\exists x(\alpha \vee \beta)$，$x$是关键变项	($\exists$E)
$\exists x\alpha \rightarrow \exists x(\alpha \vee \beta)$	($\rightarrow$I)
$\exists x\beta$	(Hyp)
β	(Hyp)
$\alpha \vee \beta$	($\vee$I)
$\exists x(\alpha \vee \beta)$	($\exists$I)
$\beta \rightarrow \exists x(\alpha \vee \beta)$	($\rightarrow$I)
$\exists x(\alpha \vee \beta)$，$x$是关键变项	($\exists$E)
$\exists x\beta \rightarrow \exists x(\alpha \vee \beta)$	($\rightarrow$I)
$\exists x(\alpha \vee \beta)$	($\vee$E)
$(\exists x\alpha \vee \exists x\beta) \rightarrow \exists x(\alpha \vee \beta)$	($\rightarrow$I)

定理 38　$\vdash \exists x(\alpha \vee \beta) \leftrightarrow (\exists x\alpha \vee \exists x\beta)$。

证明　由定理 36 和定理 37 可得：$\vdash \exists x(\alpha \vee \beta) \leftrightarrow (\exists x\alpha \vee \exists x\beta)$。

定理 39　$\vdash \exists x(\alpha \vee \beta) \rightarrow (\exists x\alpha \vee \beta)$，$x$不在$\beta$中自由出现。

证明

$\exists x(\alpha \vee \beta)$　(Hyp)

$\alpha \vee \beta$　(Hyp)

α　(Hyp)

$\exists x\alpha$　(∃I)

$\exists x\alpha \vee \beta$　(∨I)

$\alpha \rightarrow \exists x\alpha \vee \beta$　(→I)

β　(Hyp)

$\exists x\alpha \vee \beta$　(∨I)

$\beta \rightarrow \exists x\alpha \vee \beta$　(→I)

$\exists x\alpha \vee \beta$　(∨E)

$\alpha \vee \beta \rightarrow \exists x\alpha \vee \beta$　(→I)

$\exists x\alpha \vee \beta$，$x$是关键变项　(∃E)

$\exists x(\alpha \vee \beta) \rightarrow (\exists x\alpha \vee \beta)$　(→I)

定理 40　$\vdash (\exists x\alpha \vee \beta) \rightarrow \exists x(\alpha \vee \beta)$，$x$不在$\beta$中自由出现。

证明

$\exists x\alpha \vee \beta$　(Hyp)

$\exists x\alpha$　(Hyp)

α　(Hyp)

$\alpha \vee \beta$　(∨I)

$\exists x(\alpha \vee \beta)$　(∃I)

$\alpha \rightarrow \exists x(\alpha \vee \beta)$　(→I)

$\exists x(\alpha \vee \beta)$，$x$是关键变项　(∃E)

$\exists x\alpha \rightarrow \exists x(\alpha \vee \beta)$　(→I)

β　(Hyp)

$\alpha \vee \beta$　(∨I)

$\exists x(\alpha \vee \beta)$　(∃I)

$\beta \rightarrow \exists x(\alpha \vee \beta)$　(→I)

$\exists x(\alpha \vee \beta)$　(∨E)

$(\exists x\alpha \vee \beta) \rightarrow \exists x(\alpha \vee \beta)$　(→I)

定理 41　$\vdash\exists x(\alpha\vee\beta)\leftrightarrow(\exists x\alpha\vee\beta)$，$x$不在$\beta$中自由出现。

证明　由定理 39 和定理 40 可得：$\vdash\exists x(\alpha\vee\beta)\leftrightarrow(\exists x\alpha\vee\beta)$，$x$不在$\beta$中自由出现。

定理 42　$\vdash\exists x(\alpha\vee\beta)\rightarrow(\alpha\vee\exists x\beta)$，$x$不在$\alpha$中自由出现。

证明

$\exists x(\alpha\vee\beta)$	(Hyp)
$\alpha\vee\beta$	(Hyp)
α	(Hyp)
$\alpha\vee\exists x\beta$	(∨I)
$\alpha\rightarrow\alpha\vee\exists x\beta$	(→I)
β	(Hyp)
$\exists x\beta$	(∃I)
$\alpha\vee\exists x\beta$	(∨I)
$\beta\rightarrow\alpha\vee\exists x\beta$	(→I)
$\alpha\vee\exists x\beta$	(∨E)
$\alpha\vee\beta\rightarrow\alpha\vee\exists x\beta$	(→I)
$\alpha\vee\exists x\beta$，x是关键变项	(∃E)
$\exists x(\alpha\vee\beta)\rightarrow(\alpha\vee\exists x\beta)$	(→I)

定理 43　$\vdash(\alpha\vee\exists x\beta)\rightarrow\exists x(\alpha\vee\beta)$，$x$不在$\alpha$中自由出现。

证明

$\alpha\vee\exists x\beta$	(Hyp)
$\exists x\beta$	(Hyp)
β	(Hyp)
$\alpha\vee\beta$	(∨I)
$\exists x(\alpha\vee\beta)$	(∃I)
$\beta\rightarrow\exists x(\alpha\vee\beta)$	(→I)
$\exists x(\alpha\vee\beta)$，$x$是关键变项	(∃E)
$\exists x\beta\rightarrow\exists x(\alpha\vee\beta)$	(→I)
α	(Hyp)
$\alpha\vee\beta$	(∨I)
$\exists x(\alpha\vee\beta)$	(∃I)
$\alpha\rightarrow\exists x(\alpha\vee\beta)$	(→I)
$\exists x(\alpha\vee\beta)$	(∨E)
$(\alpha\vee\exists x\beta)\rightarrow\exists x(\alpha\vee\beta)$	(→I)

定理 44 $\vdash\exists x(\alpha\vee\beta)\leftrightarrow(\alpha\vee\exists x\beta)$，$x$不在$\alpha$中自由出现。

证明 由定理 42 和定理 43 可得：$\vdash\exists x(\alpha\vee\beta)\leftrightarrow(\alpha\vee\exists x\beta)$，$x$不在$\alpha$中自由出现。

定理 41 和定理 44 分别是存在量词对于析取联结词的左、右移置律。定理 38 是存在量词对于析取联结词的分配律。

定理 45 $\vdash\forall x\neg\alpha\rightarrow\neg\exists x\alpha$。

证明

│ $\forall x\neg\alpha$ （Hyp）
│ │ $\neg\neg\exists x\alpha$ （Hyp）
│ │ $\neg\neg\exists x\alpha\rightarrow\exists x\alpha$ （2.1 节定理 9）
│ │ $\exists x\alpha$ （→E）
│ │ │ α （Hyp）
│ │ │ │ $\neg\neg\forall x\neg\alpha$ （Hyp）
│ │ │ │ $\neg\neg\forall x\neg\alpha\rightarrow\neg\alpha$ （2.1 节定理 9 和 2.2 节定理 1）
│ │ │ │ $\neg\alpha$ （→E）
│ │ │ │ α （Reit）
│ │ │ $\neg\forall x\neg\alpha$ （¬）
│ │ $\alpha\rightarrow\neg\forall x\neg\alpha$ （→I）
│ │ $\neg\forall x\neg\alpha$，x是关键变项 （∃E）
│ │ $\forall x\neg\alpha$ （Reit）
│ $\neg\exists x\alpha$ （¬）
$\forall x\neg\alpha\rightarrow\neg\exists x\alpha$ （→I）

定理 46 $\vdash\neg\exists x\alpha\rightarrow\forall x\neg\alpha$。

证明

│ $\neg\exists x\alpha$ （Hyp）
│ │ $\neg\neg\alpha$ （Hyp）
│ │ $\neg\neg\alpha\rightarrow\alpha$ （2.1 节定理 9）
│ │ α （→E）
│ │ $\exists x\alpha$ （∃I）
│ │ $\neg\exists x\alpha$ （Reit）
│ $\neg\alpha$ （¬）
│ $\forall x\neg\alpha$，x是关键变项 （∀I）
$\neg\exists x\alpha\rightarrow\forall x\neg\alpha$ （→I）

定理 47　$\vdash \forall x \neg \alpha \leftrightarrow \neg \exists x \alpha$。

证明　由定理 45 和定理 46 可得：$\vdash \forall x \neg \alpha \leftrightarrow \neg \exists x \alpha$。

定理 48　$\vdash \exists x \neg \alpha \rightarrow \neg \forall x \alpha$。

证明

$\exists x \neg \alpha$　(Hyp)
　　$\neg \alpha$　(Hyp)
　　　　$\neg \neg \forall x \alpha$　(Hyp)
　　　　$\neg \neg \forall x \alpha \rightarrow \forall x \alpha$　(2.1 节定理 9)
　　　　$\forall x \alpha$　($\rightarrow$E)
　　　　α　($\forall$E)
　　$\neg \forall x \alpha$　($\neg$)
$\neg \alpha \rightarrow \neg \forall x \alpha$　($\rightarrow$I)
$\neg \forall x \alpha$，x是关键变项　($\exists$E)
$\exists x \neg \alpha \rightarrow \neg \forall x \alpha$　($\rightarrow$I)

定理 49　$\vdash \neg \forall x \alpha \rightarrow \exists x \neg \alpha$。

证明

$\neg \forall x \alpha$　(Hyp)
　　$\neg \exists x \neg \alpha$　(Hyp)
　　　　$\neg \alpha$　(Hyp)
　　　　$\exists x \neg \alpha$　($\exists$I)
　　　　$\neg \exists x \neg \alpha$　(Reit)
　　α　($\neg$)
　　$\forall x \alpha$，x是关键变项　($\forall$I)
　　$\neg \forall x \alpha$　(Reit)
$\exists x \neg \alpha$　($\neg$)
$\neg \forall x \alpha \rightarrow \exists x \neg \alpha$　($\rightarrow$I)

定理 50　$\vdash \exists x \neg \alpha \leftrightarrow \neg \forall x \alpha$。

证明　由定理 48 和定理 49 可得：$\vdash \exists x \neg \alpha \leftrightarrow \neg \forall x \alpha$。

定理 51　$\vdash \forall x \alpha \rightarrow \neg \exists x \neg \alpha$。

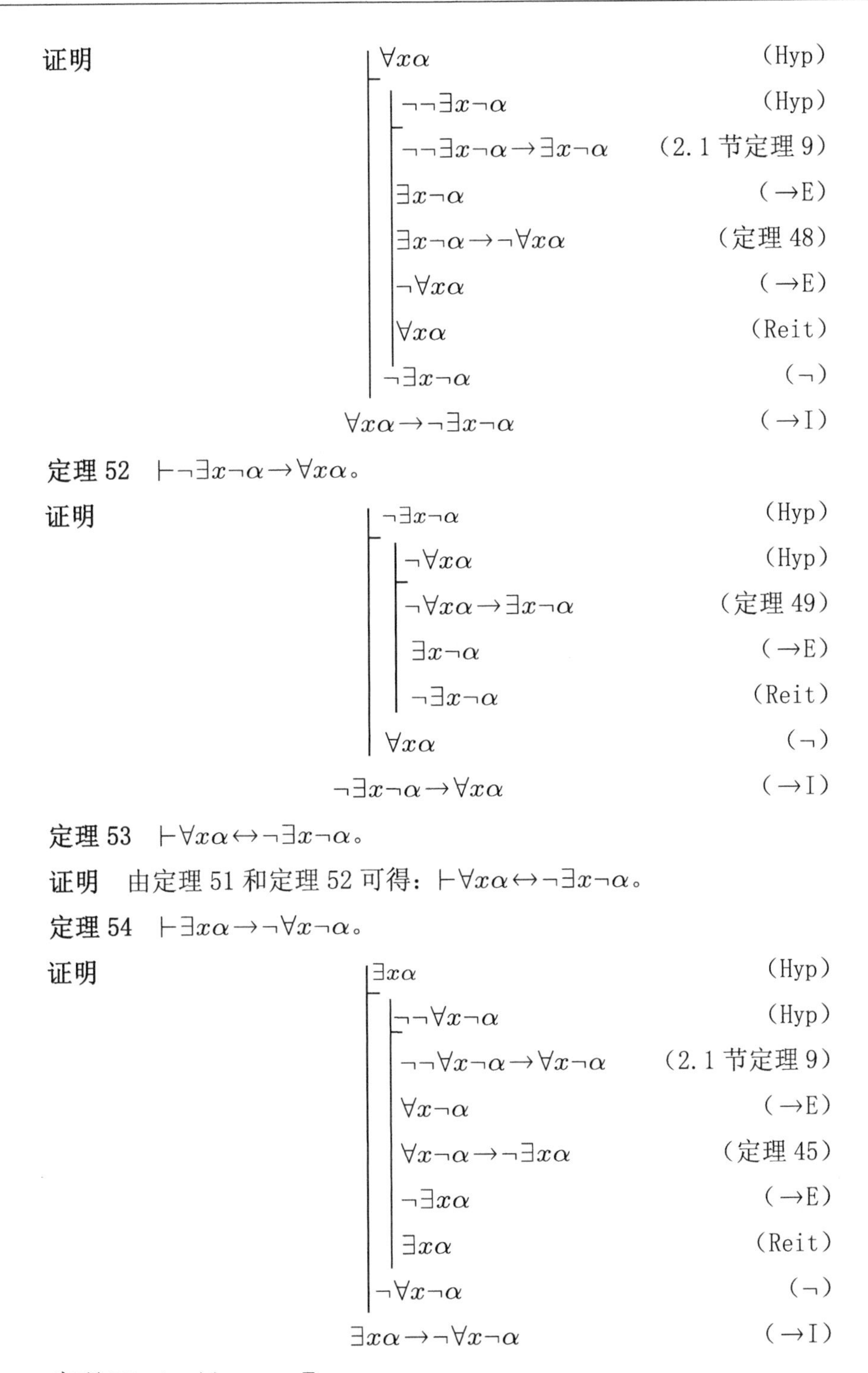

证明

$\forall x\alpha$	(Hyp)
$\neg\neg\exists x\neg\alpha$	(Hyp)
$\neg\neg\exists x\neg\alpha\to\exists x\neg\alpha$	(2.1 节定理 9)
$\exists x\neg\alpha$	(→E)
$\exists x\neg\alpha\to\neg\forall x\alpha$	(定理 48)
$\neg\forall x\alpha$	(→E)
$\forall x\alpha$	(Reit)
$\neg\exists x\neg\alpha$	(¬)
$\forall x\alpha\to\neg\exists x\neg\alpha$	(→I)

定理 52　$\vdash\neg\exists x\neg\alpha\to\forall x\alpha$。

证明

$\neg\exists x\neg\alpha$	(Hyp)
$\neg\forall x\alpha$	(Hyp)
$\neg\forall x\alpha\to\exists x\neg\alpha$	(定理 49)
$\exists x\neg\alpha$	(→E)
$\neg\exists x\neg\alpha$	(Reit)
$\forall x\alpha$	(¬)
$\neg\exists x\neg\alpha\to\forall x\alpha$	(→I)

定理 53　$\vdash\forall x\alpha\leftrightarrow\neg\exists x\neg\alpha$。

证明　由定理 51 和定理 52 可得：$\vdash\forall x\alpha\leftrightarrow\neg\exists x\neg\alpha$。

定理 54　$\vdash\exists x\alpha\to\neg\forall x\neg\alpha$。

证明

$\exists x\alpha$	(Hyp)
$\neg\neg\forall x\neg\alpha$	(Hyp)
$\neg\neg\forall x\neg\alpha\to\forall x\neg\alpha$	(2.1 节定理 9)
$\forall x\neg\alpha$	(→E)
$\forall x\neg\alpha\to\neg\exists x\alpha$	(定理 45)
$\neg\exists x\alpha$	(→E)
$\exists x\alpha$	(Reit)
$\neg\forall x\neg\alpha$	(¬)
$\exists x\alpha\to\neg\forall x\neg\alpha$	(→I)

定理 55　$\vdash\neg\forall x\neg\alpha\to\exists x\alpha$。

证明

$$
\begin{array}{lr}
\mid \neg\forall x\neg\alpha & (\text{Hyp}) \\
\mid \quad \mid \neg\exists x\alpha & (\text{Hyp}) \\
\mid \quad \mid \neg\exists x\alpha\to\forall x\neg\alpha & (\text{定理 }46) \\
\mid \quad \mid \forall x\neg\alpha & (\to\text{E}) \\
\mid \quad \mid \neg\forall x\neg\alpha & (\text{Reit}) \\
\mid \exists x\alpha & (\neg) \\
\neg\forall x\neg\alpha\to\exists x\alpha & (\to\text{I})
\end{array}
$$

定理 56 $\vdash\exists x\alpha\leftrightarrow\neg\forall x\neg\alpha$。

证明 由定理 54 和定理 55 可得：$\vdash\exists x\alpha\leftrightarrow\neg\forall x\neg\alpha$。

定理 57 $\vdash\forall x(\alpha\to\beta)\to(\forall x\alpha\to\forall x\beta)$。

证明

$$
\begin{array}{lr}
\mid \forall x(\alpha\to\beta) & (\text{Hyp}) \\
\mid \quad \mid \forall x\alpha & (\text{Hyp}) \\
\mid \quad \mid \alpha & (\forall\text{E}) \\
\mid \quad \mid \forall x(\alpha\to\beta) & (\text{Reit}) \\
\mid \quad \mid \alpha\to\beta & (\forall\text{E}) \\
\mid \quad \mid \beta & (\to\text{E}) \\
\mid \quad \mid \forall x\beta，x\text{是关键变项} & (\forall\text{I}) \\
\mid \forall x\alpha\to\forall x\beta & (\to\text{I}) \\
\forall x(\alpha\to\beta)\to(\forall x\alpha\to\forall x\beta) & (\to\text{I})
\end{array}
$$

定理 58 $\vdash\forall x(\alpha\to\beta)\to(\exists x\alpha\to\exists x\beta)$。

证明

$$
\begin{array}{lr}
\mid \forall x(\alpha\to\beta) & (\text{Hyp}) \\
\mid \quad \mid \exists x\alpha & (\text{Hyp}) \\
\mid \quad \mid \quad \mid \alpha & (\text{Hyp}) \\
\mid \quad \mid \quad \mid \forall x(\alpha\to\beta) & (\text{Reit}) \\
\mid \quad \mid \quad \mid \alpha\to\beta & (\forall\text{E}) \\
\mid \quad \mid \quad \mid \beta & (\to\text{E}) \\
\mid \quad \mid \quad \mid \exists x\beta & (\exists\text{I}) \\
\mid \quad \mid \alpha\to\exists x\beta & (\to\text{I}) \\
\mid \quad \mid \exists x\beta，x\text{是关键变项} & (\exists\text{E}) \\
\mid \exists x\alpha\to\exists x\beta & (\to\text{I}) \\
\forall x(\alpha\to\beta)\to(\exists x\alpha\to\exists x\beta) & (\to\text{I})
\end{array}
$$

定理 59　$\vdash \forall x(\alpha \to \beta) \to (\alpha \to \forall x\beta)$，$x$不在$\alpha$中自由出现。

证明

$\forall x(\alpha \to \beta)$	(Hyp)
α	(Hyp)
$\forall x(\alpha \to \beta)$	(Reit)
$\alpha \to \beta$	(∀E)
β	(→E)
$\forall x\beta$，x是关键变项	(∀I)
$\alpha \to \forall x\beta$	(→I)
$\forall x(\alpha \to \beta) \to (\alpha \to \forall x\beta)$	(→I)

定理 60　$\vdash (\alpha \to \forall x\beta) \to \forall x(\alpha \to \beta)$，$x$不在$\alpha$中自由出现。

证明

$\alpha \to \forall x\beta$	(Hyp)
α	(Hyp)
$\alpha \to \forall x\beta$	(Reit)
$\forall x\beta$	(→E)
β	(∀E)
$\alpha \to \beta$	(→I)
$\forall x(\alpha \to \beta)$，$x$是关键变项	(∀I)
$(\alpha \to \forall x\beta) \to \forall x(\alpha \to \beta)$	(→I)

定理 61　$\vdash \forall x(\alpha \to \beta) \leftrightarrow (\alpha \to \forall x\beta)$，$x$不在$\alpha$中自由出现。

证明　由定理 59 和定理 60 可得：$\vdash \forall x(\alpha \to \beta) \leftrightarrow (\alpha \to \forall x\beta)$，$x$不在$\alpha$中自由出现。

定理 62　$\vdash \exists x(\alpha \to \beta) \to (\alpha \to \exists x\beta)$，$x$不在$\alpha$中自由出现。

证明

$\exists x(\alpha \to \beta)$	(Hyp)
$\alpha \to \beta$	(Hyp)
α	(Hyp)
$\alpha \to \beta$	(Reit)
β	(→E)
$\exists x\beta$	(∃I)
$\alpha \to \exists x\beta$	(→I)
$(\alpha \to \beta) \to (\alpha \to \exists x\beta)$	(→I)
$(\alpha \to \exists x\beta)$，$x$是关键变项	(∃E)
$\exists x(\alpha \to \beta) \to (\alpha \to \exists x\beta)$	(→I)

定理 63 $\vdash(\alpha\rightarrow\exists x\beta)\rightarrow\exists x(\alpha\rightarrow\beta)$，$x$不在$\alpha$中自由出现。

证明

$\alpha\rightarrow\exists x\beta$	(Hyp)
$\neg\exists x(\alpha\rightarrow\beta)$	(Hyp)
$\neg\neg\alpha$	(Hyp)
$\neg\neg\alpha\rightarrow\alpha$	(2.1 节定理 9)
α	$(\rightarrow\mathrm{E})$
$\alpha\rightarrow\exists x\beta$	(Reit)
$\exists x\beta$	$(\rightarrow\mathrm{E})$
β	(Hyp)
α	(Hyp)
β	(Reit)
$\alpha\rightarrow\beta$	$(\rightarrow\mathrm{I})$
$\exists x(\alpha\rightarrow\beta)$，$x$是关键变项	$(\exists\mathrm{I})$
$\beta\rightarrow\exists x(\alpha\rightarrow\beta)$	$(\rightarrow\mathrm{E})$
$\exists x(\alpha\rightarrow\beta)$，$x$是关键变项	$(\exists\mathrm{E})$
$\neg\exists x(\alpha\rightarrow\beta)$	(Reit)
$\neg\alpha$	$(\neg)$
α	(Hyp)
$\neg\beta$	(Hyp)
α	(Reit)
$\neg\alpha$	(Reit)
β	$(\neg)$
$\alpha\rightarrow\beta$	$(\rightarrow\mathrm{I})$
$\exists x(\alpha\rightarrow\beta)$	$(\exists\mathrm{I})$
$\neg\exists x(\alpha\rightarrow\beta)$	(Reit)
$\exists x(\alpha\rightarrow\beta)$	$(\neg)$
$(\alpha\rightarrow\exists x\beta)\rightarrow\exists x(\alpha\rightarrow\beta)$	$(\rightarrow\mathrm{I})$

定理 64 $\vdash\exists x(\alpha\rightarrow\beta)\leftrightarrow(\alpha\rightarrow\exists x\beta)$，$x$不在$\alpha$中自由出现。

证明 由定理 62 和定理 63 可得：$\vdash\exists x(\alpha\rightarrow\beta)\leftrightarrow(\alpha\rightarrow\exists x\beta)$，$x$不在$\alpha$中自由出现。

定理 65 $\vdash(\forall x\alpha\rightarrow\beta)\rightarrow\exists x(\alpha\rightarrow\beta)$，$x$不在$\beta$中自由出现。

证明

$\forall x\alpha \to \beta$	(Hyp)
$\quad \neg\exists x(\alpha \to \beta)$	(Hyp)
$\quad \neg\exists x(\alpha \to \beta) \to \forall x\neg(\alpha \to \beta)$	(2.2 节定理 46)
$\quad \forall x\neg(\alpha \to \beta)$	($\to$E)
$\quad \neg(\alpha \to \beta) \to \alpha \wedge \neg\beta$	(2.1 节定理 94)
$\quad \forall x(\neg(\alpha \to \beta) \to \alpha \wedge \neg\beta)$，$x$是关键变项	($\forall$I)
$\quad \forall x(\neg(\alpha \to \beta) \to \alpha \wedge \neg\beta) \to$ $(\forall x\neg(\alpha \to \beta) \to \forall x(\alpha \wedge \neg\beta))$	(2.2 节定理 57)
$\quad \forall x\neg(\alpha \to \beta) \to \forall x(\alpha \wedge \neg\beta)$	($\to$E)
$\quad \forall x(\alpha \wedge \neg\beta)$	($\to$E)
$\quad \forall x(\alpha \wedge \neg\beta) \to \forall x\alpha \wedge \forall x\neg\beta$	(2.2 节定理 13)
$\quad \forall x\alpha \wedge \forall x\neg\beta$	($\to$E)
$\quad \forall x\alpha$	($\wedge$E)
$\quad \forall x\neg\beta$	($\wedge$E)
$\quad \neg\beta$	($\forall$E)
$\quad \forall x\alpha \to \beta$	(Reit)
$\quad \beta$	($\to$E)
$\exists x(\alpha \to \beta)$	($\neg$)
$(\forall x\alpha \to \beta) \to \exists x(\alpha \to \beta)$	($\to$I)

定理 66　$\vdash \exists x(\alpha \to \beta) \to (\forall x\alpha \to \beta)$，$x$不在$\beta$中自由出现。

证明

$\exists x(\alpha \to \beta)$	(Hyp)
$\quad \alpha \to \beta$	(Hyp)
$\quad\quad \forall x\alpha$	(Hyp)
$\quad\quad \alpha$	($\forall$E)
$\quad\quad \alpha \to \beta$	(Reit)
$\quad\quad \beta$	($\to$E)
$\quad \forall x\alpha \to \beta$	($\to$I)
$(\alpha \to \beta) \to (\forall x\alpha \to \beta)$	($\to$I)
$(\forall x\alpha \to \beta)$，$x$是关键变项	($\exists$E)
$\exists x(\alpha \to \beta) \to (\forall x\alpha \to \beta)$	($\to$I)

定理 67　$\vdash (\forall x\alpha \to \beta) \leftrightarrow \exists x(\alpha \to \beta)$，$x$不在$\beta$中自由出现。

证明　由定理 65 和定理 66 可得：$\vdash (\forall x\alpha \to \beta) \leftrightarrow \exists x(\alpha \to \beta)$，$x$不在$\beta$中自由出现。

定理 68　$\vdash \forall x(\alpha \to \beta) \to (\exists x\alpha \to \beta)$，$x$不在$\beta$中自由出现。

证明

$$
\begin{array}{lll}
| & \forall x(\alpha\to\beta) & \text{(Hyp)}\\
| & \quad|\ \exists x\alpha & \text{(Hyp)}\\
| & \quad|\ \forall x(\alpha\to\beta) & \text{(Reit)}\\
| & \quad|\ \alpha\to\beta & (\forall\text{E})\\
| & \quad|\ \beta\text{，}x\ \text{是关键变项} & (\exists\text{E})\\
| & \exists x\alpha\to\beta & (\to\text{I})\\
 & \forall x(\alpha\to\beta)\to(\exists x\alpha\to\beta) & (\to\text{I})
\end{array}
$$

定理 69　$\vdash(\exists x\alpha\to\beta)\to\forall x(\alpha\to\beta)$，$x$不在$\beta$中自由出现。

证明

$$
\begin{array}{lll}
| & \exists x\alpha\to\beta & \text{(Hyp)}\\
| & \quad|\ \alpha & \text{(Hyp)}\\
| & \quad|\ \exists x\alpha & (\exists\text{I})\\
| & \quad|\ \exists x\alpha\to\beta & \text{(Reit)}\\
| & \quad|\ \beta & (\to\text{E})\\
| & \alpha\to\beta & (\to\text{I})\\
| & \forall x(\alpha\to\beta)\text{，}x\ \text{是关键变项} & (\forall\text{I})\\
 & (\exists x\alpha\to\beta)\to\forall x(\alpha\to\beta) & (\to\text{I})
\end{array}
$$

定理 70　$\vdash\forall x(\alpha\to\beta)\leftrightarrow(\exists x\alpha\to\beta)$，$x$不在$\beta$中自由出现。

证明　由定理 68 和定理 69 可得: $\vdash\forall x(\alpha\to\beta)\leftrightarrow(\exists x\alpha\to\beta)$，$x$不在$\beta$中自由出现。

定理 71　$\vdash\forall x(\alpha\to\beta)\to(\forall x(\beta\to\gamma)\to\forall x(\alpha\to\gamma))$。

证明

$$
\begin{array}{lll}
| & \forall x(\alpha\to\beta) & \text{(Hyp)}\\
| & \alpha\to\beta & (\forall\text{E})\\
| & \quad|\ \forall x(\beta\to\gamma) & \text{(Hyp)}\\
| & \quad|\ \beta\to\gamma & (\forall\text{E})\\
| & \quad|\quad|\ \alpha & \text{(Hyp)}\\
| & \quad|\quad|\ \alpha\to\beta & \text{(Reit)}\\
| & \quad|\quad|\ \beta & (\to\text{E})\\
| & \quad|\quad|\ \beta\to\gamma & \text{(Reit)}\\
| & \quad|\quad|\ \gamma & (\to\text{E})\\
| & \quad|\ \alpha\to\gamma & (\to\text{I})\\
| & \quad|\ \forall x(\alpha\to\gamma)\text{，}x\text{是关键变项} & (\forall\text{I})\\
| & \forall x(\beta\to\gamma)\to\forall x(\alpha\to\gamma) & (\to\text{I})\\
 & \forall x(\alpha\to\beta)\to(\forall x(\beta\to\gamma)\to\forall x(\alpha\to\gamma)) & (\to\text{I})
\end{array}
$$

定理 72　$\vdash \forall x(\alpha \leftrightarrow \beta) \rightarrow (\forall x\alpha \leftrightarrow \forall x\beta)$。

证明

$\quad\forall x(\alpha \leftrightarrow \beta)$	(Hyp)
$\quad\alpha \leftrightarrow \beta$	(∀E)
$\quad\alpha \rightarrow \beta$	(↔E)
$\quad\beta \rightarrow \alpha$	(↔E)
$\qquad\forall x\alpha$	(Hyp)
$\qquad\alpha$	(∀E)
$\qquad\alpha \rightarrow \beta$	(Reit)
$\qquad\beta$	(→E)
$\qquad\forall x\beta$，x是关键变项	(∀I)
$\quad\forall x\alpha \rightarrow \forall x\beta$	(→I)
$\qquad\forall x\beta$	(Hyp)
$\qquad\beta$	(∀E)
$\qquad\beta \rightarrow \alpha$	(Reit)
$\qquad\alpha$	(→E)
$\qquad\forall x\alpha$，x是关键变项	(∀I)
$\quad\forall x\beta \rightarrow \forall x\alpha$	(→I)
$\quad\forall x\alpha \leftrightarrow \forall x\beta$	(↔I)
$\forall x(\alpha \leftrightarrow \beta) \rightarrow (\forall x\alpha \leftrightarrow \forall x\beta)$	(→I)

定理 73　$\vdash \forall x(\alpha \leftrightarrow \beta) \rightarrow (\exists x\alpha \leftrightarrow \exists x\beta)$。

证明

$\forall x(\alpha\leftrightarrow\beta)$	(Hyp)
$\alpha\leftrightarrow\beta$	($\leftrightarrow$E)
$\alpha\to\beta$	($\to$E)
$\beta\to\alpha$	($\to$E)
$\quad\exists x\alpha$	(Hyp)
$\quad\quad\alpha$	(Hyp)
$\quad\quad\alpha\to\beta$	(Reit)
$\quad\quad\beta$	($\to$E)
$\quad\quad\exists x\beta$	($\exists$I)
$\quad\alpha\to\exists x\beta$	($\to$I)
$\quad\exists x\beta$，x是关键变项	($\exists$I)
$\exists x\alpha\to\exists x\beta$	($\to$I)
$\quad\exists x\beta$	(Hyp)
$\quad\quad\beta$	(Hyp)
$\quad\quad\beta\to\alpha$	(Reit)
$\quad\quad\alpha$	($\to$E)
$\quad\quad\exists x\alpha$	($\exists$I)
$\quad\beta\to\exists x\alpha$	($\to$I)
$\quad\exists x\alpha$，x是关键变项	($\exists$E)
$\exists x\beta\to\exists x\alpha$	($\to$I)
$\exists x\alpha\leftrightarrow\exists x\beta$	($\leftrightarrow$I)
$\forall x(\alpha\leftrightarrow\beta)\to(\exists x\alpha\leftrightarrow\exists x\beta)$	($\to$I)

定理 74 $\vdash\forall x(\alpha\leftrightarrow\beta)\to(\forall x(\beta\leftrightarrow\gamma)\to\forall x(\alpha\leftrightarrow\gamma))$。

证明

| $\forall x(\alpha \leftrightarrow \beta)$	(Hyp)
| $\alpha \leftrightarrow \beta$	($\forall$E)
| $\alpha \rightarrow \beta$	($\leftrightarrow$E)
| $\beta \rightarrow \alpha$	($\leftrightarrow$E)
| | $\forall x(\beta \leftrightarrow \gamma)$	(Hyp)
| | $\beta \leftrightarrow \gamma$	($\forall$E)
| | $\beta \rightarrow \gamma$	($\leftrightarrow$E)
| | $\gamma \rightarrow \beta$	($\leftrightarrow$E)
| | | α	(Hyp)
| | | $\alpha \rightarrow \beta$	(Reit)
| | | β	($\rightarrow$E)
| | | $\beta \rightarrow \gamma$	(Reit)
| | | γ	($\rightarrow$E)
| | $\alpha \rightarrow \gamma$	($\rightarrow$I)
| | | γ	(Hyp)
| | | $\gamma \rightarrow \beta$	(Reit)
| | | β	($\rightarrow$E)
| | | $\beta \rightarrow \alpha$	(Reit)
| | | α	($\rightarrow$E)
| | $\gamma \rightarrow \alpha$	($\rightarrow$I)
| | $\alpha \leftrightarrow \gamma$	($\leftrightarrow$I)
| | $\forall x(\alpha \leftrightarrow \gamma)$，$x$ 是关键变项	($\forall$I)
| $\forall x(\beta \leftrightarrow \gamma) \rightarrow \forall x(\alpha \leftrightarrow \gamma)$	($\rightarrow$I)
$\forall x(\alpha \leftrightarrow \beta) \rightarrow (\forall x(\beta \leftrightarrow \gamma) \rightarrow \forall x(\alpha \leftrightarrow \gamma))$	($\rightarrow$I)

第 3 章　演算系统的树证明

3.1　树证明规则

树证明方法也是一种用来判定一个命题公式是否是重言式（或者重言有效式）、一个一阶公式是否是一个有效式的能行方法。特别说明：本章中，我们用 A，B 等字母表示公式。

3.1.1　FPC 的树证明规则

树的形状像自然界中的一棵倒置的树。我们将它记作 T。它的元素叫结点。每个结点上都放置一个有穷的公式集。每个结点属于唯一的一层，层可以用自然数标明。图 3-1 所示的树共有三层。因此，我们说这棵树的深度为 3。其中Φ_{ij}（i, j=0, 1, 2, 3）是任意有穷的公式集。它的第一个下标表明该公式集所在的层，它的第二个下标表示该公式集所在的枝。Φ_{00}叫树 T 的始点，也叫树根。Φ_{21}叫Φ_{11}的后继，Φ_{31}叫树 T 的一个终点。由Φ_{00}，Φ_{12}，Φ_{22}，Φ_{32}组成的这条路径叫树 T 的一个分枝。不同结点上的公式集既可以相同，也可以不同。一棵树有几个终点，它就有几个分枝。单个的Φ_{00}也叫一棵（退化的）树，它既是树的始点也是树的终点。

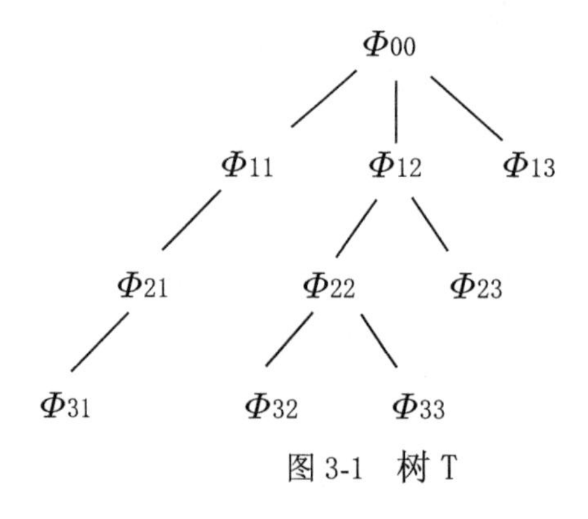

图 3-1　树 T

命题树生出新枝的规则：

¬¬规则：如果在树 T 的一个终止于结点Φ的分枝的公式之中有一个公式¬¬A，则附加一个新的结点{A}作为Φ的后继，如图 3-2 所示。

∨规则：如果在树 T 的一个终止于结点Φ的分枝的公式之中有一个公式(A∨B)，则附加两个新的结点{A}和{B}作为Φ的后继，如图 3-3 所示。

¬∨规则：如果在树 T 的一个终止于结点Φ的分枝的公式之中有一个公式¬(A∨B)，则附加一个新的结点{¬A, ¬B}作为Φ的后继，如图 3-4 所示。

∧规则：如果在树 T 的一个终止于结点Φ的分枝的公式之中有一个公式(A∧B)，则附加一个新的结点{A, B}作为Φ的后继，如图 3-5 所示。

¬∧规则：如果在树 T 的一个终止于结点Φ的分枝的公式之中有一个公式¬(A∧B)，则附加两个新的结点{¬A}和{¬B}作为Φ的后继，如图 3-6 所示。

→规则：如果在树 T 的一个终止于结点Φ的分枝的公式之中有一个公式(A→B)，则附加两个新的结点{¬A}和{B}作为Φ的后继，如图 3-7 所示。

¬→规则：如果在树 T 的一个终止于结点Φ的分枝的公式之中有一个公式¬(A→B)，则附加一个新的结点{A, ¬B}作为Φ的后继，如图 3-8 所示。

↔规则：如果在树 T 的一个终止于结点Φ的分枝的公式之中有一个公式(A↔B)，则附加两个新的结点{A, B}和{¬A, ¬B}作为Φ的后继，如图 3-9 所示。

¬↔规则：如果在树 T 的一个终止于结点Φ的分枝的公式之中有一个公式¬(A↔B)，则附加两个新的结点{A, ¬B}和{¬A, B}作为Φ的后继，如图 3-10 所示。

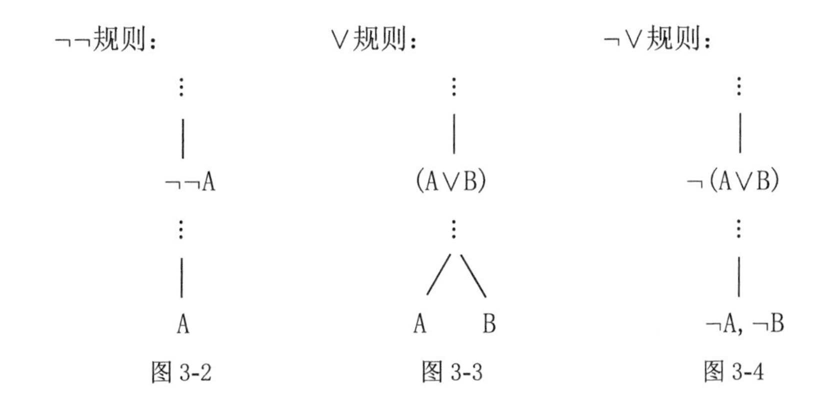

图 3-2　　图 3-3　　图 3-4

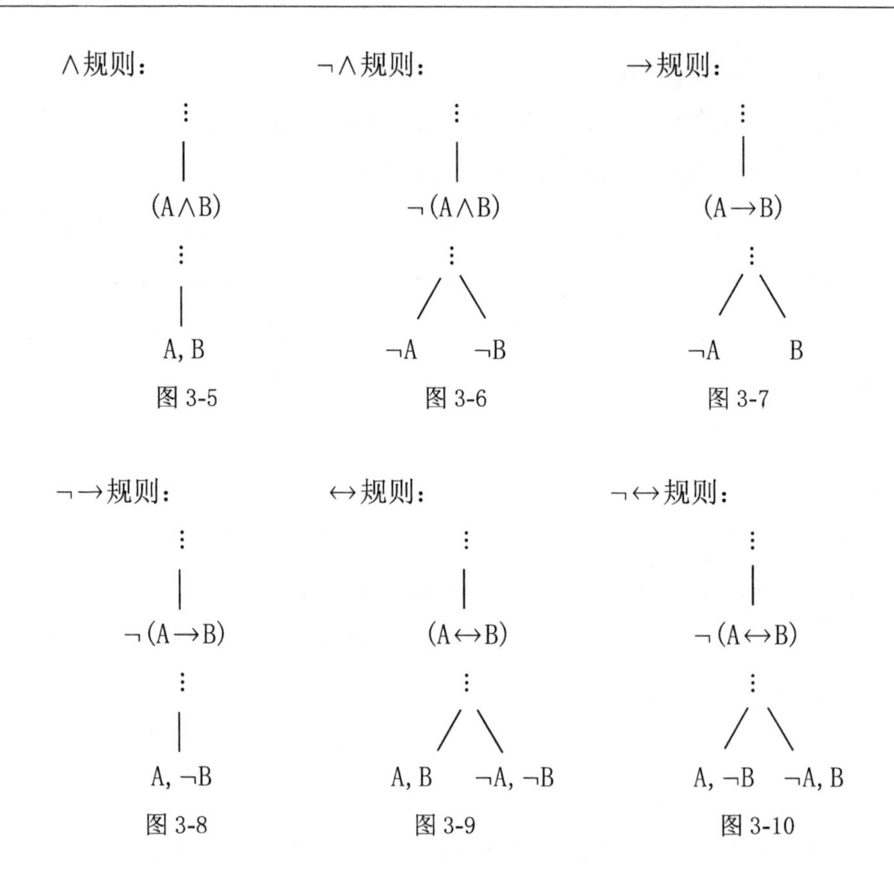

图 3-5　图 3-6　图 3-7

图 3-8　图 3-9　图 3-10

从图 3-2 至图 3-10 可以看出：这些规则分为两类，一类是不分叉的规则，如¬¬规则和¬→规则；另一类是分叉的规则，如→规则和↔规则。因此，在扩充树时，首先使用不分叉的规则。但是，一般情况下这些规则的使用不分先后，并且用过的规则不再使用。当一个公式和它的否定式在树的一个分枝上同时出现时，我们称该分枝封闭并标记符号×。如果一棵树的所有分枝都是封闭的，我们称该树被反驳。

考察系统 FPC 的一个公式 A 是否是重言式或者是否重言有效，通常考察该公式的否定式¬A 是否能被反驳。下面将通过两个例子说明这些规则的使用及树证明方法。

例 1　构造¬(A→A∨B)的树并判断公式 A→A∨B 是否重言有效。

解　首先构造¬(A→A∨B)的一棵树 T。

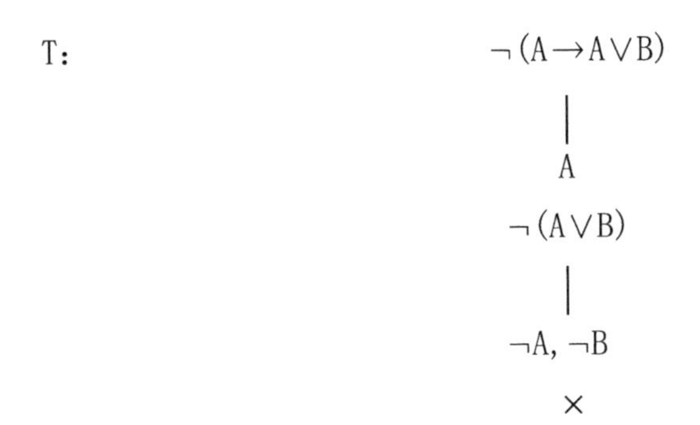

由于该树只有一个枝并且在该枝上有公式 A 和¬A，所以该树 T 被反驳。因此，公式 A→A∨B 是一个重言有效式。

例 2　判断公式 A∨B→B∨A 是否是一个重言有效式。

解　首先构造¬(A∨B→B∨A)的一棵树 T。

T：

¬(A∨B→B∨A)

|

A∨B

¬(B∨A)

|

¬B

¬A

/　　\

A　　　B

×　　　×

由于¬(A∨B→B∨A)的树 T 能被反驳，所以，公式 A∨B→B∨A 是一个重言有效式。

于是，我们有如下的一个重要结论。

定理 1　公式集Φ的一棵树 T 被称为Φ的一个反驳，如果它的所有分枝都是封闭的。反驳Φ就是构造Φ的一个反驳。特别地，如果¬A 能被反驳，则 A 是一个重言式。

3.1.2　FQC 的树证明规则

FQC 的规则是在 FPC 规则的基础上再加上如下的量词规则。

一阶树生出新枝的规则：

∀规则：如果在树T的一个终止于结点Φ的分枝的公式之中有一个公式$\forall x$A，则附加一个新的结点{A(t/x)}作为Φ的后继，如图 3-11 所示。

¬∀规则：如果在树 T 的一个终止于结点Φ的分枝的公式之中有一个公式¬$\forall x$A，则附加一个新的结点{¬A(y/x)}（这里的y受限制）作为Φ的后继，如图 3-12 所示。

∃规则：如果在树 T 的一个终止于结点Φ的分枝的公式之中有一个公式$\exists x$A，则附加一个新的结点{A(y/x)}（这里的y受限制）作为Φ的后继，如图 3-13 所示。

¬∃规则：如果在树 T 的一个终止于结点Φ的分枝的公式之中有一个公式¬$\exists x$A，则附加一个新的结点{¬A(t/x)}作为Φ的后继，如图 3-14 所示。

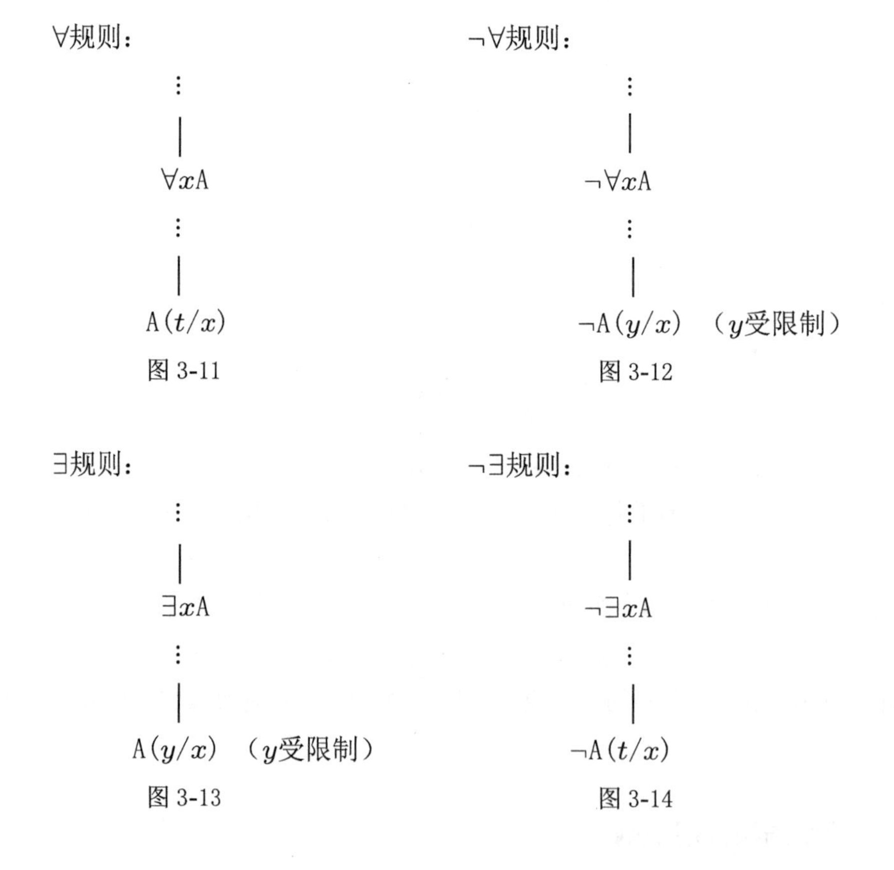

图 3-11　图 3-12　图 3-13　图 3-14

在∀规则和¬∃规则中，t可以是任意的项。在¬∀规则和∃规则中，y是在正在扩张分枝中的任何公式中都不自由的任意变项，所以也称y为受限制的。

考察系统 FQC 的一个公式 A 是否逻辑有效，通常是考察该公式的否定式$\neg$A 是否能被反驳。下面将通过两个例子说明这些规则的使用方法。

例 3　构造$\neg(\forall x\mathrm{A}\to\mathrm{A})$的树并判断公式$\forall x\mathrm{A}\to\mathrm{A}$是否逻辑有效。

解　首先构造$\neg(\forall x\mathrm{A}\to\mathrm{A})$的一棵树 T。

T:

$$
\begin{array}{c}
\neg(\forall x\mathrm{A}\to\mathrm{A})\\
|\\
\forall x\mathrm{A}\\
\neg\mathrm{A}\\
|\\
\mathrm{A}\\
\times
\end{array}
$$

由于该树只有一个枝并且在该枝上有公式 A 和$\neg$A，所以该树 T 被反驳。因此，公式$\forall x\mathrm{A}\to\mathrm{A}$是一个逻辑有效式。

例 4　判断公式$\exists x\mathrm{A}\to\mathrm{A}$是否逻辑有效的，其中$x$不在 A 中自由出现。

解　首先构造$\neg(\exists x\mathrm{A}\to\mathrm{A})$的一棵树 T。

T:

$$
\begin{array}{l}
\neg(\exists x\mathrm{A}\to\mathrm{A})\\
\quad|\\
\exists x\mathrm{A}\\
\neg\mathrm{A}\\
\quad|\\
\mathrm{A}，即\ \mathrm{A}(x/x)\\
\times
\end{array}
$$

由于$\neg(\exists x\mathrm{A}\to\mathrm{A})$的树 T 能被反驳，所以，公式$\exists x\mathrm{A}\to\mathrm{A}$是一个逻辑有效式。

于是，我们有如下的一个重要结论。

定理 2　公式集Φ的一棵树 T 被称为Φ的一个反驳，如果它的所有分枝都是封闭的。反驳Φ就是构造Φ的一个反驳。特别地，如果$\neg$A 能被反驳，则 A 是一个逻辑有效式。

3.2 计算机自动证明器 TPG 简介

3.2.1 TPG 的功能

TPG 是 Tree Proof Generator 的缩写，是利用 JavaScript 程序设计的一款在线的逻辑软件，TPG 的源代码是 GitHub，以下简称树证明生成器。[①]

TPG 是一款支持经典命题逻辑和一阶谓词逻辑（有函数但没有等词）的树证明器。除此之外，还支持一些正规的模态逻辑的树证明器。

因此，在输入了一个命题公式、谓词公式或者模态公式后，该软件将自动给出一个树证明或者反模型。

3.2.2 TPG 的使用说明

登录 TPG 的网站后，显示一个如图 3-15 所示的界面。在这个界面上，不仅介绍了 TPG 的功能，还有 9 个命题、谓词和模态公式的示例。除此之外，还包括输入逻辑符号的一些快捷键和公式的表示方法等。

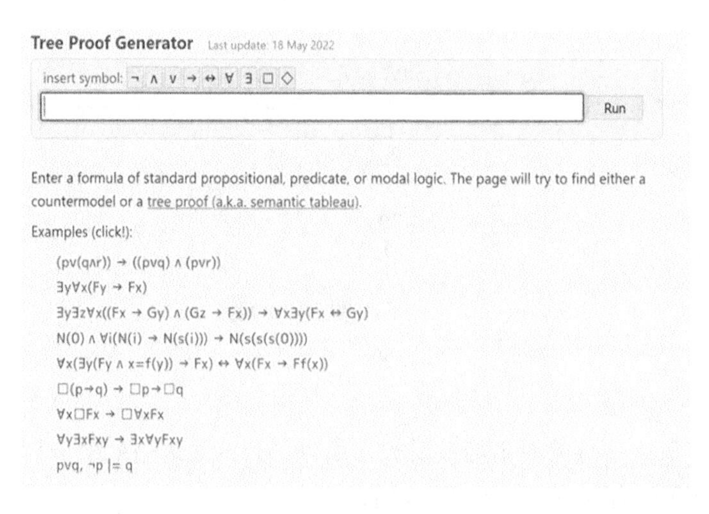

图 3-15

① 网址：http://www.umsu.de/logik/trees/。

该界面上显示 TPG 的最后更新时间是 2022 年 5 月 18 日。但是，这个软件一直在不断地更新。

由于这是一款自动定理证明器，所以，它非常好用，即：只需将公式输入文本输入区并单击运行即可。但在输入公式时，需要注意以下几点：

（1）当输入的符号序列是一个合式公式时，单击 Run 按钮，该软件会自动生成一棵证明树或者给出反模型；否则该软件会提示我们的错误。

（2）谓词符号和函数符号使用前缀表示并且谓词和项之间没有括号。

（3）五个基本逻辑联结词的结合力依照¬，∧，∨，→和↔的次序逐渐减弱，如$\neg p\wedge q\vee r\to s\leftrightarrow t$应理解为$((((\neg p\wedge q)\vee r)\to s)\leftrightarrow t)$；对于连续出现的单个逻辑联结词，采用右结合的方法，如$p\to q\to t$应理解为$(p\to(q\to t))$；在含有多个量词连续出现的一阶公式中，量词符号不能省略，如$\forall x\forall y\forall t$A 不能写成$\forall xyt$A。

由于命题逻辑具有完全性，因此，有效的公式不仅是重言有效式，还是可证式，下面将通过实例说明 TPG 中树证明方法。

例 1　用 TPG 给出⊢A→A 的树证明形式。

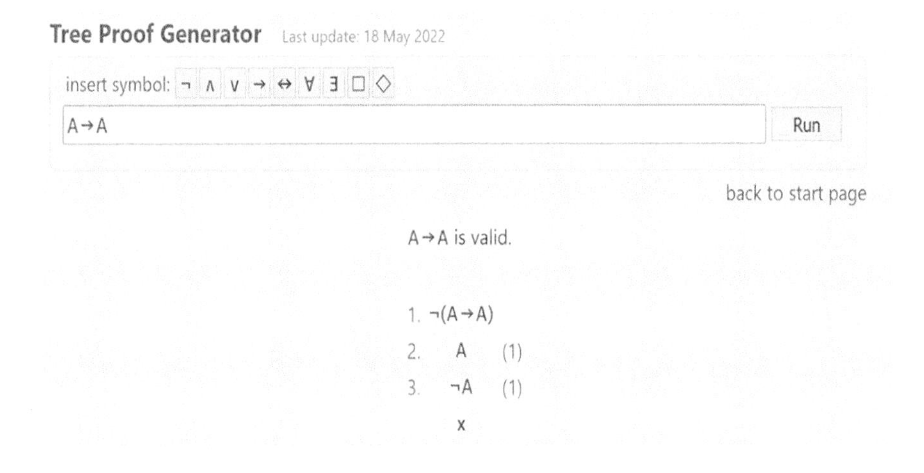

其中的数字 1, 2, 3 表示根据树生成新枝的规则，构造公式¬(A→A)树的步数，而数字（1）表示本结点上的公式由第 1 个（步）公式得到。

3.3　FPC 定理的树证明

本节我们将按照 1.1 节给出的两个例子和 2.1 节给出的定理顺序，用计算机证明器 TPG 给出它们的树证明形式。

例 1　⊢A→A∨B。

Tree Proof Generator　Last update: 18 May 2022

insert symbol: ¬ ∧ ∨ → ↔ ∀ ∃ □ ◇

A→AvB　Run

back to start page

A → (AvB) is valid.

1. ¬(A → (AvB))
2. A (1)
3. ¬(AvB) (1)
4. ¬A (3)
5. ¬B (3)

x

例 2　⊢A∨B→B∨A。

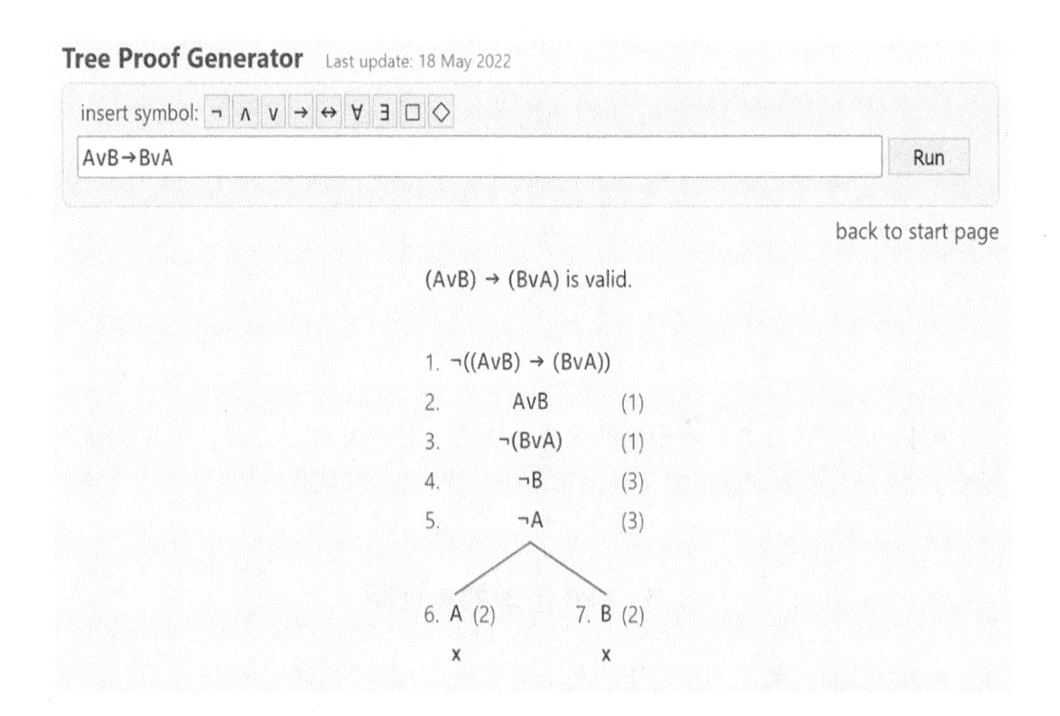

定理 1　$\vdash A \vee A \to A$。

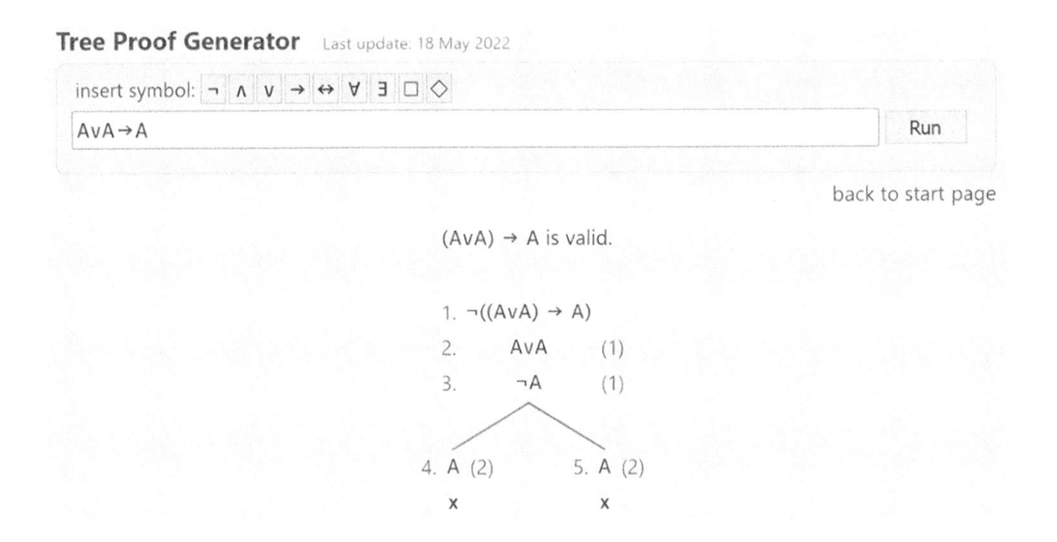

定理 2　$\vdash (B \to C) \to (A \vee B \to A \vee C)$。

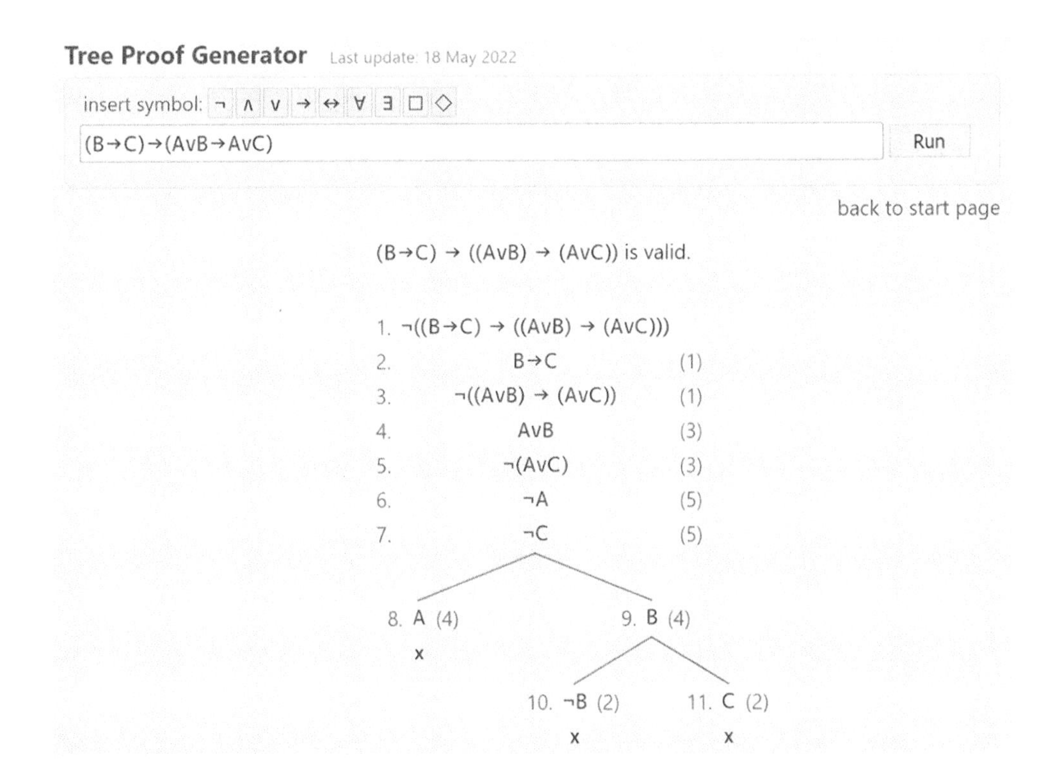

定理 3 $\vdash (B \to C) \to ((A \to B) \to (A \to C))$。

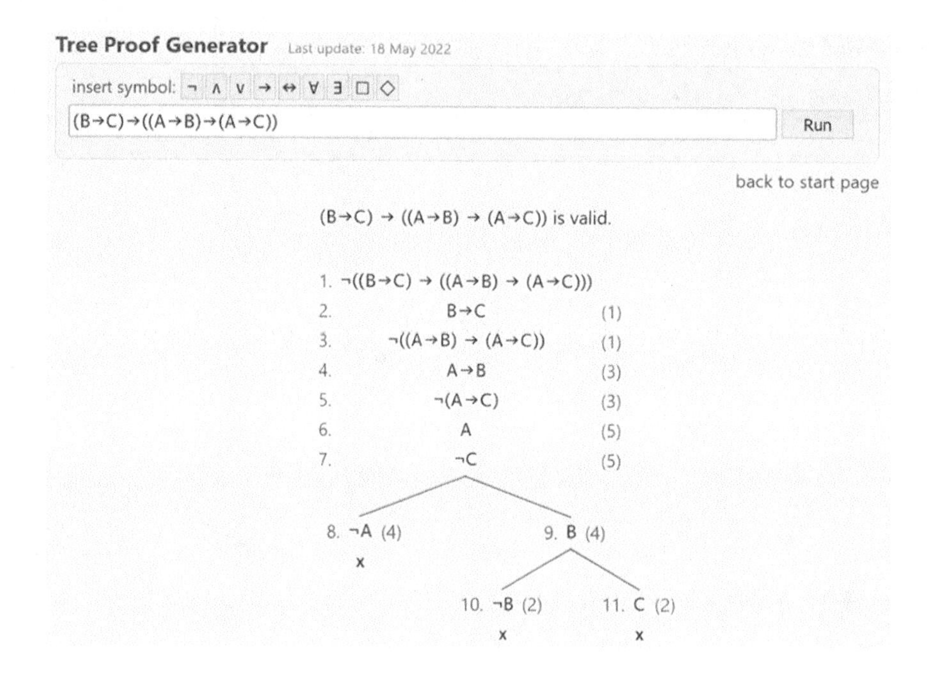

定理 4 $\vdash (A \to B) \to ((B \to C) \to (A \to C))$。

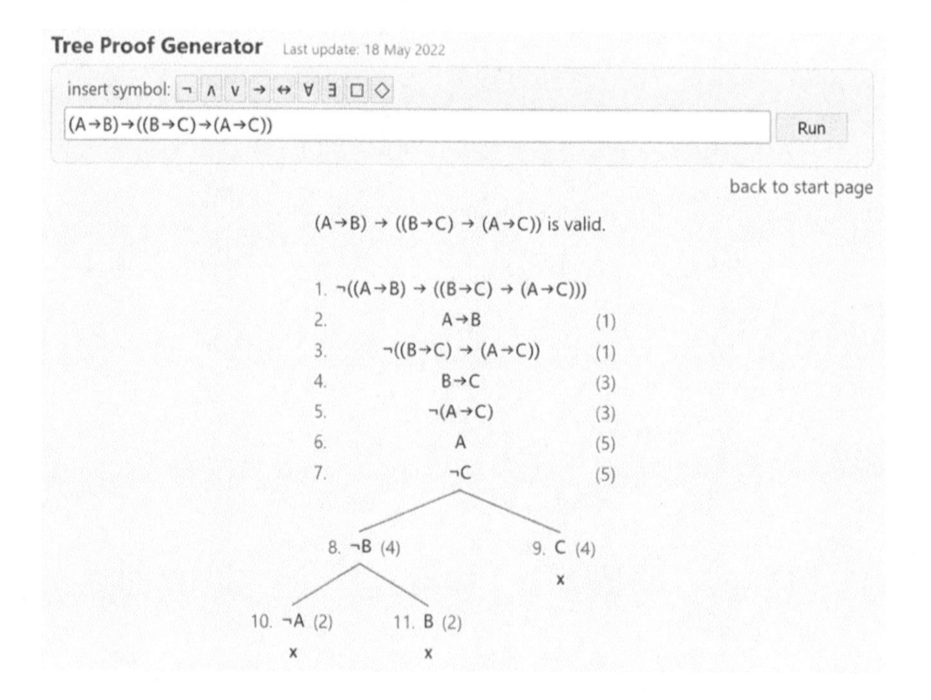

定理 5　⊢A→A。

Tree Proof Generator　Last update: 18 May 2022

insert symbol: ¬ ∧ ∨ → ↔ ∀ ∃ □ ◇

A→A　Run

back to start page

A→A is valid.

1. ¬(A→A)
2. A (1)
3. ¬A (1)

x

定理 6　⊢¬A∨A。

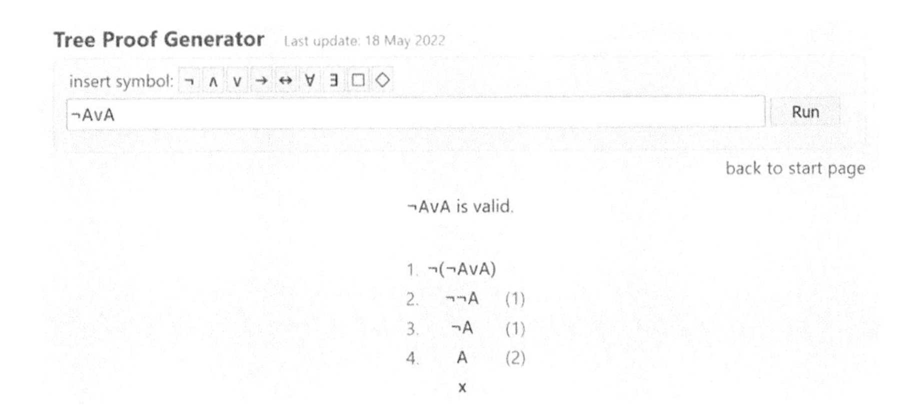

定理 7　⊢A∨¬A。

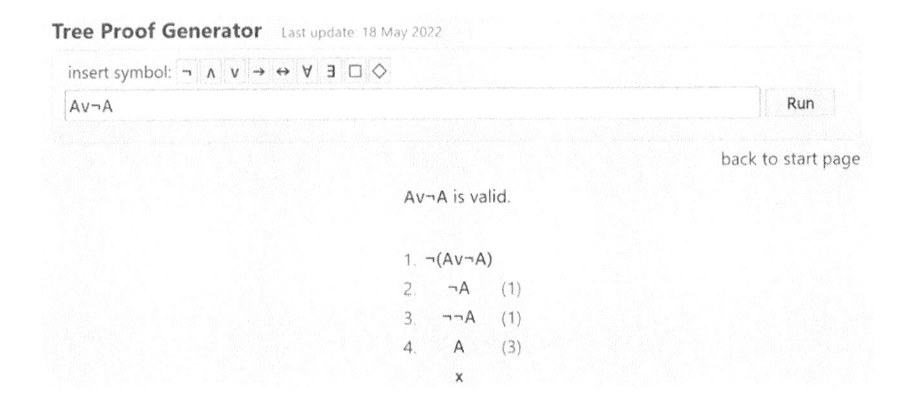

定理 8　⊢A→¬¬A。

Tree Proof Generator　Last update: 18 May 2022

insert symbol: ¬ ∧ ∨ → ↔ ∀ ∃ □ ◇

A→¬¬A　Run

back to start page

A → ¬¬A is valid.

1. ¬(A → ¬¬A)
2. A (1)
3. ¬¬¬A (1)
4. ¬A (3)

x

定理 9　⊢¬¬A→A。

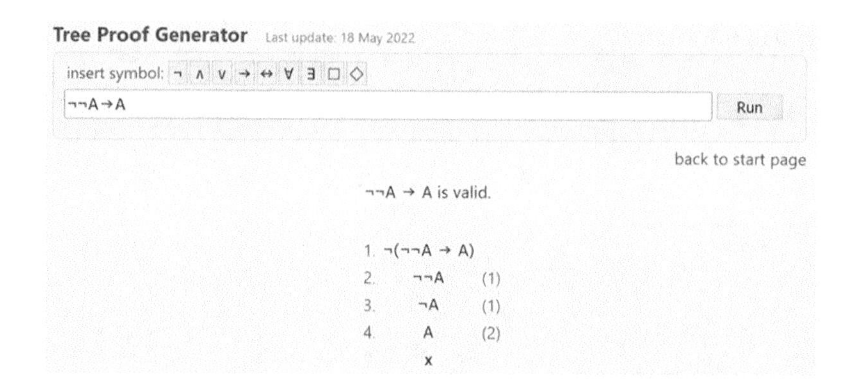

定理 10　⊢A↔¬¬A。

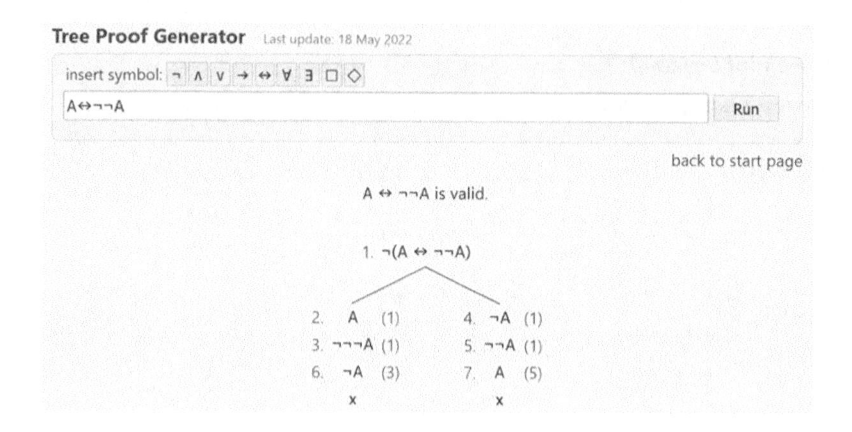

定理 11　$\vdash (A \rightarrow B) \rightarrow (\neg B \rightarrow \neg A)$。

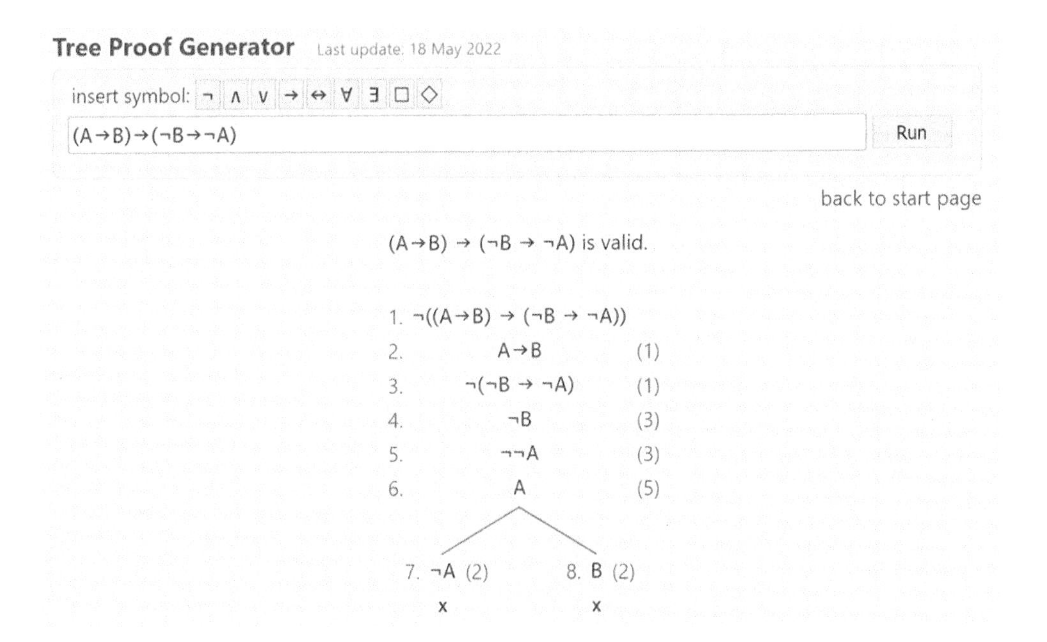

定理 12　$\vdash (\neg B \rightarrow \neg A) \rightarrow (A \rightarrow B)$。

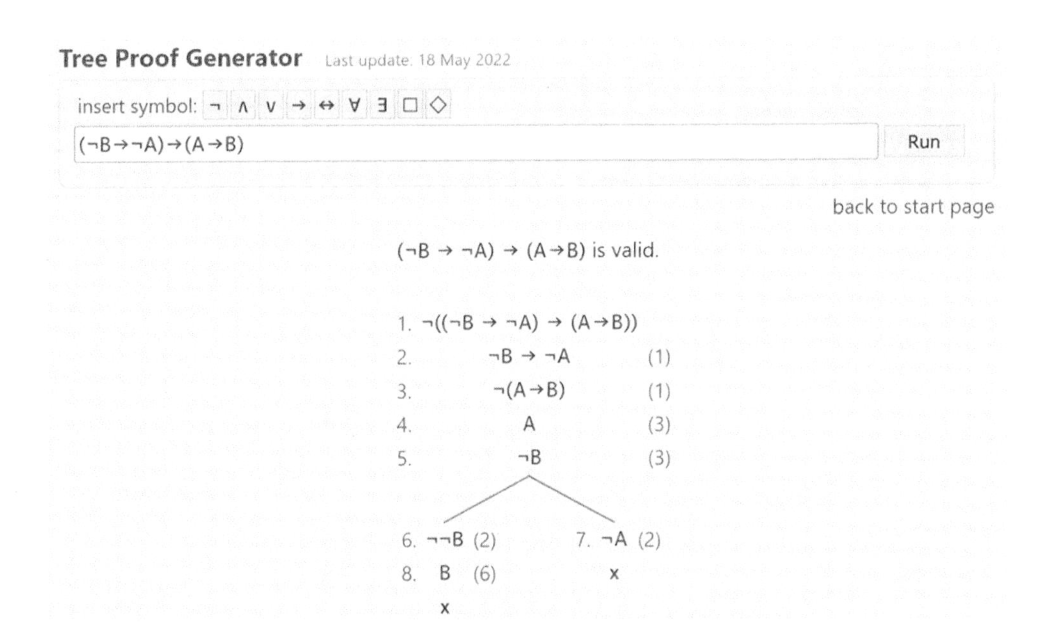

定理 13　$\vdash(A\rightarrow B)\leftrightarrow(\neg B\rightarrow\neg A)$。

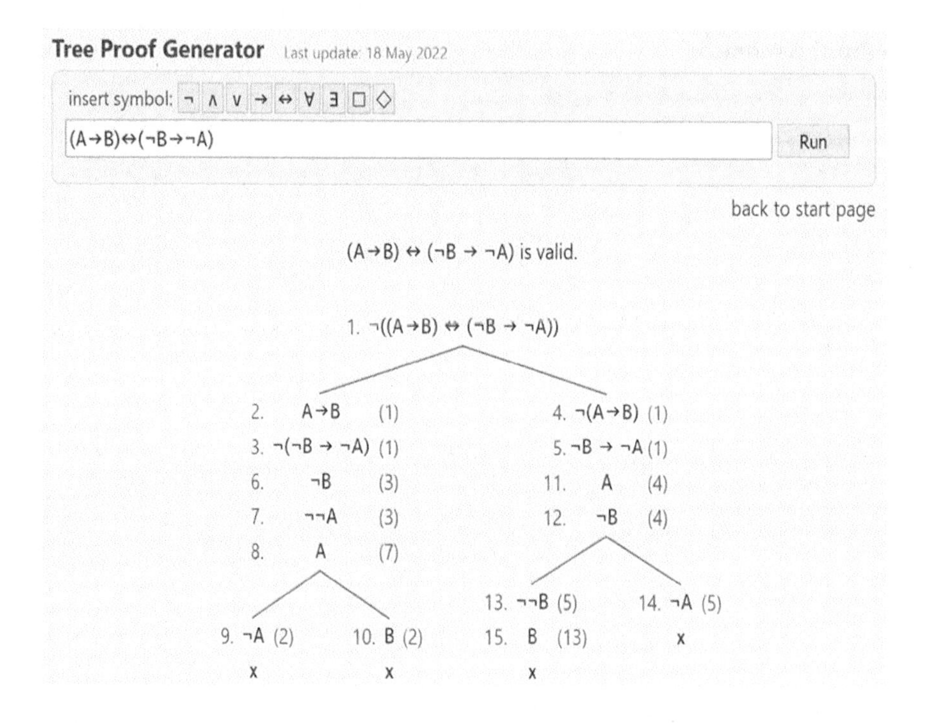

定理 14　$\vdash(A\leftrightarrow B)\rightarrow(A\rightarrow B)$。

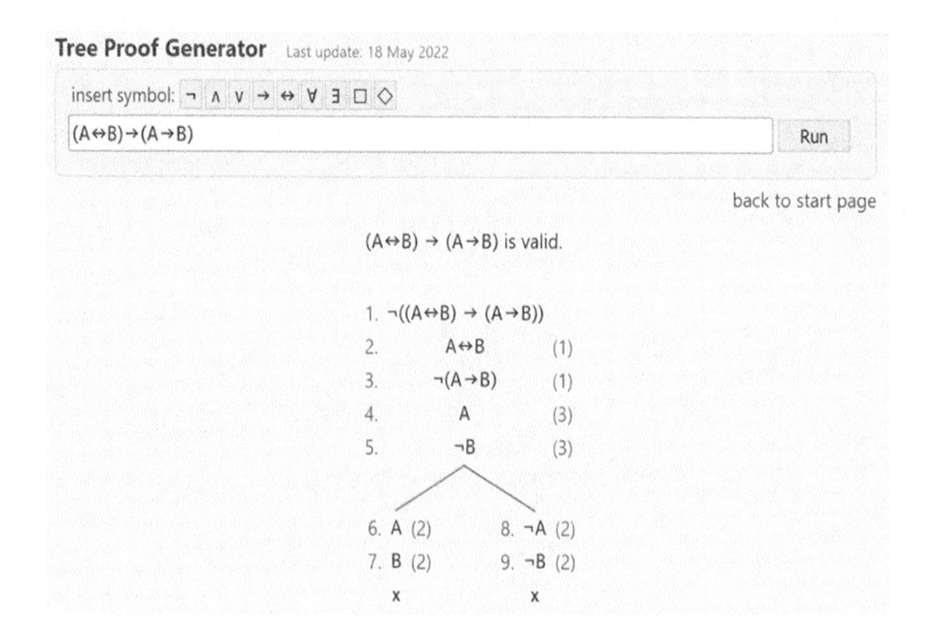

定理 15　$\vdash (A\leftrightarrow B)\rightarrow(B\rightarrow A)$。

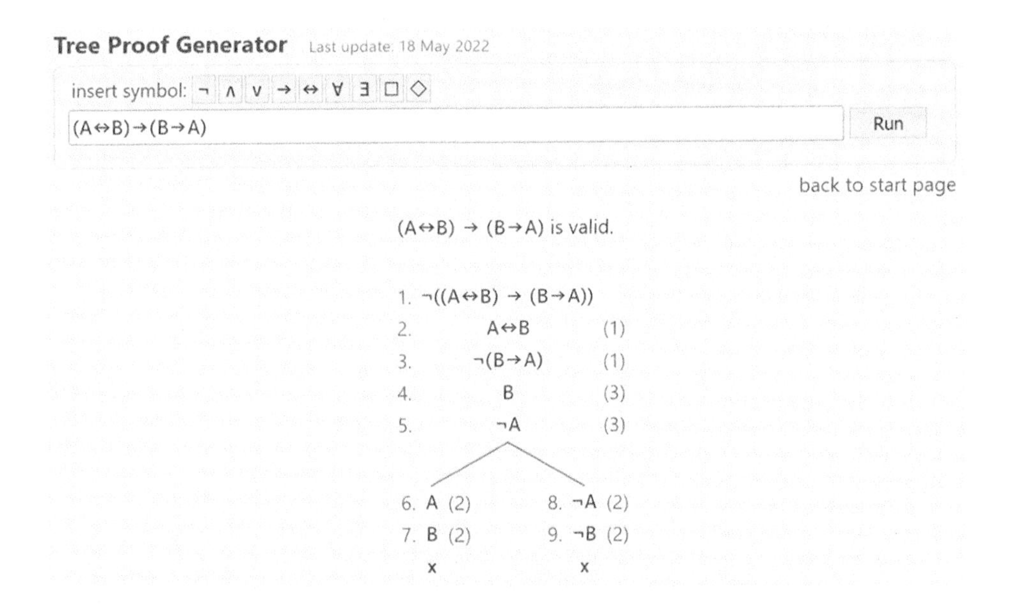

定理 16　$\vdash \neg(A\wedge B)\rightarrow(\neg A\vee\neg B)$。

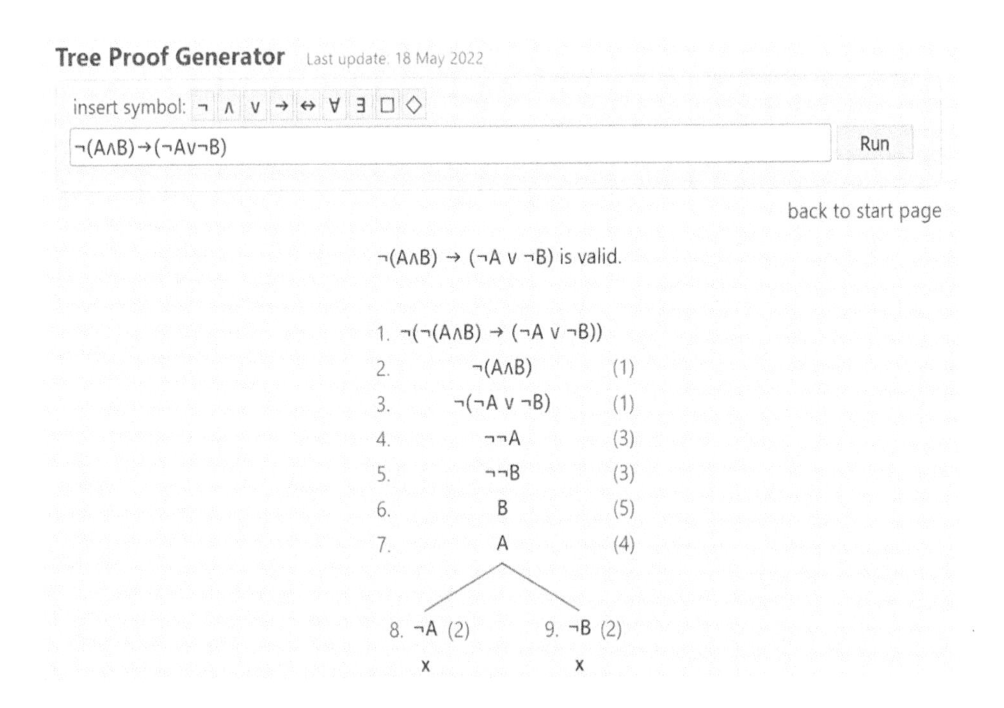

定理 17　$\vdash(\neg A \vee \neg B) \rightarrow \neg(A \wedge B)$。

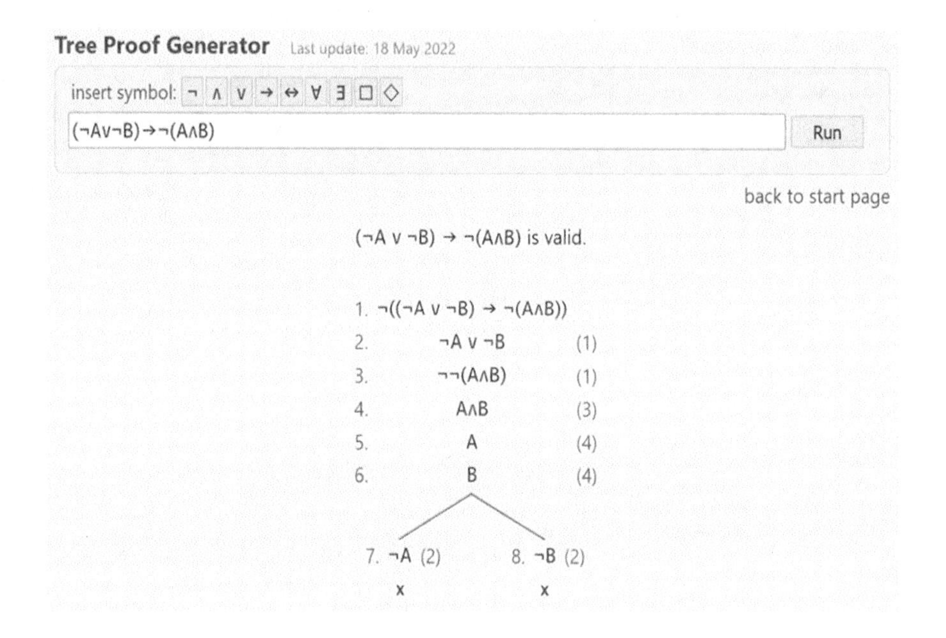

定理 18　$\vdash \neg(A \wedge B) \leftrightarrow(\neg A \vee \neg B)$。

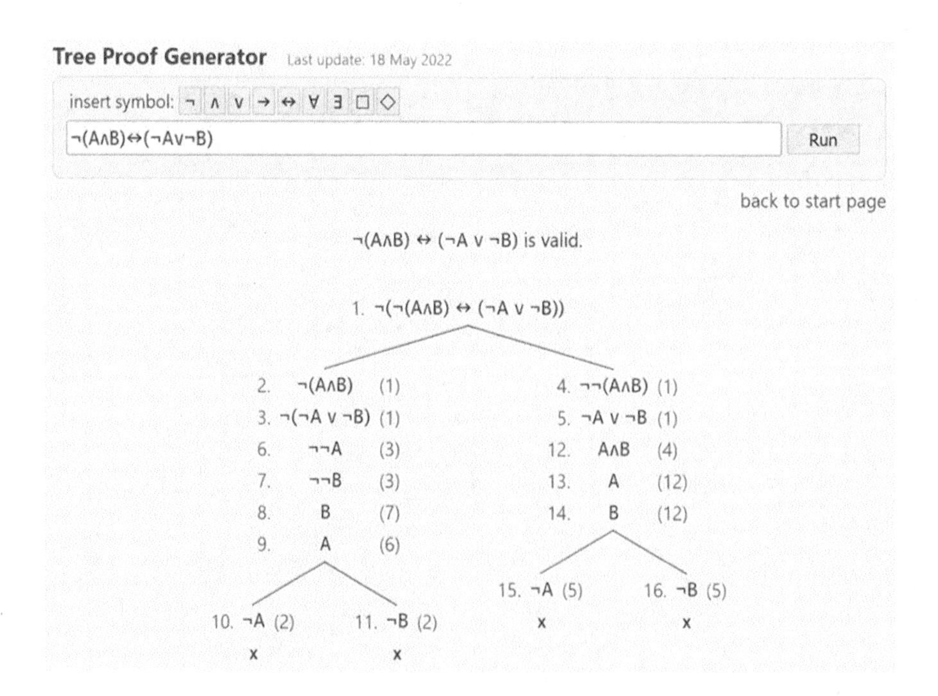

定理 19　⊢A→(B∨A)。

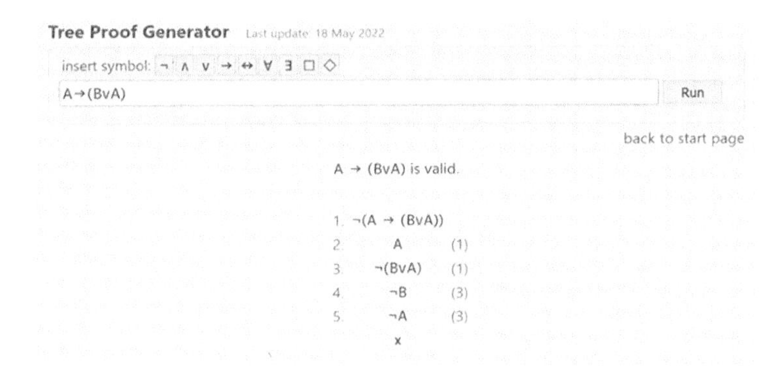

定理 20　⊢A→(A∨A)。

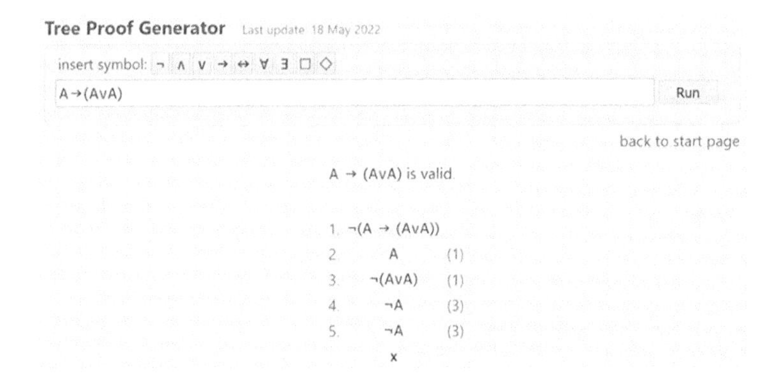

定理 21　⊢A↔(A∨A)。

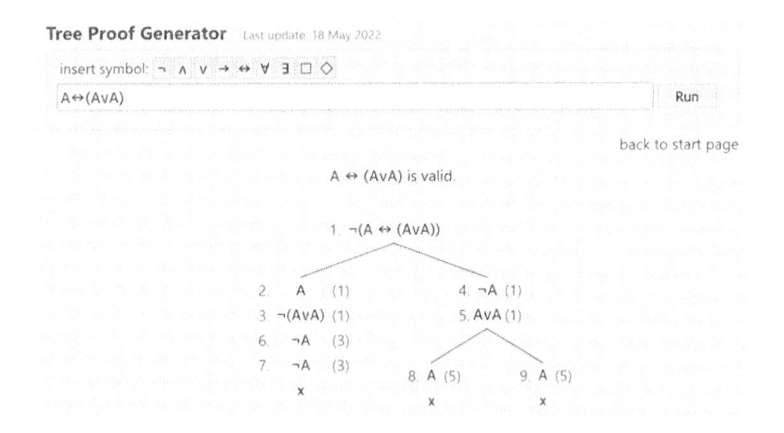

定理 22 $\vdash \neg(A \vee B) \rightarrow (\neg A \wedge \neg B)$。

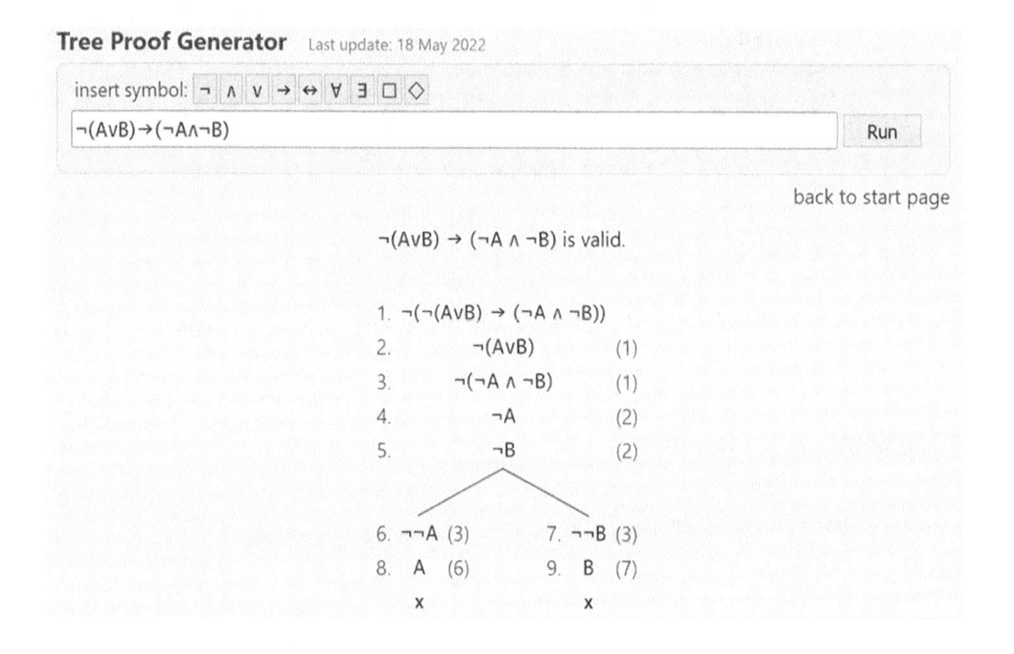

定理 23 $\vdash (\neg A \wedge \neg B) \rightarrow \neg(A \vee B)$。

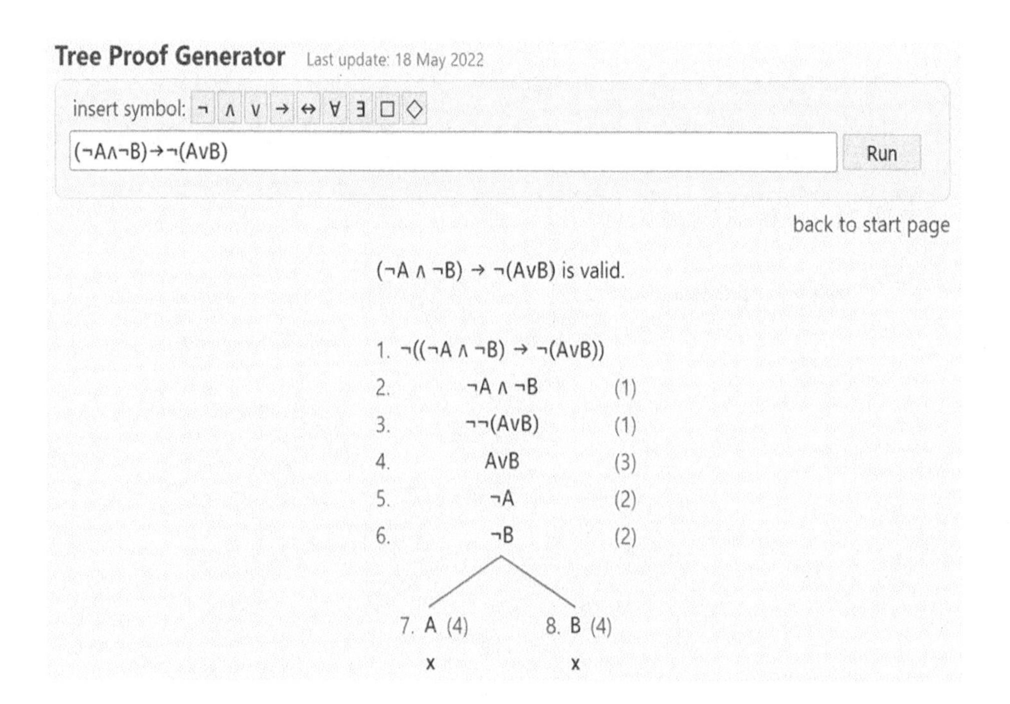

定理 24　$\vdash \neg(A \vee B) \leftrightarrow (\neg A \wedge \neg B)$。

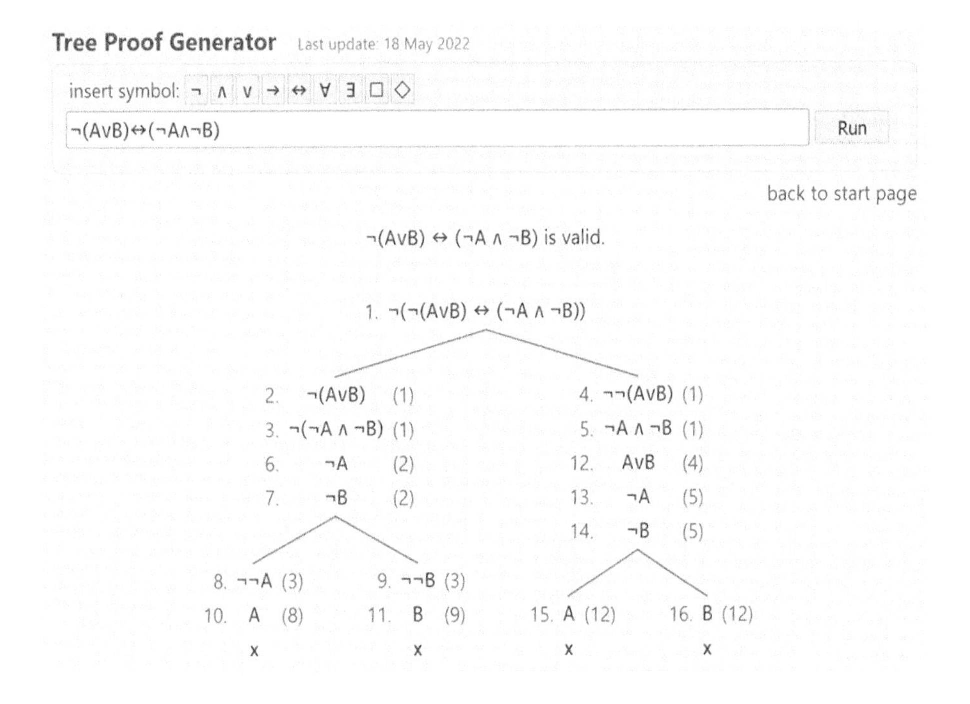

定理 25　$\vdash (A \wedge B) \rightarrow (B \wedge A)$。

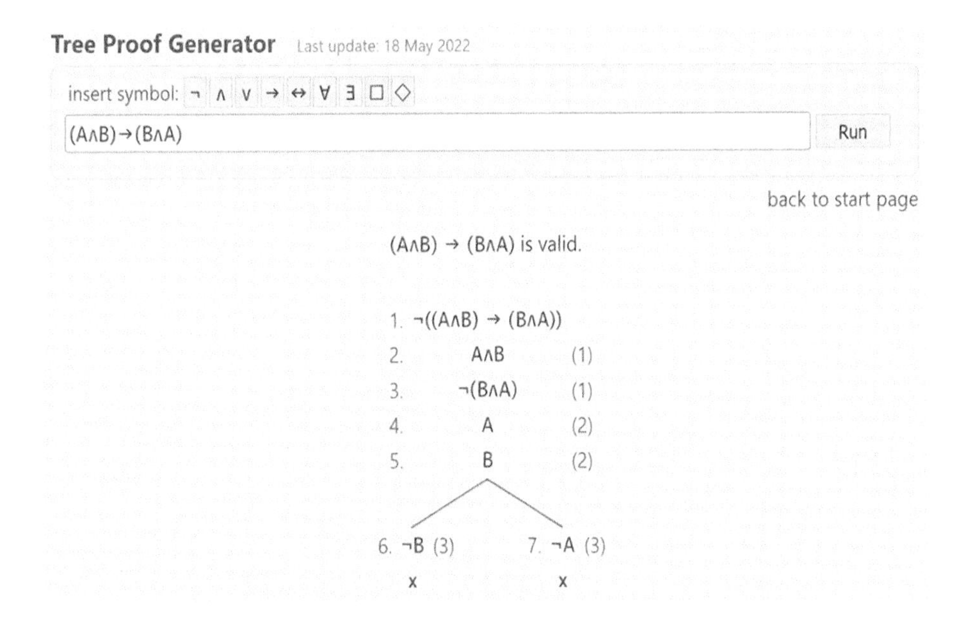

定理 26　$\vdash (A \wedge B) \to A$。

Tree Proof Generator Last update: 18 May 2022

insert symbol: ¬ ∧ ∨ → ↔ ∀ ∃ □ ◇

(A∧B)→A　Run

back to start page

(A∧B) → A is valid.

1. ¬((A∧B) → A)
2. A∧B (1)
3. ¬A (1)
4. A (2)
5. B (2)

x

定理 27　$\vdash (A \wedge B) \to B$。

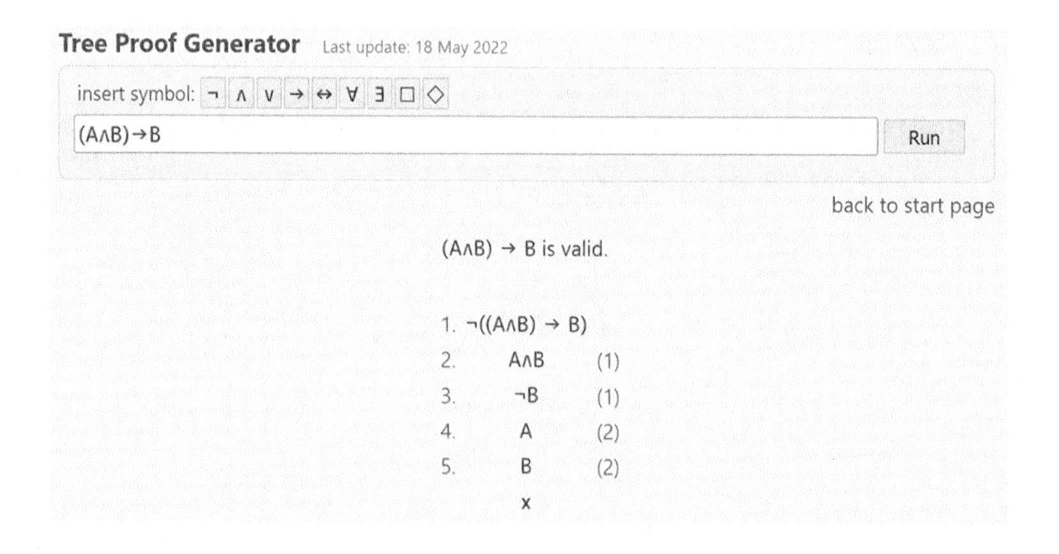

定理 28　$\vdash A\vee(B\vee C)\rightarrow B\vee(A\vee C)$。

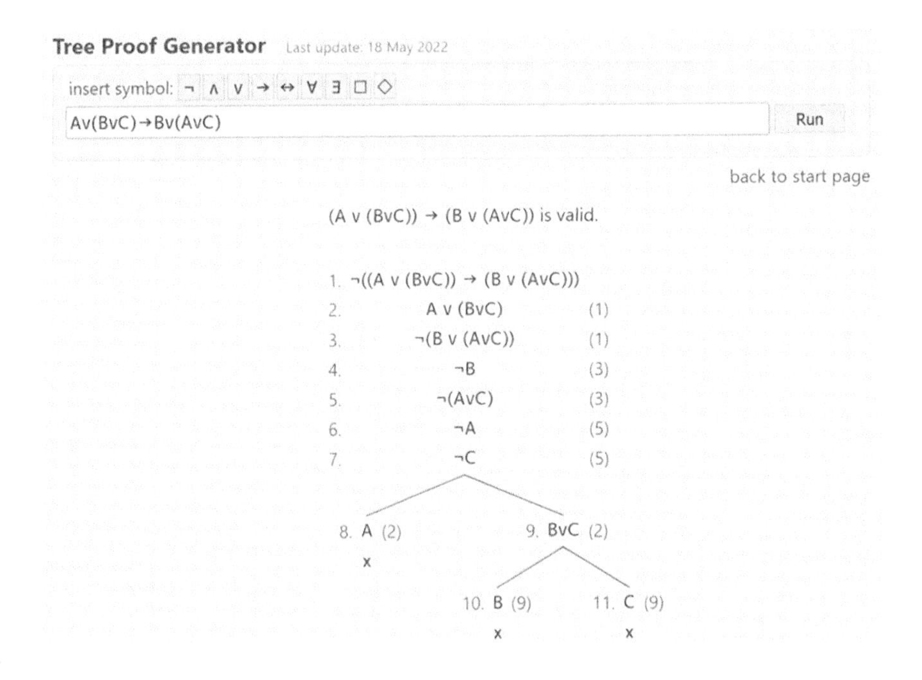

定理 29　$\vdash A\vee(B\vee C)\rightarrow(A\vee B)\vee C$。

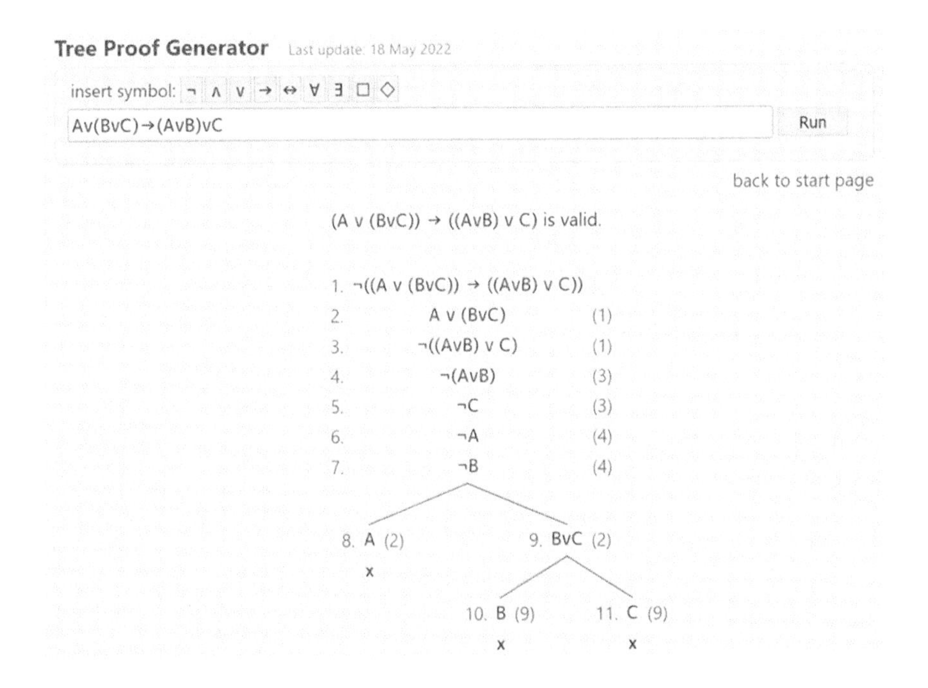

定理 30 ⊢(A∨B)∨C→A∨(B∨C)。

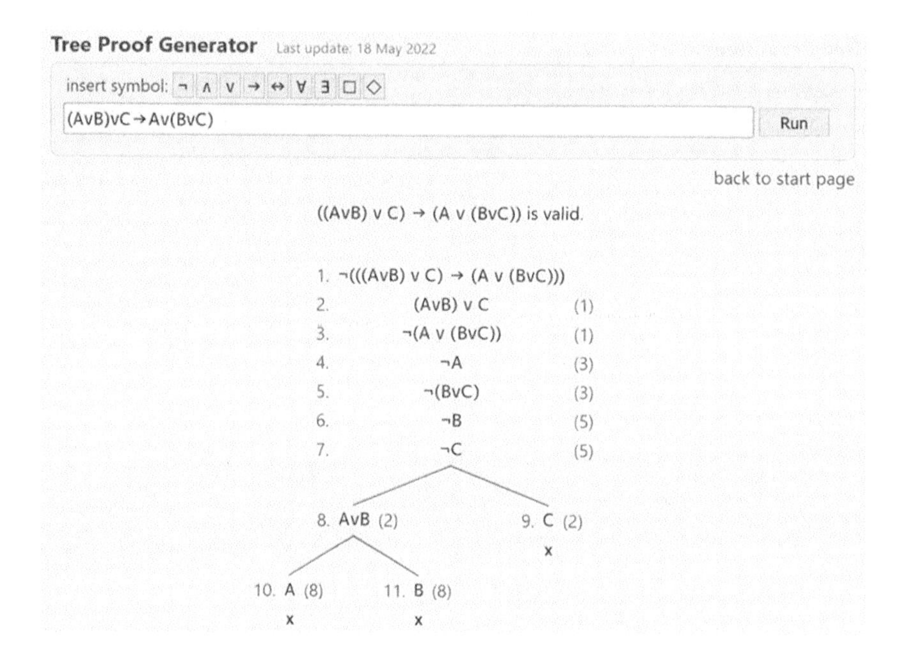

定理 31 ⊢A∨(B∨C)↔(A∨B)∨C。

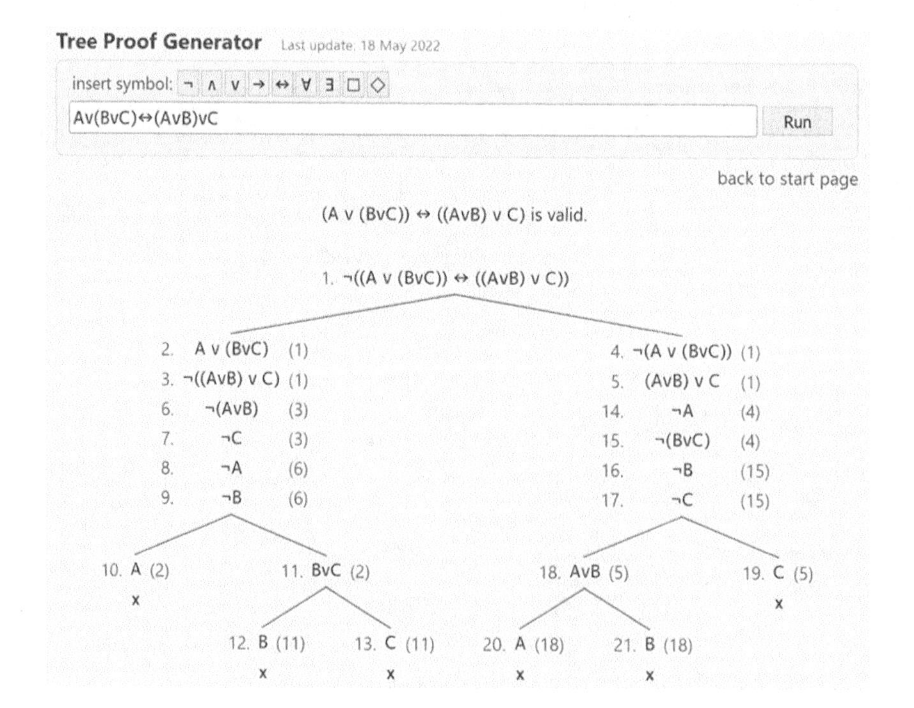

定理 32　$\vdash A\wedge(B\wedge C)\rightarrow(A\wedge B)\wedge C$。

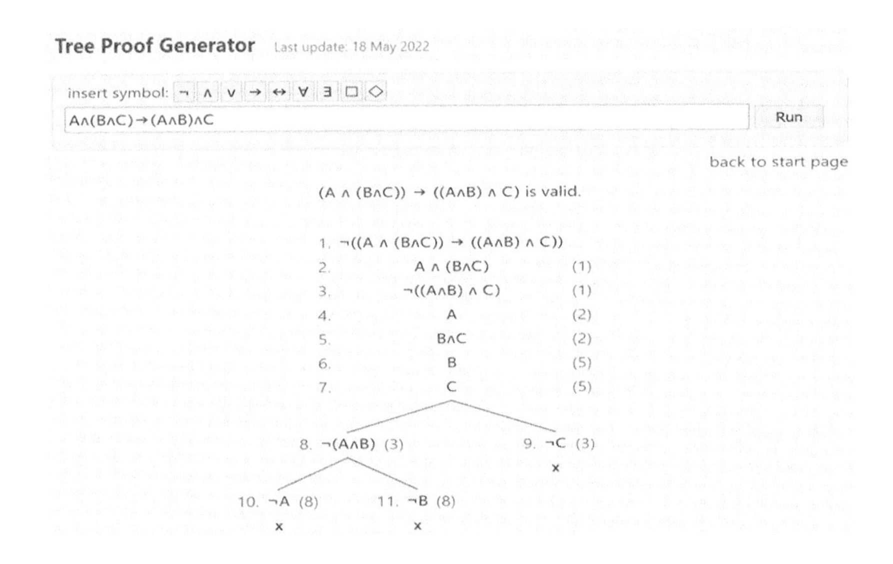

定理 33　$\vdash(A\wedge B)\wedge C\rightarrow A\wedge(B\wedge C)$。

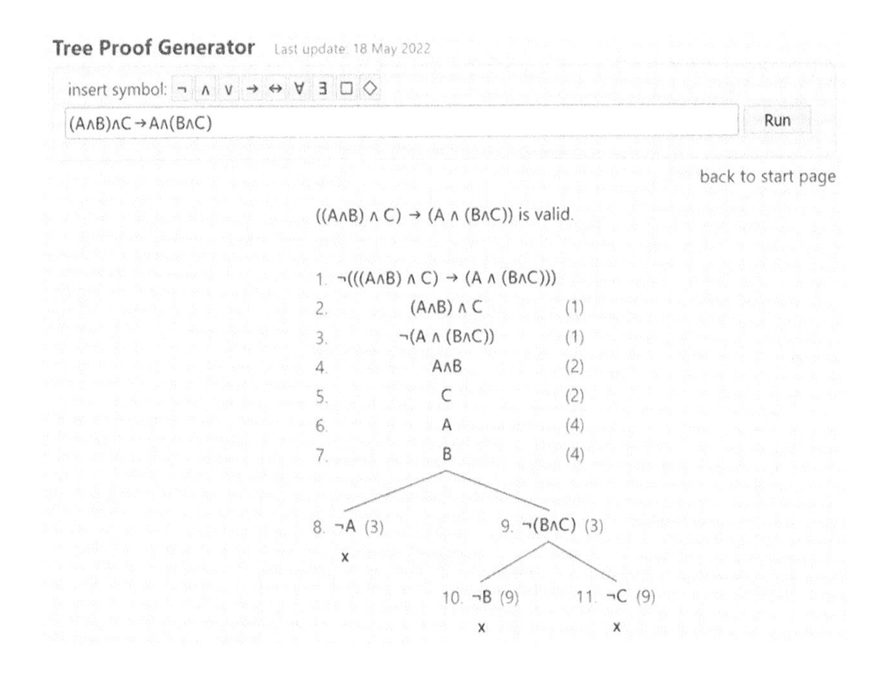

定理 34　$\vdash A\wedge(B\wedge C)\leftrightarrow(A\wedge B)\wedge C$。

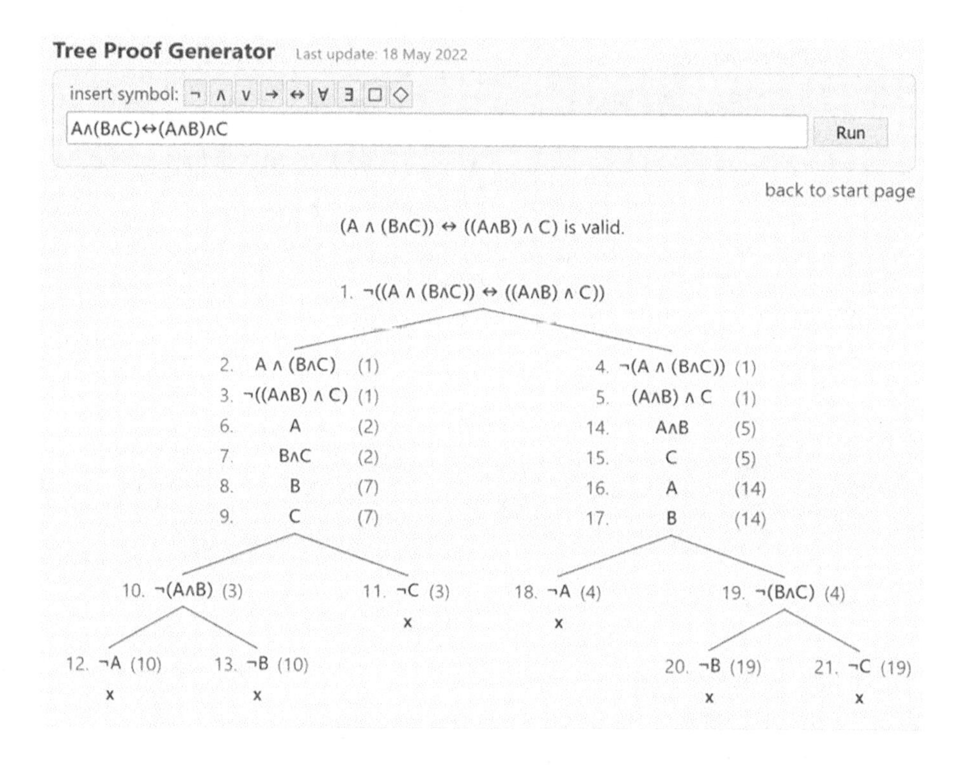

定理 35　$\vdash A\rightarrow(B\rightarrow A\wedge B)$。

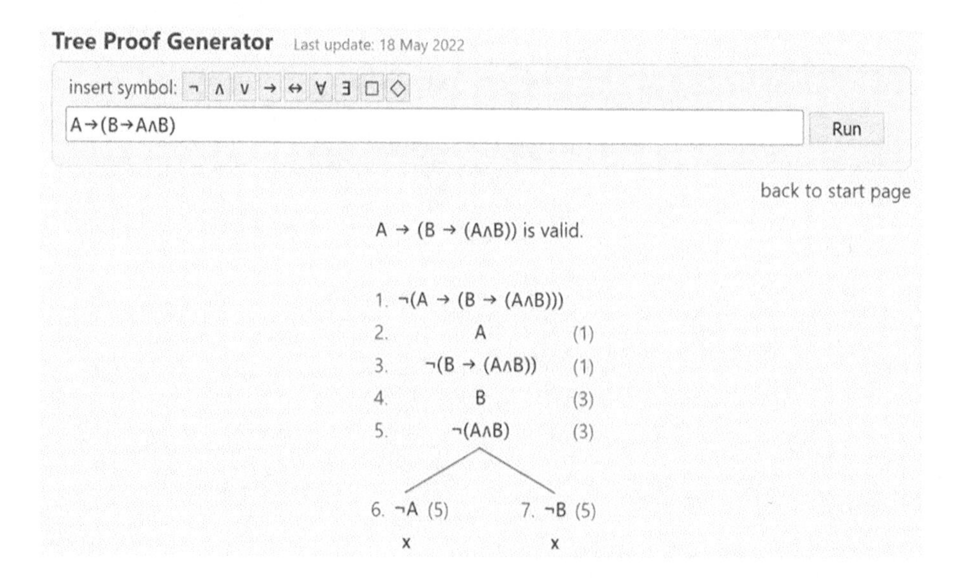

定理 36　$\vdash (A\to(B\to C))\to(B\to(A\to C))$。

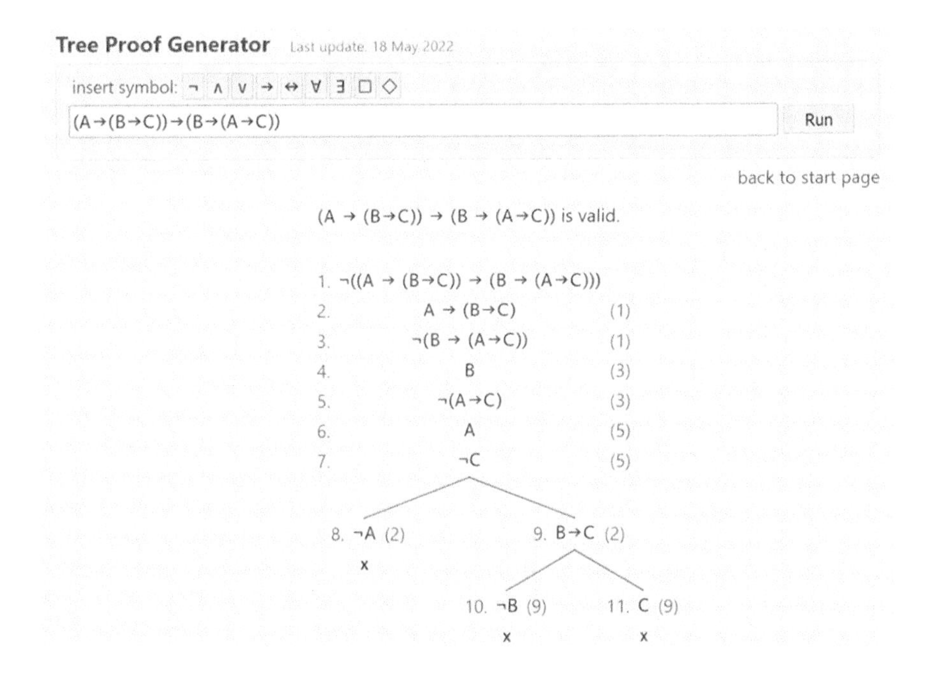

定理 37　$\vdash (A\to(B\to C))\to(A\wedge B\to C)$。

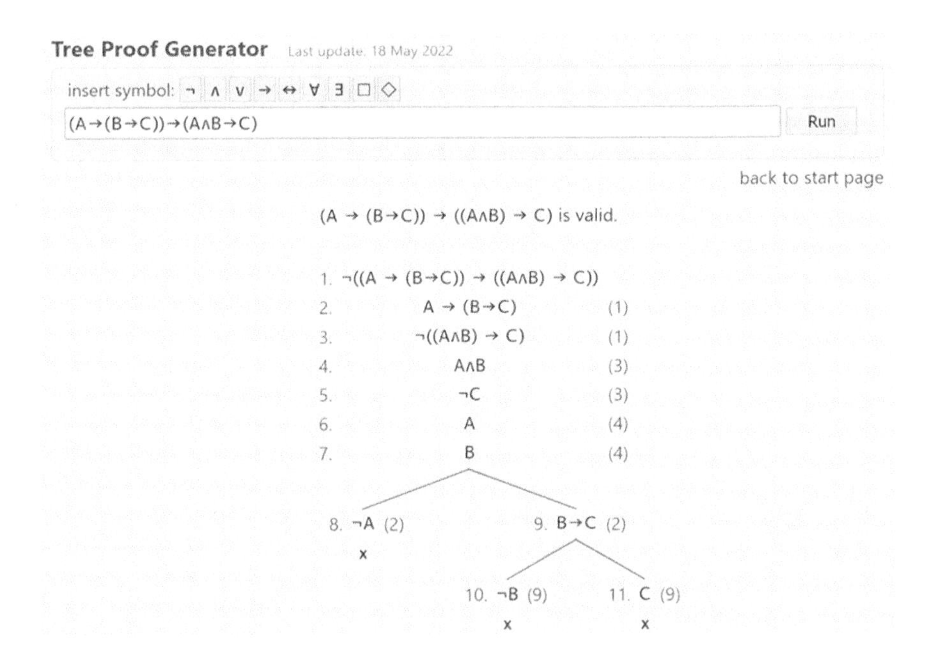

定理 38　$\vdash (A \land B \rightarrow C) \rightarrow (A \rightarrow (B \rightarrow C))$。

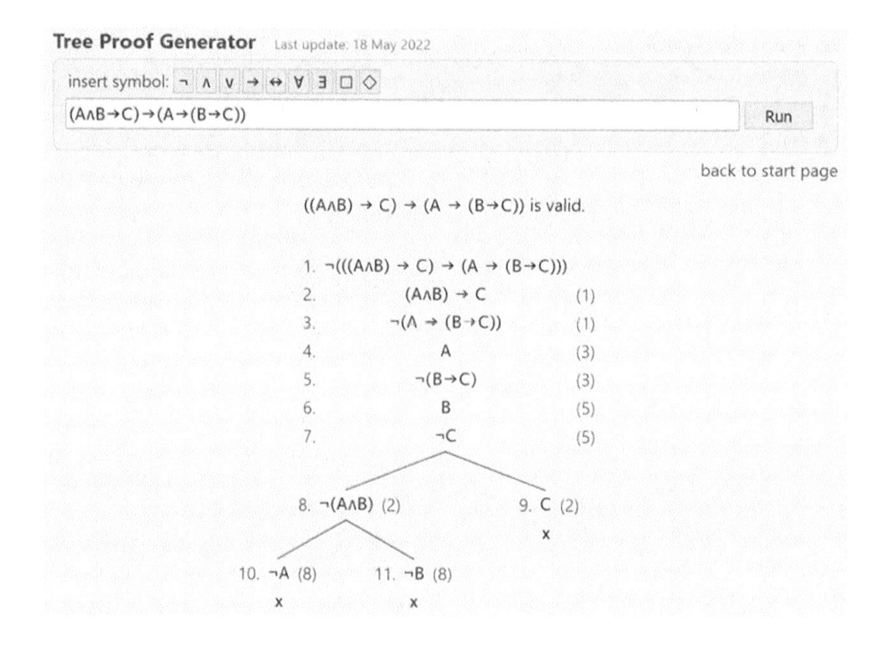

定理 39　$\vdash (A \rightarrow (B \rightarrow C)) \leftrightarrow (A \land B \rightarrow C)$。

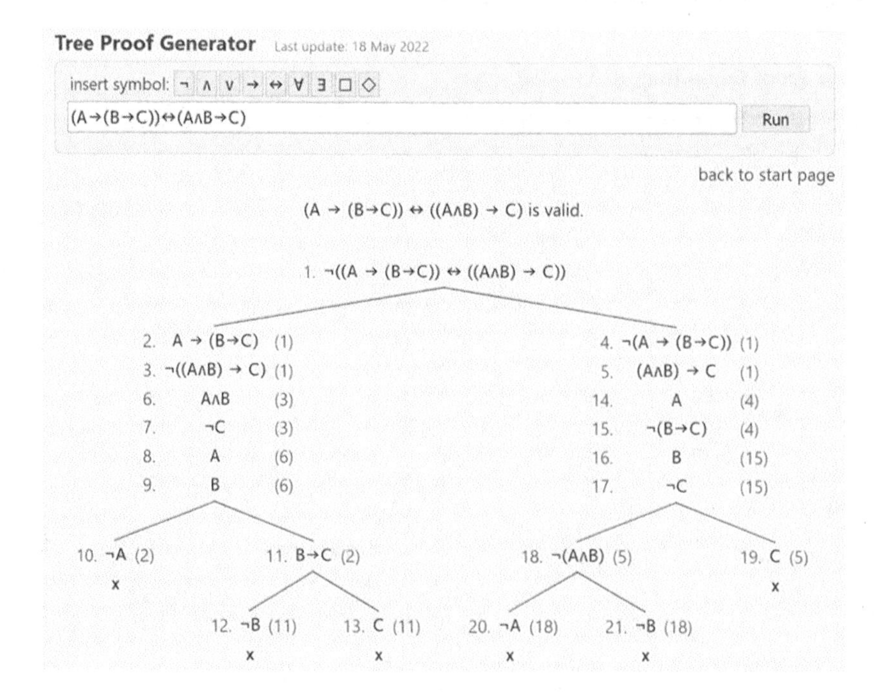

定理 40　$\vdash (A \rightarrow (A \rightarrow B)) \rightarrow (A \rightarrow B)$。

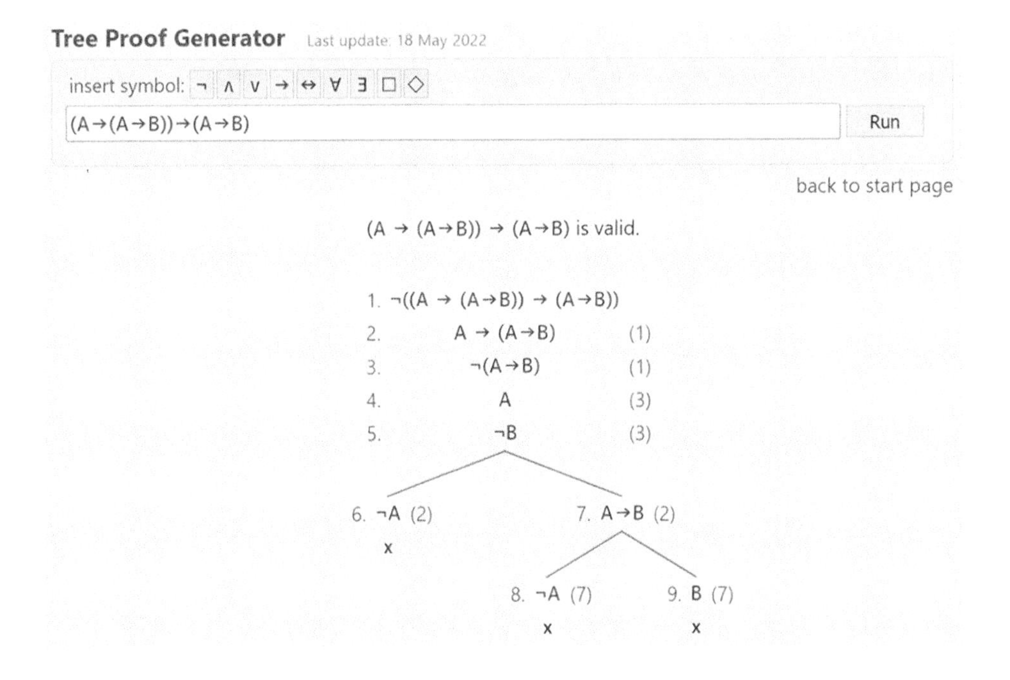

定理 41　$\vdash (A \rightarrow B) \rightarrow (A \rightarrow (A \rightarrow B))$。

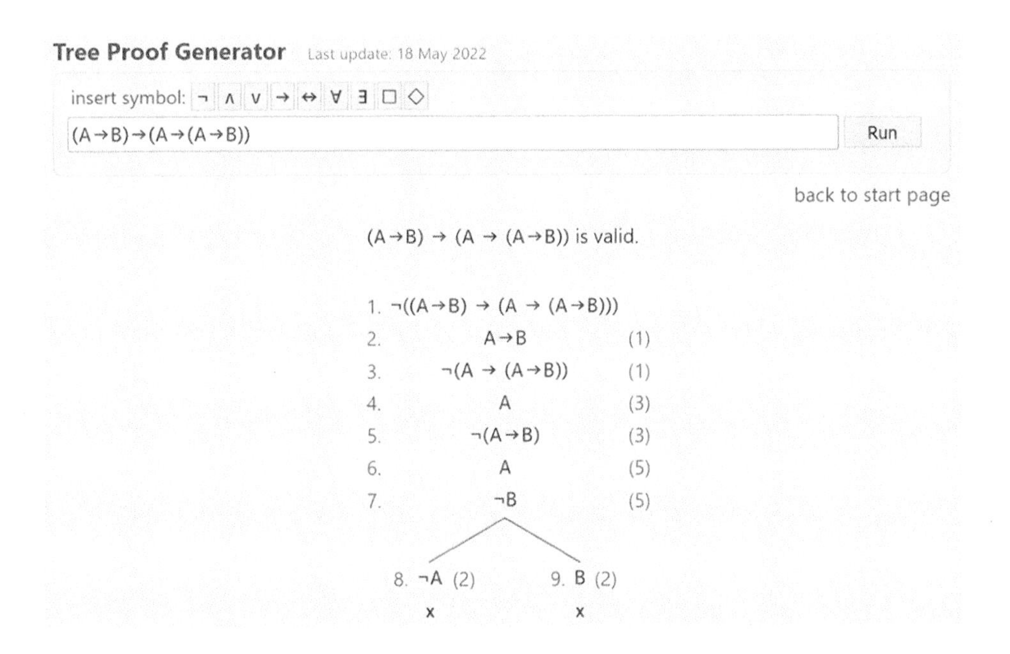

定理 42　$\vdash (A \to (A \to B)) \leftrightarrow (A \to B)$。

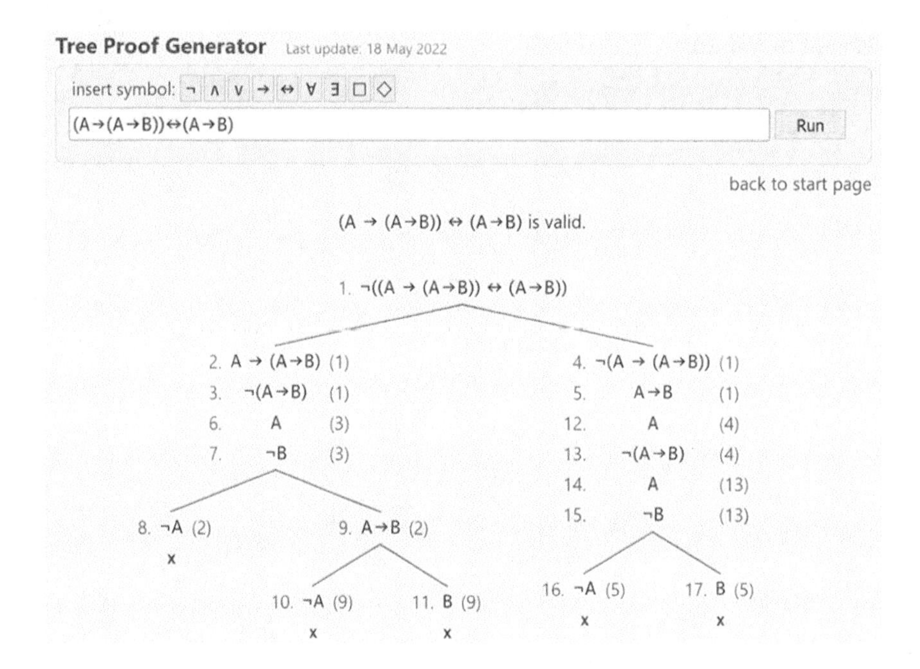

定理 43　$\vdash A \vee (B \wedge C) \to (A \vee B) \wedge (A \vee C)$。

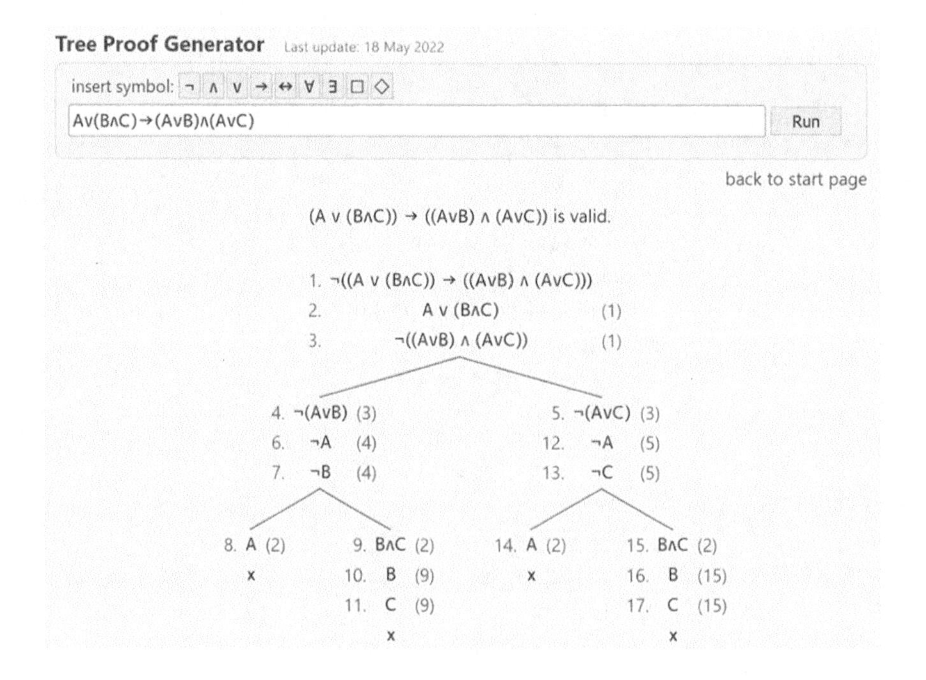

定理 44　$\vdash (A \vee B) \wedge (A \vee C) \rightarrow A \vee (B \wedge C)$。

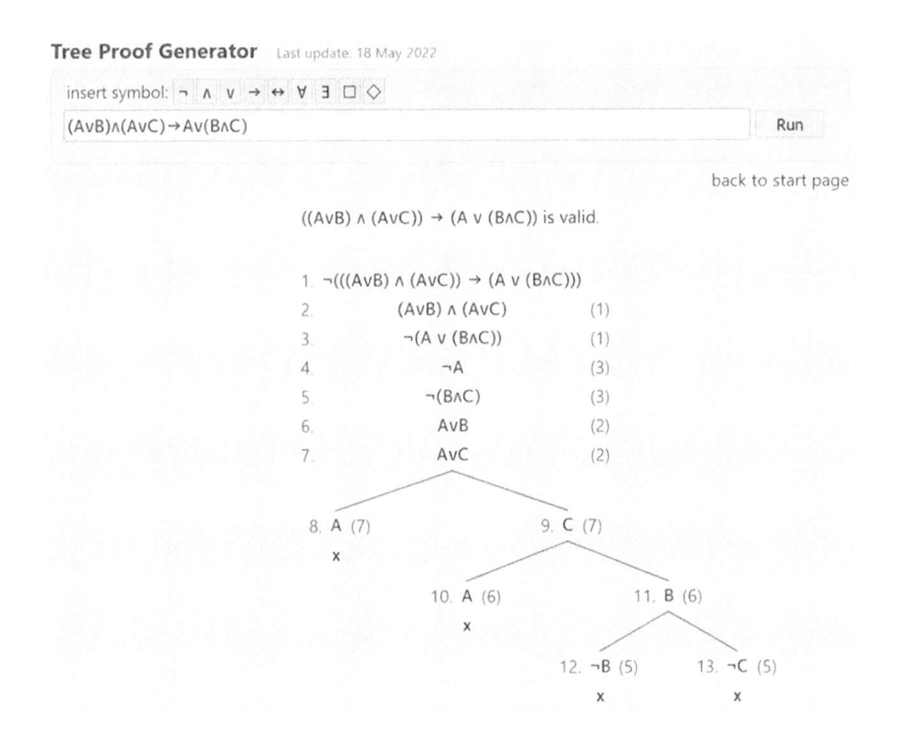

定理 45　$\vdash A \vee (B \wedge C) \leftrightarrow (A \vee B) \wedge (A \vee C)$。

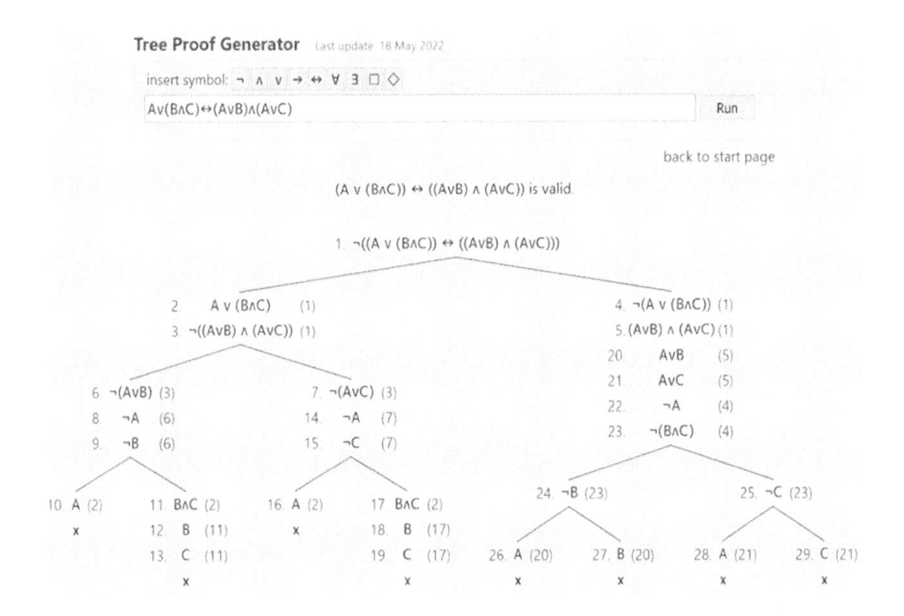

定理 46　$\vdash A\wedge(B\vee C)\rightarrow(A\wedge B)\vee(A\wedge C)$。

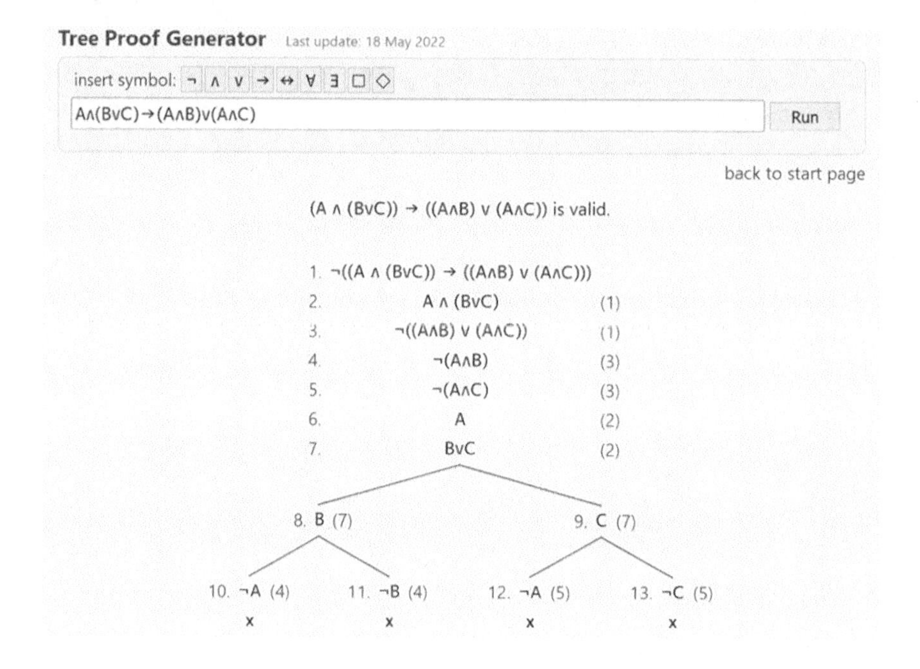

定理 47　$\vdash(A\wedge B)\vee(A\wedge C)\rightarrow A\wedge(B\vee C)$。

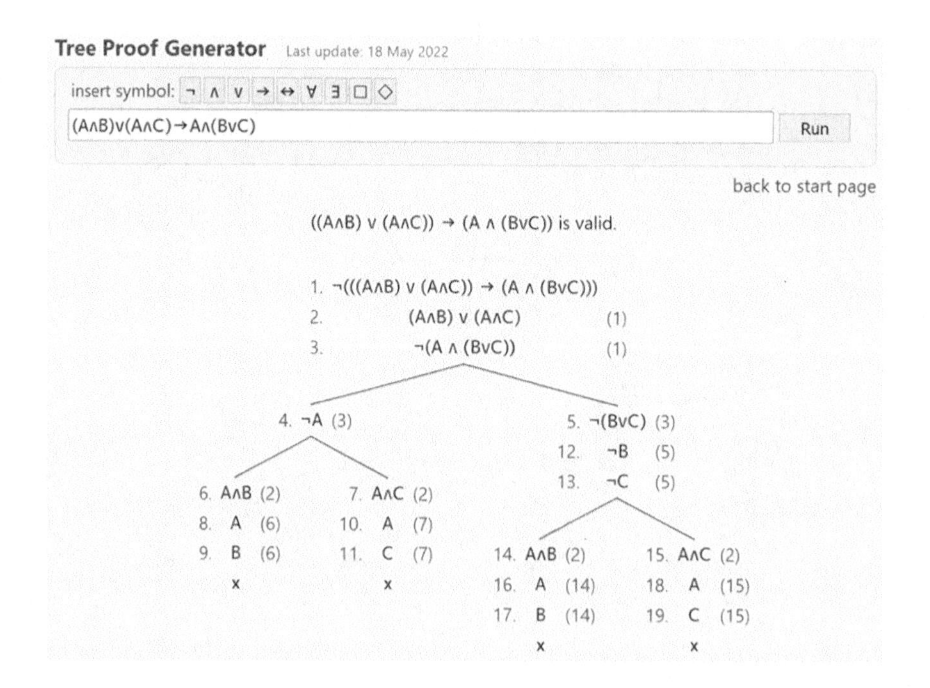

定理 48　$\vdash A\wedge(B\vee C)\leftrightarrow(A\wedge B)\vee(A\wedge C)$。

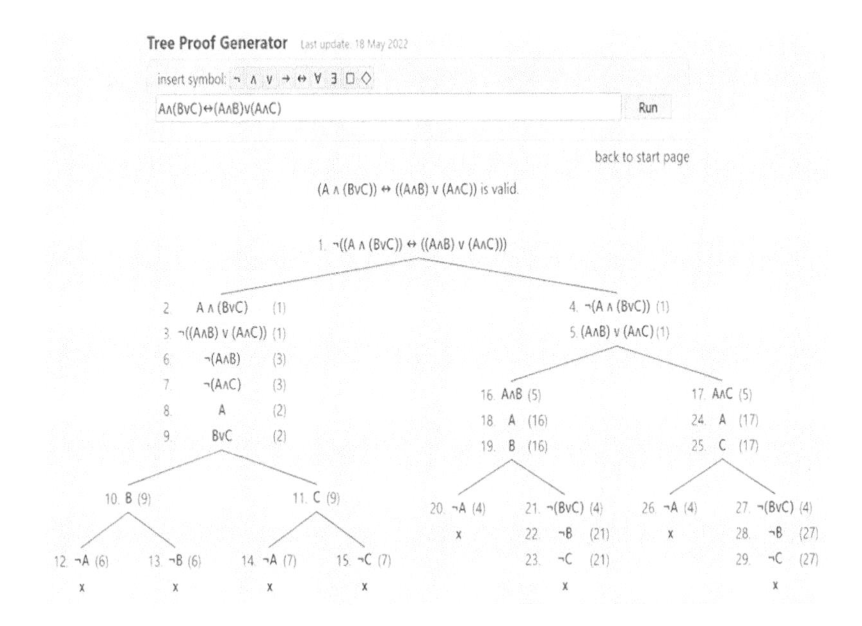

定理 49　$\vdash(A\rightarrow B)\wedge(A\rightarrow C)\rightarrow(A\rightarrow B\wedge C)$。

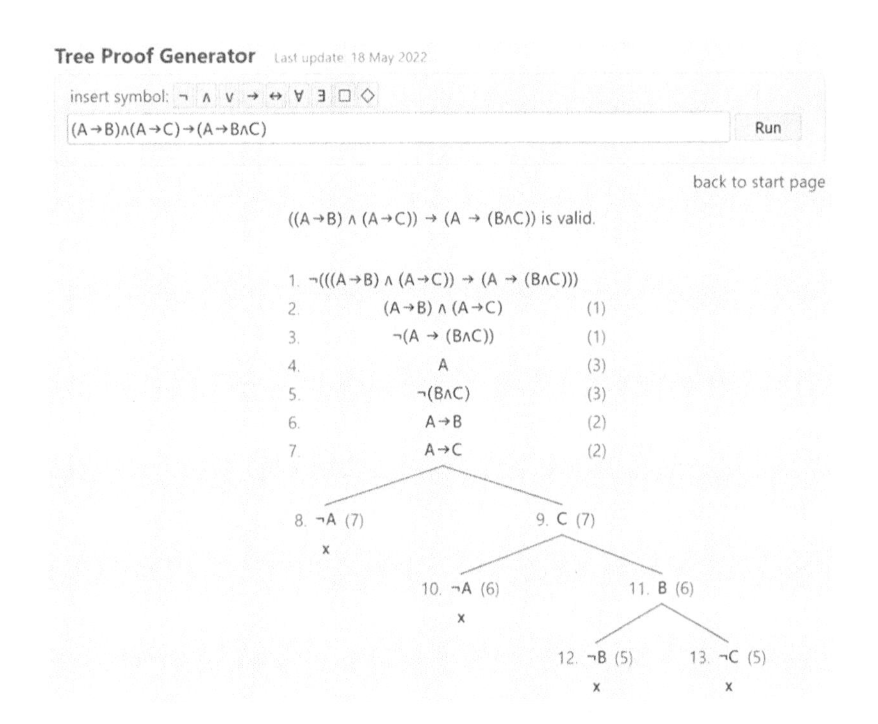

定理 50　$\vdash(A\rightarrow B)\rightarrow(\neg A\vee B)$。

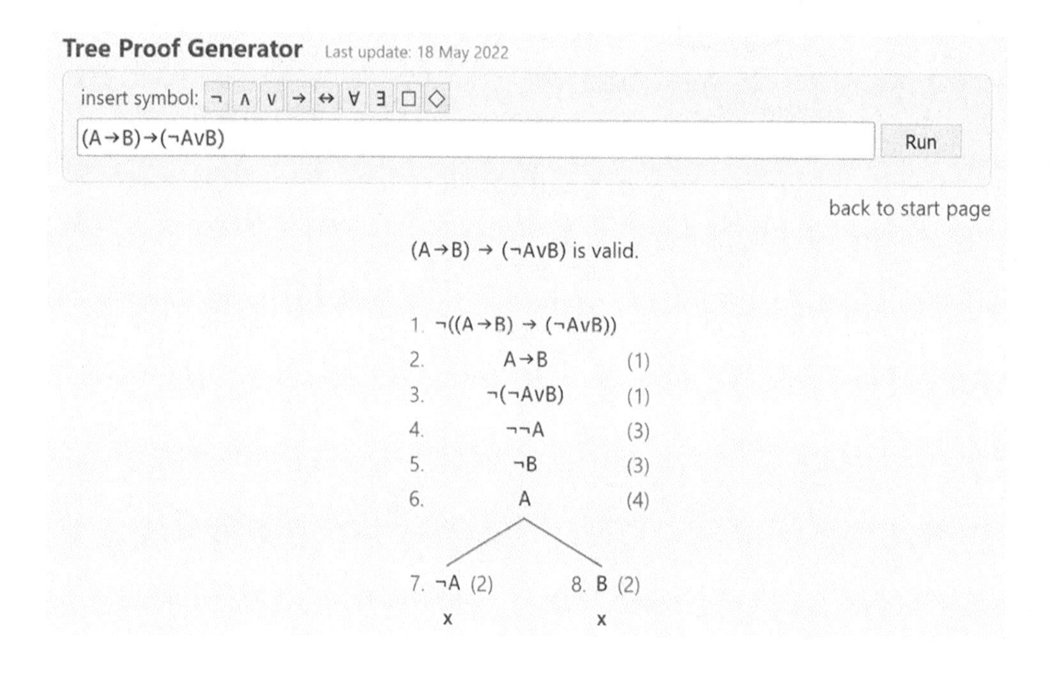

定理 51　$\vdash(\neg A\vee B)\rightarrow(A\rightarrow B)$。

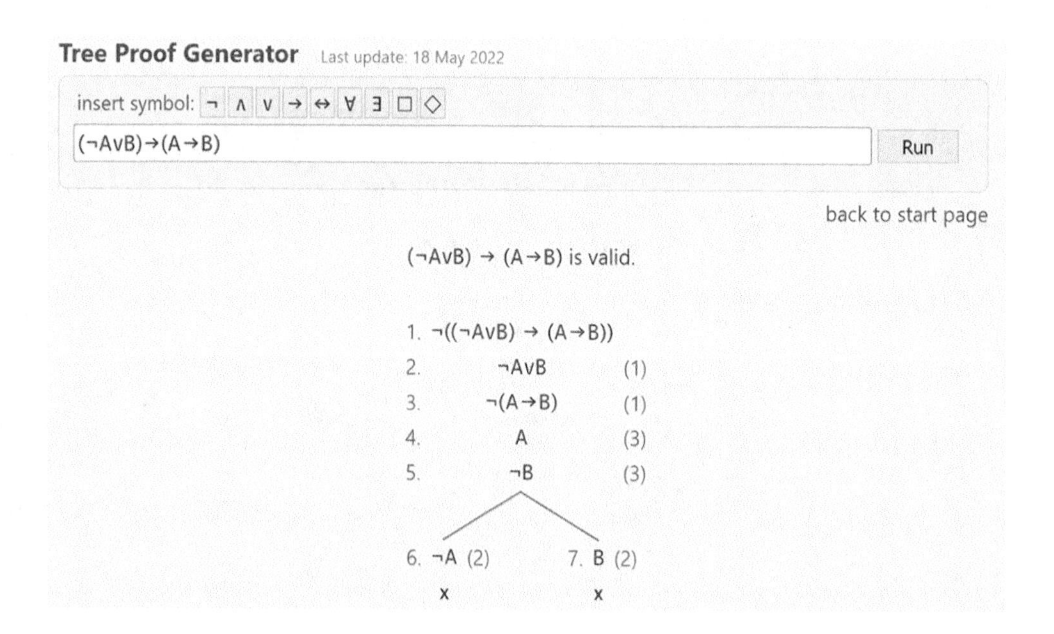

定理 52　$\vdash (A \to B) \leftrightarrow (\neg A \vee B)$。

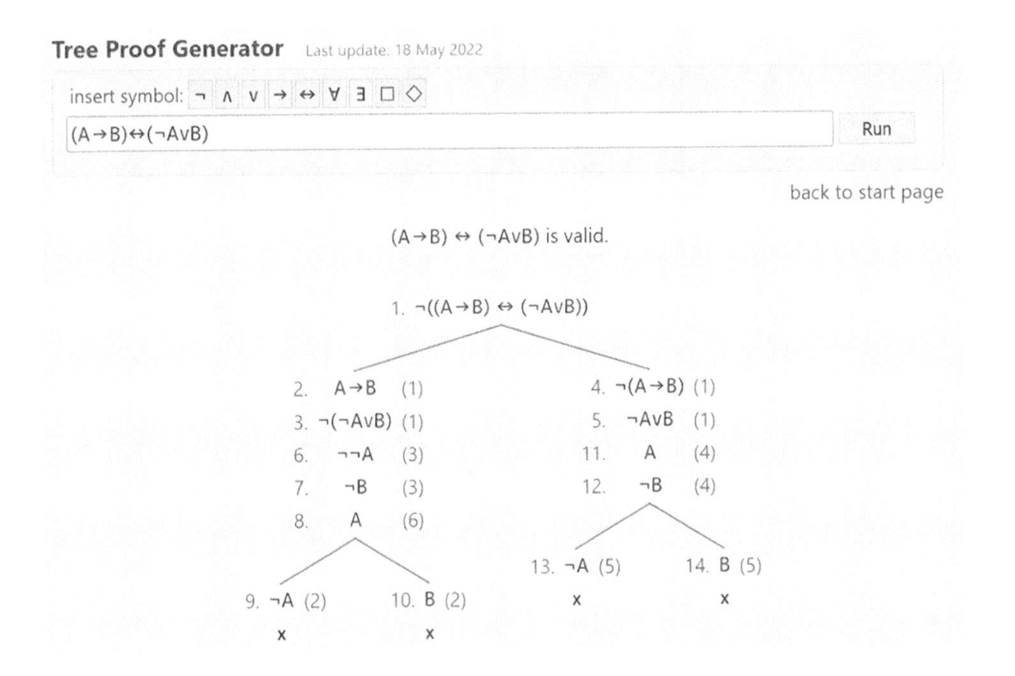

定理 53　$\vdash (A \to B) \to \neg(A \wedge \neg B)$。

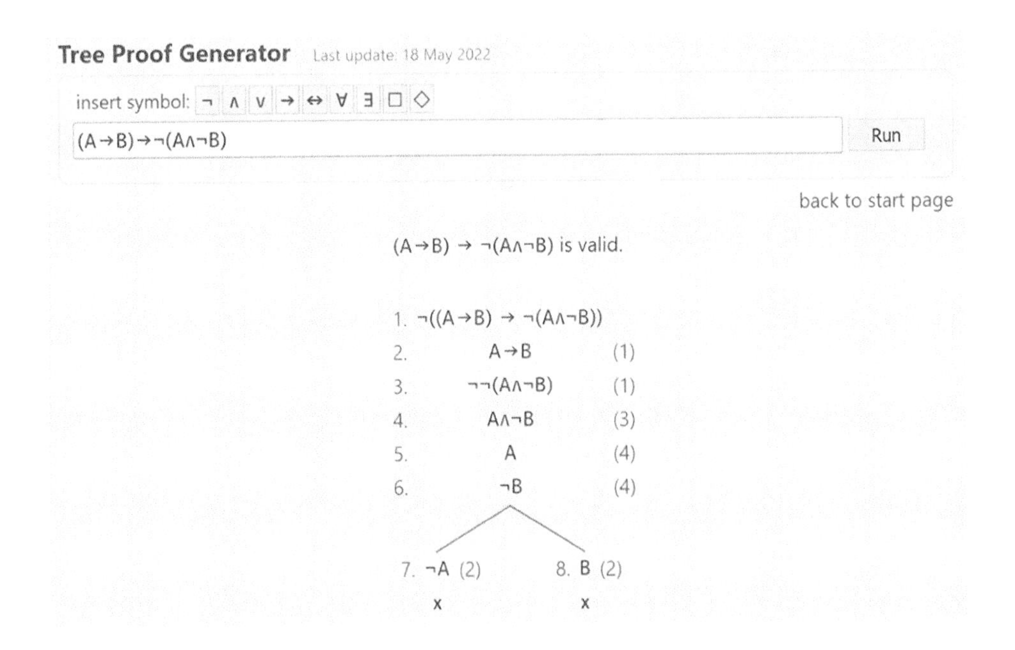

定理 54　$\vdash\neg(A\wedge\neg B)\to(A\to B)$。

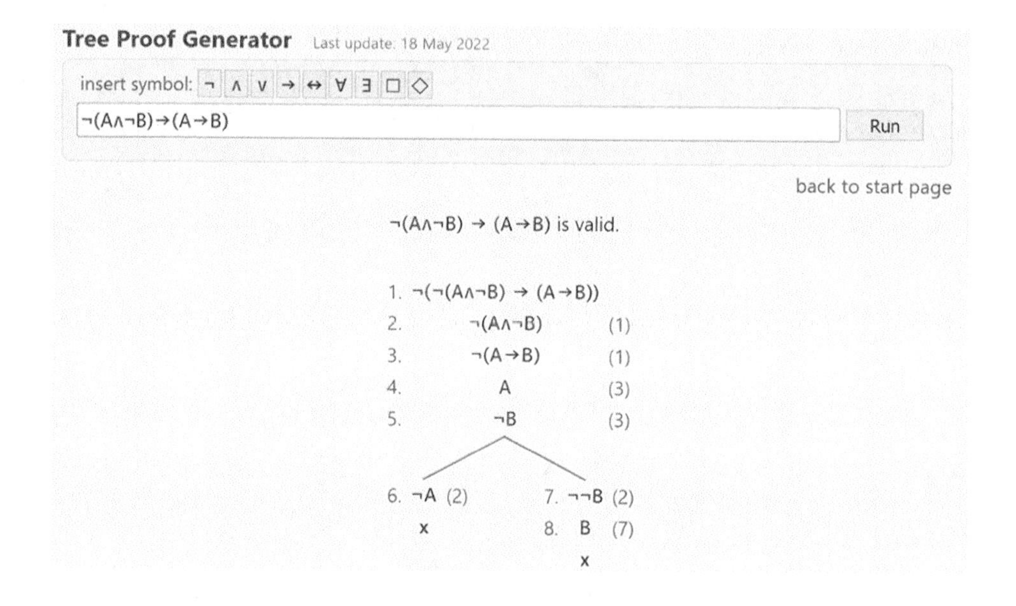

定理 55　$\vdash(A\to B)\leftrightarrow\neg(A\wedge\neg B)$。

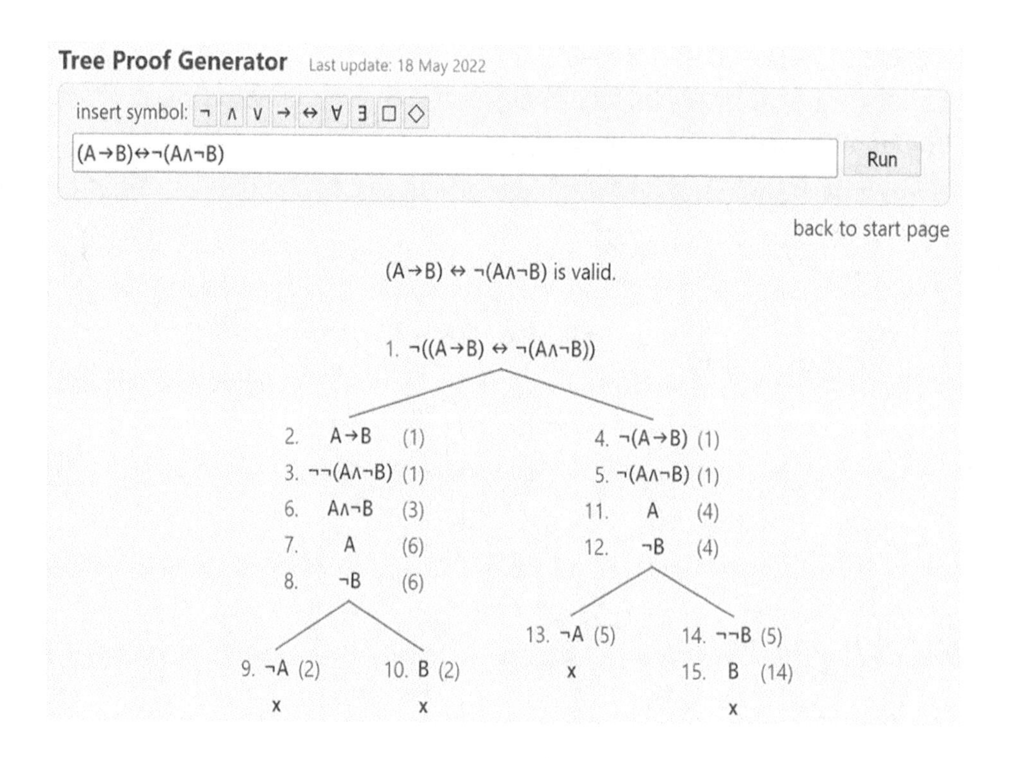

定理 56　$\vdash (A \land B) \to \neg(\neg A \lor \neg B)$。

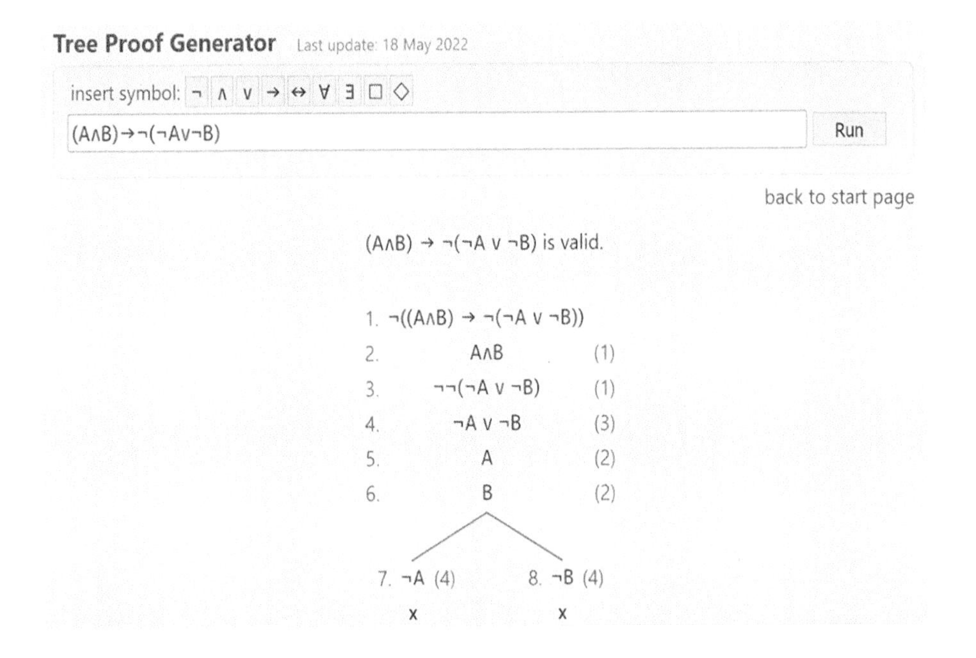

定理 57　$\vdash \neg(\neg A \lor \neg B) \to (A \land B)$。

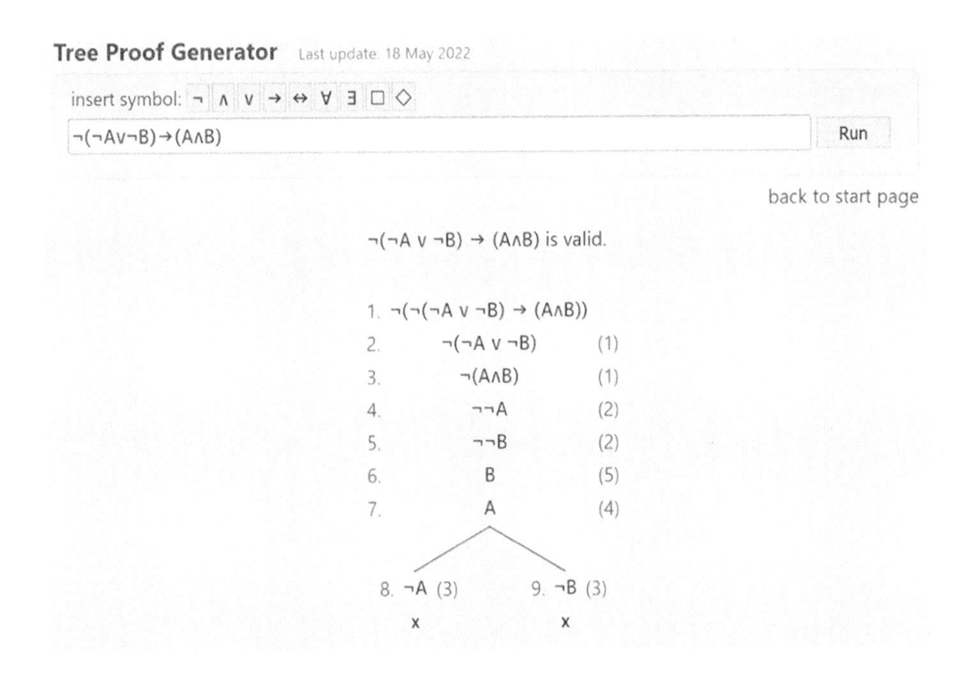

定理 58　$\vdash (A\land B)\leftrightarrow\neg(\neg A\lor\neg B)$。

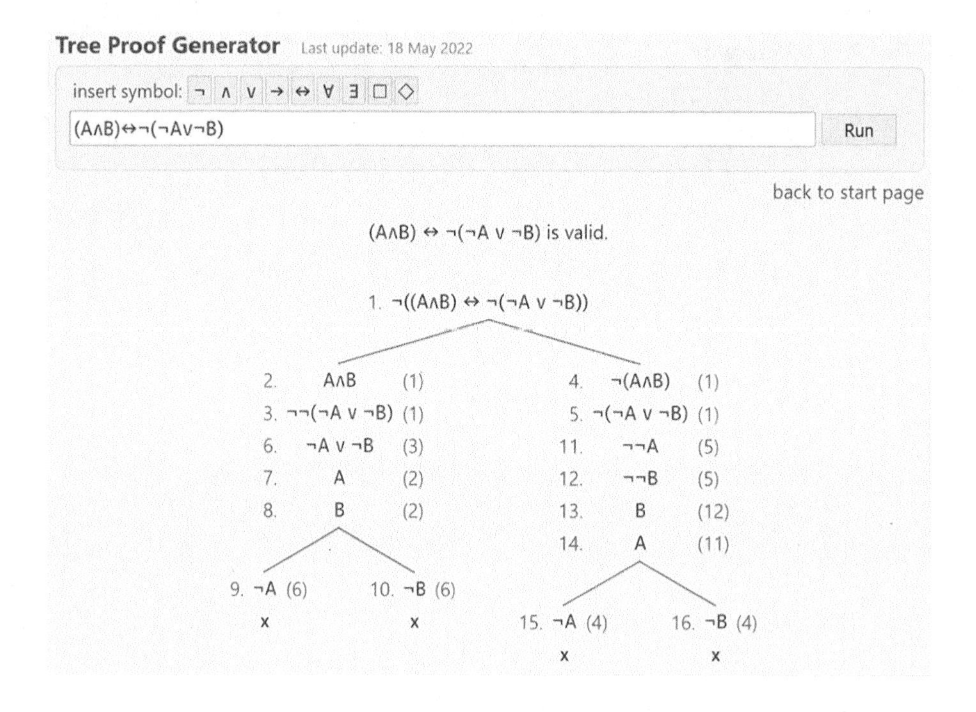

定理 59　$\vdash (A\lor B)\to\neg(\neg A\land\neg B)$。

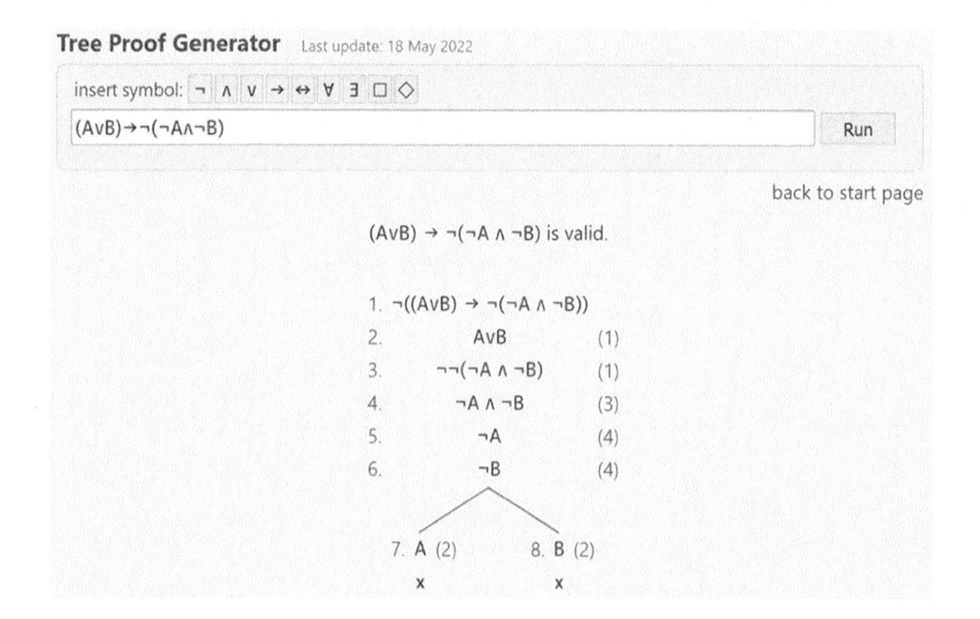

定理 60　$\vdash\neg(\neg A\wedge\neg B)\rightarrow(A\vee B)$。

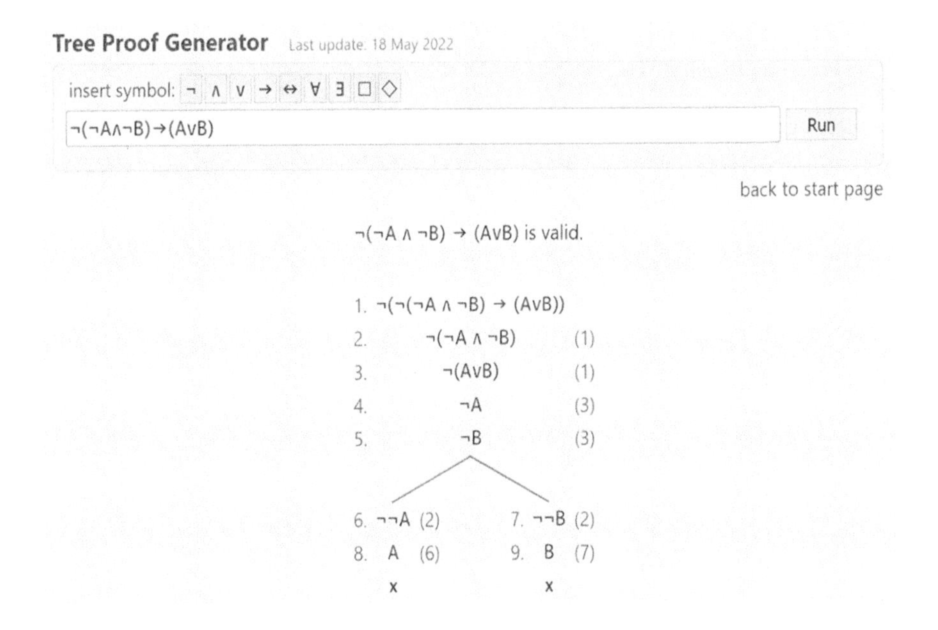

定理 61　$\vdash(A\vee B)\leftrightarrow\neg(\neg A\wedge\neg B)$。

back to start page

(AvB) ↔ ¬(¬A ∧ ¬B) is valid.

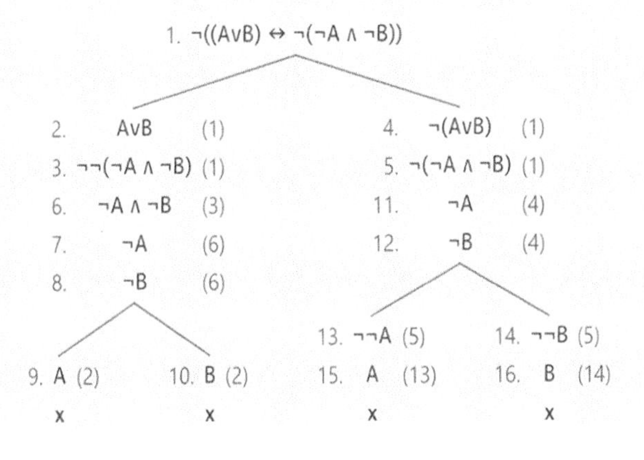

定理 62 $\vdash(A\leftrightarrow B)\rightarrow(\neg B\leftrightarrow\neg A)$。

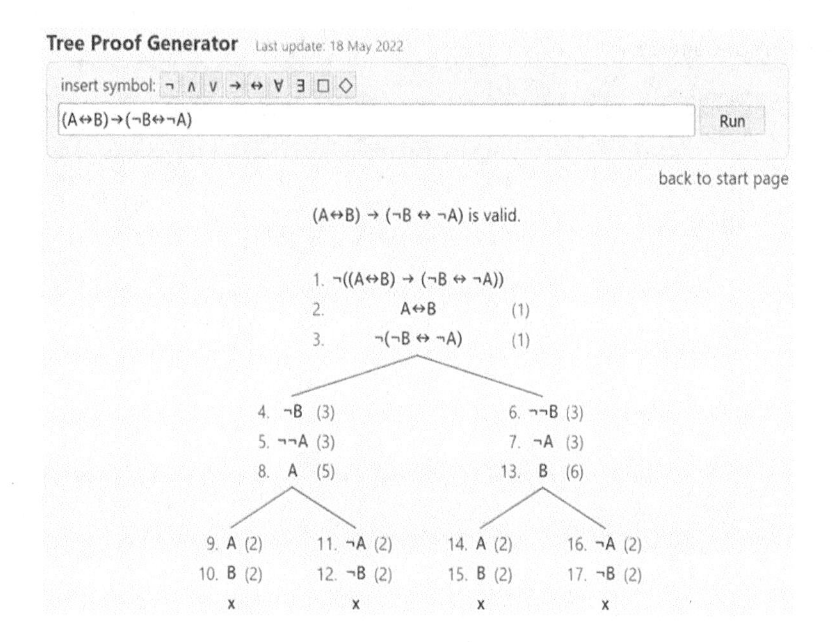

定理 63 $\vdash(A\leftrightarrow B)\rightarrow((B\leftrightarrow C)\rightarrow(A\leftrightarrow C))$。

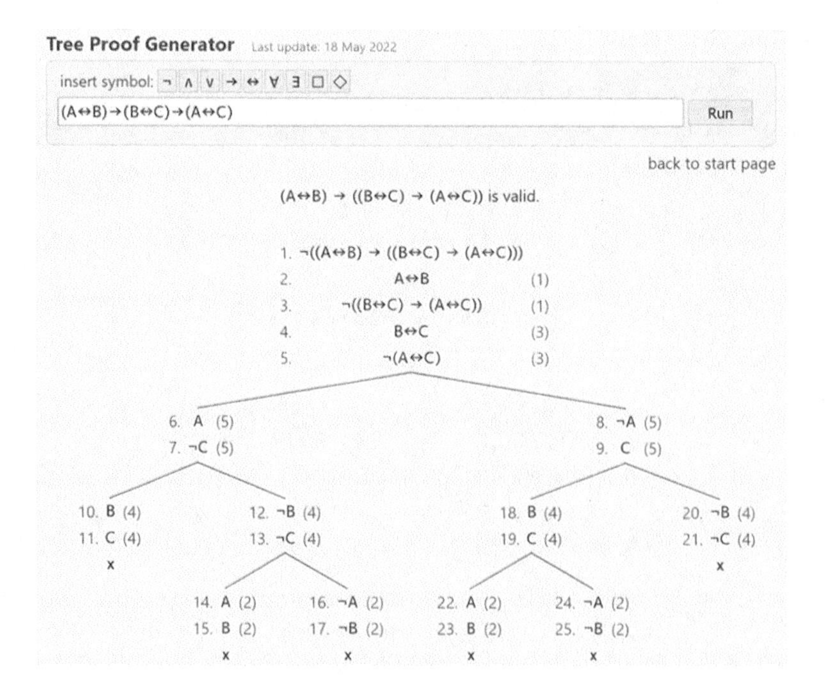

定理 64　$\vdash (A \leftrightarrow B) \to (B \leftrightarrow A)$。

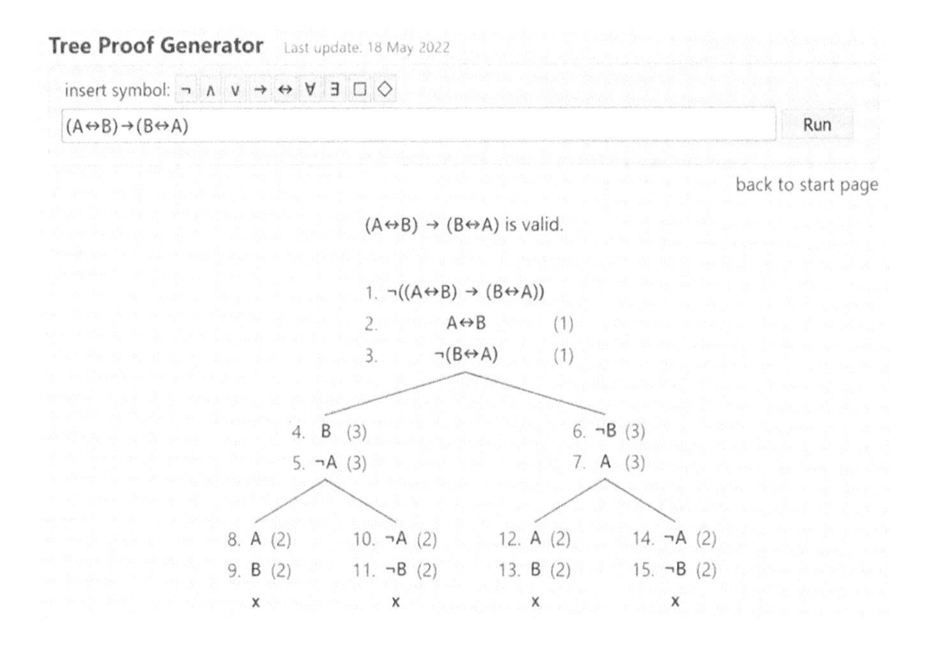

定理 65　$\vdash (A \leftrightarrow B) \to (\neg A \vee B) \wedge (\neg B \vee A)$。

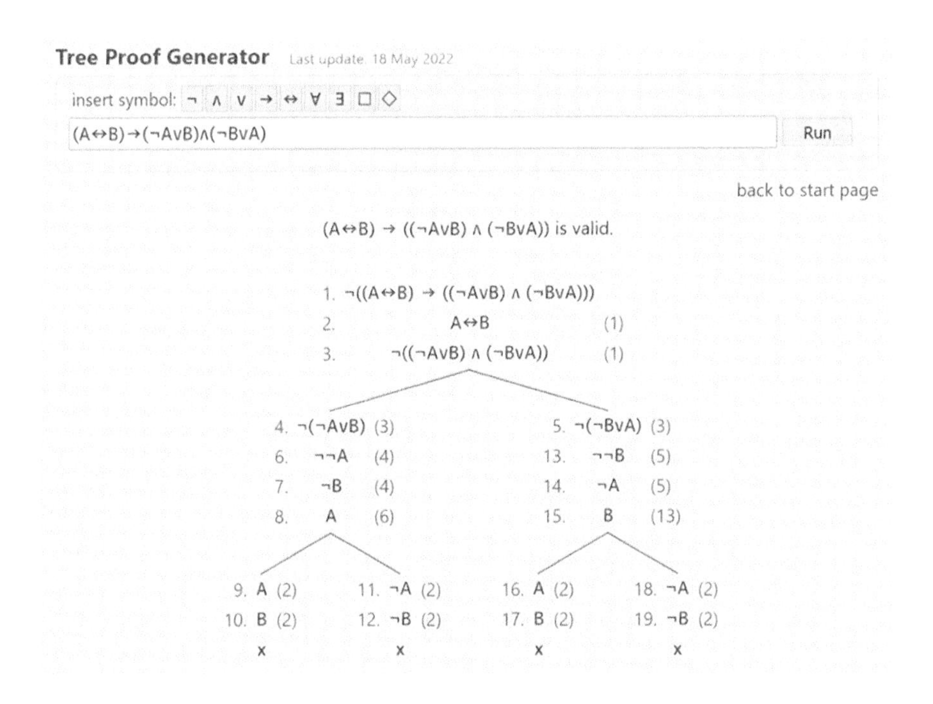

定理 66　$\vdash (\neg A \vee B) \wedge (\neg B \vee A) \rightarrow (A \leftrightarrow B)$。

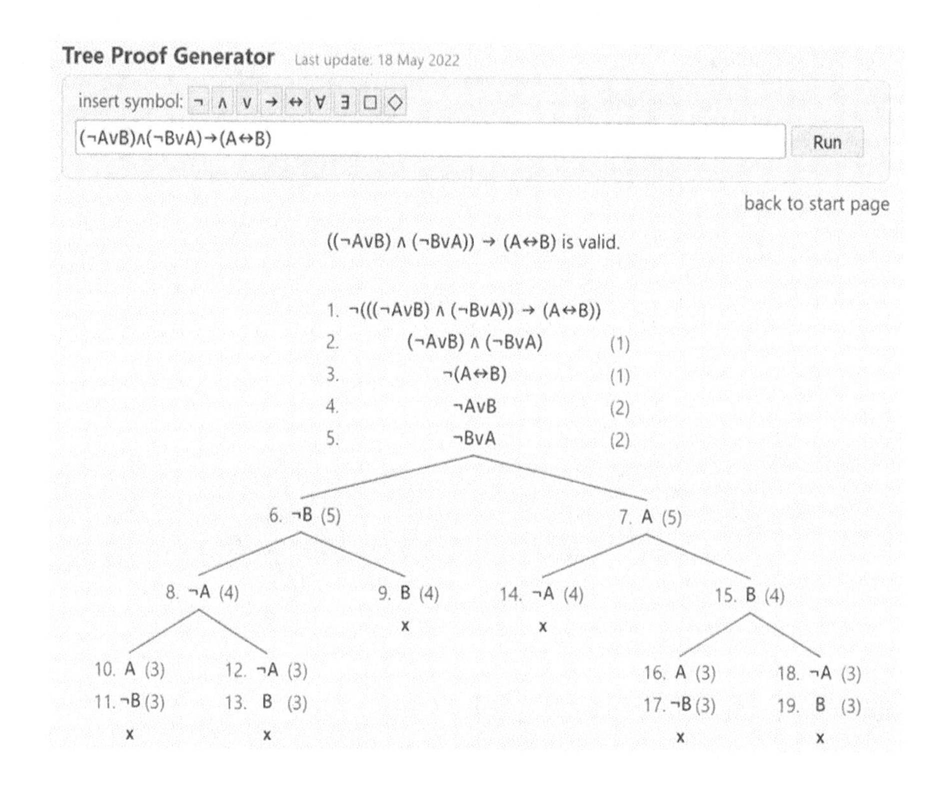

定理 67　$\vdash (A \leftrightarrow B) \leftrightarrow (\neg A \vee B) \wedge (\neg B \vee A)$。

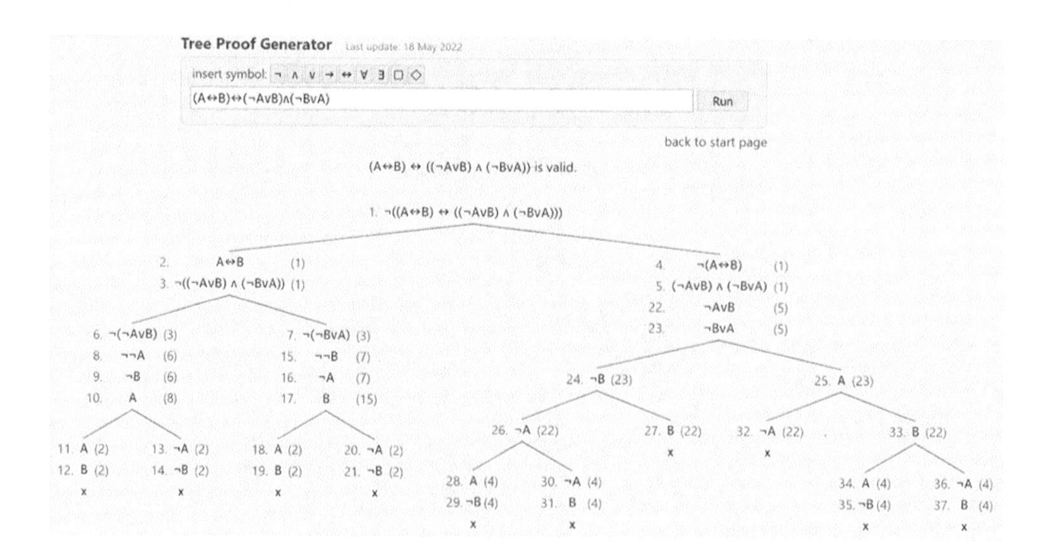

定理 68　$\vdash(A\leftrightarrow B)\rightarrow(A\rightarrow B)\wedge(B\rightarrow A)$。

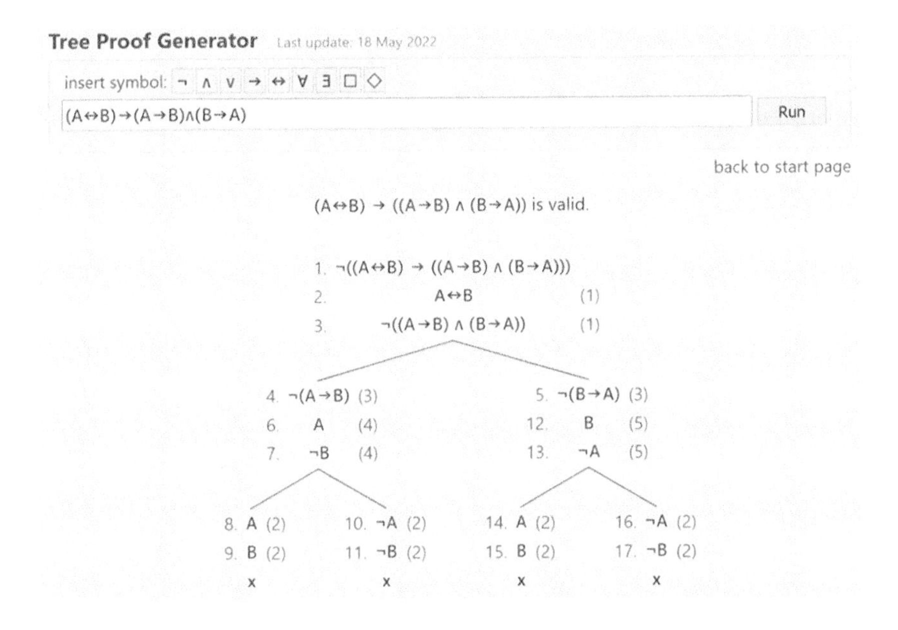

定理 69　$\vdash(A\rightarrow B)\wedge(B\rightarrow A)\rightarrow(A\leftrightarrow B)$。

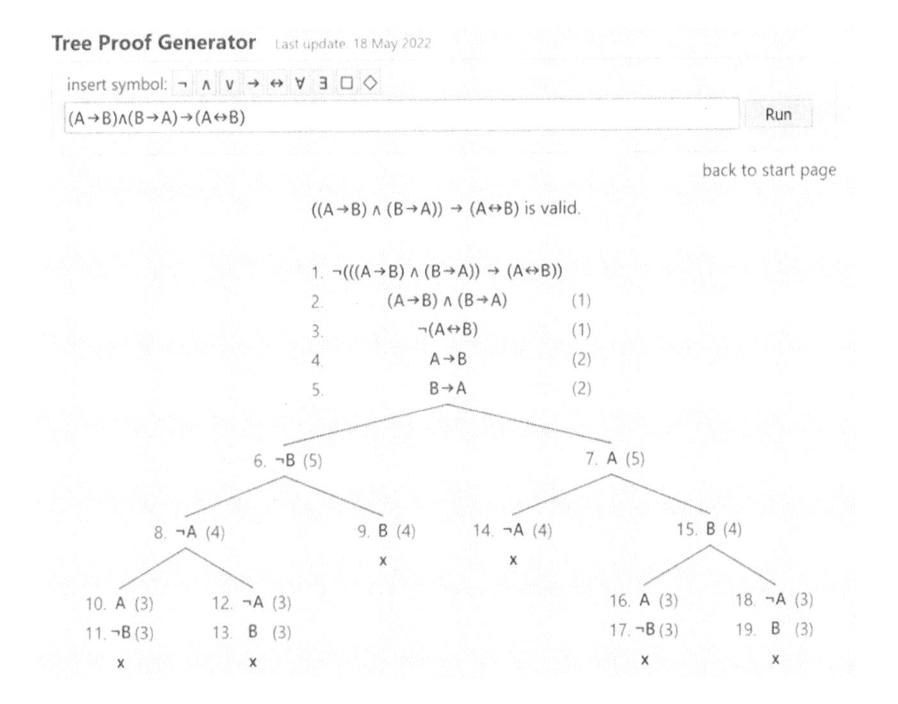

定理 70　$\vdash (A\leftrightarrow B)\leftrightarrow (A\rightarrow B)\wedge (B\rightarrow A)$。

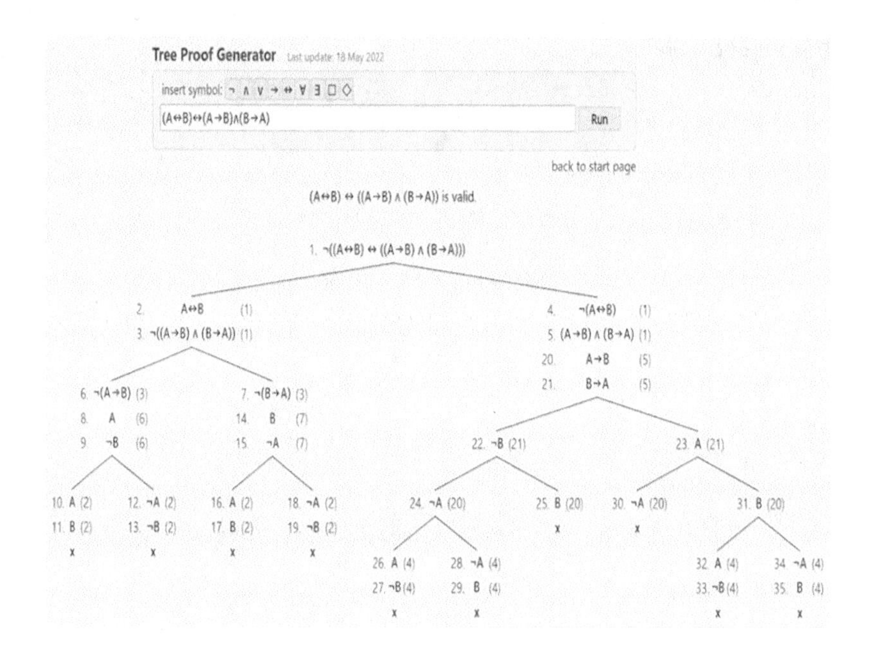

定理 71　$\vdash (A\leftrightarrow B)\rightarrow (A\wedge B)\vee (\neg A\wedge \neg B)$。

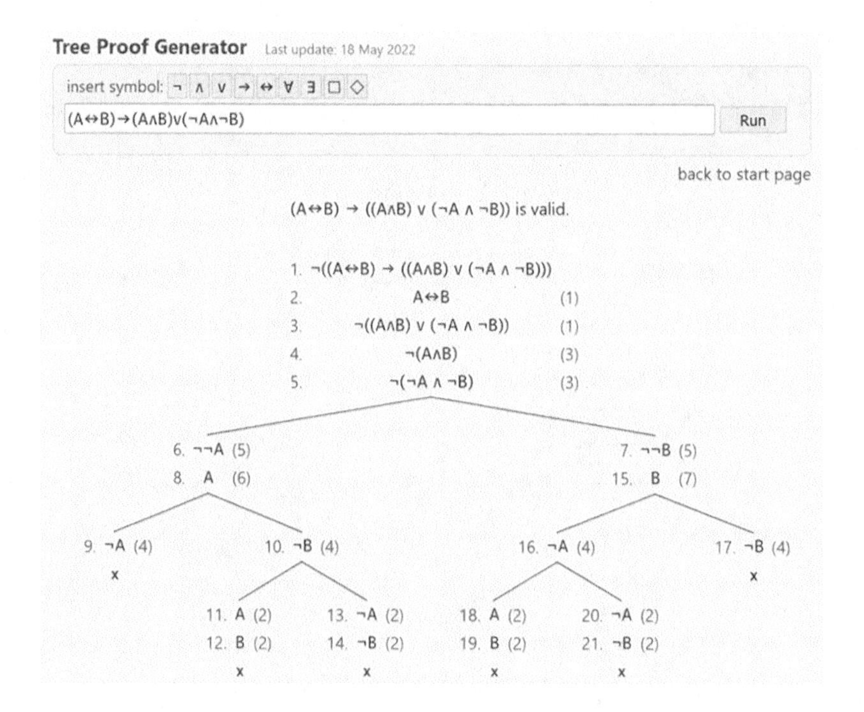

定理 72　$\vdash (A\wedge B)\vee(\neg A\wedge\neg B)\to(A\leftrightarrow B)$。

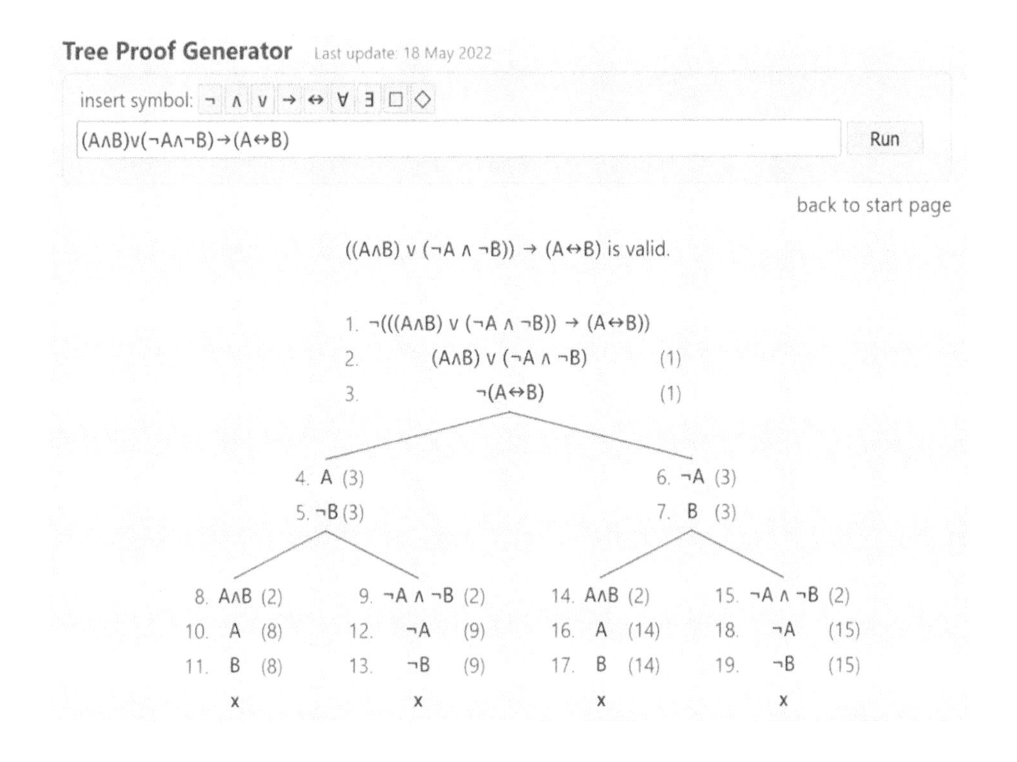

定理 73　$\vdash (A\leftrightarrow B)\leftrightarrow(A\wedge B)\vee(\neg A\wedge\neg B)$。

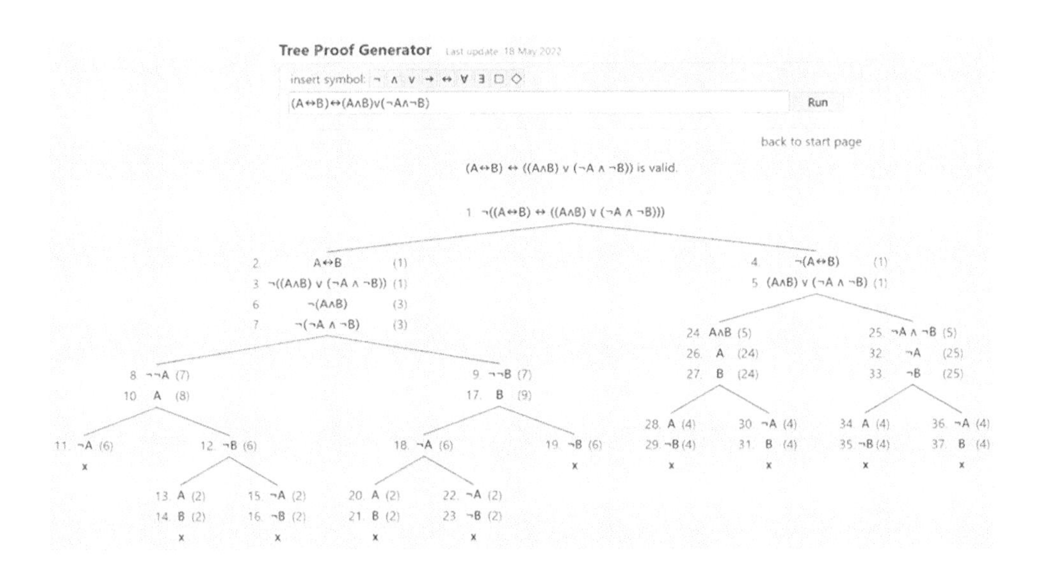

定理 74　$\vdash (A \to B) \to ((B \to A) \to (A \leftrightarrow B))$。

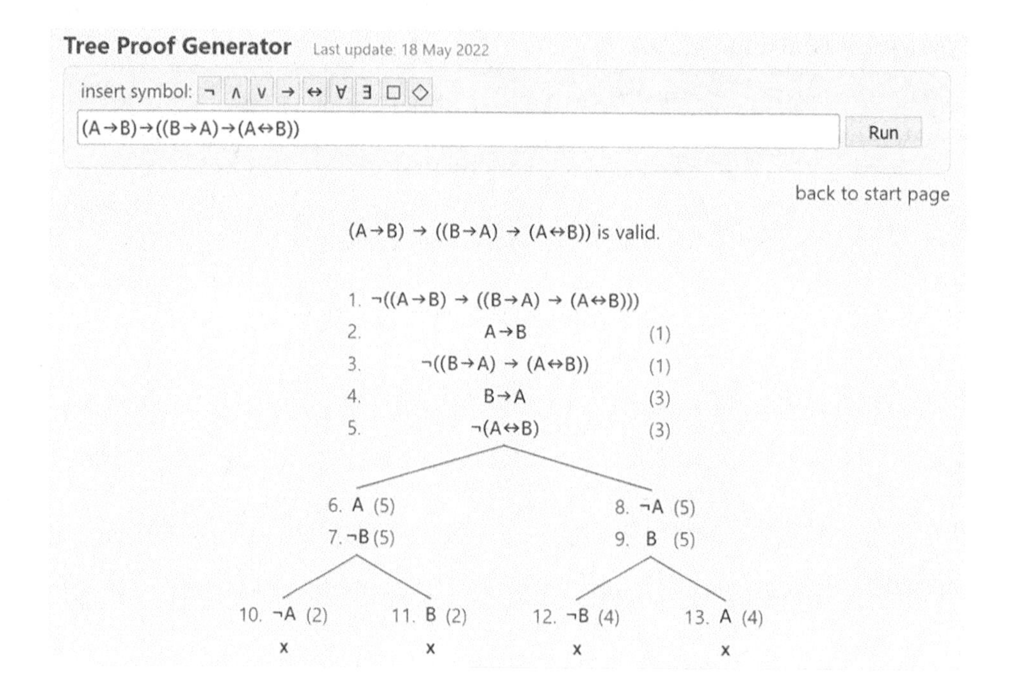

定理 75　$\vdash (A \vee B) \to (\neg A \to B)$。

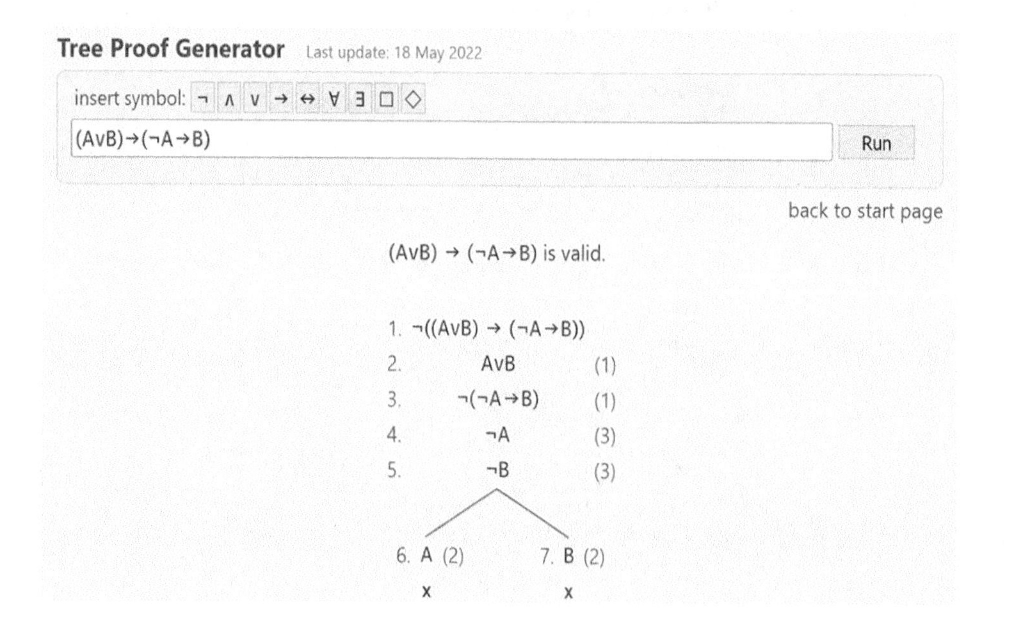

定理 76　$\vdash(\neg A\to B)\to(A\vee B)$。

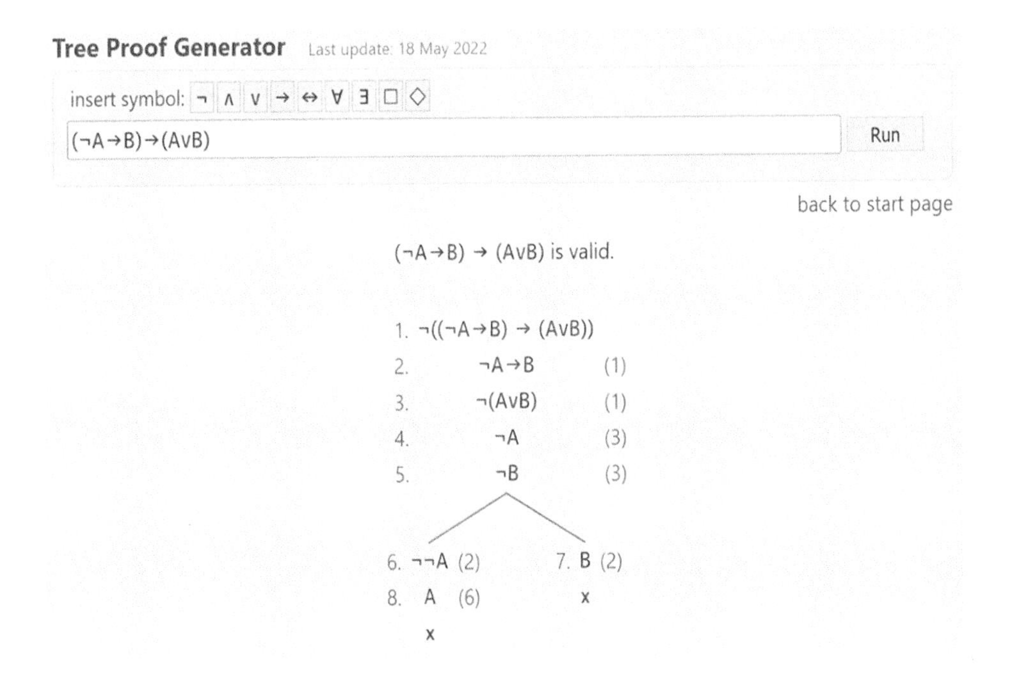

定理 77　$\vdash(A\vee B)\leftrightarrow(\neg A\to B)$。

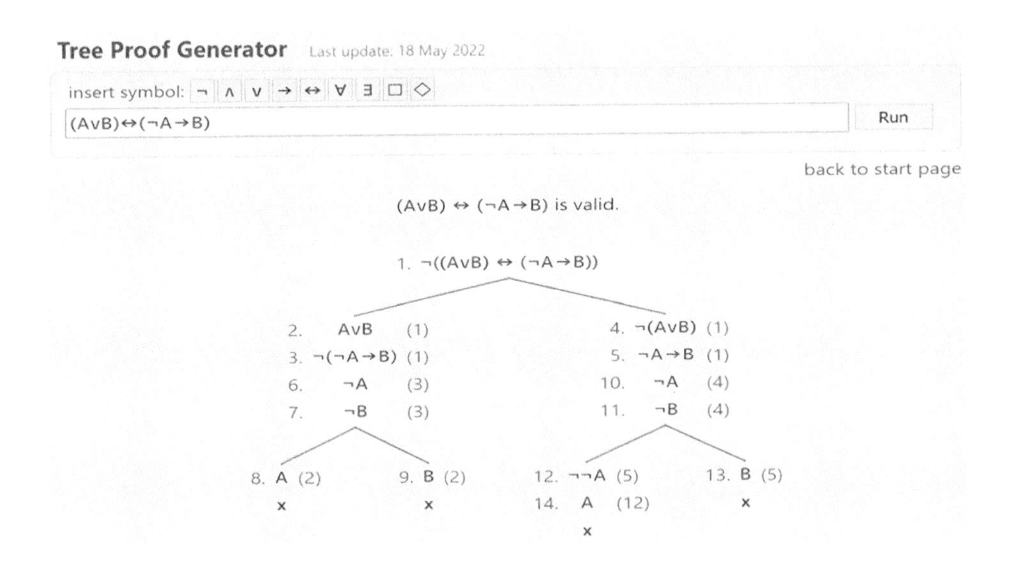

定理 78　$\vdash\neg(A\vee B)\to\neg(\neg A\to B)$。

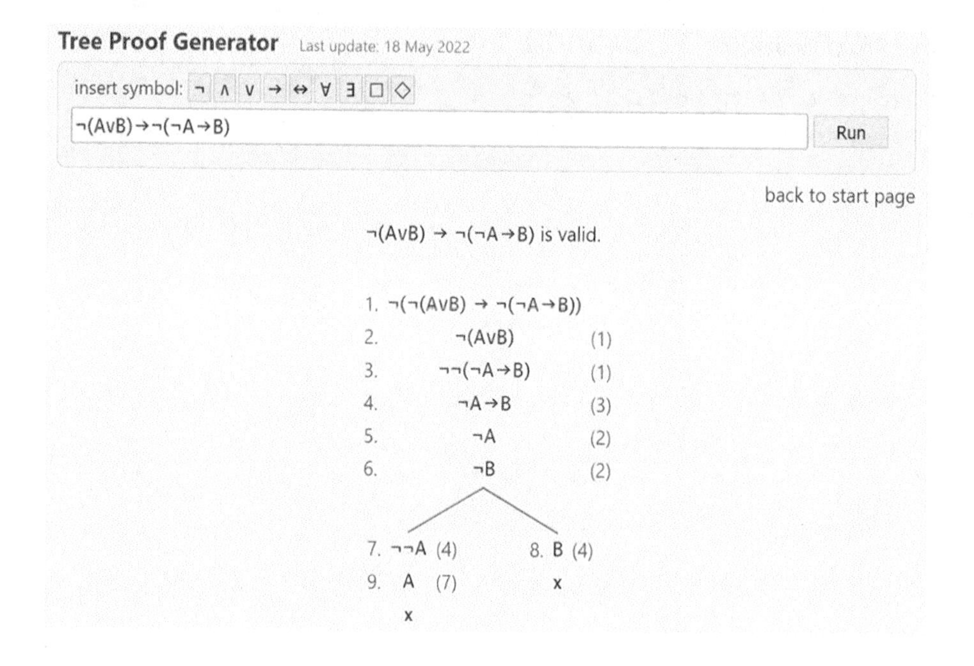

定理 79　$\vdash\neg(\neg A\to B)\to\neg(A\vee B)$。

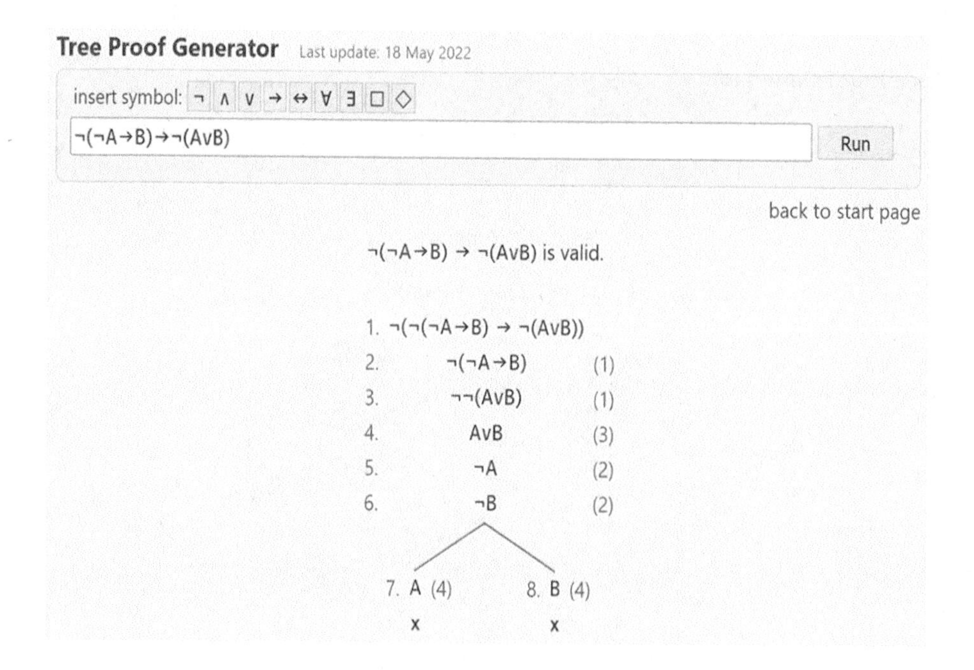

定理 80　$\vdash\neg(A\vee B)\leftrightarrow\neg(\neg A\rightarrow B)$。

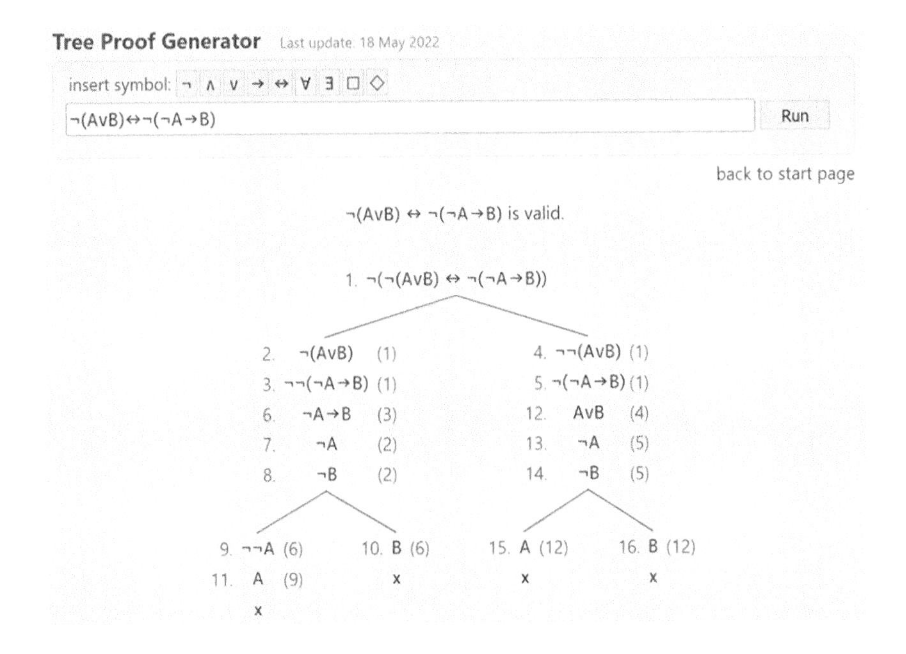

定理 81　$\vdash\neg(\neg A\vee\neg B)\rightarrow\neg(A\rightarrow\neg B)$。

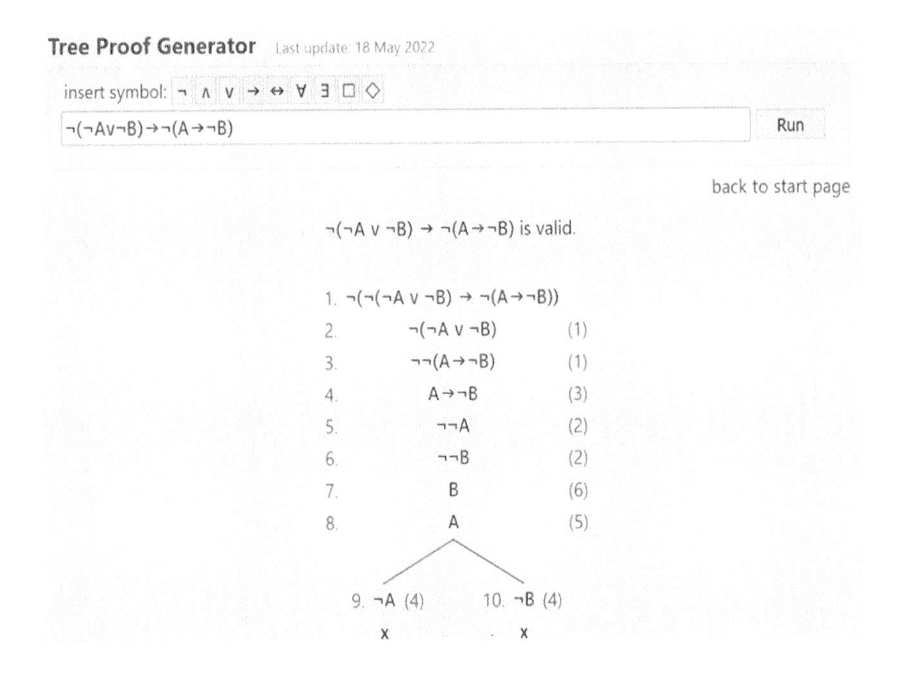

定理 82　$\vdash \neg(A \to \neg B) \to \neg(\neg A \vee \neg B)$。

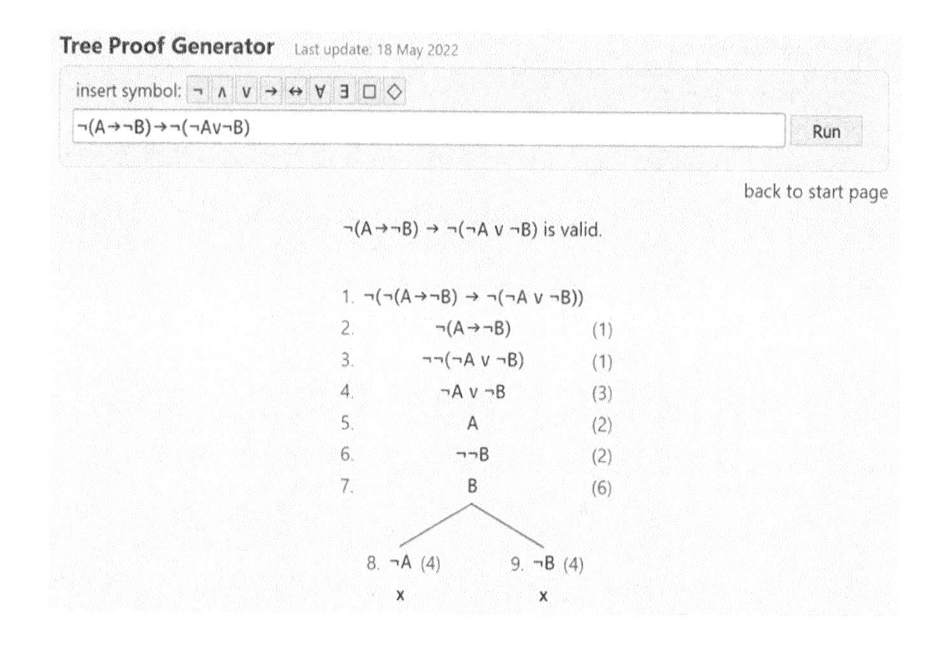

定理 83　$\vdash \neg(\neg A \vee \neg B) \leftrightarrow \neg(A \to \neg B)$。

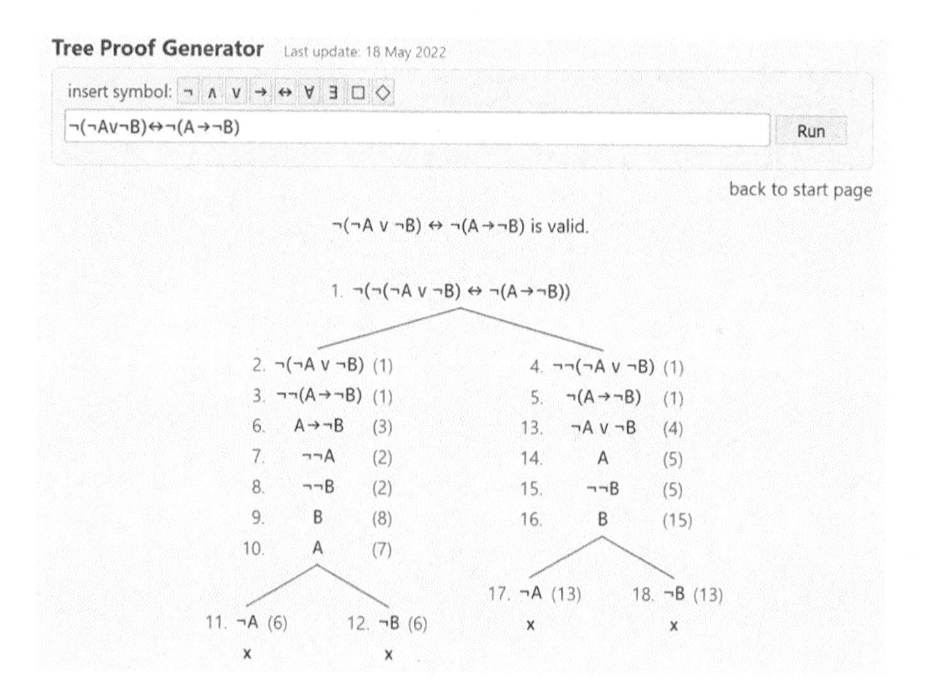

定理 84　$\vdash (A\wedge B)\rightarrow\neg(A\rightarrow\neg B)$。

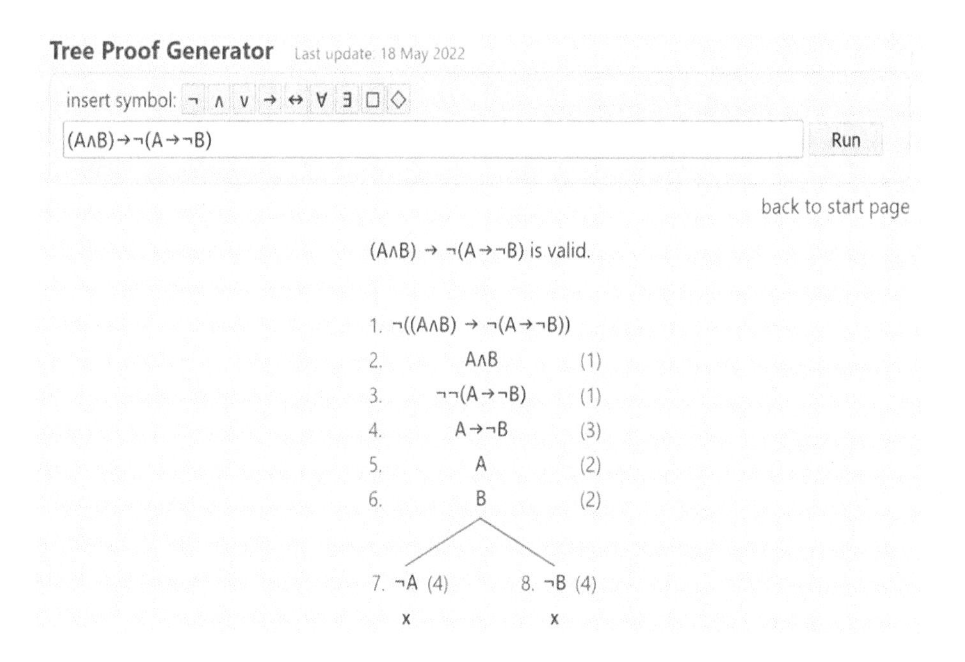

定理 85　$\vdash\neg(A\rightarrow\neg B)\rightarrow(A\wedge B)$。

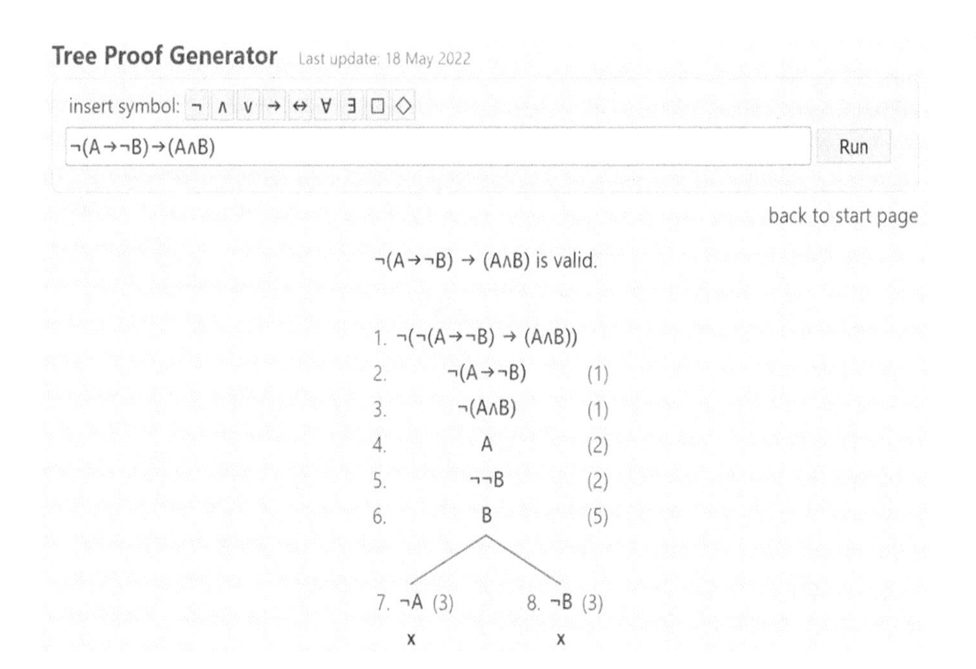

定理 86　$\vdash (A\wedge B)\leftrightarrow\neg(A\rightarrow\neg B)$。

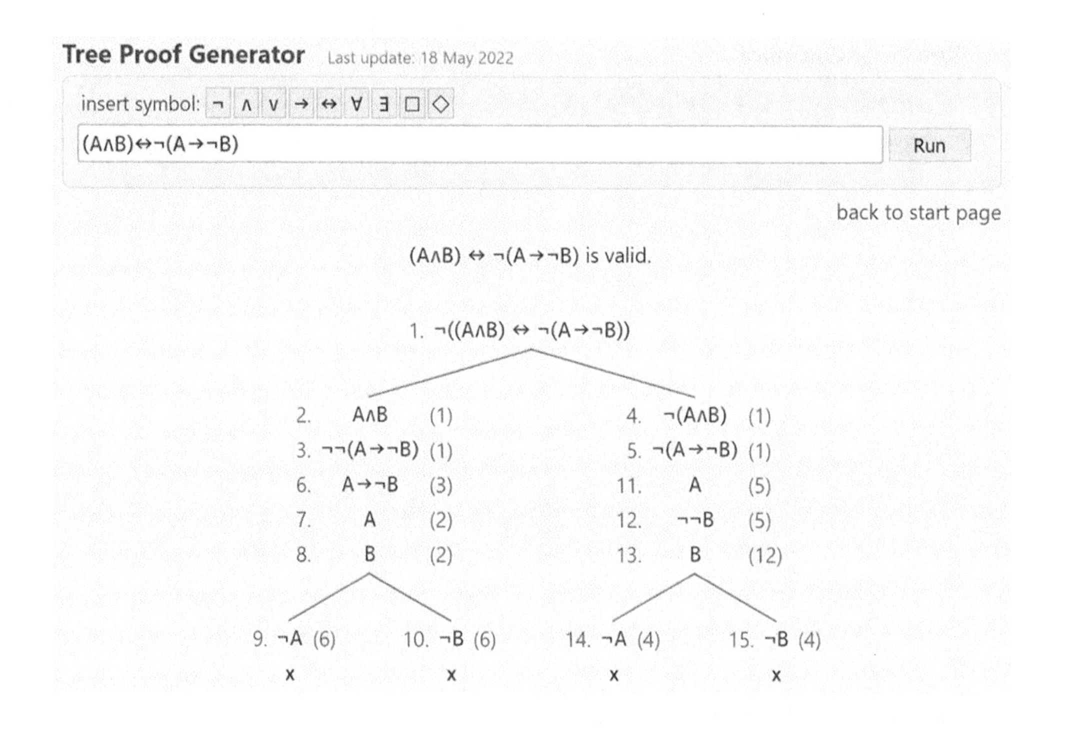

定理 87　$\vdash A\rightarrow(B\rightarrow A)$。

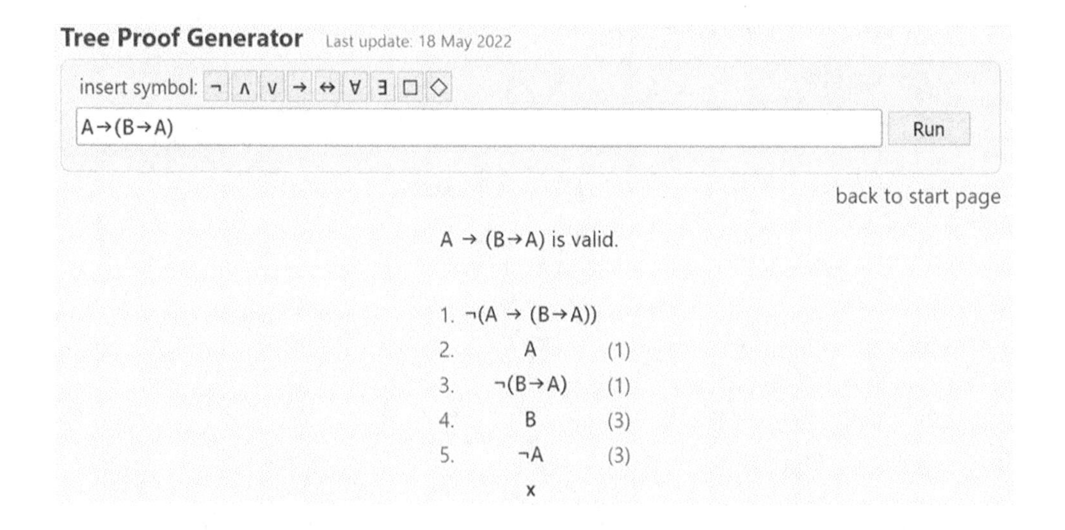

定理 88　$\vdash (A \rightarrow (B \rightarrow C)) \rightarrow ((A \rightarrow B) \rightarrow (A \rightarrow C))$。

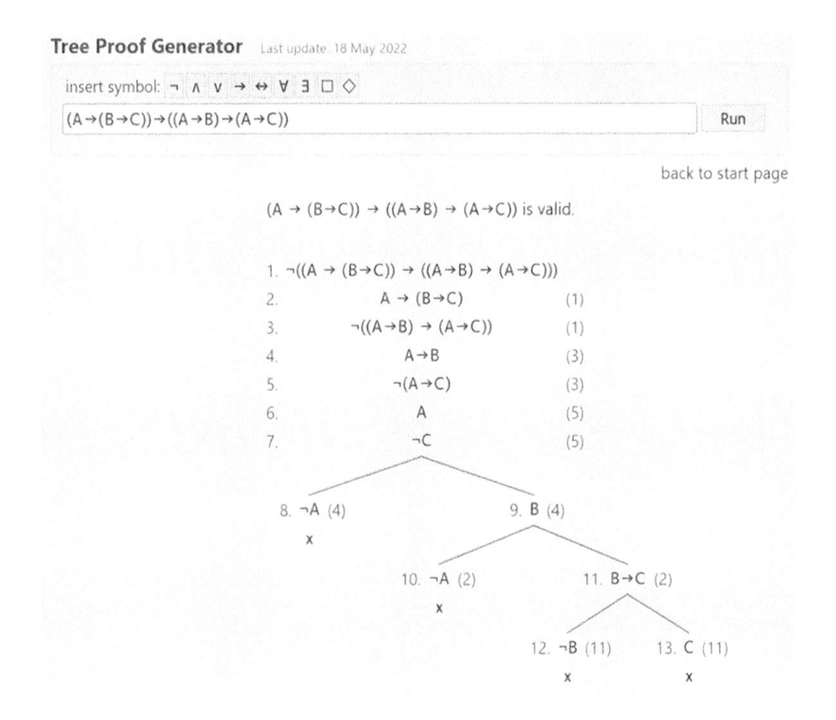

定理 89　$\vdash (\neg A \rightarrow B) \rightarrow ((\neg A \rightarrow \neg B) \rightarrow A)$。

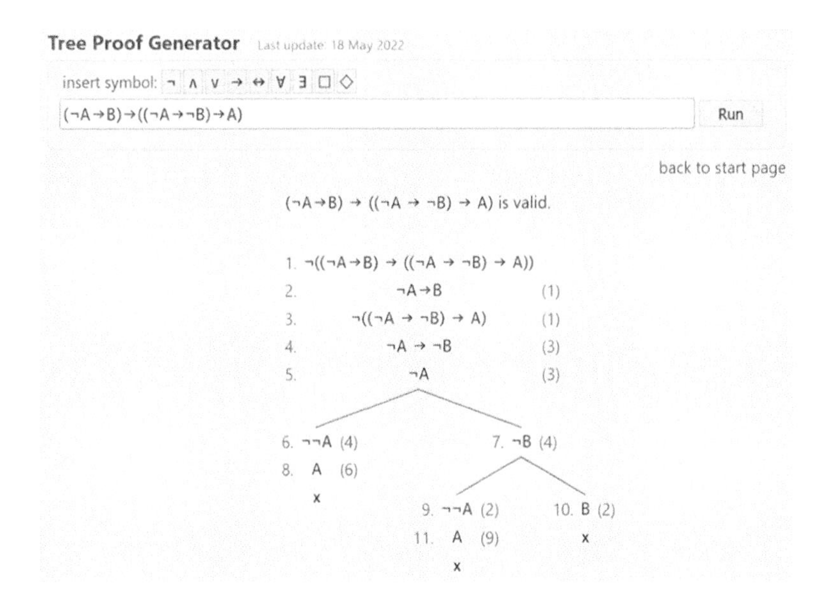

定理 90 $\vdash(A\rightarrow B)\rightarrow((C\rightarrow A)\rightarrow(C\rightarrow B))$。

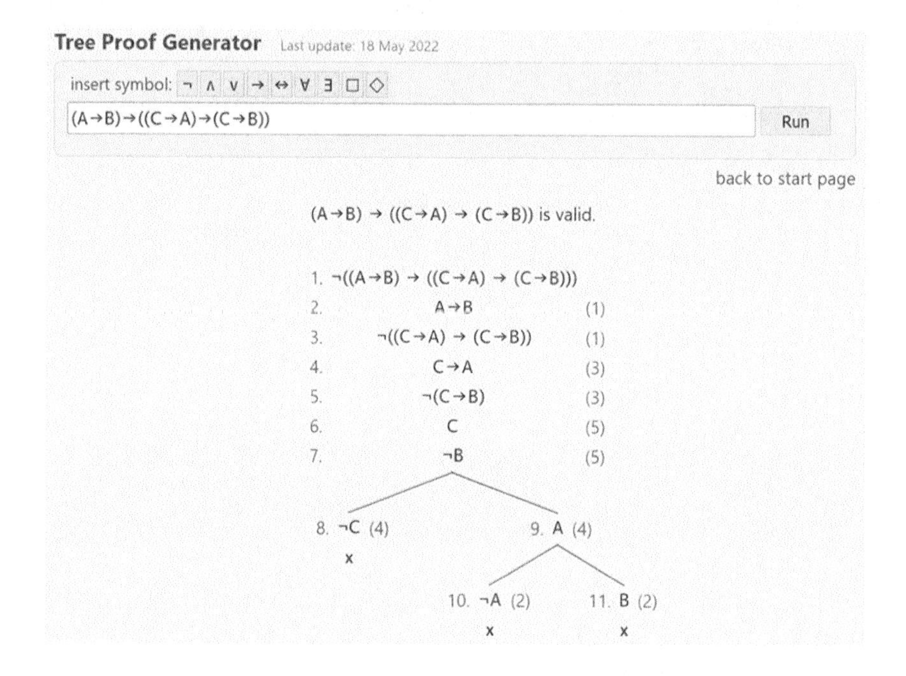

定理 91 $\vdash(A\rightarrow C)\rightarrow((B\rightarrow C)\rightarrow(A\vee B\rightarrow C))$。

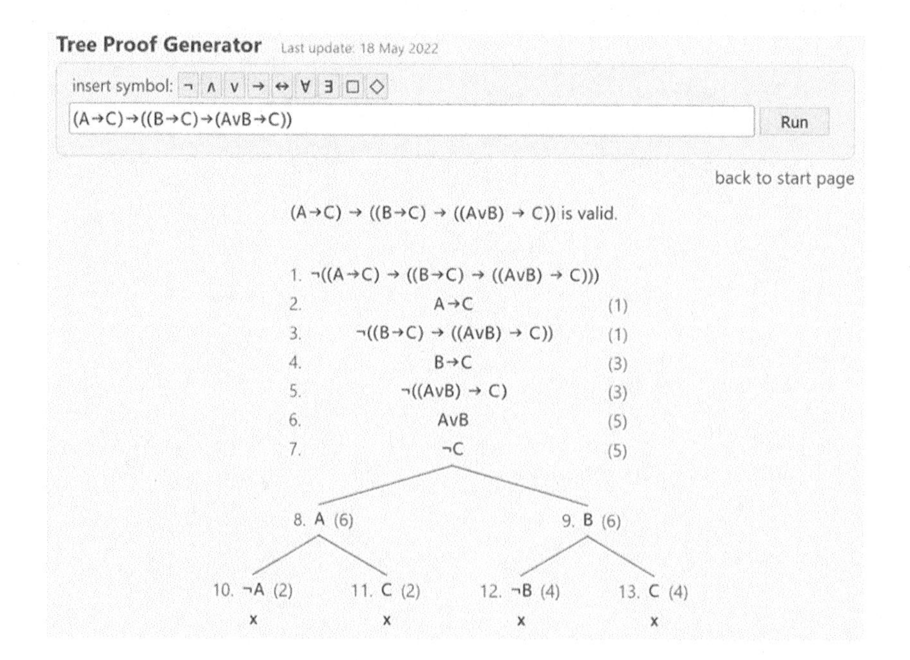

定理 92　$\vdash (A\to B)\wedge(C\to D)\to((A\wedge C)\to(B\wedge D))$。

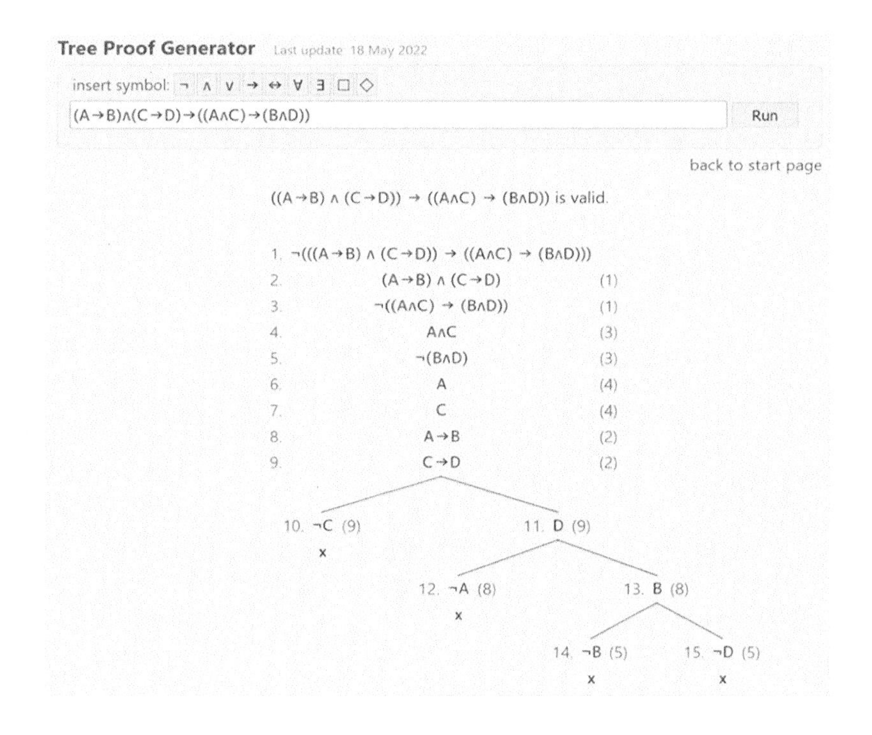

定理 93　$\vdash (A\to B)\to((\neg A\to B)\to B)$。

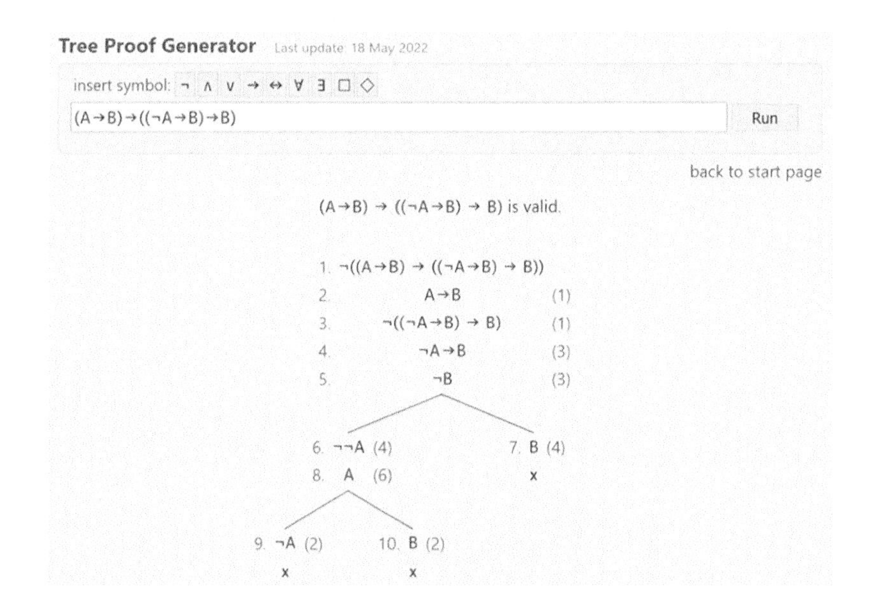

定理 94 $\vdash \neg(A \to B) \to (A \wedge \neg B)$。

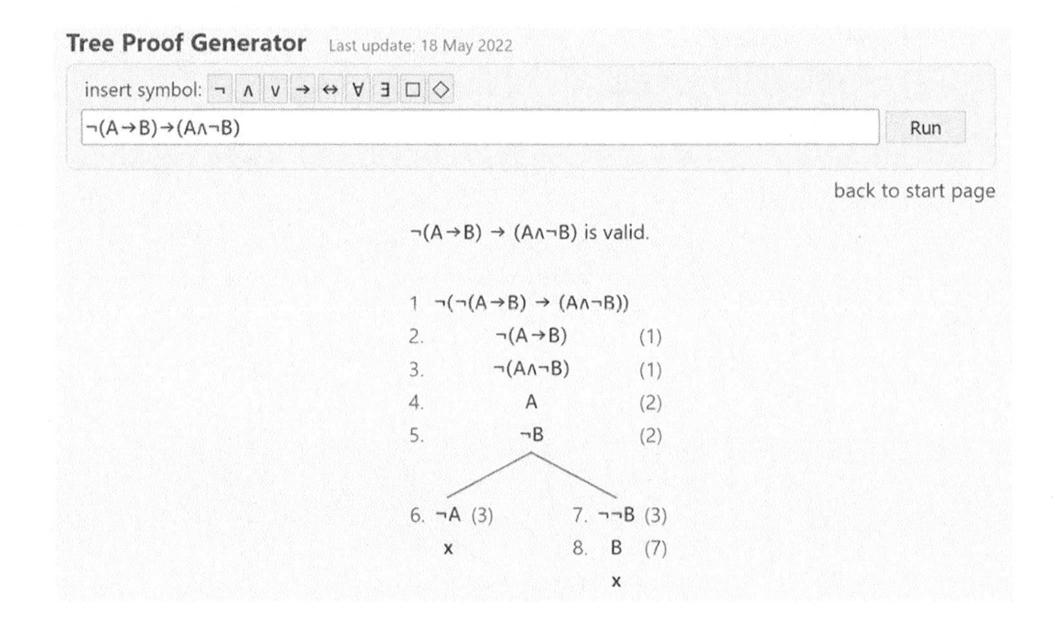

3.4 FQC 定理的树证明

本节我们将按照 2.2 节给出的定理顺序，用计算机自动证明器 TPG 给出它们的树证明形式。

定理 1 $\vdash \forall x A \to A$。

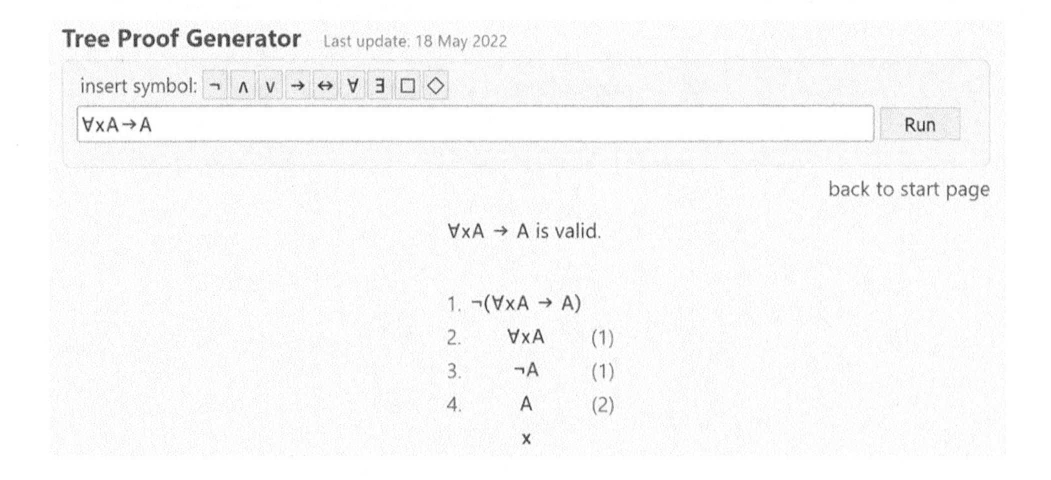

定理2　$\vdash A\rightarrow\forall xA$，$x$不在A中自由出现。

Tree Proof Generator　Last update: 18 May 2022

insert symbol: ¬ ∧ ∨ → ↔ ∀ ∃ □ ◇

A→∀xA　Run

back to start page

A → ∀xA is valid.

1. ¬(A → ∀xA)
2. A (1)
3. ¬∀xA (1)
4. ¬A (3)

x

定理3　$\vdash\forall xA\leftrightarrow A$，$x$不在A中自由出现。

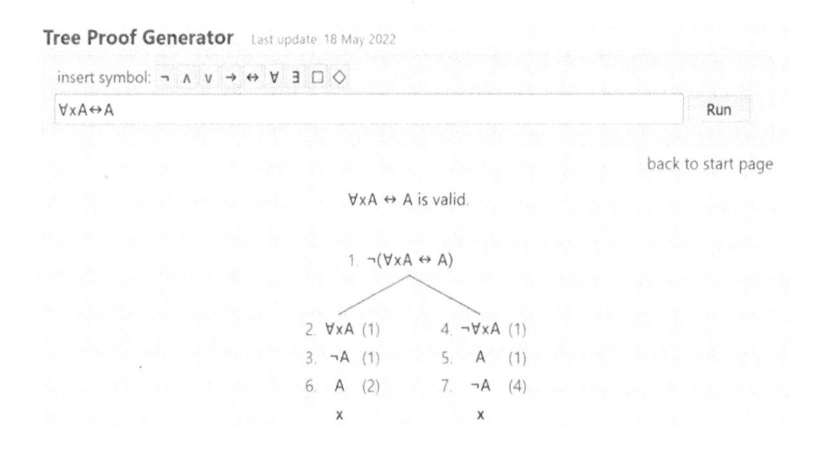

定理4　$\vdash A\rightarrow\exists xA$。

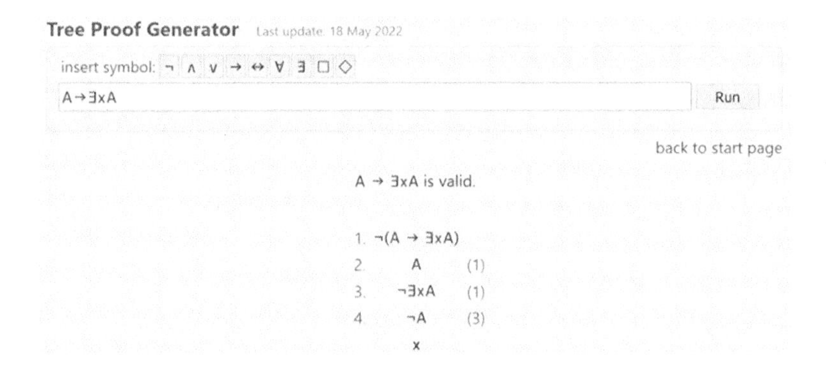

定理 5　$\vdash\exists x\mathrm{A}\rightarrow\mathrm{A}$，$x$不在 A 中自由出现。

Tree Proof Generator　Last update: 18 May 2022

insert symbol: ¬ ∧ ∨ → ↔ ∀ ∃ □ ◇

∃xA→A　Run

back to start page

∃xA → A is valid.

1. ¬(∃xA → A)
2. ∃xA (1)
3. ¬A (1)
4. A (2)

x

定理 6　$\vdash\mathrm{A}\leftrightarrow\exists x\mathrm{A}$，$x$不在 A 中自由出现。

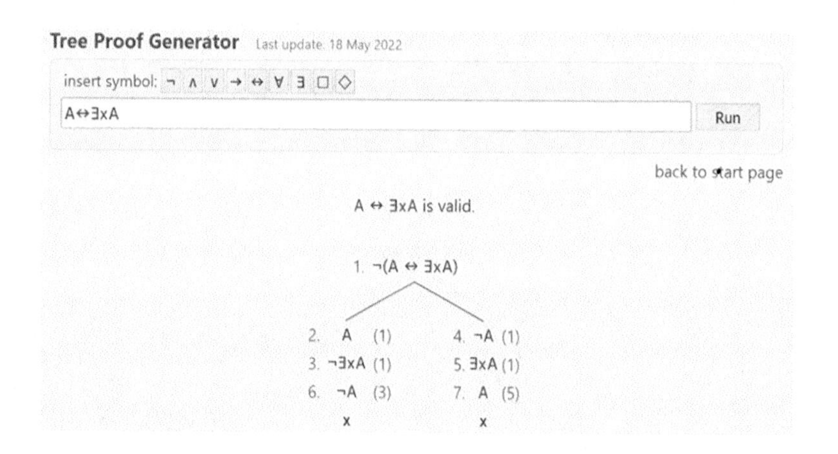

定理 7　$\vdash\forall x\mathrm{A}\rightarrow\exists x\mathrm{A}$。

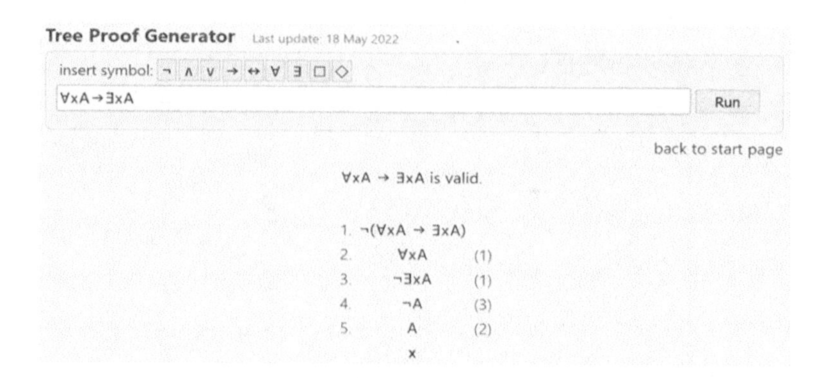

定理 8　$\vdash \exists x\text{A} \rightarrow \forall x\text{A}$，$x$不在 A 中自由出现。

Tree Proof Generator　Last update: 18 May 2022

insert symbol: ¬ ∧ ∨ → ↔ ∀ ∃ □ ◇

∃xA→∀xA　Run

back to start page

∃xA → ∀xA is valid.

1. ¬(∃xA → ∀xA)
2. ∃xA (1)
3. ¬∀xA (1)
4. ¬A (3)
5. A (2)

x

定理 9　$\vdash \forall x\text{A} \leftrightarrow \exists x\text{A}$，$x$不在 A 中自由出现。

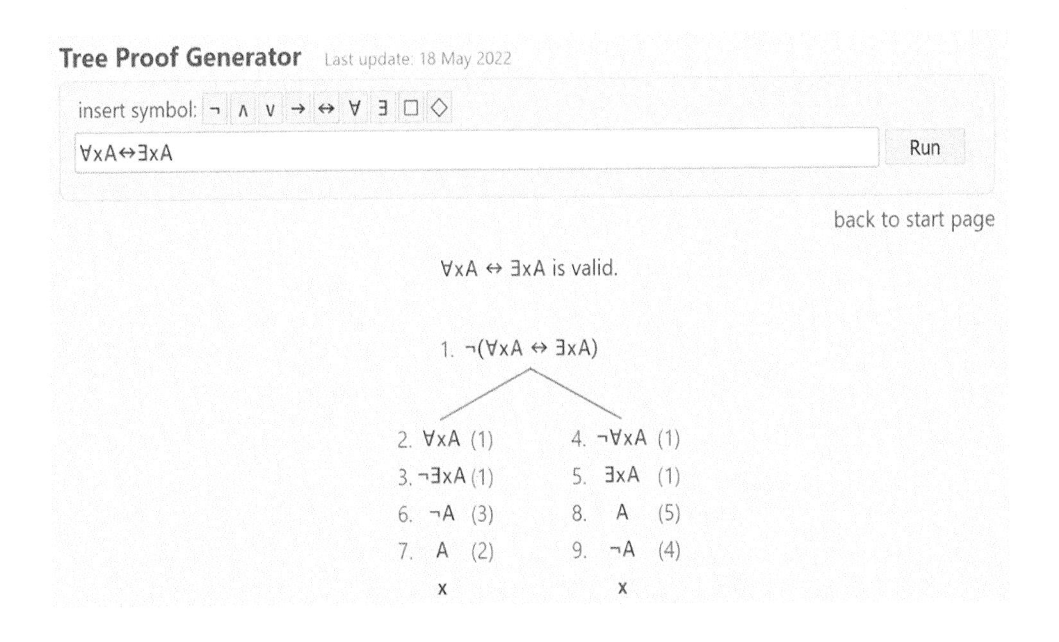

定理 10　$\vdash \forall x \forall y \mathrm{A} \to \forall y \forall x \mathrm{A}$。

Tree Proof Generator　Last update: 18 May 2022

insert symbol: ¬ ∧ ∨ → ↔ ∀ ∃ □ ◇

∀x∀yA→∀y∀xA　Run

back to start page

∀x∀yA → ∀y∀xA is valid.

1. ¬(∀x∀yA → ∀y∀xA)
2. ∀x∀yA (1)
3. ¬∀y∀xA (1)
4. ¬∀xA (3)
5. ¬A (4)
6. ∀yA (2)
7. A (6)

x

定理 11　$\vdash \exists x \forall y \mathrm{A} \to \forall y \exists x \mathrm{A}$。

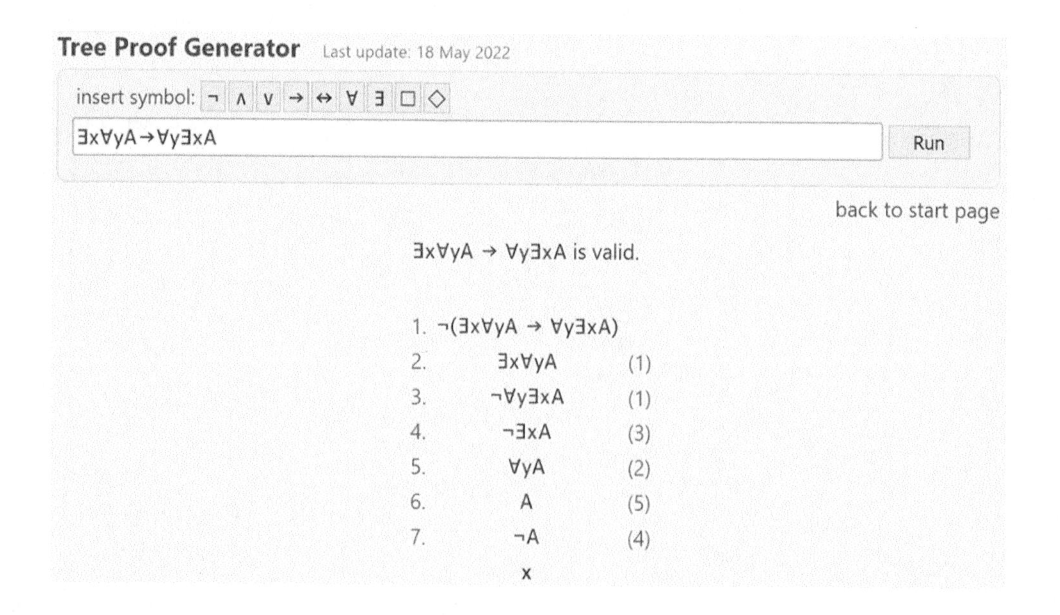

定理 12　$\vdash \exists x \exists y \mathrm{A} \rightarrow \exists y \exists x \mathrm{A}$。

Tree Proof Generator　Last update: 18 May 2022

insert symbol: ¬ ∧ ∨ → ↔ ∀ ∃ □ ◇

∃x∃yA→∃y∃xA　Run

back to start page

∃x∃yA → ∃y∃xA is valid.

1. ¬(∃x∃yA → ∃y∃xA)
2. ∃x∃yA (1)
3. ¬∃y∃xA (1)
4. ∃yA (2)
5. A (4)
6. ¬∃xA (3)
7. ¬A (6)

x

定理 13　$\vdash \forall x(\mathrm{A} \wedge \mathrm{B}) \rightarrow (\forall x \mathrm{A} \wedge \forall x \mathrm{B})$。

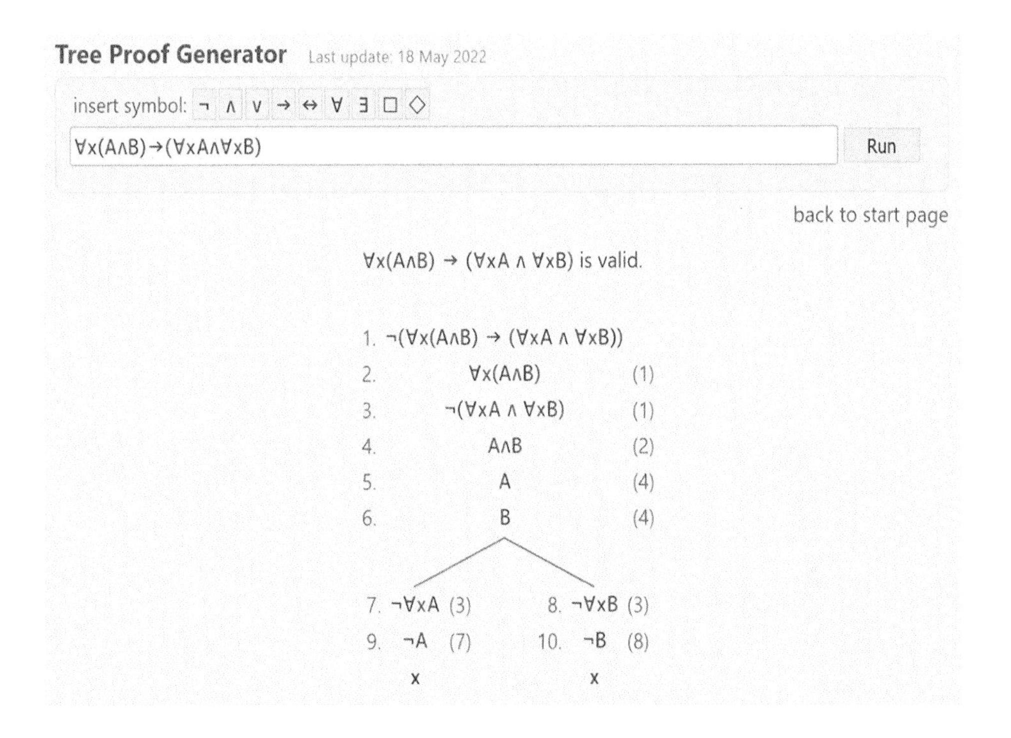

定理 14　$\vdash(\forall x\mathrm{A}\wedge\forall x\mathrm{B})\rightarrow\forall x(\mathrm{A}\wedge\mathrm{B})$。

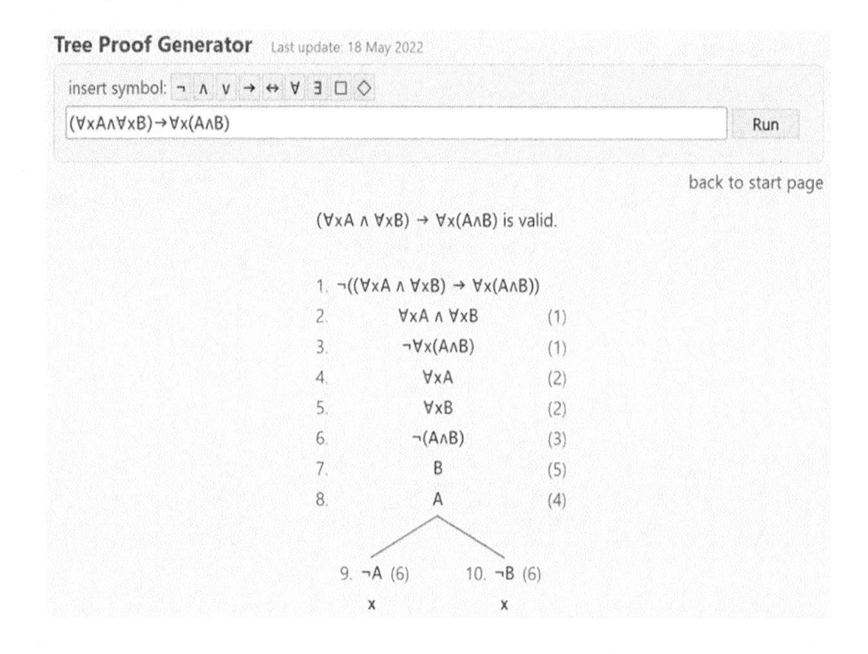

定理 15　$\vdash\forall x(\mathrm{A}\wedge\mathrm{B})\leftrightarrow(\forall x\mathrm{A}\wedge\forall x\mathrm{B})$。

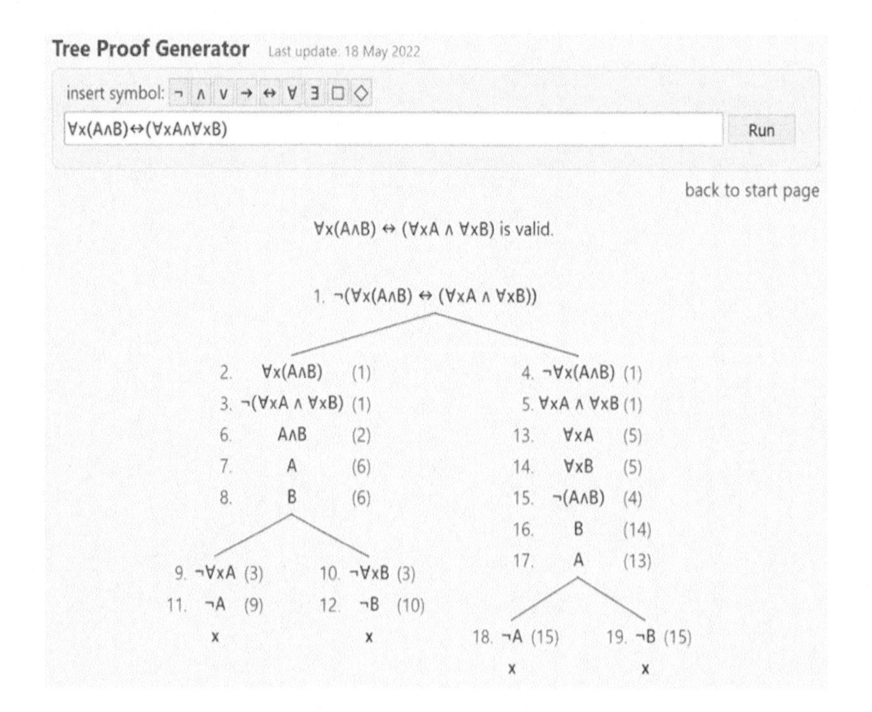

定理 16　$\vdash \forall x(\mathrm{A} \wedge \mathrm{B}) \rightarrow (\mathrm{A} \wedge \forall x\mathrm{B})$，$x$不在 A 中自由出现。

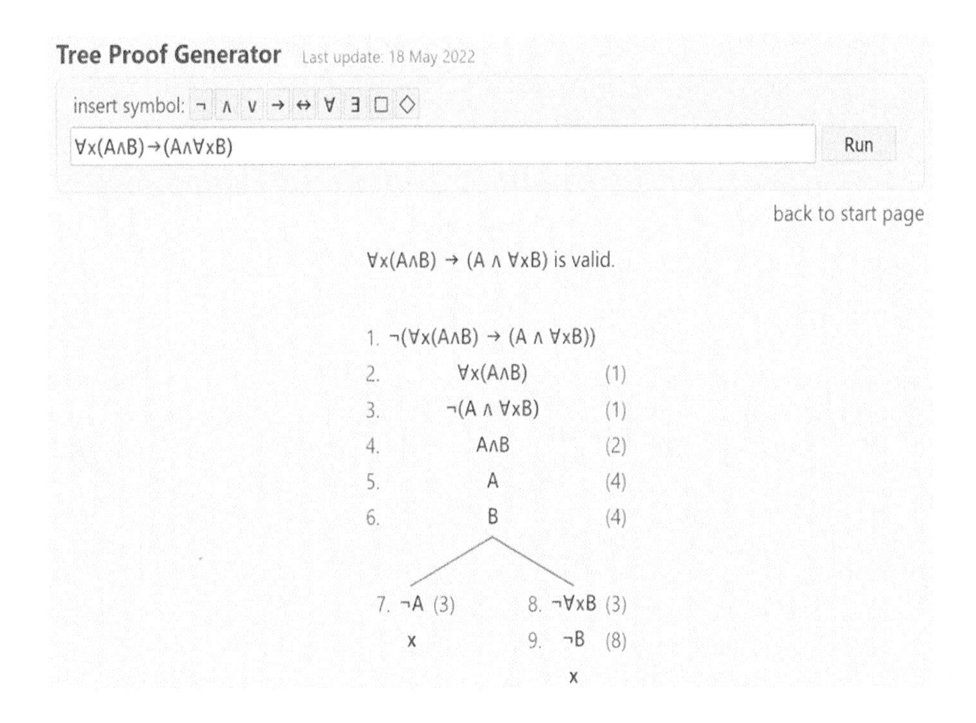

定理 17　$\vdash (\mathrm{A} \wedge \forall x\mathrm{B}) \rightarrow \forall x(\mathrm{A} \wedge \mathrm{B})$，$x$不在 A 中自由出现。

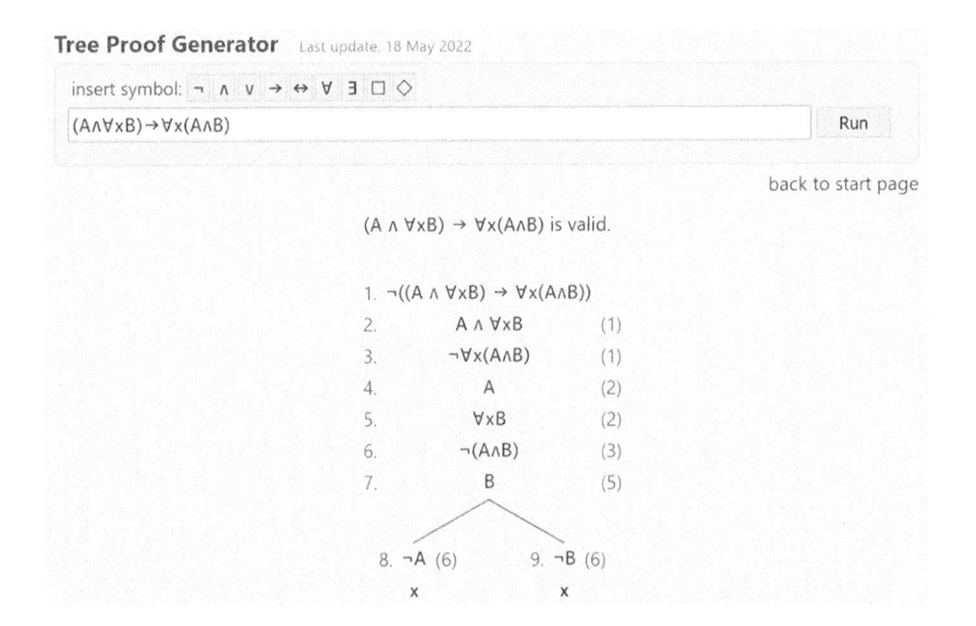

定理 18　$\vdash \forall x(\mathrm{A} \wedge \mathrm{B}) \leftrightarrow (\mathrm{A} \wedge \forall x \mathrm{B})$，$x$不在 A 中自由出现。

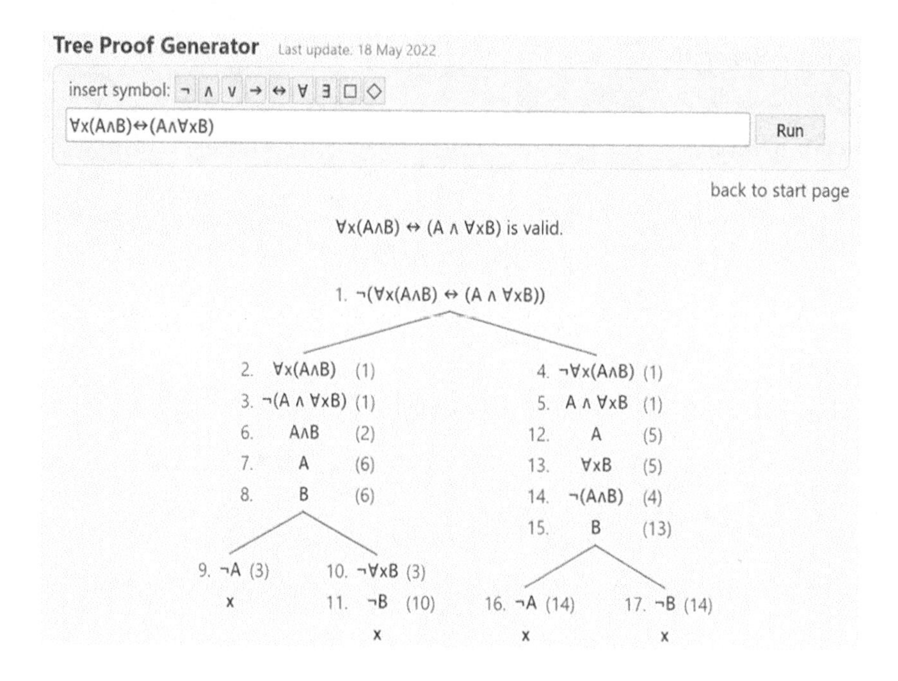

定理 19　$\vdash \forall x(\mathrm{A} \wedge \mathrm{B}) \rightarrow (\forall x \mathrm{A} \wedge \mathrm{B})$，$x$不在 B 中自由出现。

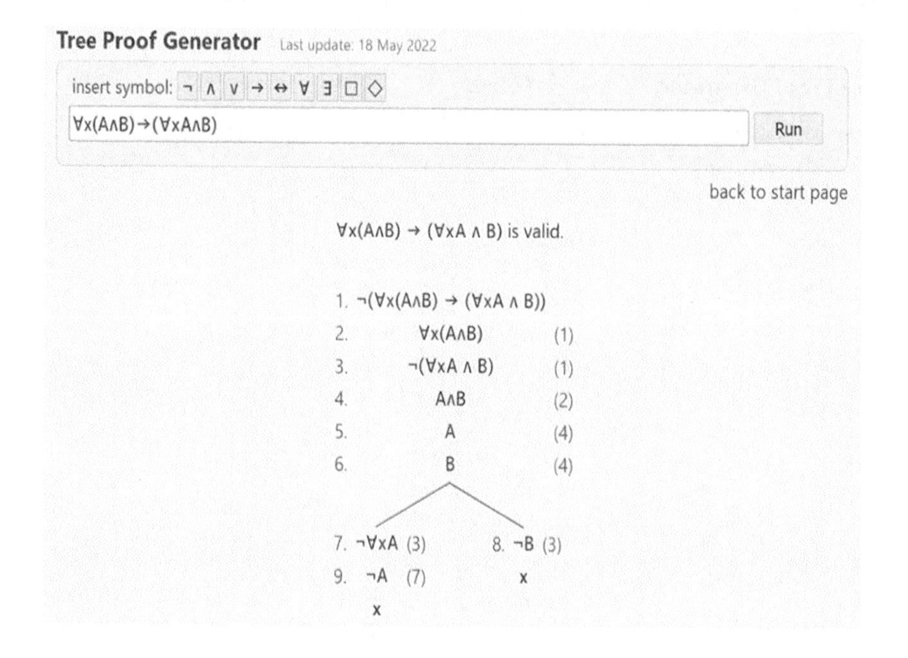

定理 20　$\vdash(\forall x \mathrm{A}\wedge \mathrm{B})\rightarrow \forall x(\mathrm{A}\wedge \mathrm{B})$，$x$不在 B 中自由出现。

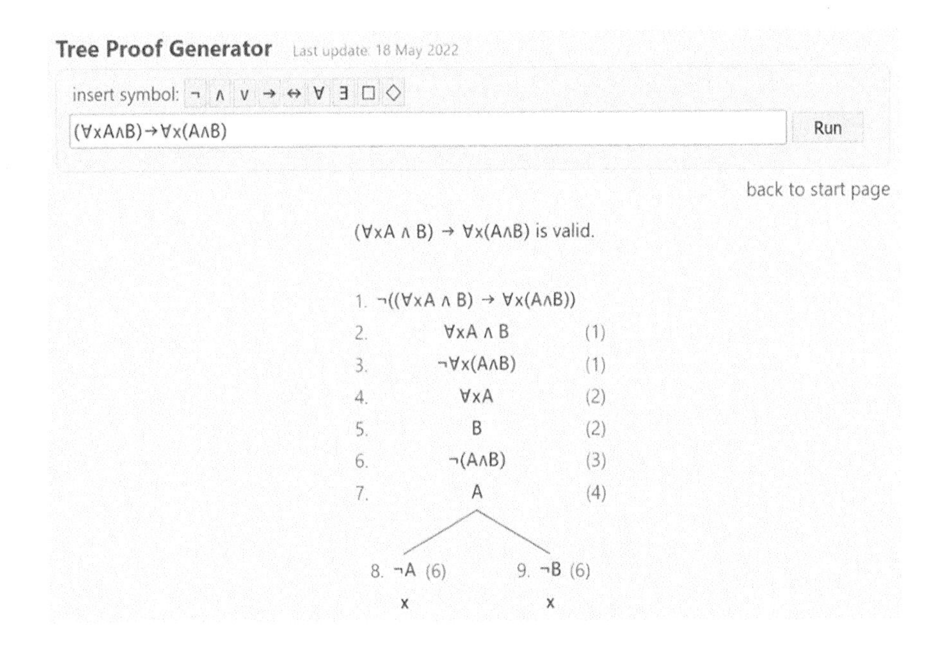

定理 21　$\vdash \forall x(\mathrm{A}\wedge \mathrm{B})\leftrightarrow(\forall x \mathrm{A}\wedge \mathrm{B})$，$x$不在 B 中自由出现。

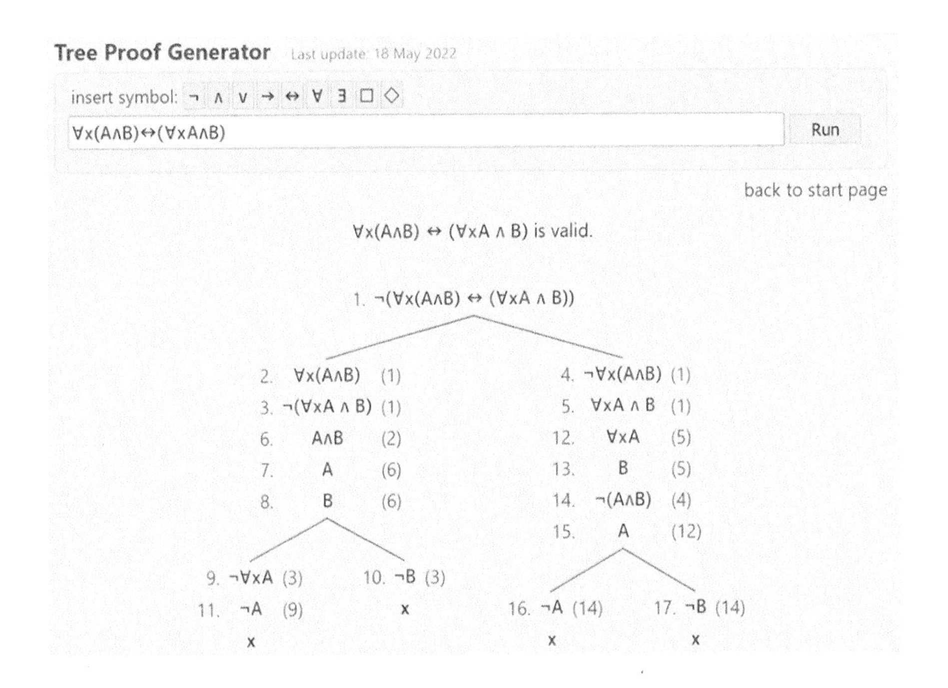

定理 22　$\vdash \exists x(\mathrm{A} \wedge \mathrm{B}) \rightarrow (\exists x\mathrm{A} \wedge \exists x\mathrm{B})$。

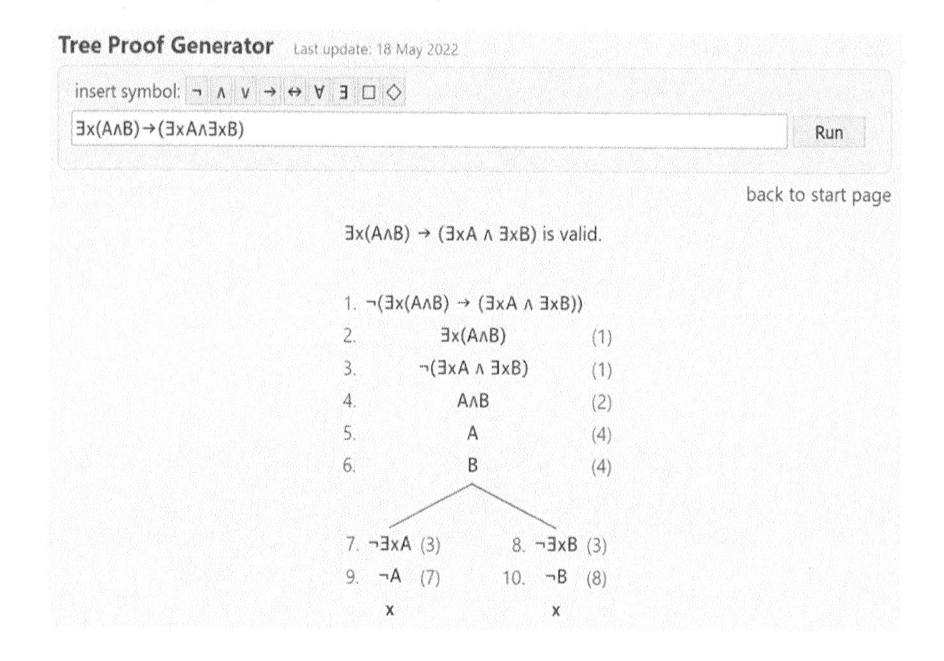

定理 23　$\vdash \exists x(\mathrm{A} \wedge \mathrm{B}) \rightarrow (\exists x\mathrm{A} \wedge \mathrm{B})$，$x$不在 B 中自由出现。

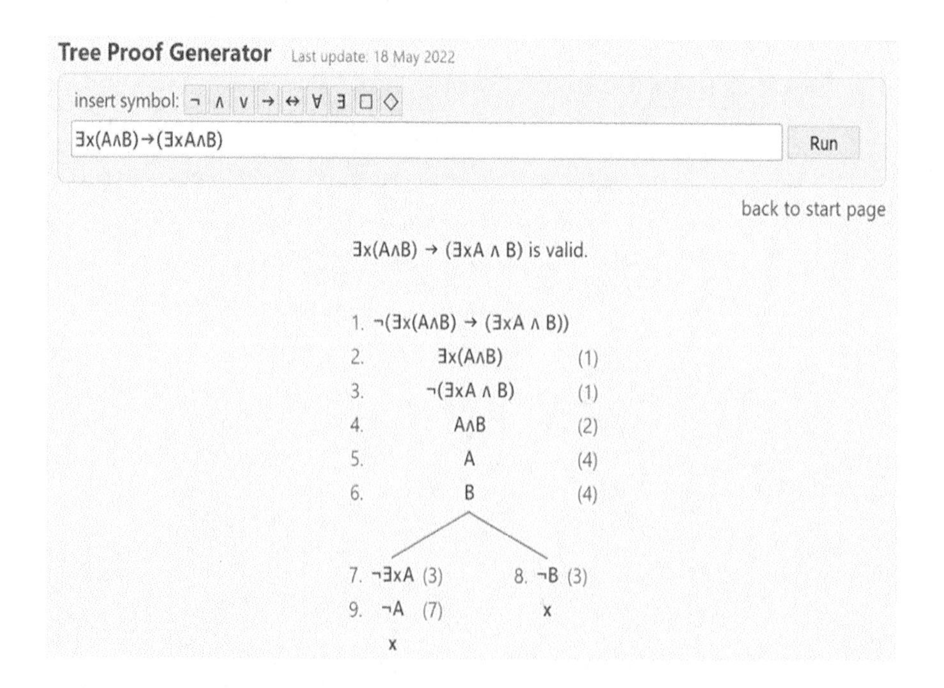

定理 24　$\vdash (\exists x \mathrm{A} \wedge \mathrm{B}) \rightarrow \exists x (\mathrm{A} \wedge \mathrm{B})$，$x$不在 B 中自由出现。

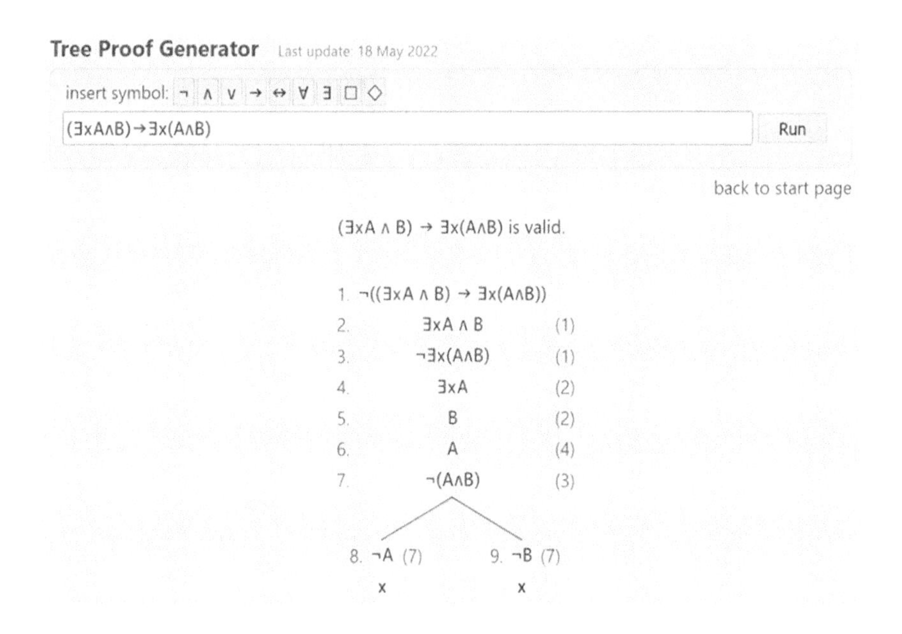

定理 25　$\vdash \exists x (\mathrm{A} \wedge \mathrm{B}) \leftrightarrow (\exists x \mathrm{A} \wedge \mathrm{B})$，$x$不在 B 中自由出现。

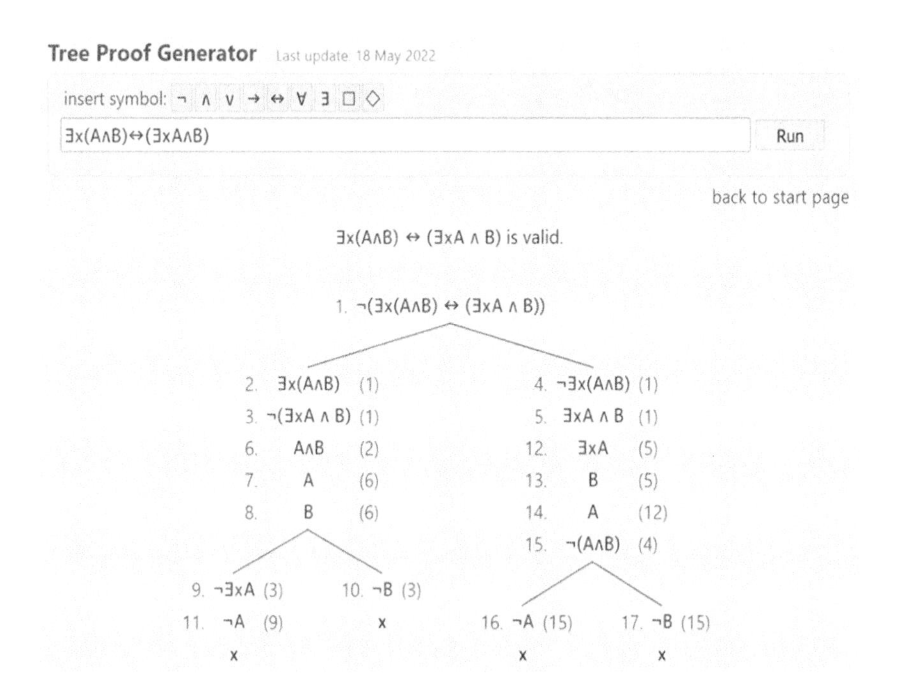

定理 26　$\vdash\exists x(\mathrm{A}\wedge\mathrm{B})\to(\mathrm{A}\wedge\exists x\mathrm{B})$，$x$不在 A 中自由出现。

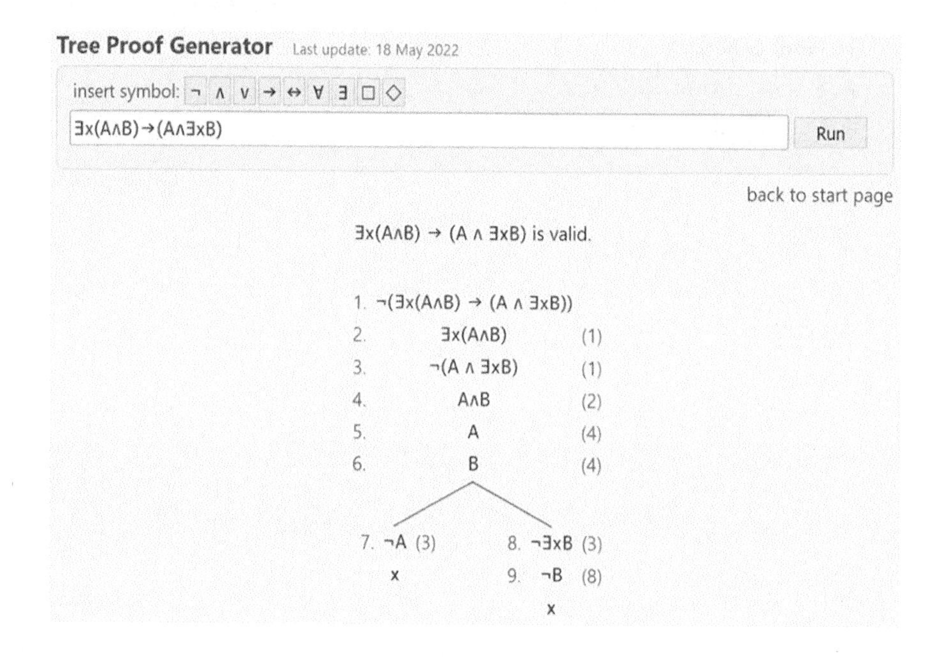

定理 27　$\vdash(\mathrm{A}\wedge\exists x\mathrm{B})\to\exists x(\mathrm{A}\wedge\mathrm{B})$，$x$不在 A 中自由出现。

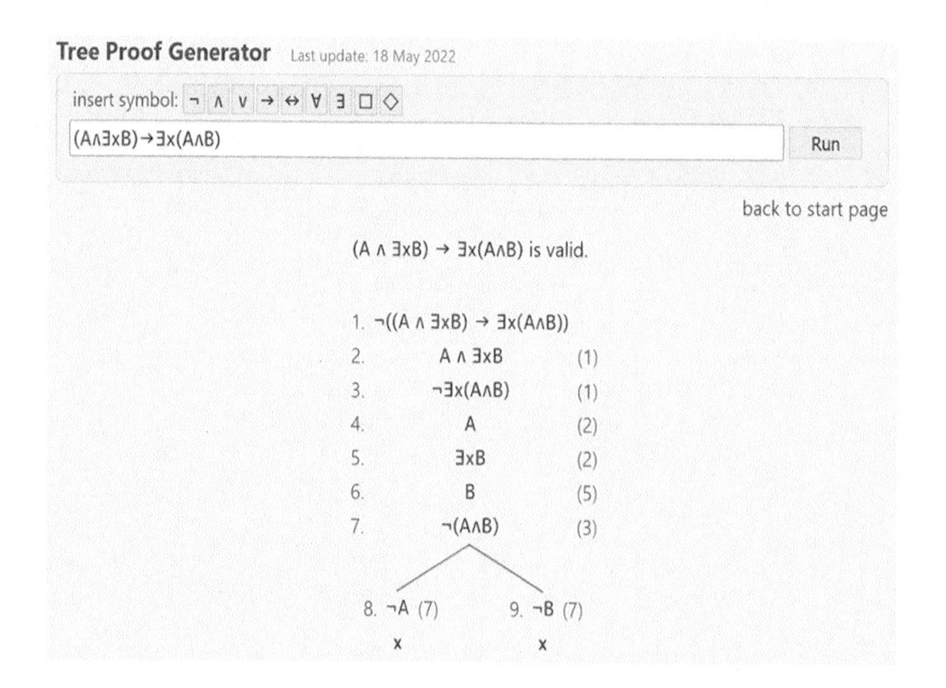

定理 28　$\vdash \exists x(\mathrm{A} \wedge \mathrm{B}) \leftrightarrow (\mathrm{A} \wedge \exists x \mathrm{B})$，$x$不在 A 中自由出现。

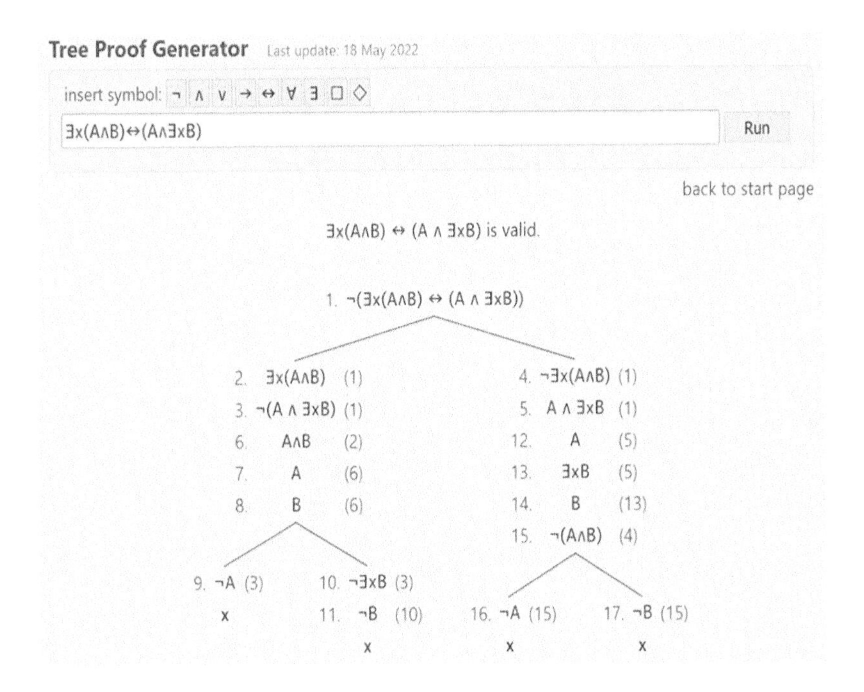

定理 29　$\vdash \forall x(\mathrm{A} \vee \mathrm{B}) \rightarrow (\forall x \mathrm{A} \vee \mathrm{B})$，$x$不在 B 中自由出现。

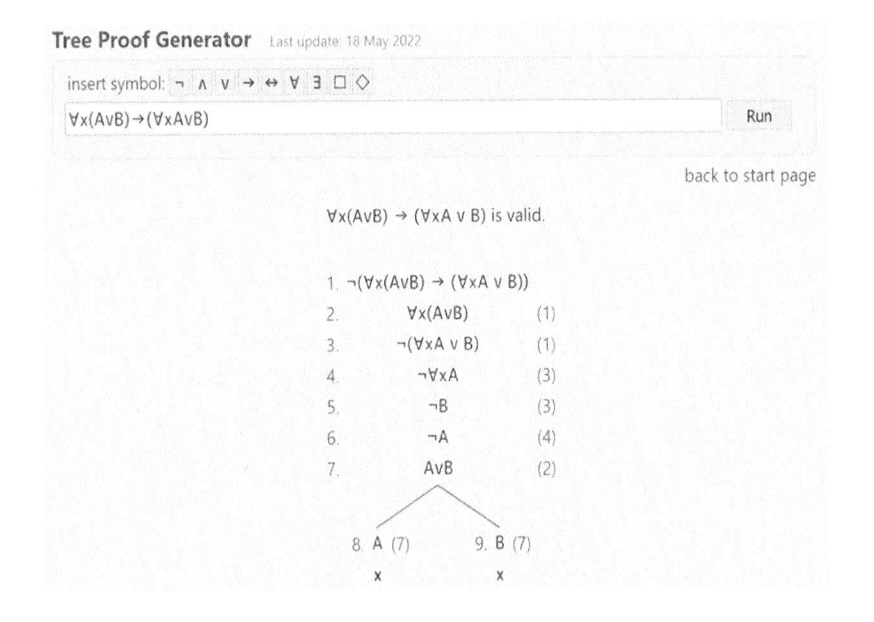

定理 30 $\vdash(\forall x\mathrm{A}\vee\mathrm{B})\to\forall x(\mathrm{A}\vee\mathrm{B})$，$x$不在 B 中自由出现。

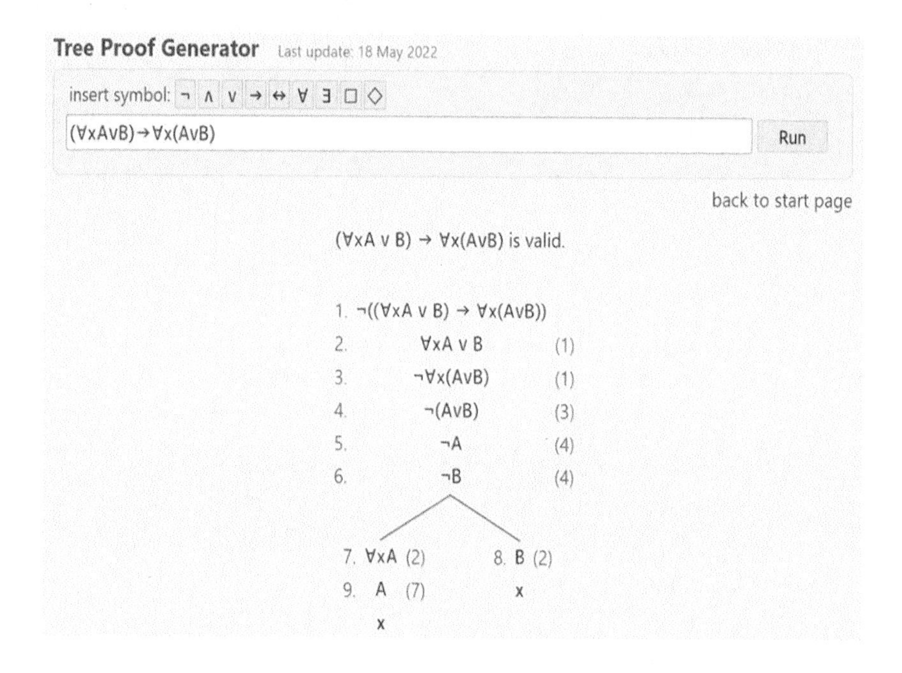

定理 31 $\vdash\forall x(\mathrm{A}\vee\mathrm{B})\leftrightarrow(\forall x\mathrm{A}\vee\mathrm{B})$，$x$不在 B 中自由出现。

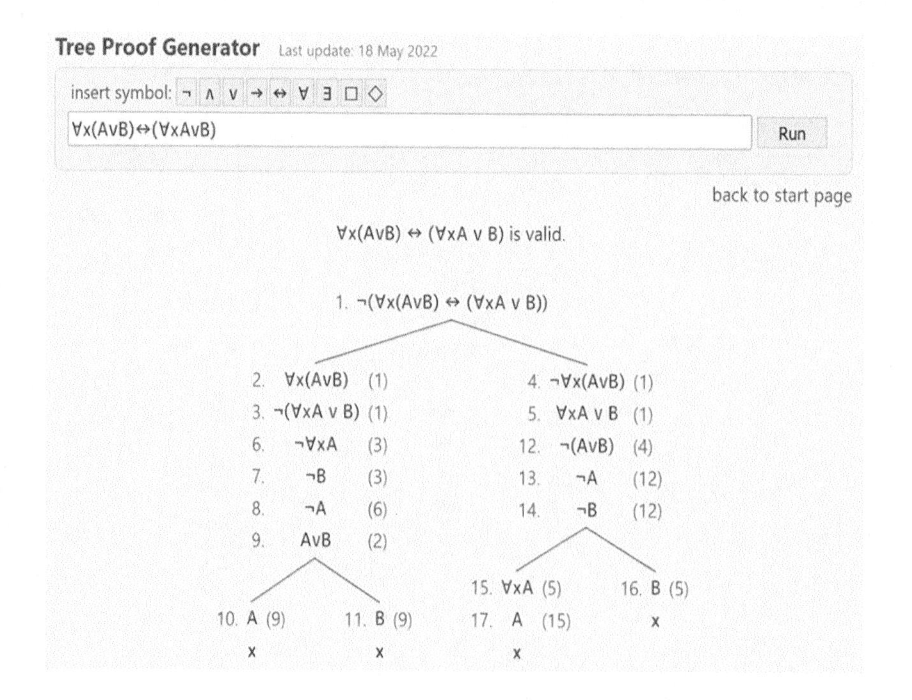

定理 32　$\vdash\forall x(A\vee B)\to(A\vee\forall xB)$，$x$不在 A 中自由出现。

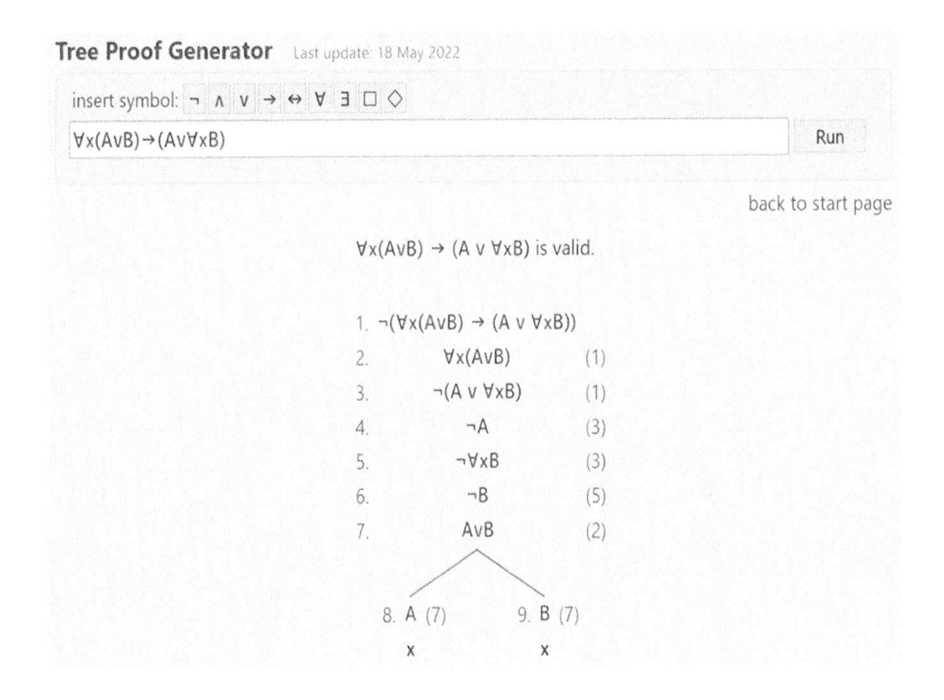

定理 33　$\vdash(A\vee\forall xB)\to\forall x(A\vee B)$，$x$不在 A 中自由出现。

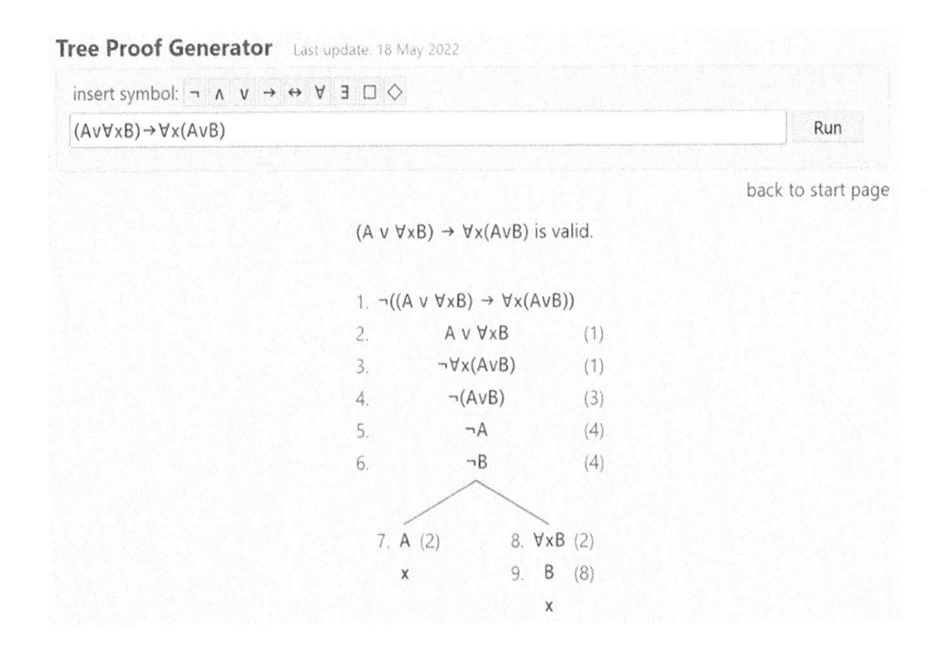

定理 34　$\vdash \forall x(\mathrm{A} \vee \mathrm{B}) \leftrightarrow (\mathrm{A} \vee \forall x\mathrm{B})$，$x$不在 A 中自由出现。

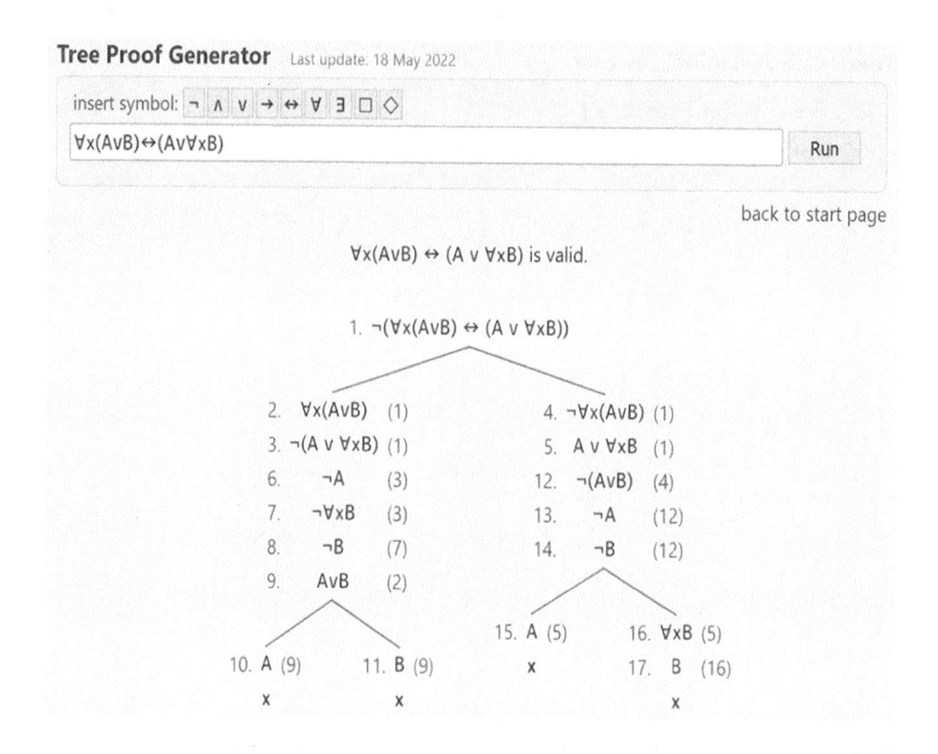

定理 35　$\vdash (\forall x\mathrm{A} \vee \forall x\mathrm{B}) \rightarrow \forall x(\mathrm{A} \vee \mathrm{B})$。

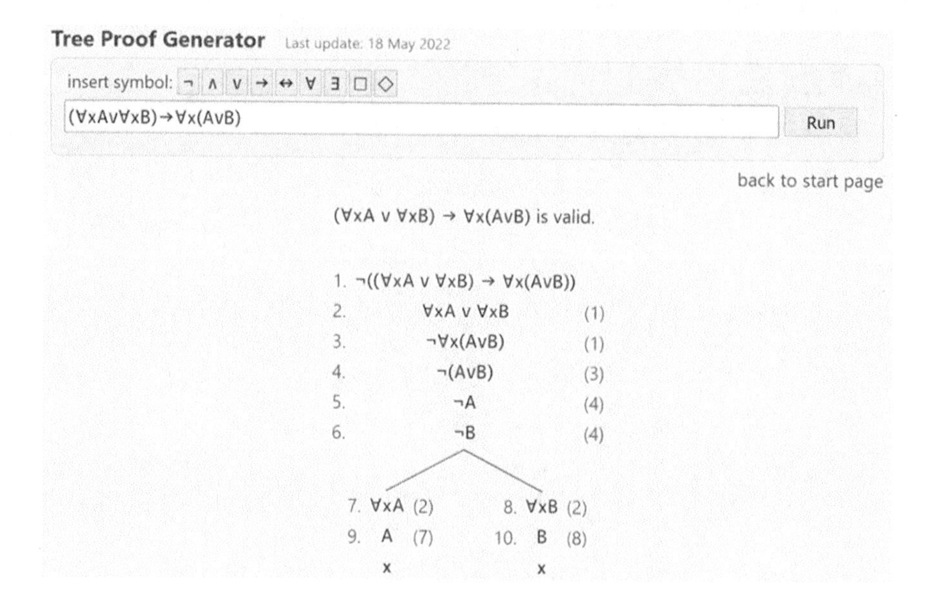

定理 36　$\vdash \exists x(A \vee B) \rightarrow (\exists x A \vee \exists x B)$。

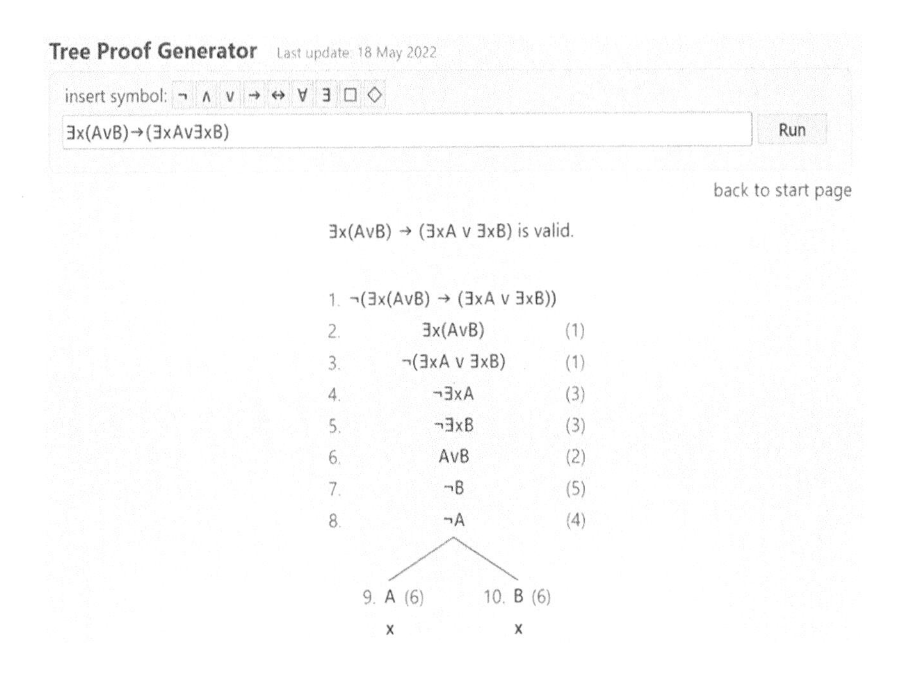

定理 37　$\vdash (\exists x A \vee \exists x B) \rightarrow \exists x(A \vee B)$。

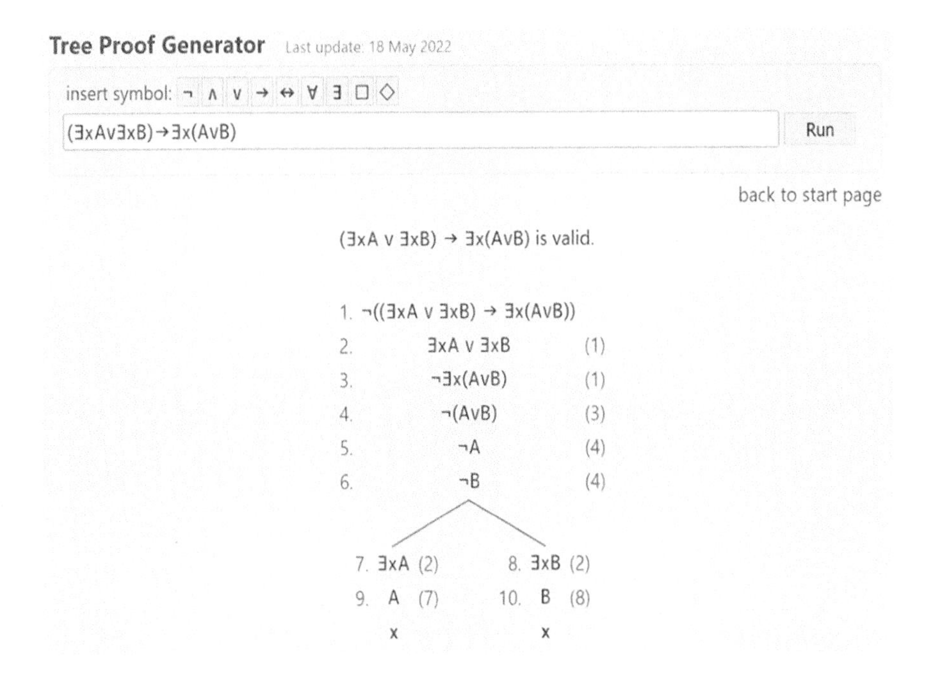

定理 38　$\vdash \exists x(\mathrm{A} \vee \mathrm{B}) \leftrightarrow (\exists x\mathrm{A} \vee \exists x\mathrm{B})$。

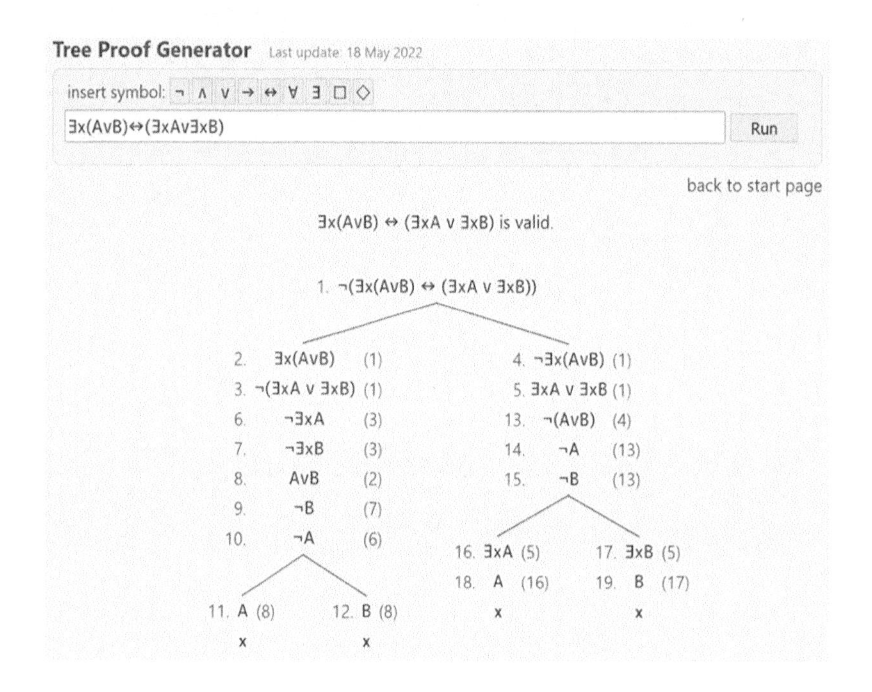

定理 39　$\vdash \exists x(\mathrm{A} \vee \mathrm{B}) \rightarrow (\exists x\mathrm{A} \vee \mathrm{B})$，$x$不在 B 中自由出现。

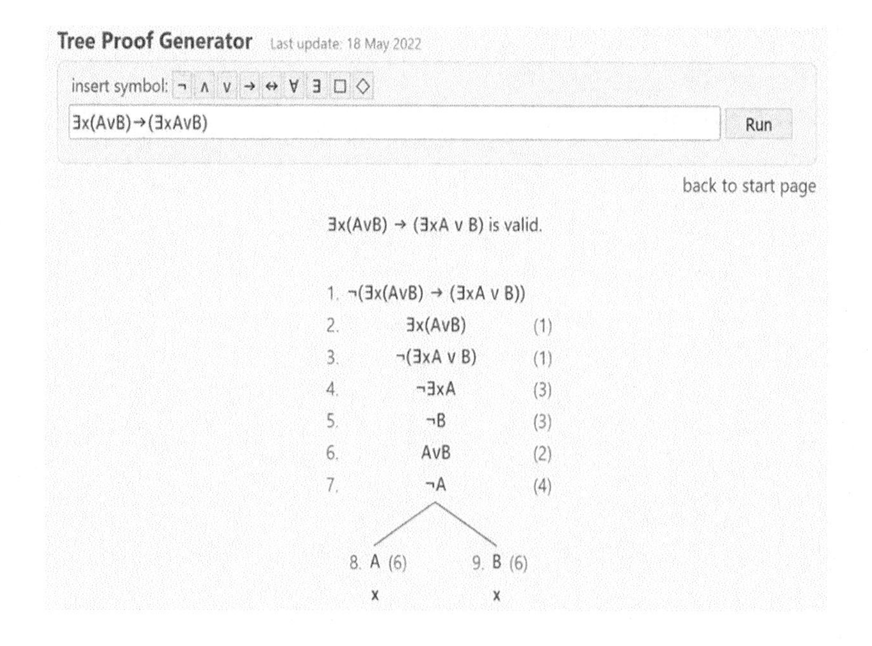

定理 40　$\vdash(\exists x\mathrm{A}\vee\mathrm{B})\to\exists x(\mathrm{A}\vee\mathrm{B})$，$x$不在 B 中自由出现。

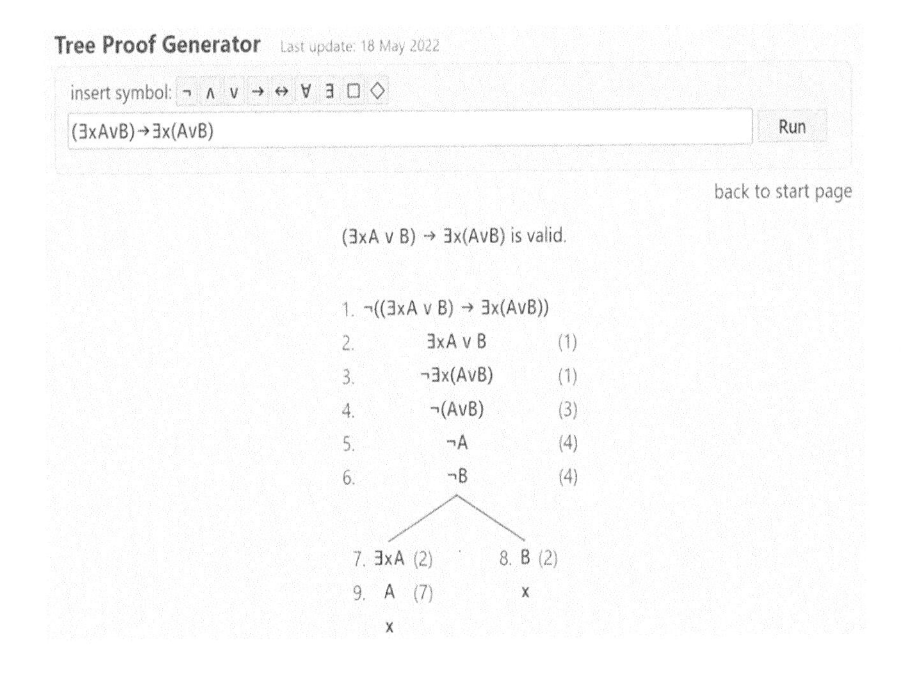

定理 41　$\vdash\exists x(\mathrm{A}\vee\mathrm{B})\leftrightarrow(\exists x\mathrm{A}\vee\mathrm{B})$，$x$不在 B 中自由出现。

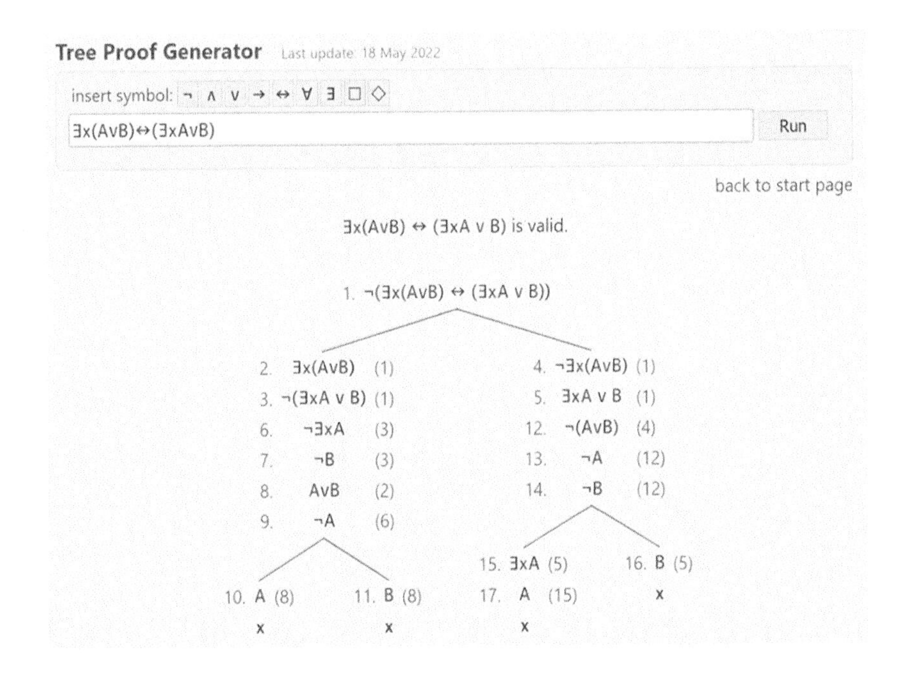

定理 42 $\vdash \exists x(A \vee B) \rightarrow (A \vee \exists x B)$，$x$不在 A 中自由出现。

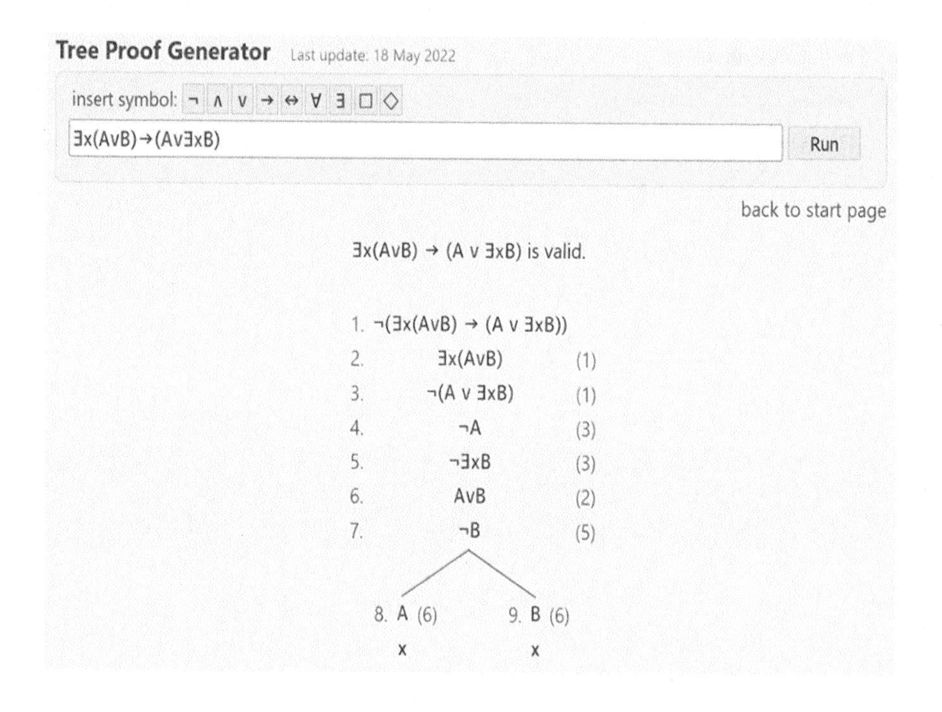

定理 43 $\vdash (A \vee \exists x B) \rightarrow \exists x(A \vee B)$，$x$不在 A 中自由出现。

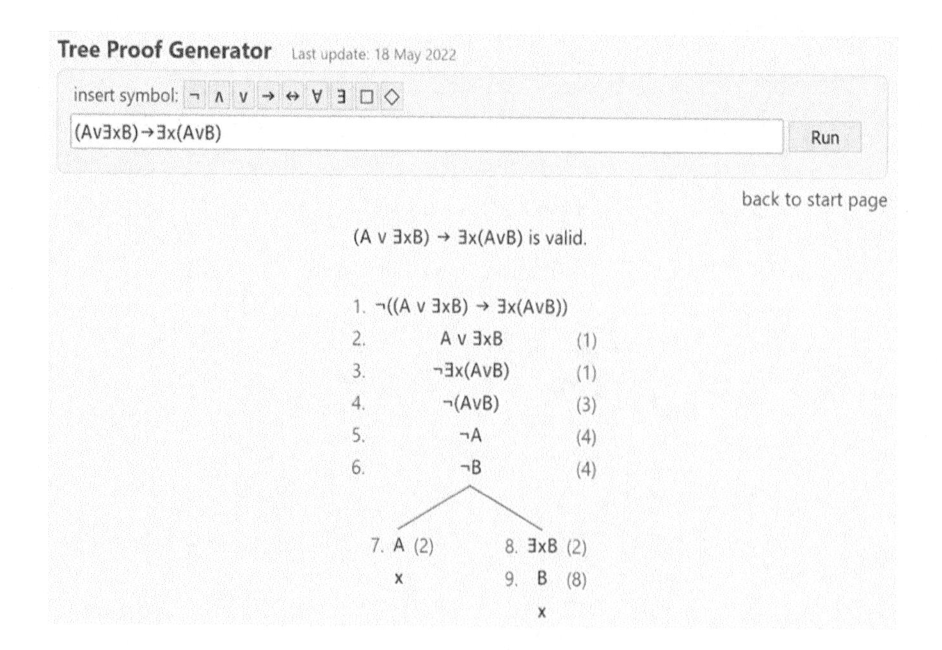

定理 44　$\vdash\exists x(\mathrm{A}\vee\mathrm{B})\leftrightarrow(\mathrm{A}\vee\exists x\mathrm{B})$，$x$不在 A 中自由出现。

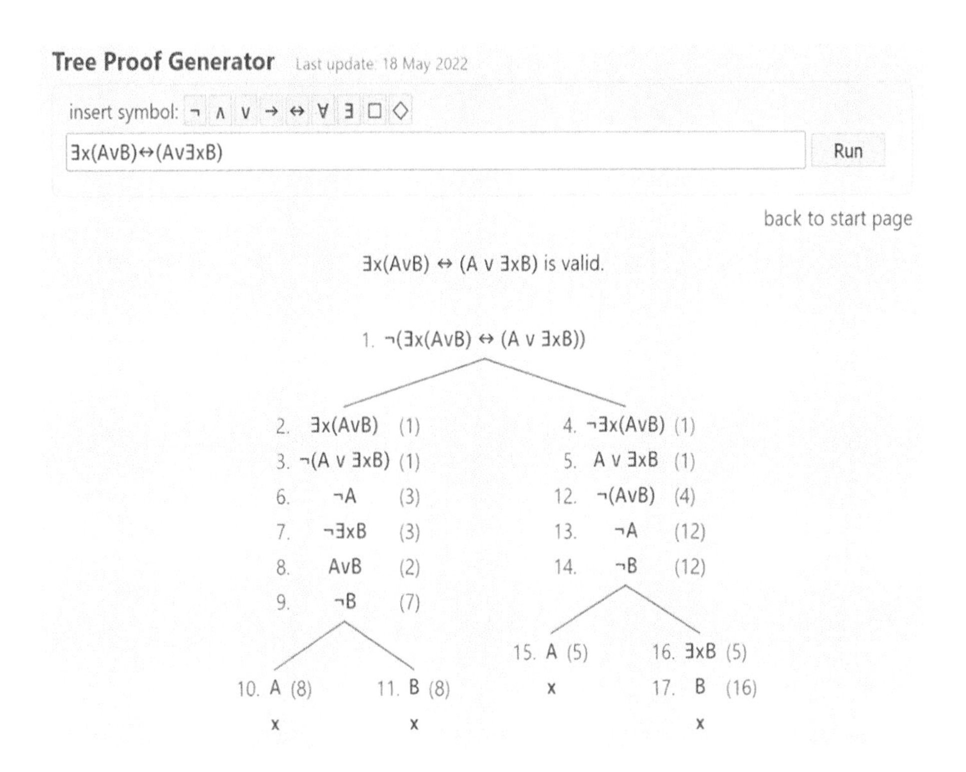

定理 45　$\vdash\forall x\neg\mathrm{A}\rightarrow\neg\exists x\mathrm{A}$。

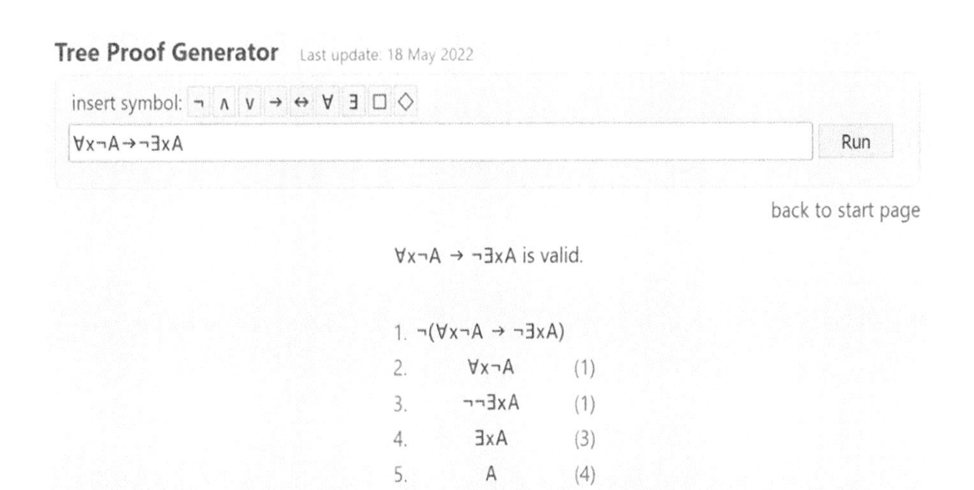

定理 46 $\vdash \neg\exists x\mathrm{A} \rightarrow \forall x\neg\mathrm{A}$。

Tree Proof Generator Last update: 18 May 2022

insert symbol: ¬ ∧ ∨ → ↔ ∀ ∃ □ ◇

¬∃xA→∀x¬A Run

back to start page

¬∃xA → ∀x¬A is valid.

1. ¬(¬∃xA → ∀x¬A)
2. ¬∃xA (1)
3. ¬∀x¬A (1)
4. ¬¬A (3)
5. A (4)
6. ¬A (2)

x

定理 47 $\vdash \forall x\neg\mathrm{A} \leftrightarrow \neg\exists x\mathrm{A}$。

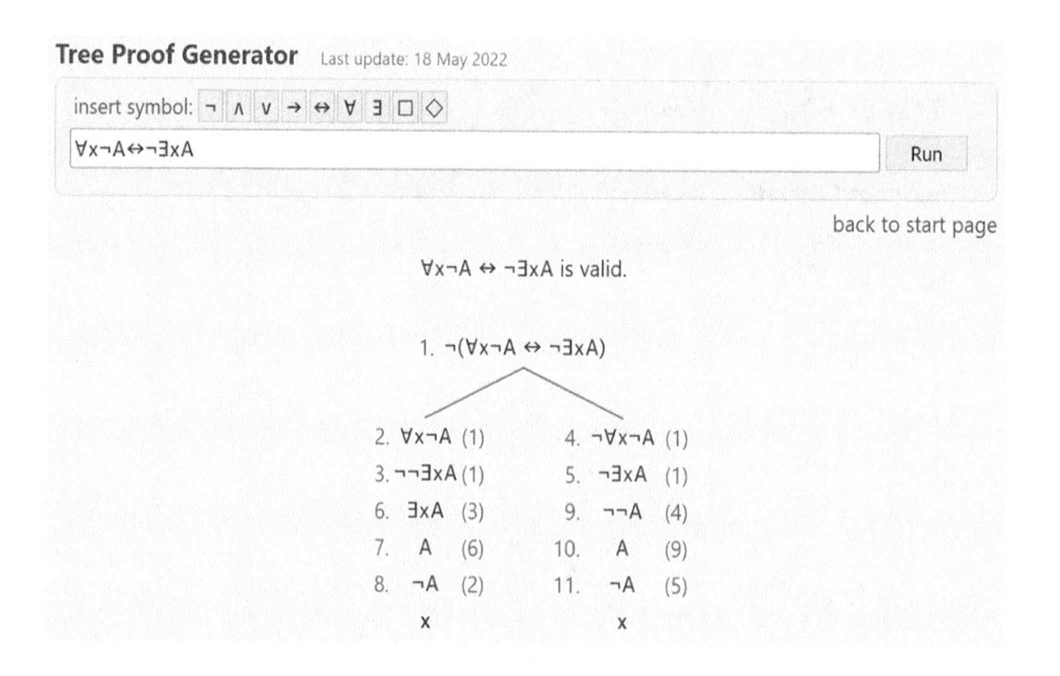

定理 48　$\vdash \exists x \neg \mathrm{A} \to \neg \forall x \mathrm{A}$。

Tree Proof Generator　Last update: 18 May 2022

insert symbol: ¬ ∧ ∨ → ↔ ∀ ∃ □ ◇

∃x¬A→¬∀xA　Run

back to start page

∃x¬A → ¬∀xA is valid.

1.	¬(∃x¬A → ¬∀xA)	
2.	∃x¬A	(1)
3.	¬¬∀xA	(1)
4.	∀xA	(3)
5.	¬A	(2)
6.	A	(4)
	x	

定理 49　$\vdash \neg \forall x \mathrm{A} \to \exists x \neg \mathrm{A}$。

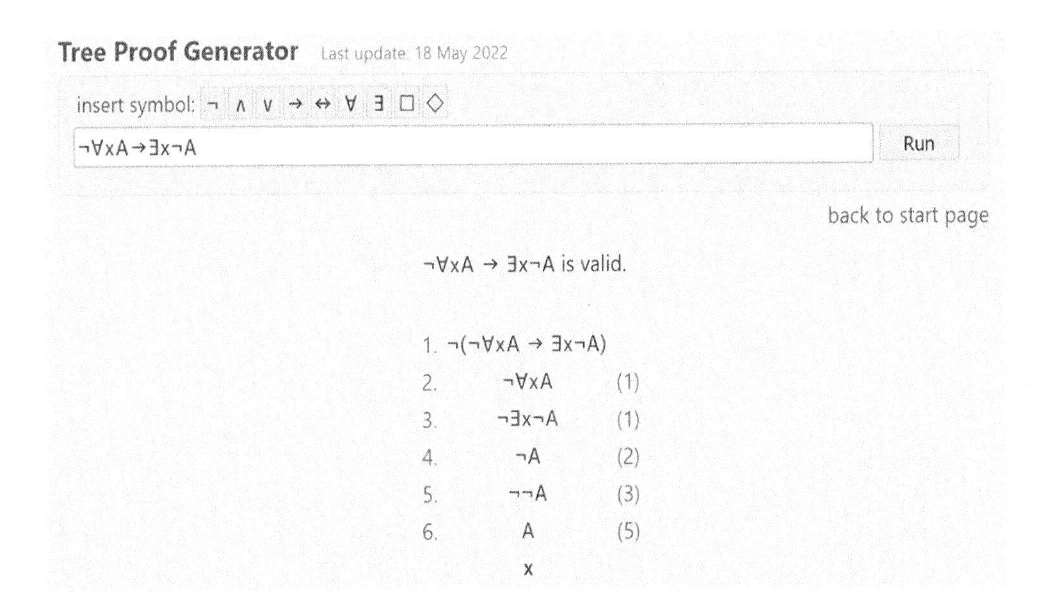

定理 50　$\vdash \exists x \neg \mathrm{A} \leftrightarrow \neg \forall x \mathrm{A}$。

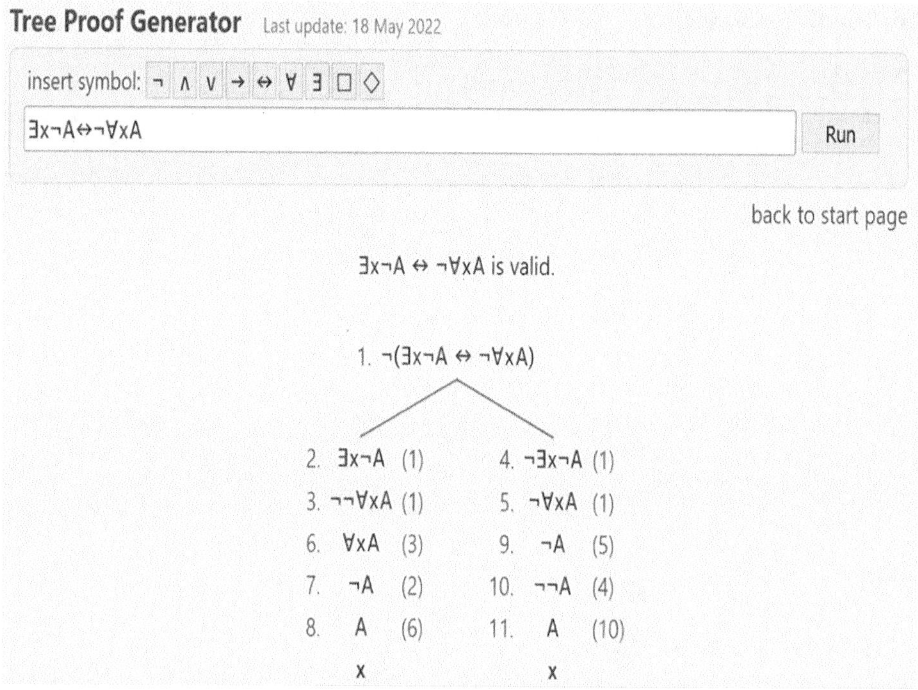

Tree Proof Generator　Last update: 18 May 2022

insert symbol: ¬ ∧ ∨ → ↔ ∀ ∃ □ ◇

∃x¬A↔¬∀xA　Run

back to start page

∃x¬A ↔ ¬∀xA is valid.

1. ¬(∃x¬A ↔ ¬∀xA)

2.	∃x¬A	(1)	4.	¬∃x¬A	(1)
3.	¬¬∀xA	(1)	5.	¬∀xA	(1)
6.	∀xA	(3)	9.	¬A	(5)
7.	¬A	(2)	10.	¬¬A	(4)
8.	A	(6)	11.	A	(10)
	x			x	

定理 51　$\vdash \forall x \mathrm{A} \rightarrow \neg \exists x \neg \mathrm{A}$。

Tree Proof Generator　Last update: 18 May 2022

insert symbol: ¬ ∧ ∨ → ↔ ∀ ∃ □ ◇

∀xA→¬∃x¬A　Run

back to start page

∀xA → ¬∃x¬A is valid.

1. ¬(∀xA → ¬∃x¬A)

2.	∀xA	(1)
3.	¬¬∃x¬A	(1)
4.	∃x¬A	(3)
5.	¬A	(4)
6.	A	(2)
	x	

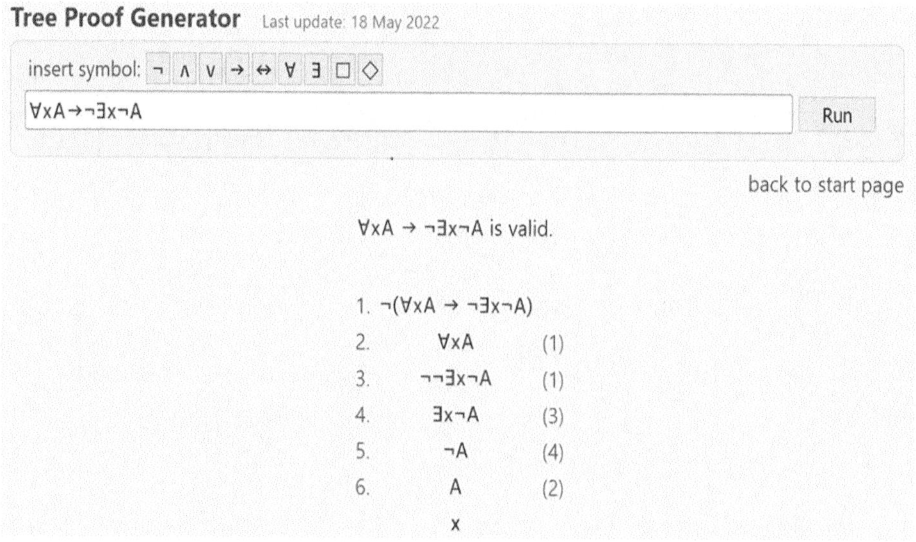

定理 52　$\vdash\neg\exists x\neg \mathrm{A}\rightarrow\forall x\mathrm{A}$。

Tree Proof Generator　Last update: 18 May 2022

insert symbol: ¬ ∧ ∨ → ↔ ∀ ∃ □ ◇

¬∃x¬A→∀xA　Run

back to start page

¬∃x¬A → ∀xA is valid.

1. ¬(¬∃x¬A → ∀xA)
2. ¬∃x¬A (1)
3. ¬∀xA (1)
4. ¬A (3)
5. ¬¬A (2)
6. A (5)

x

定理 53　$\vdash\forall x\mathrm{A}\leftrightarrow\neg\exists x\neg \mathrm{A}$。

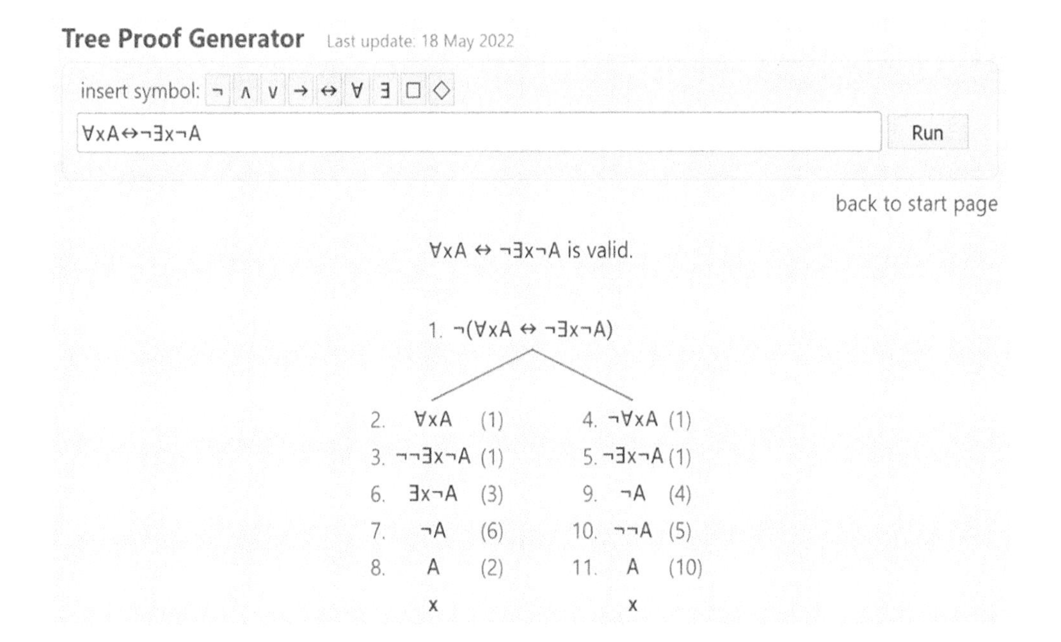

定理 54　$\vdash \exists x\mathrm{A} \rightarrow \neg\forall x\neg\mathrm{A}$。

Tree Proof Generator　Last update: 18 May 2022

insert symbol: ¬ ∧ ∨ → ↔ ∀ ∃ □ ◇

∃xA→¬∀x¬A　Run

back to start page

∃xA → ¬∀x¬A is valid.

1. ¬(∃xA → ¬∀x¬A)
2. ∃xA (1)
3. ¬¬∀x¬A (1)
4. ∀x¬A (3)
5. A (2)
6. ¬A (4)

x

定理 55　$\vdash \neg\forall x\neg\mathrm{A} \rightarrow \exists x\mathrm{A}$。

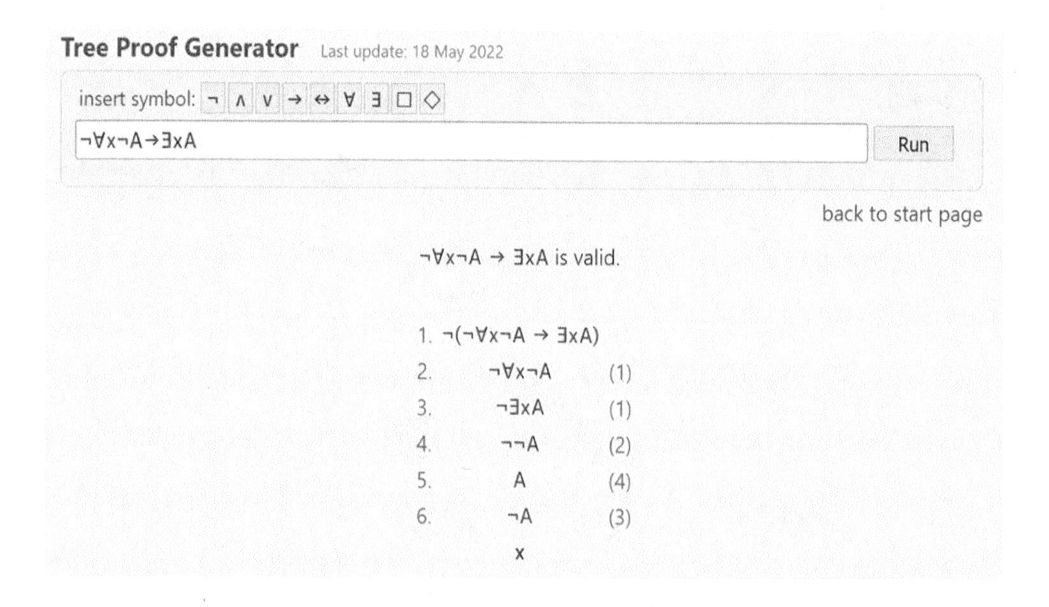

定理 56　$\vdash \exists x\mathrm{A} \leftrightarrow \neg\forall x\neg\mathrm{A}$。

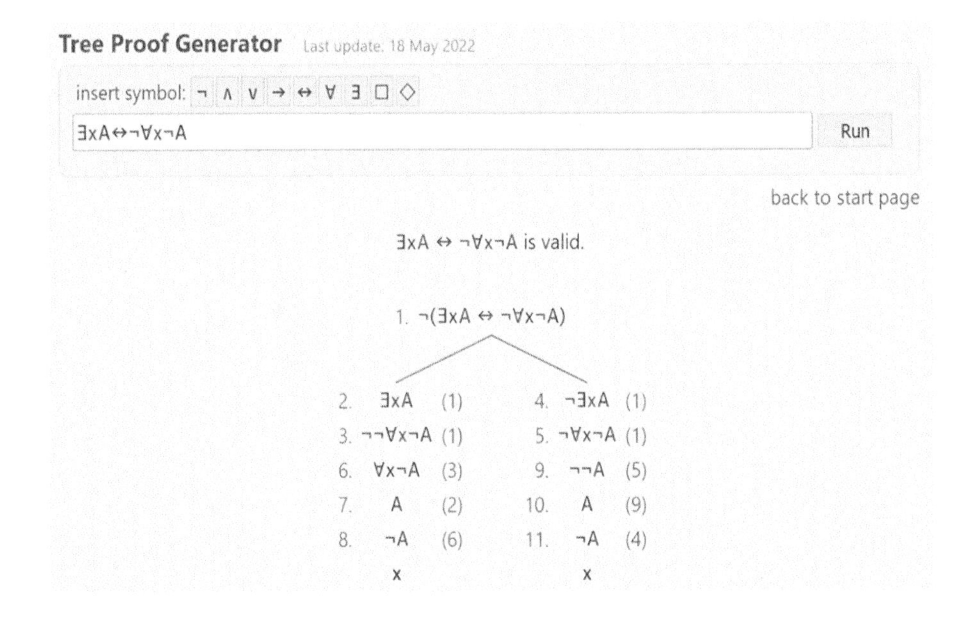

定理 57　$\vdash \forall x(\mathrm{A}\rightarrow\mathrm{B}) \rightarrow (\forall x\mathrm{A}\rightarrow\forall x\mathrm{B})$。

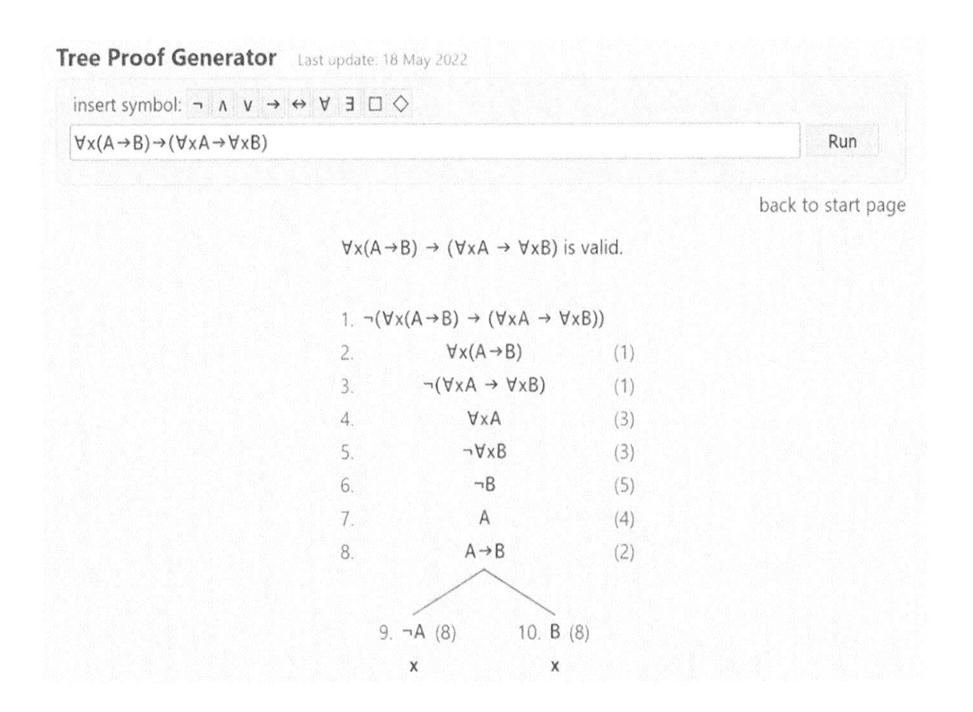

定理 58　$\vdash \forall x(A \rightarrow B) \rightarrow (\exists x A \rightarrow \exists x B)$。

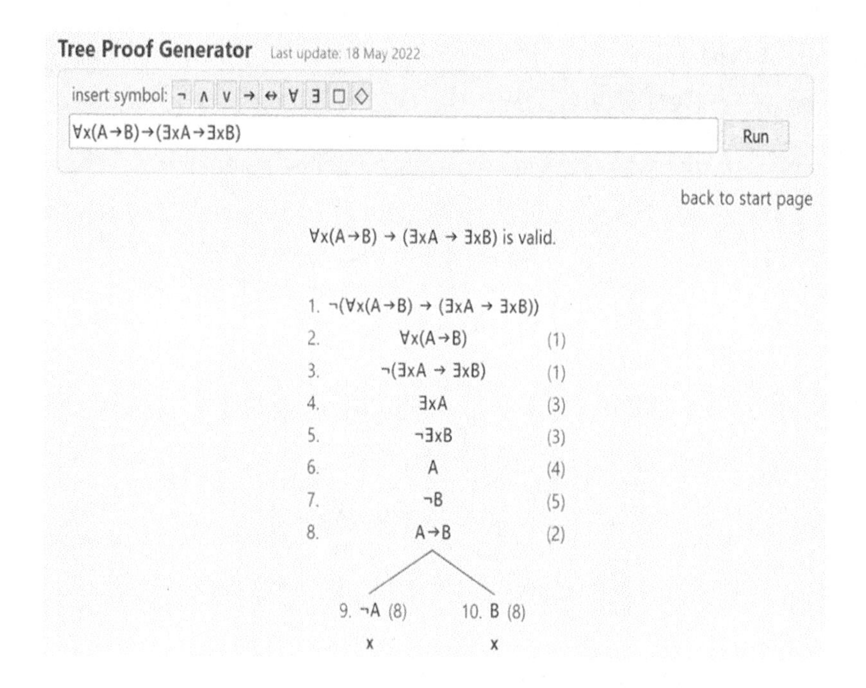

定理 59　$\vdash \forall x(A \rightarrow B) \rightarrow (A \rightarrow \forall x B)$，$x$不在 A 中自由出现。

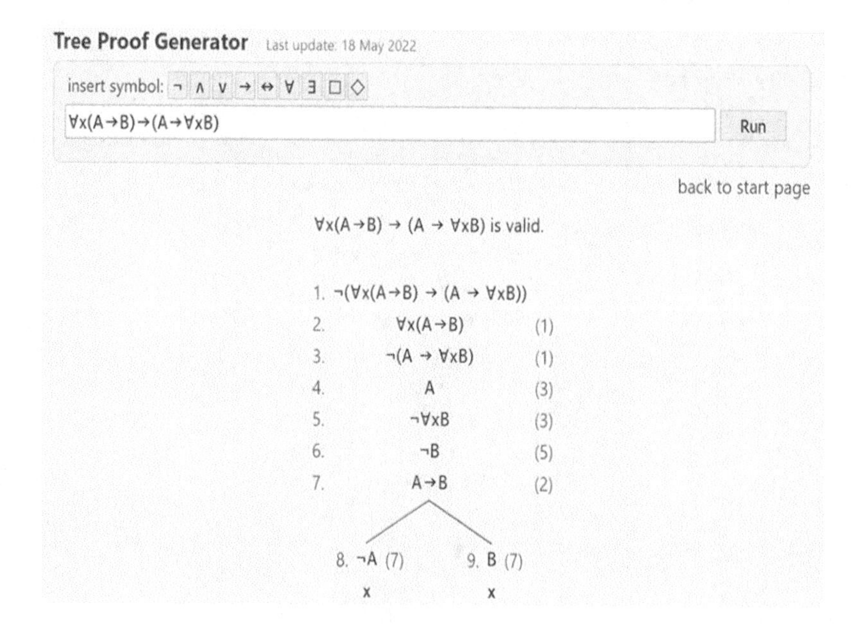

定理 60　$\vdash (A \to \forall x B) \to \forall x (A \to B)$，$x$不在 A 中自由出现。

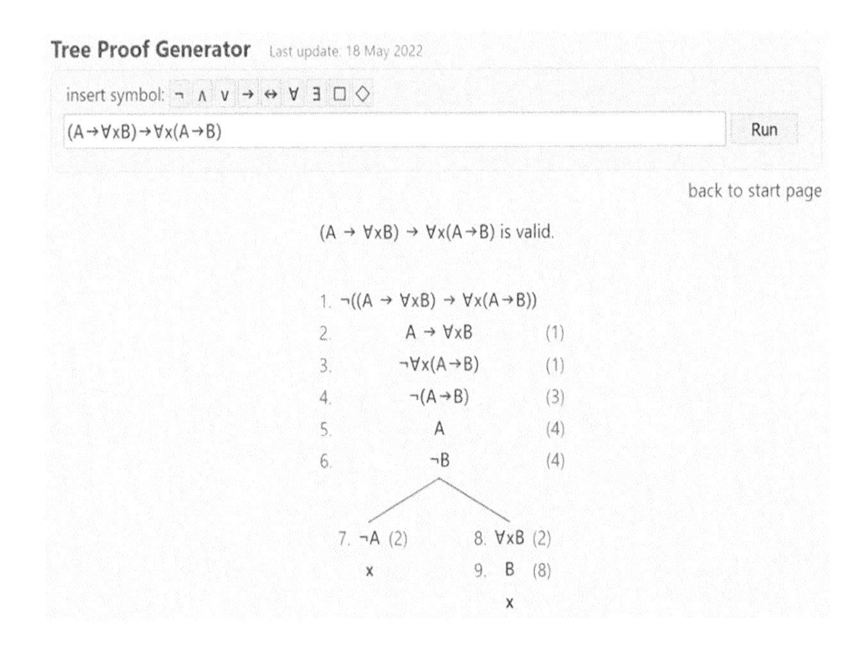

定理 61　$\vdash \forall x (A \to B) \leftrightarrow (A \to \forall x B)$，$x$不在 A 中自由出现。

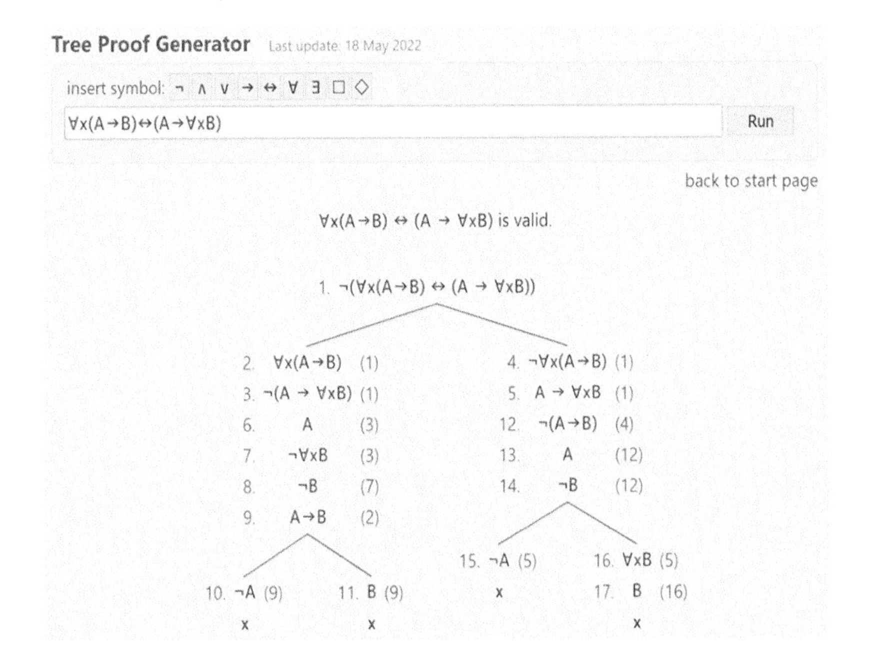

定理 62　$\vdash \exists x(\mathrm{A} \to \mathrm{B}) \to (\mathrm{A} \to \exists x\mathrm{B})$，$x$不在 A 中自由出现。

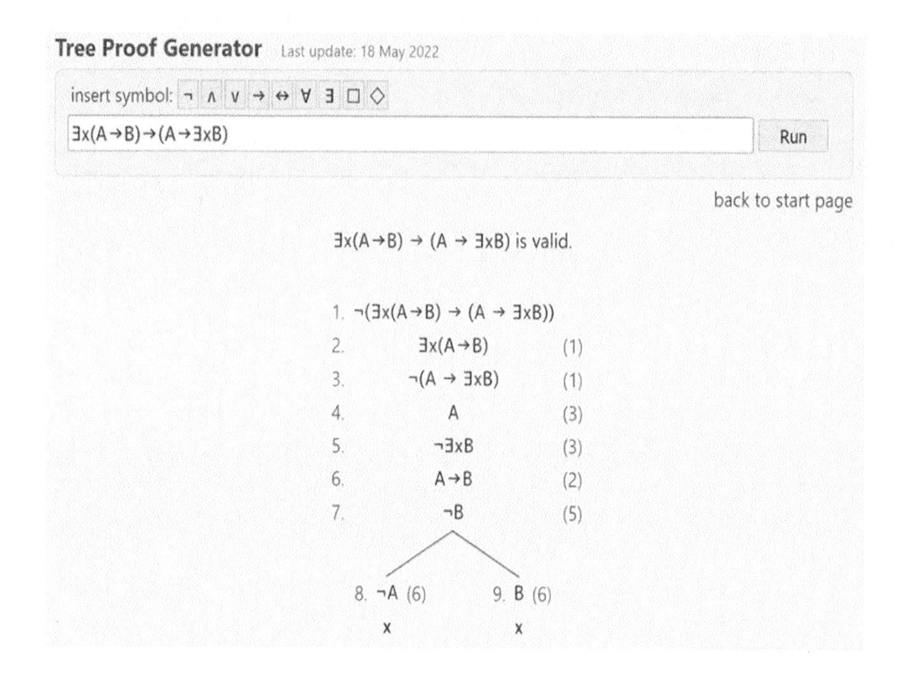

定理 63　$\vdash (\mathrm{A} \to \exists x\mathrm{B}) \to \exists x(\mathrm{A} \to \mathrm{B})$，$x$不在 A 中自由出现。

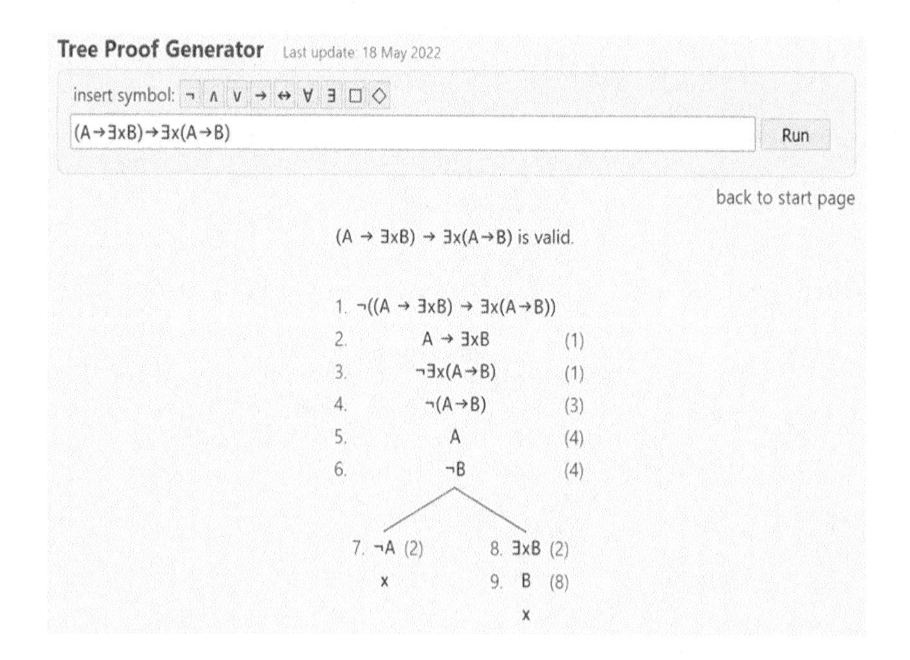

定理 64　$\vdash \exists x(\mathrm{A}\to\mathrm{B})\leftrightarrow(\mathrm{A}\to\exists x\mathrm{B})$，$x$不在 A 中自由出现。

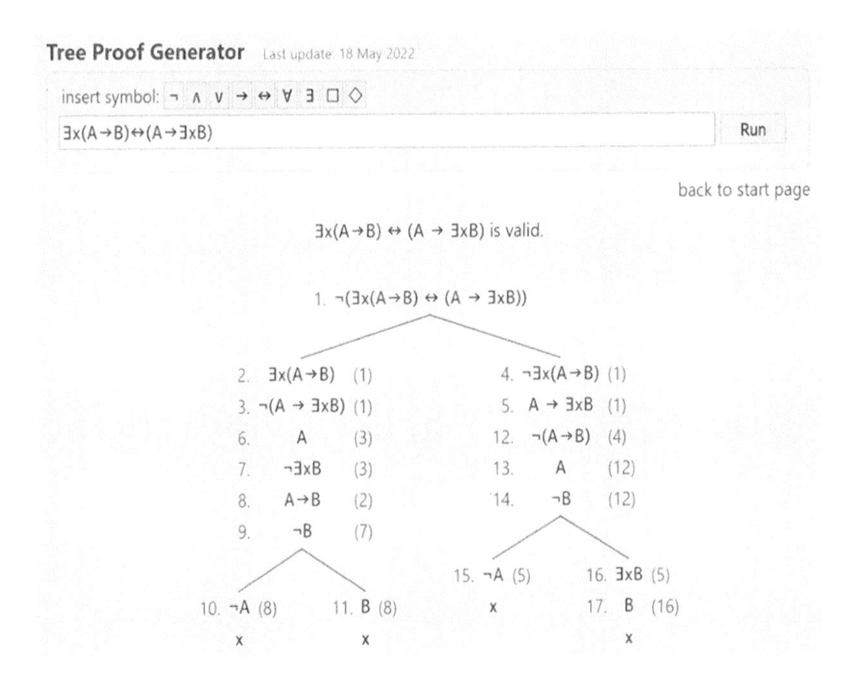

定理 65　$\vdash(\forall x\mathrm{A}\to\mathrm{B})\to\exists x(\mathrm{A}\to\mathrm{B})$，$x$不在 B 中自由出现。

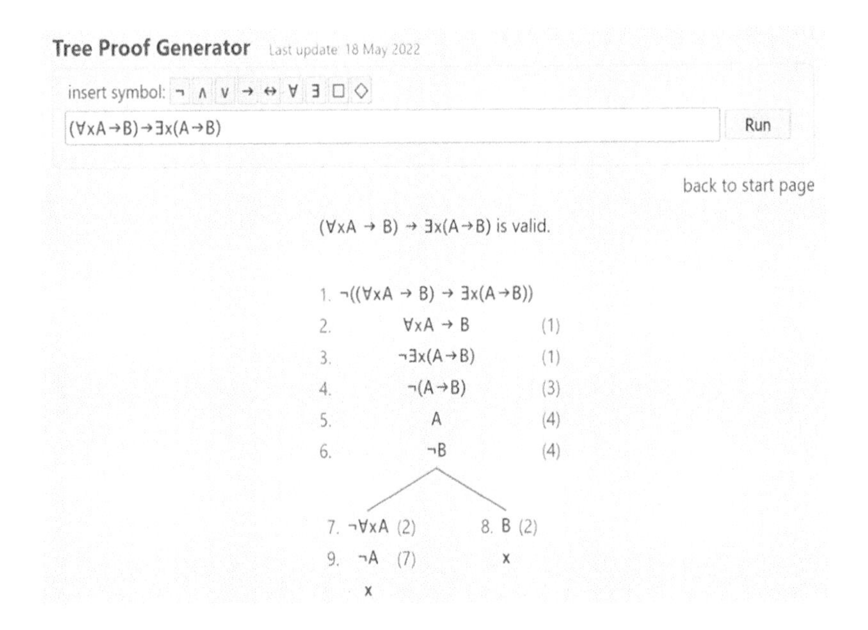

定理 66　$\vdash \exists x(\mathrm{A}\rightarrow \mathrm{B})\rightarrow(\forall x\mathrm{A}\rightarrow \mathrm{B})$，$x$不在 B 中自由出现。

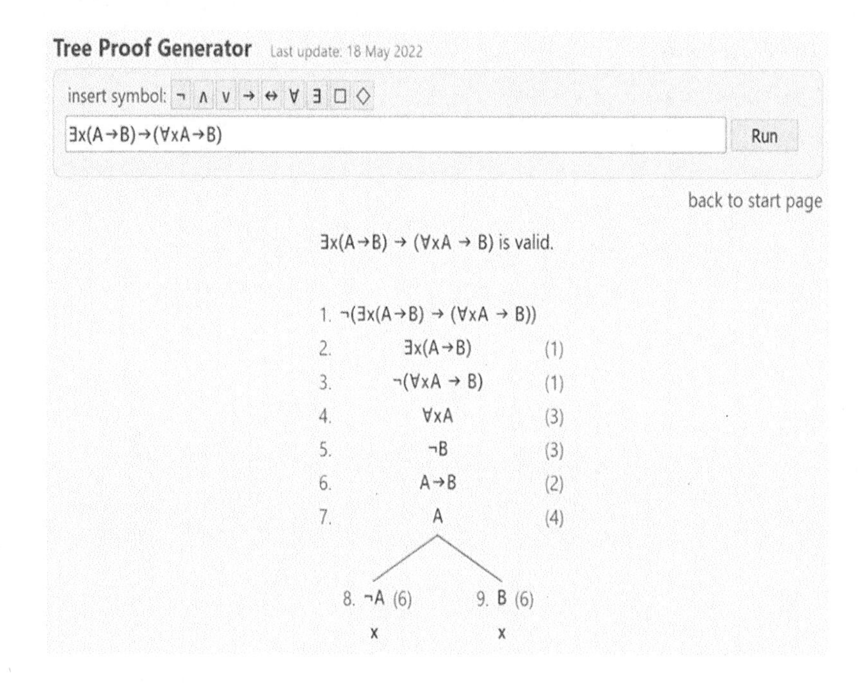

定理 67　$\vdash(\forall x\mathrm{A}\rightarrow \mathrm{B})\leftrightarrow \exists x(\mathrm{A}\rightarrow \mathrm{B})$，$x$不在 B 中自由出现。

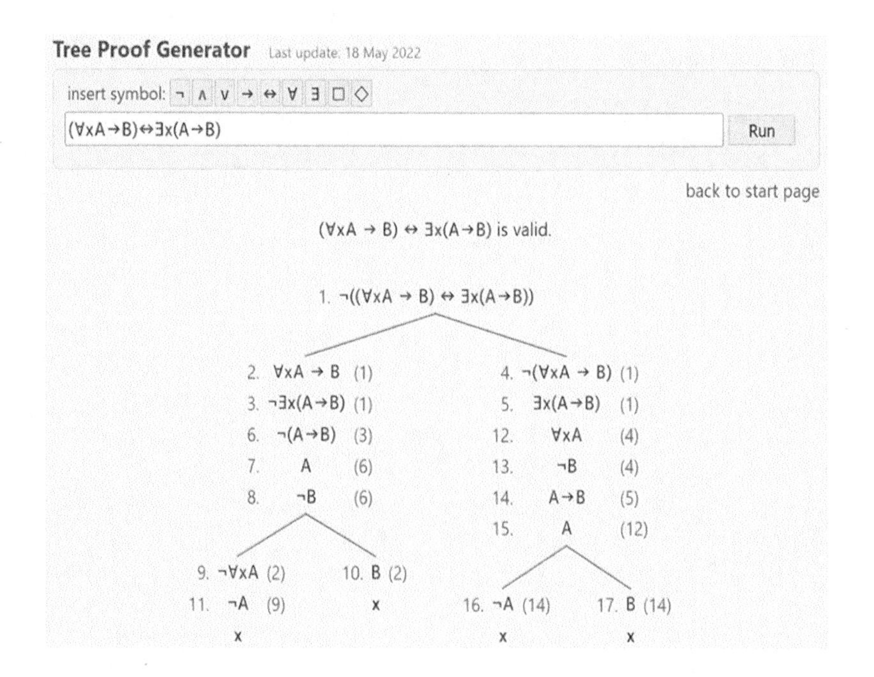

定理 68　$\vdash \forall x(\mathrm{A}\to\mathrm{B})\to(\exists x\mathrm{A}\to\mathrm{B})$，$x$不在 B 中自由出现。

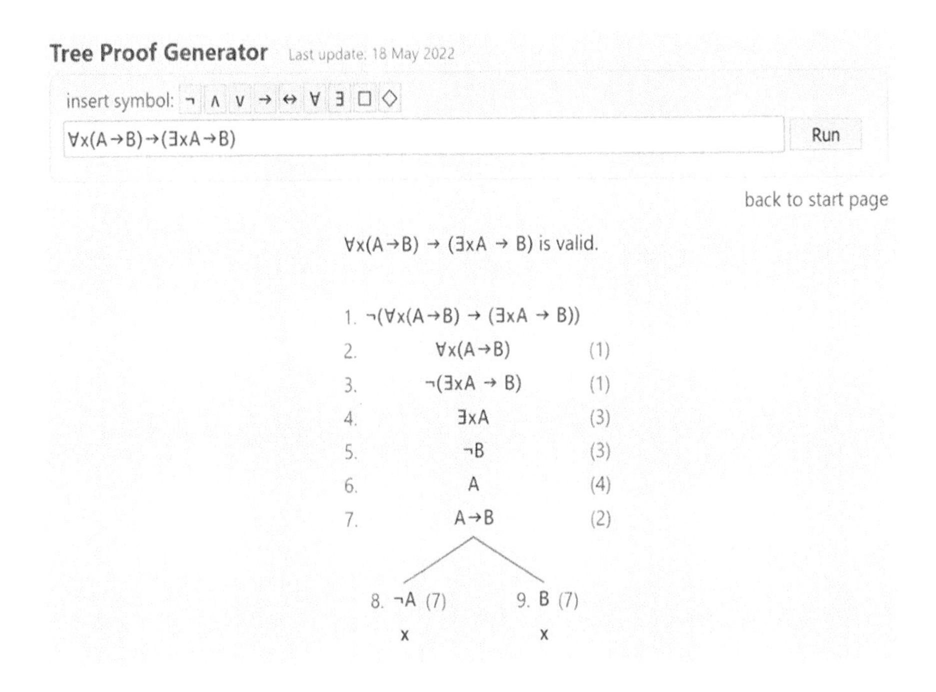

定理 69　$\vdash(\exists x\mathrm{A}\to\mathrm{B})\to\forall x(\mathrm{A}\to\mathrm{B})$，$x$不在 B 中自由出现。

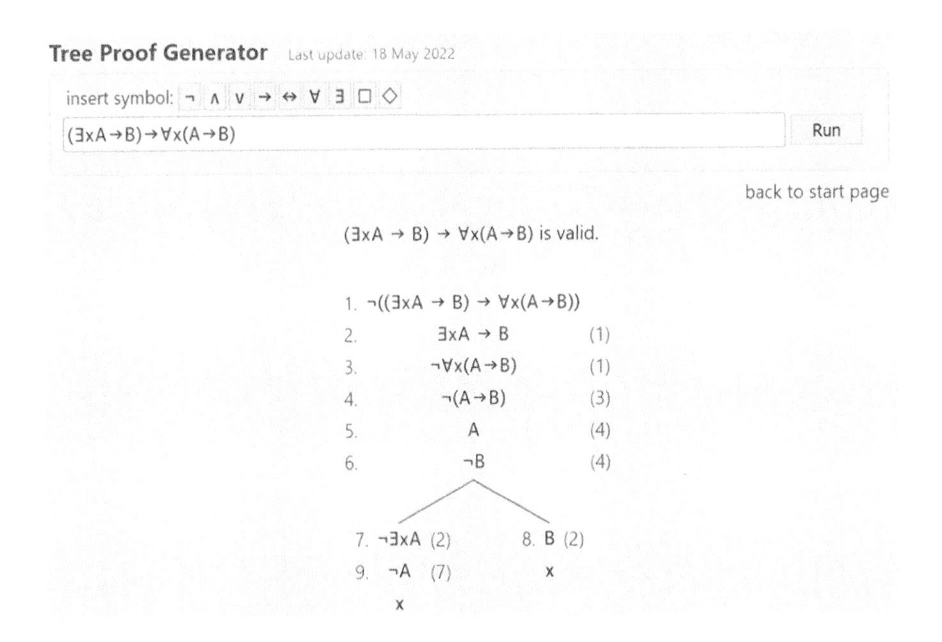

定理 70　$\vdash \forall x(\mathrm{A}\to \mathrm{B})\leftrightarrow (\exists x\mathrm{A}\to \mathrm{B})$，$x$不在 B 中自由出现。

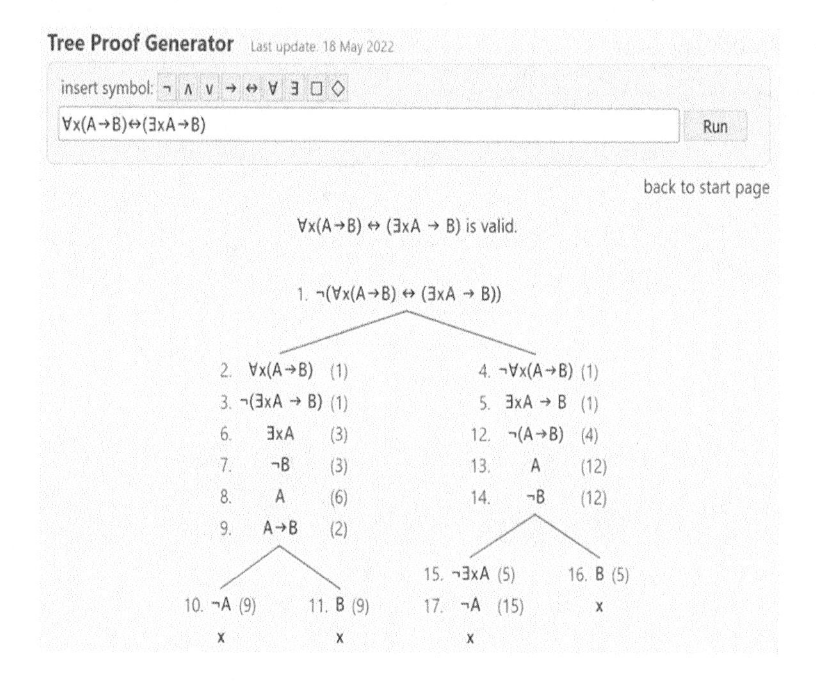

定理 71　$\vdash \forall x(\mathrm{A}\to \mathrm{B})\to (\forall x(\mathrm{B}\to \mathrm{C})\to \forall x(\mathrm{A}\to \mathrm{C}))$。

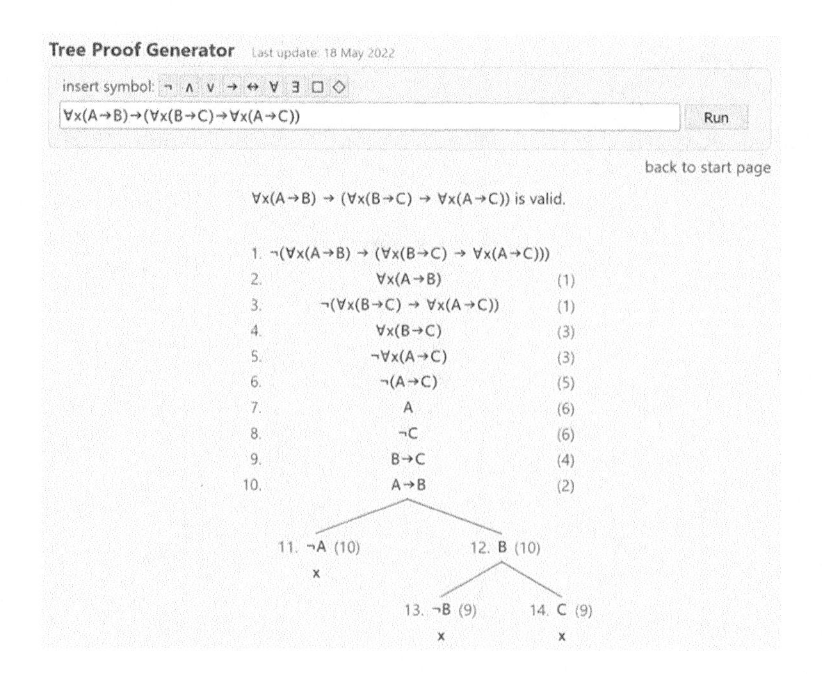

定理 72 $\vdash \forall x(\mathrm{A}\leftrightarrow\mathrm{B})\rightarrow(\forall x\mathrm{A}\leftrightarrow\forall x\mathrm{B})$。

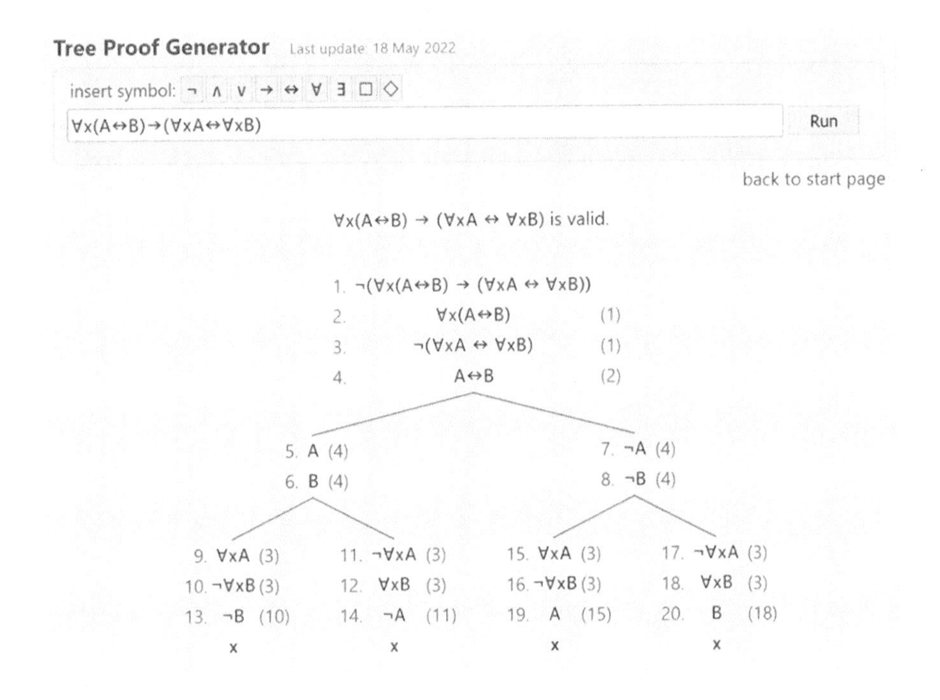

定理 73 $\vdash \forall x(\mathrm{A}\leftrightarrow\mathrm{B})\rightarrow(\exists x\mathrm{A}\leftrightarrow\exists x\mathrm{B})$。

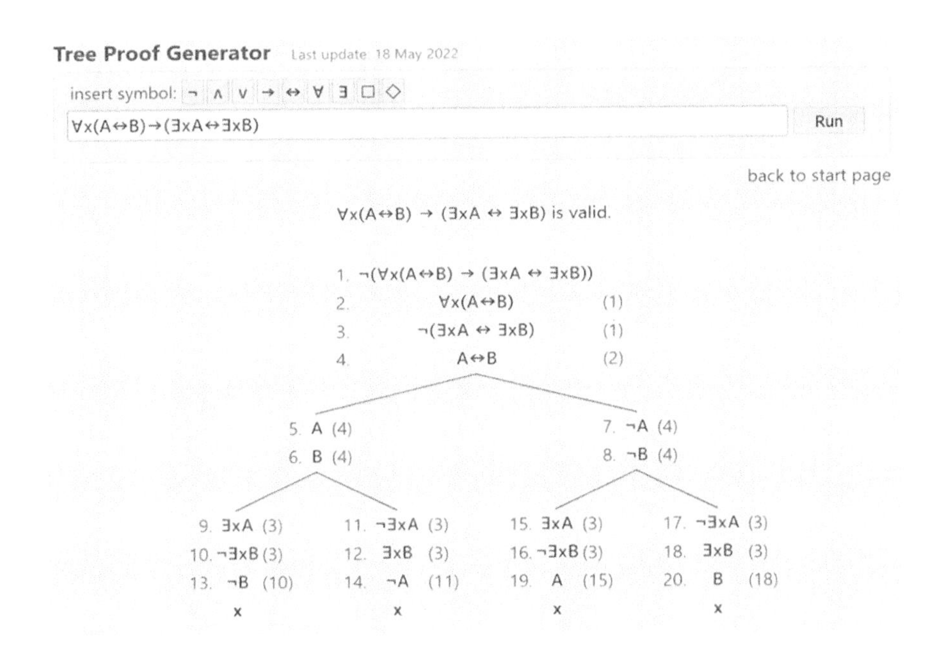

定理 74 $\vdash \forall x(A \leftrightarrow B) \to (\forall x(B \leftrightarrow C) \to \forall x(A \leftrightarrow C))$。

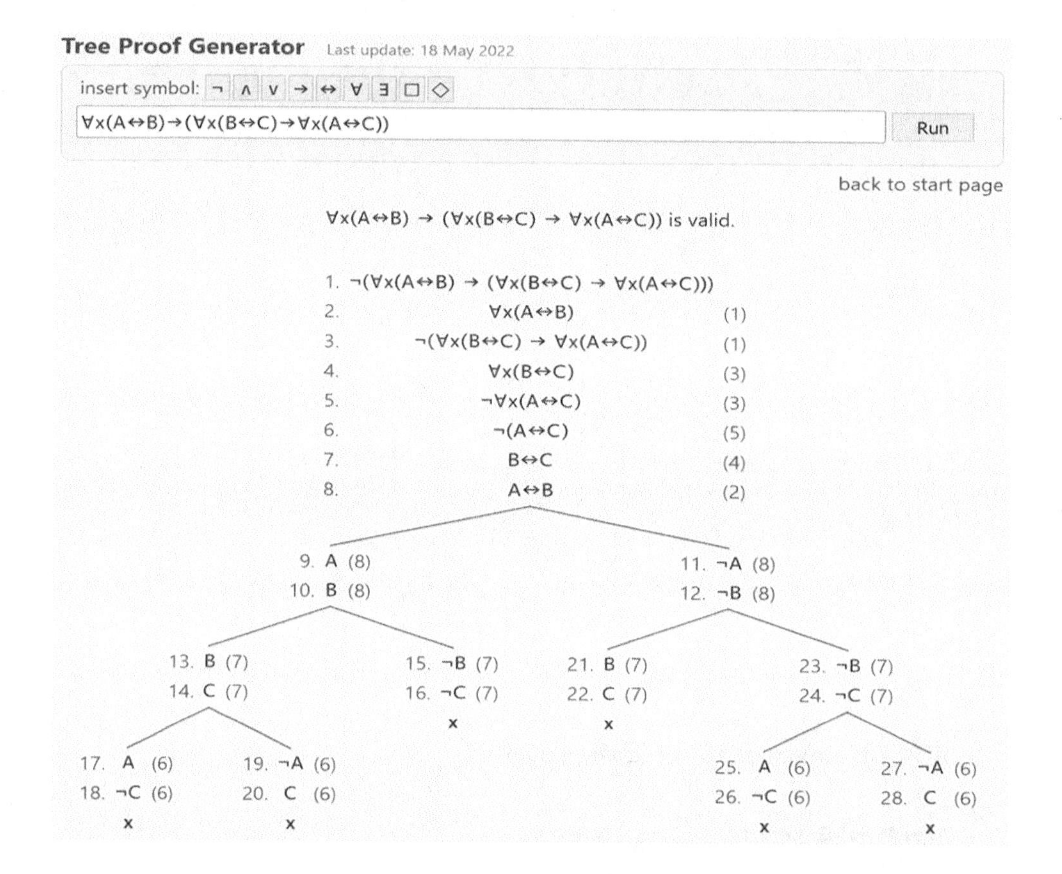

第 4 章　逻辑演算系统的扩充系统

为了能够方便地使用交互式定理证明器Fitch证明命题演算系统FPC和谓词演算系统FQC中的各条定理，本章将对FPC和FQC这两个系统的规则进行扩充和修改，使得新系统中的证明规则与Fitch中的完全一致。

4.1　命题演算系统 FPC 的扩充系统 FPC′

约定：我们将修改后的命题演算系统FPC记作FPC′，它首先是将系统FPC的结构规则Rep和Reit合并成一条规则，记作Reit；其次将否定规则替换为如下的¬I和¬E规则；然后，还将引入⊥（矛盾）I和⊥E。即：

Reit（重述规则）：

这条规则允许：在一个假设下出现的公式（包括假设）可在随后的假设下重复出现。

¬I（¬-引入规则）：

这条规则允许：如果在α的假设下，可以得到β和$\neg\beta$，则可以推出$\neg\alpha$。

¬E（¬-削去规则）：

这条规则允许：从$\neg\neg\alpha$可以推出α。这是因为我们已经证明：在FPC中，$\vdash\neg\neg\alpha\rightarrow\alpha$。那么原来的¬（规则）可以记作¬E（¬-消去规则）。

⊥I（⊥-引入规则）：

这条规则允许：从α和$\neg\alpha$可以推出⊥。

⊥E（⊥-消去规则）：

这条规则允许：从⊥可以推出任意的公式α。

Reit 规则如图 4-1 所示。

Reit：

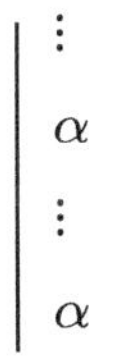

$$
\begin{array}{|l}
\vdots \\
\alpha \\
\vdots \\
\alpha
\end{array}
$$

图 4-1

¬I 和¬E 规则分别如图 4-2 和图 4-3 所示。

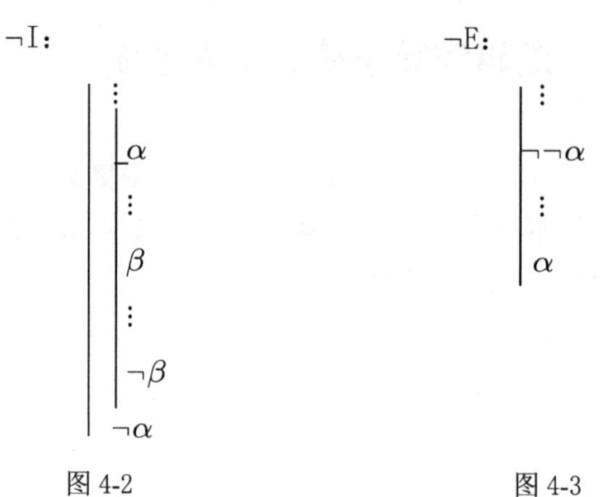

图 4-2　　　　图 4-3

⊥I 和⊥E 规则分别如图 4-4 和图 4-5 所示。

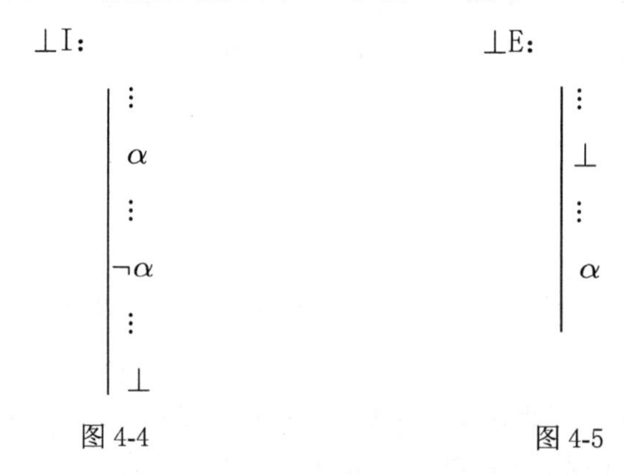

图 4-4　　　　图 4-5

在有了⊥I 规则之后，¬I 规则可以简化为图 4-6。

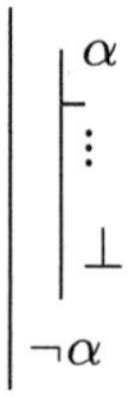

α

$\vdots$

$\bot$

$\neg\alpha$

图 4-6

另外，系统 FPC 的∨E 规则，也可以如图 4-7 表示。

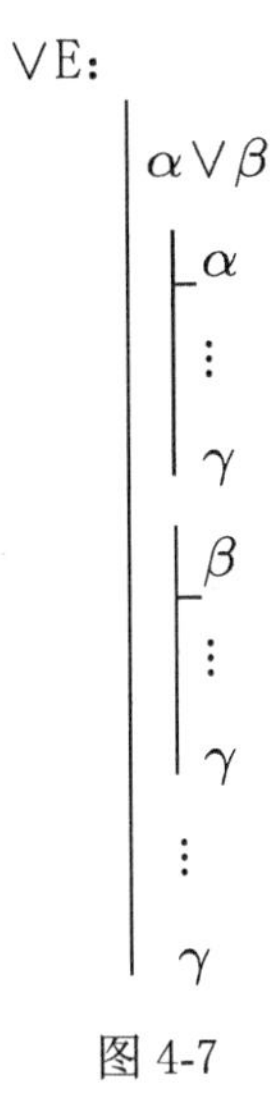

图 4-7

这样一来，2.1 节的所有人工证明的系统 FPC 的 94 条定理在系统 FPC′中都是可证的。关于它们的证明留给读者完成。

4.2　谓词演算系统 FQC 的扩充系统 FQC′

我们将谓词演算系统 FQC 修改后的系统记作 FQC′，它是在系统 FPC′的结构规则和逻辑联结词规则的基础上，将系统 FQC 的量词规则修改成如下的形式：

∀I（∀-引入规则）：

这条规则允许：在c的假设下，可以得到公式$\alpha(c)$，那么就可以推出$\forall x\alpha(x)$，这里的c是不出现在它引入的子证明之外的常项。

∀E（∀-消去规则）：

这条规则允许：从公式$\forall x\alpha(x)$可以推出公式$\alpha(c)$。

∃I（∃-引入规则）：

这条规则允许：从公式$\alpha(c)$可以推出公式$\exists x\alpha(x)$。

∃E（∃-消去规则）：

这条规则允许：从公式$\exists x\alpha(x)$和在c以及$\alpha(c)$的假设下可以推出公式β，则在$\exists x\alpha(x)$下可以推出β，这里的c是不出现在它引入的子证明之外的常项。

量词规则如图 4-8～图 4-11 所示。

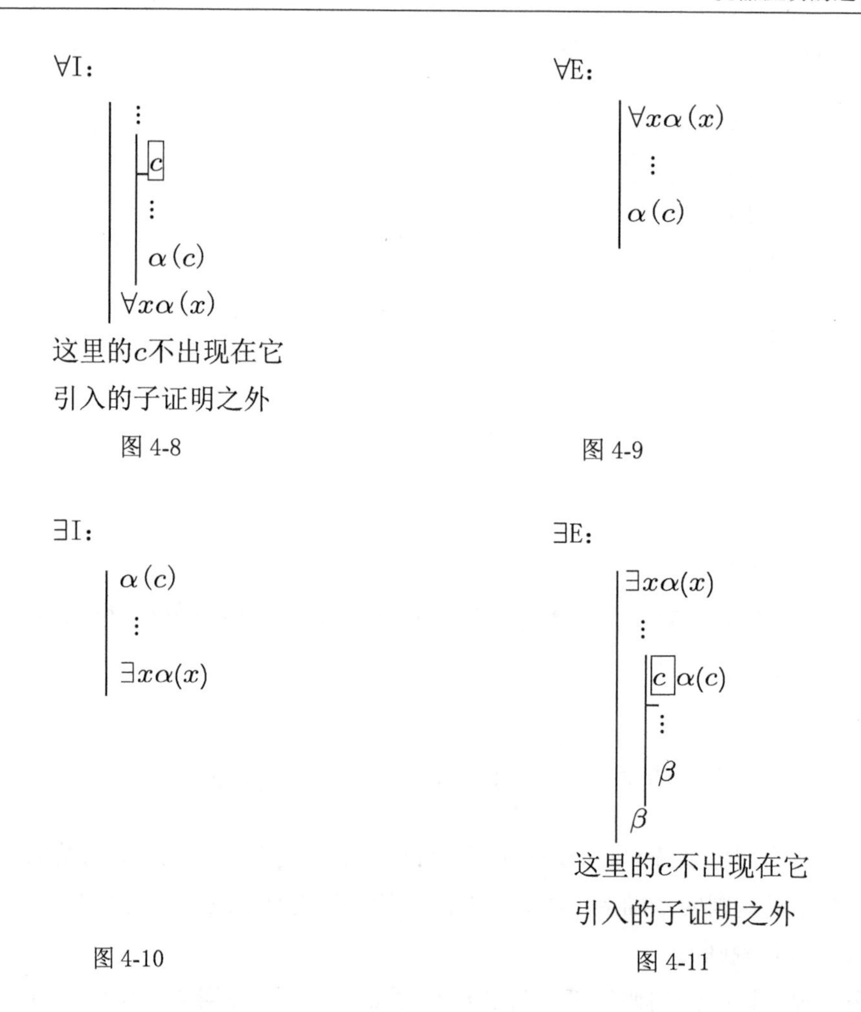

图 4-8　　图 4-9

图 4-10　　图 4-11

这样一来，2.2 节中所有人工证明的 FQC 的 74 条定理在系统 FQC′中都是可证的。关于它们的证明留给读者完成。

4.3　逻辑系统 FPC′的推理规则一览表

本节我们将分别给出命题演算系统 FPC′和谓词演算系统 FQC′的推理规则一览表。

4.3.1　系统 FPC′推理规则一览表

这里，我们给出命题演算系统 FPC′的推理规则一览表（图 4-12～图 4-27）。

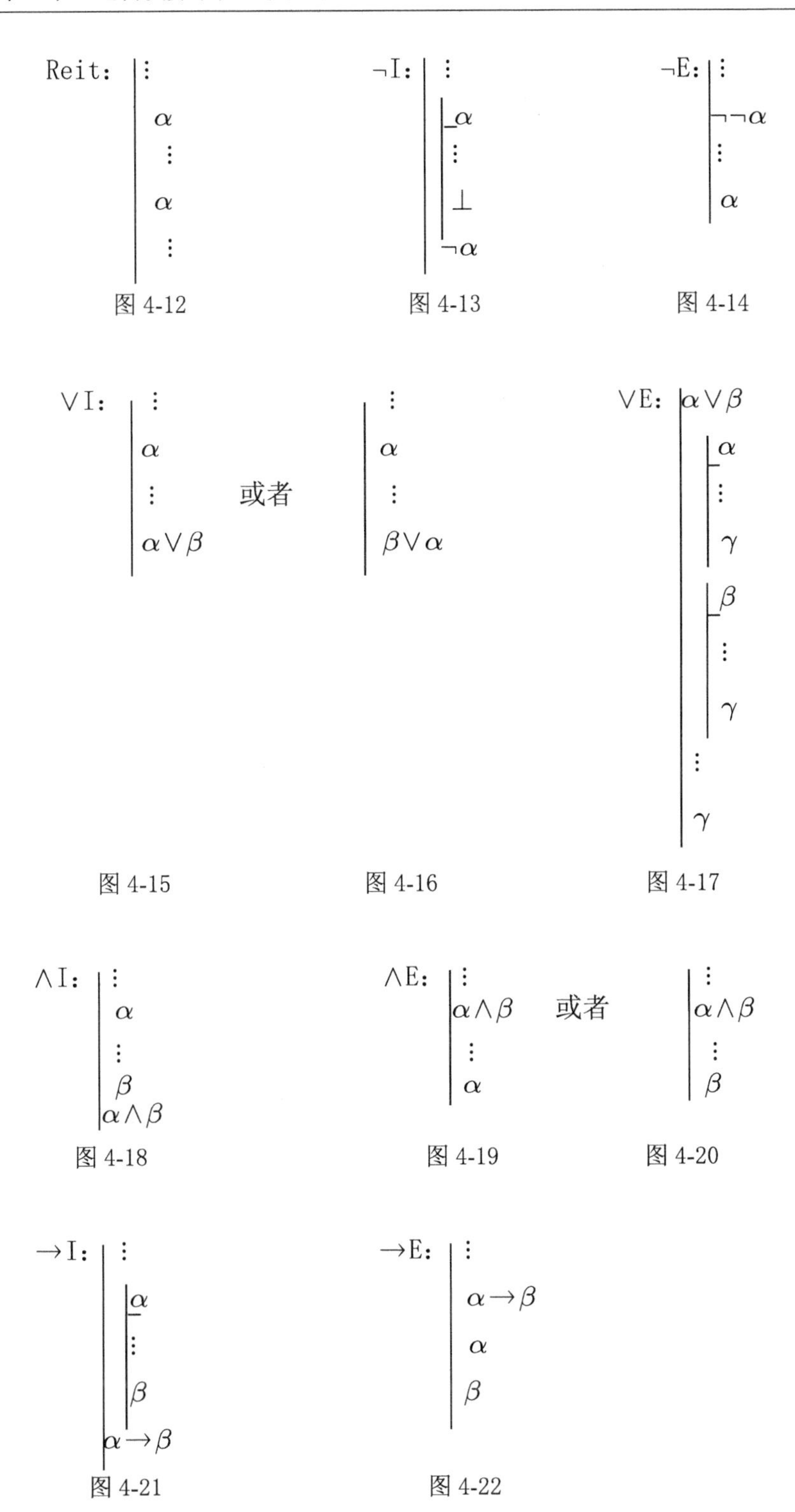

图 4-12　图 4-13　图 4-14

图 4-15　图 4-16　图 4-17

图 4-18　图 4-19　图 4-20

图 4-21　图 4-22

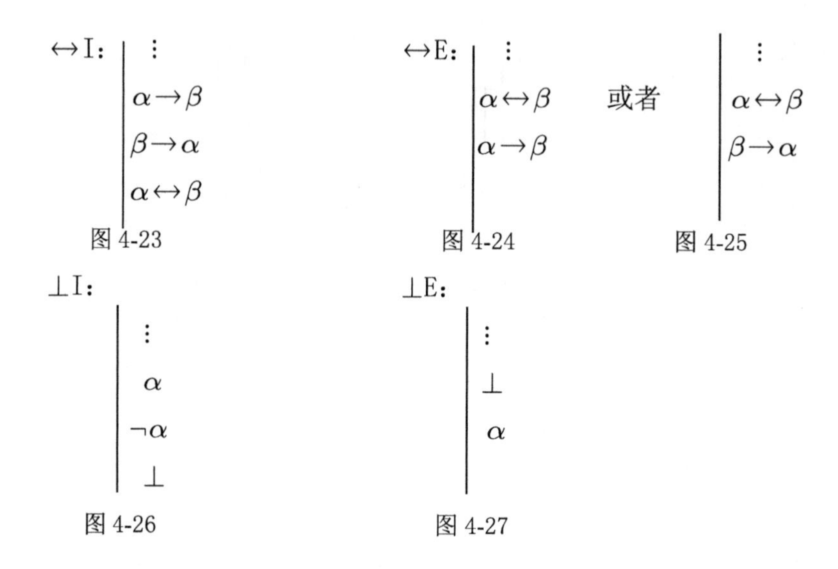

图 4-23　图 4-24　图 4-25

图 4-26　图 4-27

4.3.2　系统 FQC′推理规则一览表

谓词演算系统FQC′的推理规则一览表除4.3.1节之外，还有图4-28～图4-31。

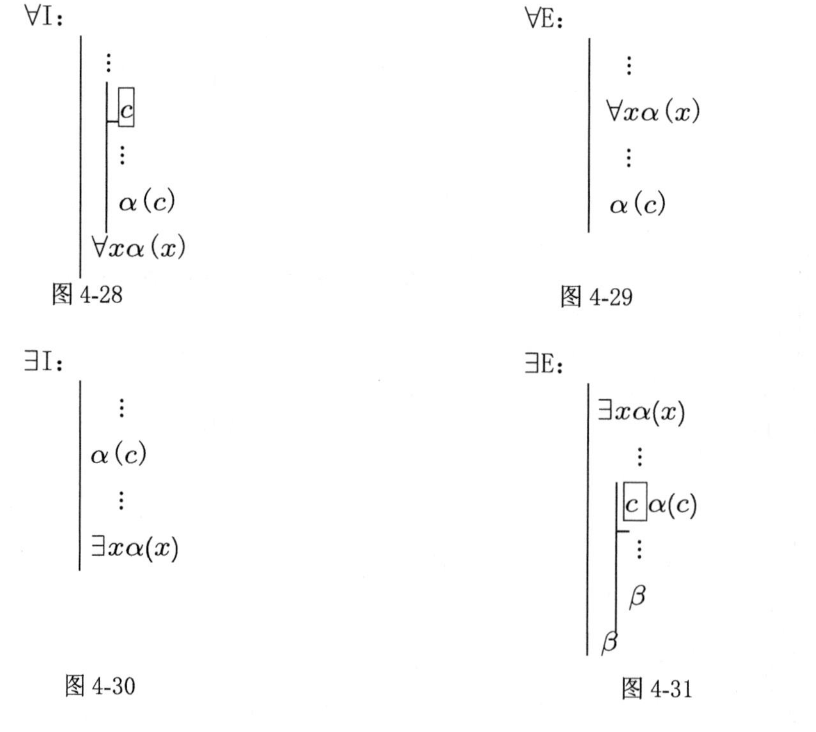

图 4-28　图 4-29

图 4-30　图 4-31

∀I 和∃E 中的c不出现在它引入的子证明之外。

第5章　逻辑演算系统的 Fitch 证明

5.1　Fitch 简介

Fitch 是由美国斯坦福大学的多位编程人员研究开发并经不断改进而成的一套专门用于数理逻辑（或者一阶逻辑）学习的计算机程序软件 **LPL Software** 中的一款能够证明一阶逻辑自然推理系统形式定理的应用程序。特别地，它与自动定理证明器 TPG 不同，TPG 是把要证明的定理交给计算机系统，由计算机系统自动给出证明。Fitch 是一款人机交互式定理证明器。也就是说，它是以计算机为辅助工具，研究对定理的证明，其推导过程主要由人完成，这称为计算机辅助证明，也可以称作计算机的形式化证明或者交互式定理机器证明。它有如下的界面，如图 5-1 所示。

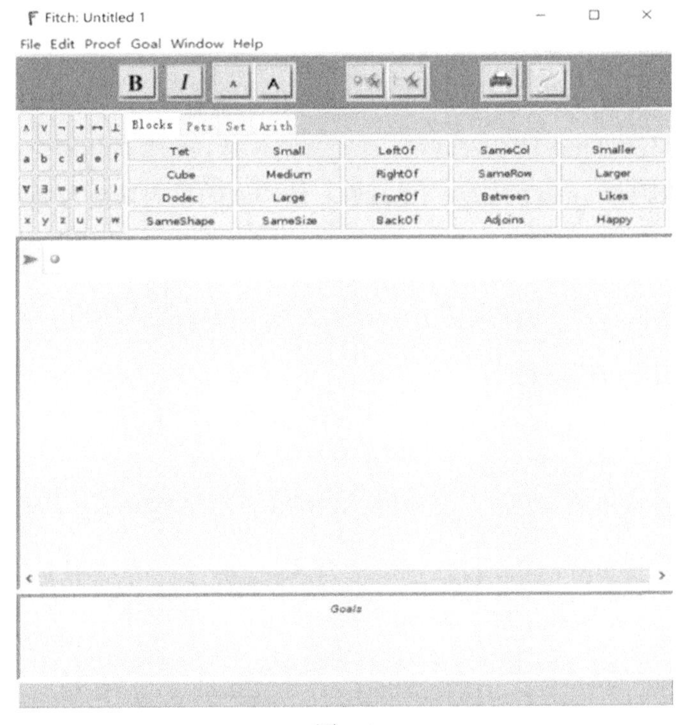

图 5-1

由此可以看出，它有六个菜单项、一个狭窄的工具条和一个较宽的灰色的语句工具条，还有一个大的、几乎是空白的窗口。这个窗口叫“证明窗口”，它的底部有一个目标区域(Goals)。目标区域用来显示要证明的结果。图 5-2 是用 Fitch 3.7 完成的一个完整的形式证明。

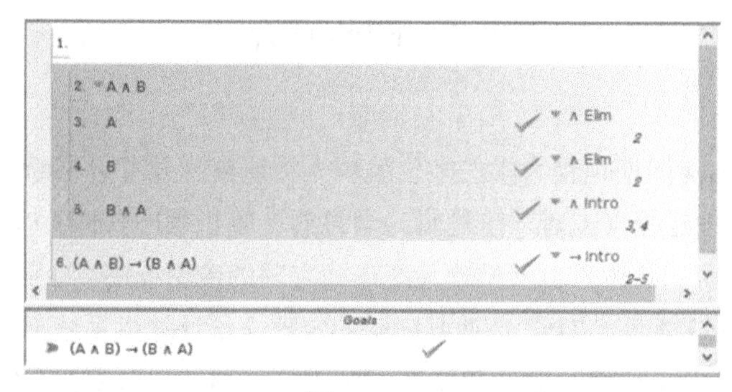

图 5-2

关于 Fitch 3.7 的操作和说明，请参阅文献[3]。不过这里不影响读者阅读。

5.2　Fitch 的部分证明规则

本节我们给出为证明第 2 章的命题定理和一阶定理时，要用到的 Fitch 的一些规则，但这不是 Fitch 的全部规则。这些规则包括：Fitch 的所有命题规则、Fitch 的部分一阶规则和 Fitch 的部分结论规则。这样做的目的只是为了完成第 2 章中人工完成的系统 FPC 中 94 条命题定理的证明以及系统 FQC 中 74 条一阶定理的证明。

5.2.1　Fitch 的命题规则

∧Intro（∧-合取引入）：

$$
\begin{array}{r|l}
 & P_1 \\
 & \Downarrow \\
 & P_n \\
 & \vdots \\
\triangleright & P_1 \wedge \cdots \wedge P_n
\end{array}
$$

∧Elim（∧-合取消去）：

$$
\begin{array}{l|l}
 & P_1 \wedge \cdots \wedge P_i \wedge \cdots \wedge P_n \\
 & \vdots \\
\triangleright & P_i
\end{array}
$$

∨Intro（∨-析取引入）：

$$
\begin{array}{l|l}
 & P_i \\
 & \vdots \\
\triangleright & P_1 \vee \cdots \vee P_i \vee \cdots \vee P_n
\end{array}
$$

∨Elim（∨-析取消去）：

$$
\begin{array}{l|l}
 & P_1 \vee \cdots \vee P_n \\
 & \vdots \\
 & \begin{array}{|l} \underline{P_1} \\ \vdots \\ S \end{array} \\
 & \Downarrow \\
 & \begin{array}{|l} \underline{P_n} \\ \vdots \\ S \end{array} \\
 & \vdots \\
\triangleright & S
\end{array}
$$

¬Intro（¬-否定引入）：

$$
\begin{array}{l|l}
 & \begin{array}{|l} \underline{P} \\ \vdots \\ \bot \end{array} \\
\triangleright & \neg P
\end{array}
$$

¬Elim（¬-否定消去）：

$$\begin{array}{r|l} & \neg\neg P \\ & \vdots \\ \triangleright & P \end{array}$$

⊥Intro（⊥-矛盾引入）：

$$\begin{array}{r|l} & P \\ & \vdots \\ & \neg P \\ & \vdots \\ \triangleright & \bot \end{array}$$

⊥Elim（⊥-矛盾消去）：

$$\begin{array}{r|l} & \bot \\ & \vdots \\ \triangleright & P \end{array}$$

→Intro（→-条件引入）：

$$\begin{array}{r|l} & \begin{array}{|l} \underline{P} \\ \vdots \\ Q \end{array} \\ \triangleright & P \to Q \end{array}$$

→Elim（→-条件消去）：

$$\begin{array}{r|l} & P \to Q \\ & \vdots \\ & P \\ & \vdots \\ \triangleright & Q \end{array}$$

↔Intro（↔-双条件引入）：

$$
\begin{array}{l|l}
 & \quad P \\
 & \quad \vdots \\
 & \quad Q \\
 & \quad Q \\
 & \quad \vdots \\
 & \quad P \\
\triangleright & P \leftrightarrow Q
\end{array}
$$

↔Elim（↔双条件消去）：

$$
\begin{array}{l|l}
 & P \leftrightarrow Q \text{（或} Q \leftrightarrow P\text{）} \\
 & \vdots \\
 & P \\
 & \vdots \\
\triangleright & Q
\end{array}
$$

Reit（重复规则）：

$$
\begin{array}{l|l}
 & P \\
 & \vdots \\
\triangleright & P
\end{array}
$$

5.2.2　Fitch 的部分一阶规则

=Intro（=-引入规则）：

$$
\triangleright \mid n=n
$$

=Elim（=-消去规则）：

$$
\begin{array}{l|l}
 & P(n) \\
 & \vdots \\
 & n=m \\
 & \vdots \\
\triangleright & P(m)
\end{array}
$$

∀Intro（∀-全称量词引入）：

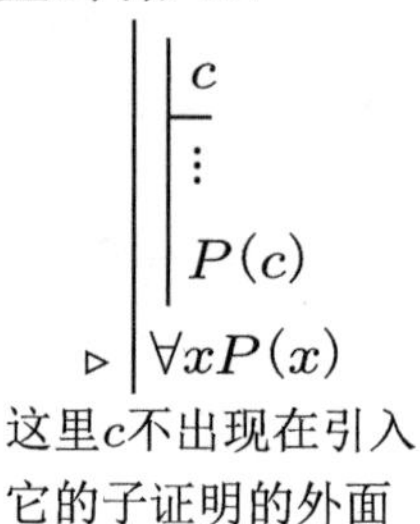

∀Elim（∀-全称量词消去）

$$
\begin{array}{l|l}
 & \forall x S(x) \\
 & \vdots \\
\triangleright & S(c)
\end{array}
$$

∃Intro（∃-存在量词引入）：

$$
\begin{array}{l|l}
 & S(c) \\
 & \vdots \\
\triangleright & \exists x S(x)
\end{array}
$$

∃Elim（∃-存在量词消去）：

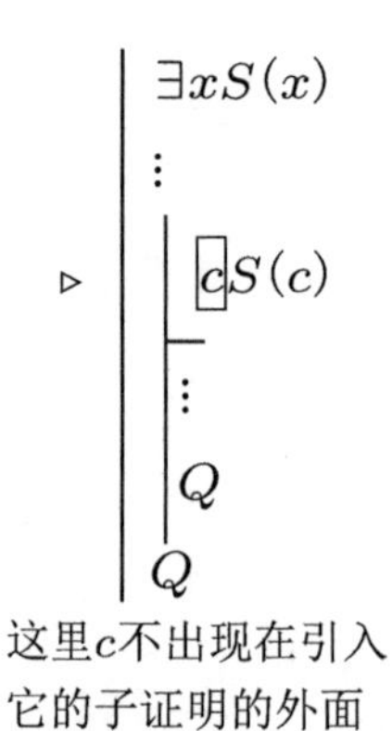

5.2.3 Fitch 证明的部分结论规则

在本章中，我们要用到两条Fitch证明的结论规则：一条是重言后承规则；另一条是一阶后承规则。

Taut Con（重言后承规则）：

Taut 规则允许从引用的语句中，仅根据真值函项联结词的意义就可以推断出后面的语句，或者从引用的语句中推断出后面的语句。

FO Con（一阶后承规则）：

FO 规则允许根据真值函项联结词、量词和等词的意义，就可以推断出后面的语句，或者从引用的语句中推断出后面的语句。

5.3　系统 FPC 定理的 Fitch 证明

本节我们将按照 1.1 节给出的两个例子和 2.1 节给出的定理证明顺序，用交互式计算机证明器 Fitch 给出它们的形式证明。

需要注意的是，这里定理 65～定理 70 的证明顺序有所调整。特别需要注意的是，为了简化证明，我们在有些定理的证明中使用了 Taut 和 FO 规则。但是，需要指出的是，我们也可以使用 Lemma 中的 Add Lemma 规则。不过这有一个前提，需要将我们已证明的题目保存下来并按 Lemma×编号。为了简便，我们使用 Taut 和 FO 规则。

例 1　$\vdash A \to (A \lor B)$。

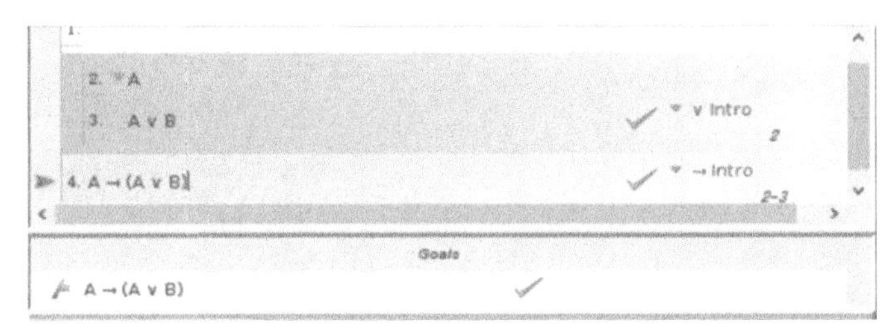

例 2　$\vdash (A \lor B) \to (B \lor A)$。

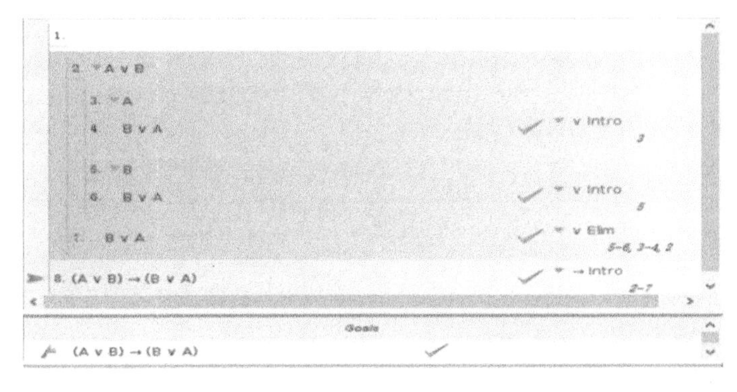

定理 1　⊢(A∨A)→A。

A ∨ A
A
A　Reit
A
A　Reit
A　∨ Elim
(A ∨ A)→A　→ Intro
Goals
(A ∨ A) → A

定理 2　⊢(B→C)→((A∨B)→(A∨C))。

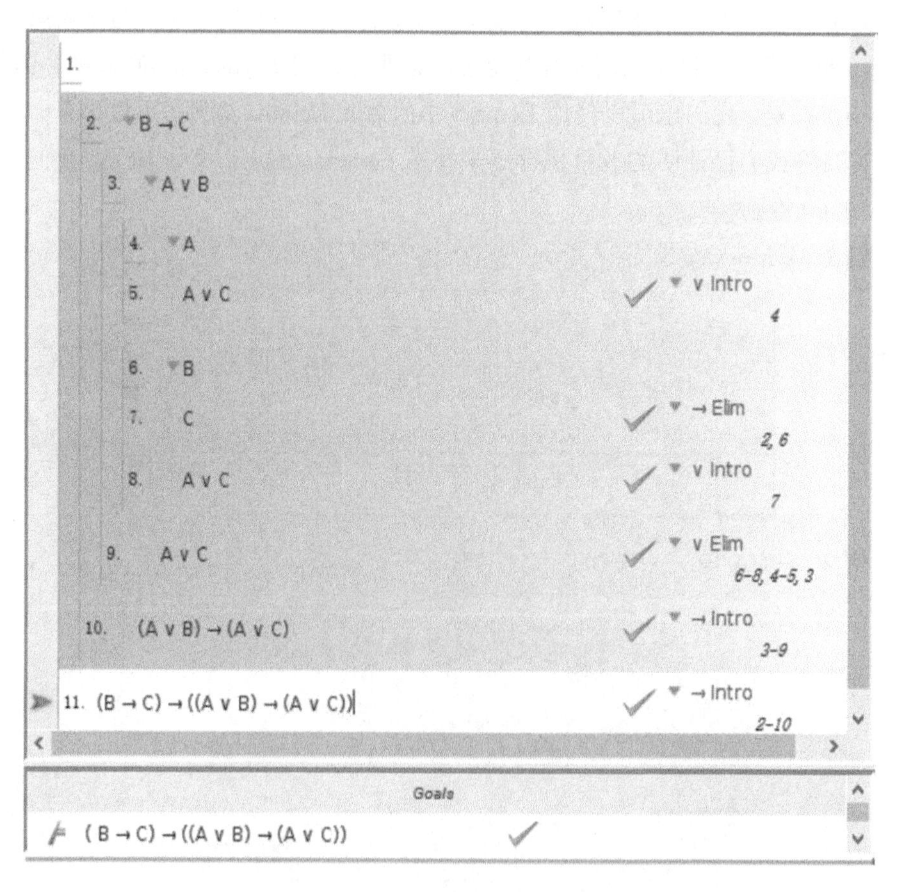

说明：为了与证明结果保持一致，在表述定理时，我们尽量不省略括号。

定理 3　$\vdash(B\to C)\to((A\to B)\to(A\to C))$。

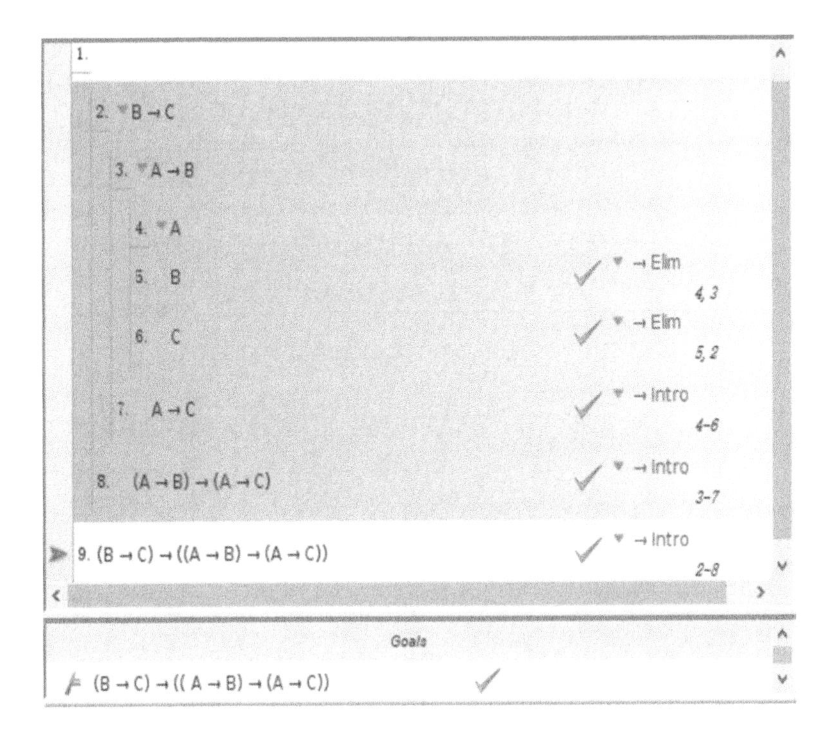

定理 4　$\vdash(A\to B)\to((B\to C)\to(A\to C))$。

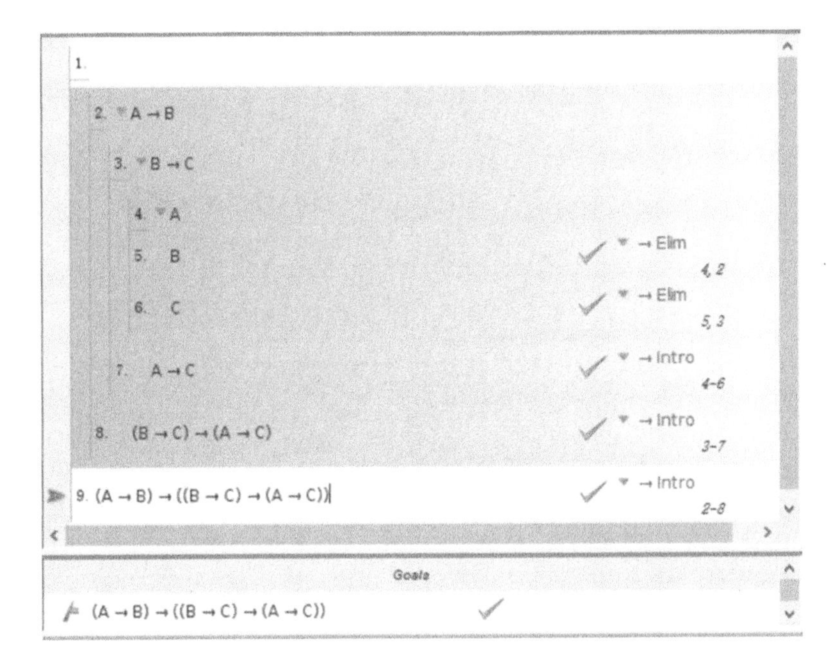

定理 5　⊢A→A。

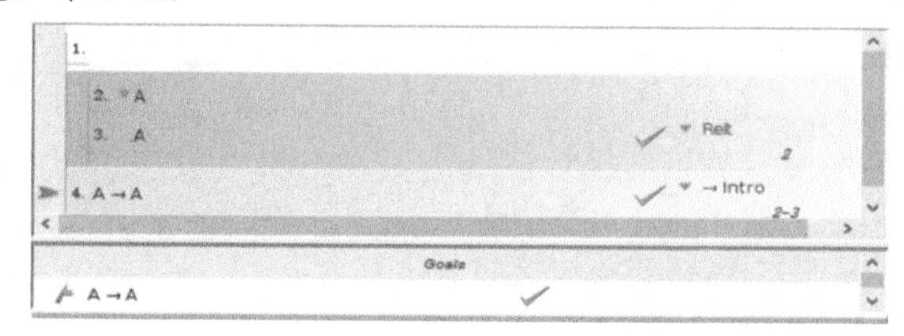

定理 6　⊢¬A∨A。

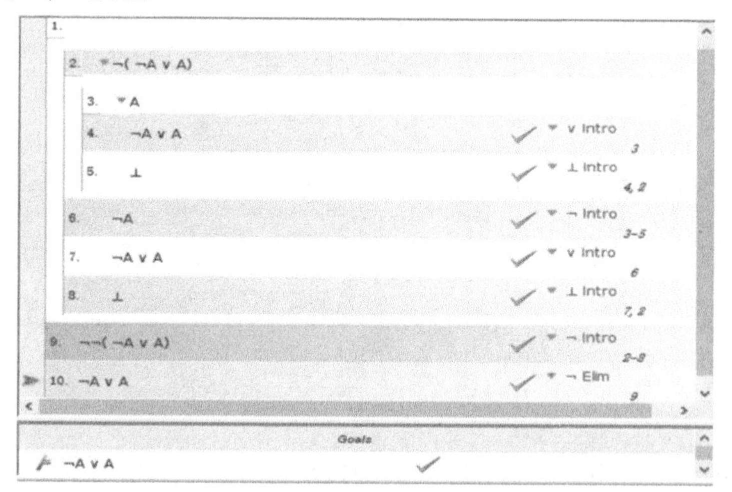

定理 7　⊢A∨¬A。

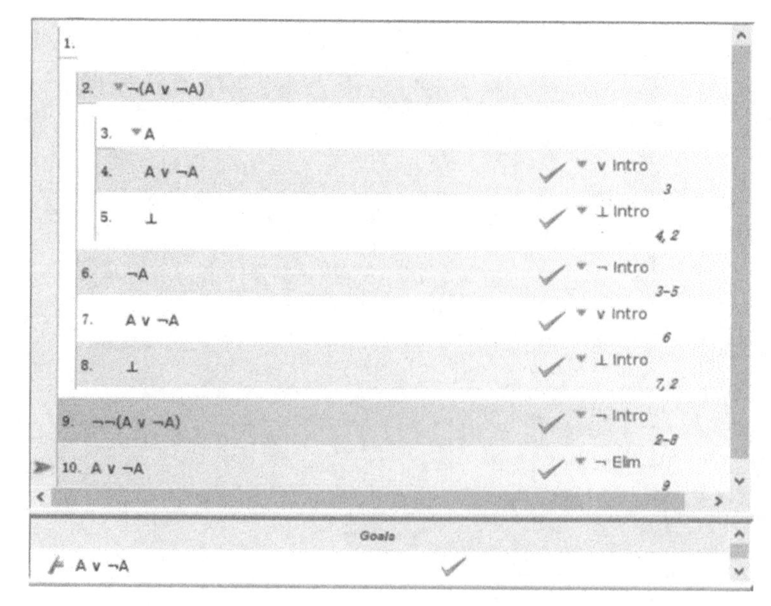

定理 8　⊢A→¬¬A。

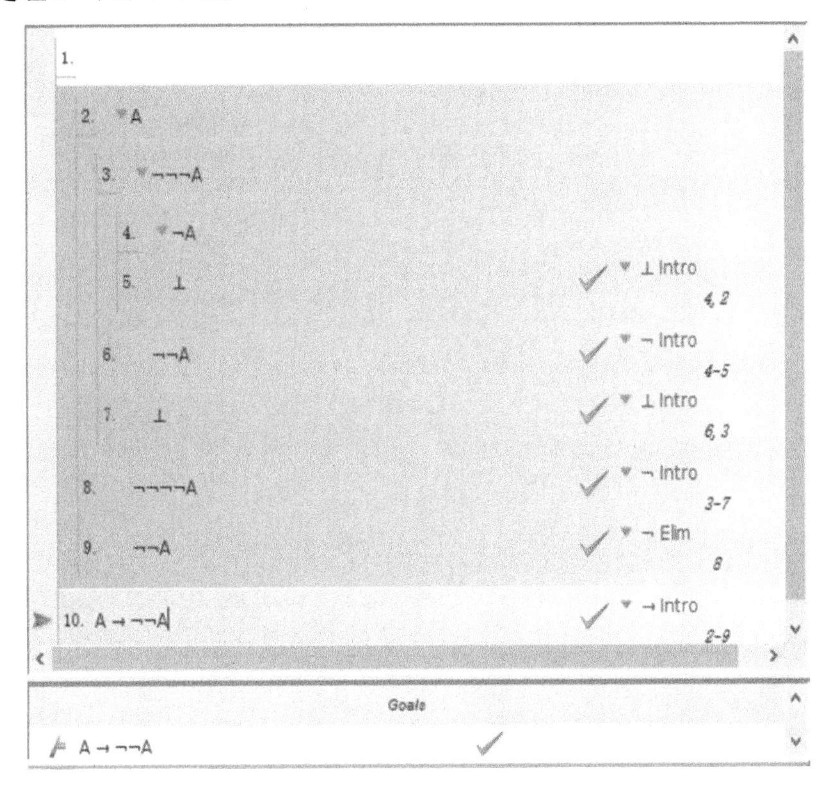
1.
2. A
3. ¬¬¬A
4. ¬A
5. ⊥
⊥ Intro
4, 2
6. ¬¬A
¬ Intro
4-5
7. ⊥
⊥ Intro
6, 3
8. ¬¬¬¬A
¬ Intro
3-7
9. ¬¬A
¬ Elim
8
10. A → ¬¬A
→ Intro
2-9
Goals
A → ¬¬A

定理 9　⊢¬¬A→A。

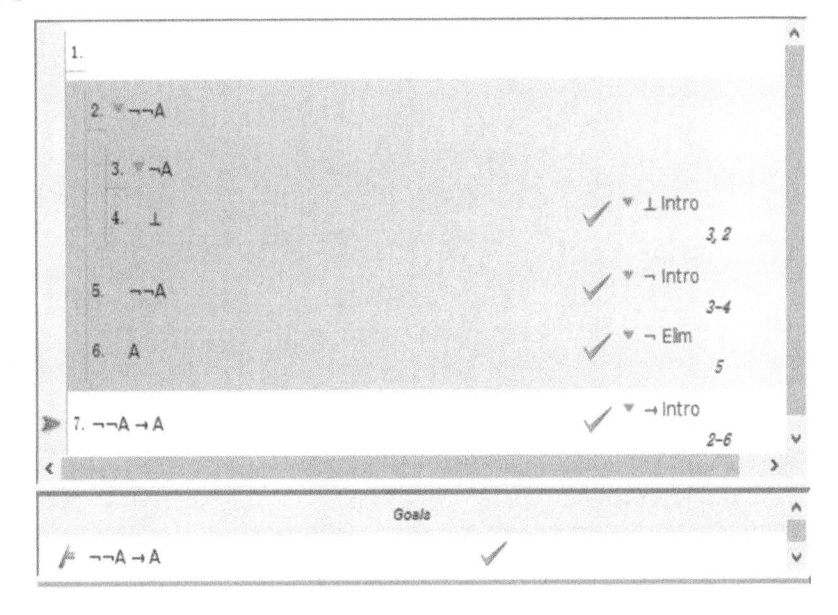
1.
2. ¬¬A
3. ¬A
4. ⊥
⊥ Intro
3, 2
5. ¬¬A
¬ Intro
3-4
6. A
¬ Elim
5
7. ¬¬A → A
→ Intro
2-6
Goals
¬¬A → A

定理 10 $\vdash A \leftrightarrow \neg\neg A$。

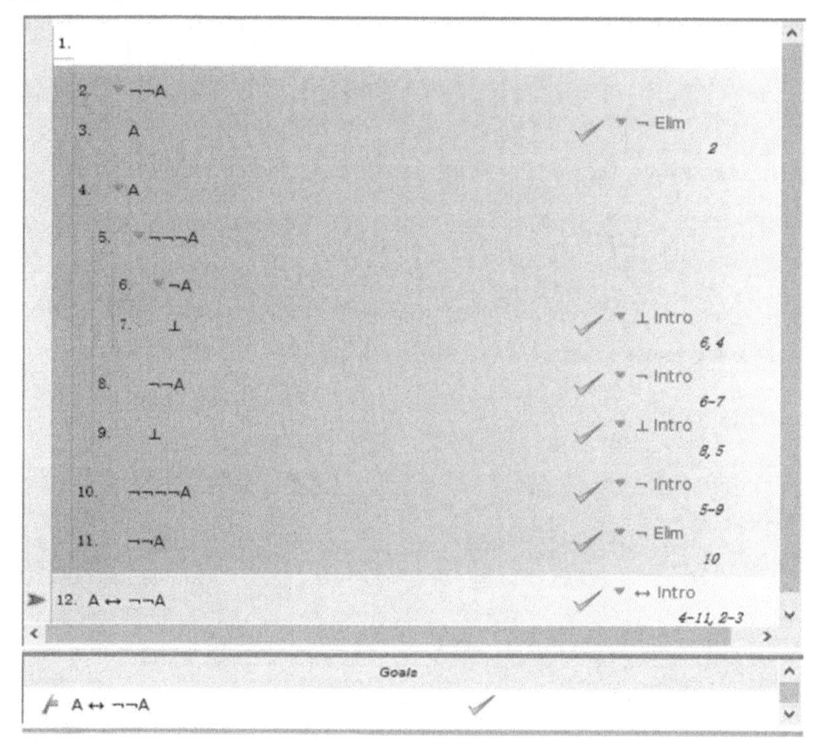

定理 11 $\vdash (A \to B) \to (\neg B \to \neg A)$。

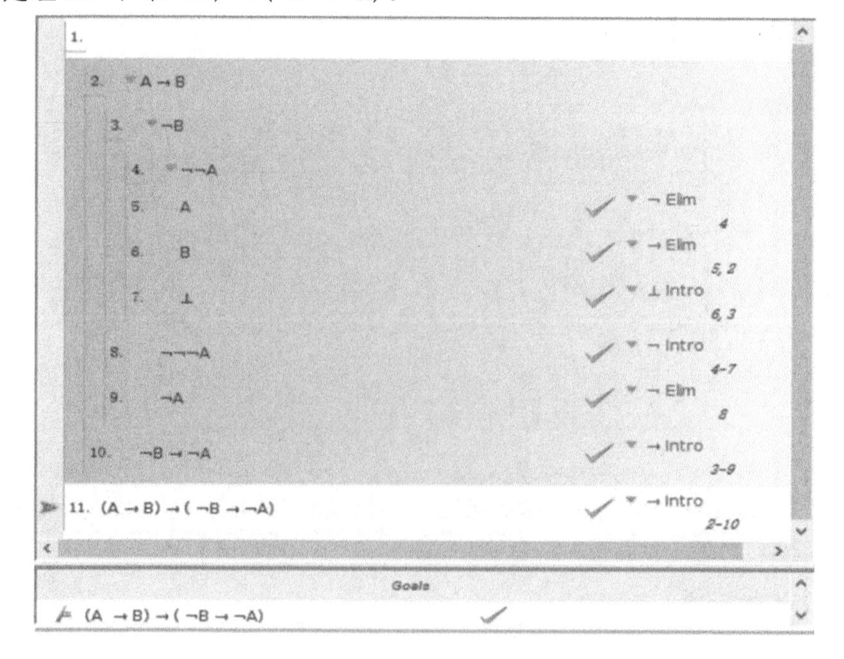

定理 12　$\vdash(\neg B\to\neg A)\to(A\to B)$。

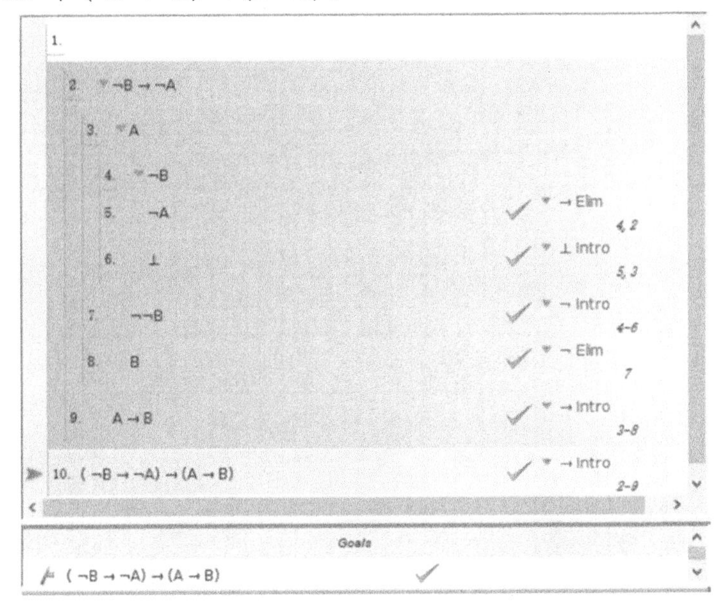

定理 13　$\vdash(A\to B)\leftrightarrow(\neg B\to\neg A)$。

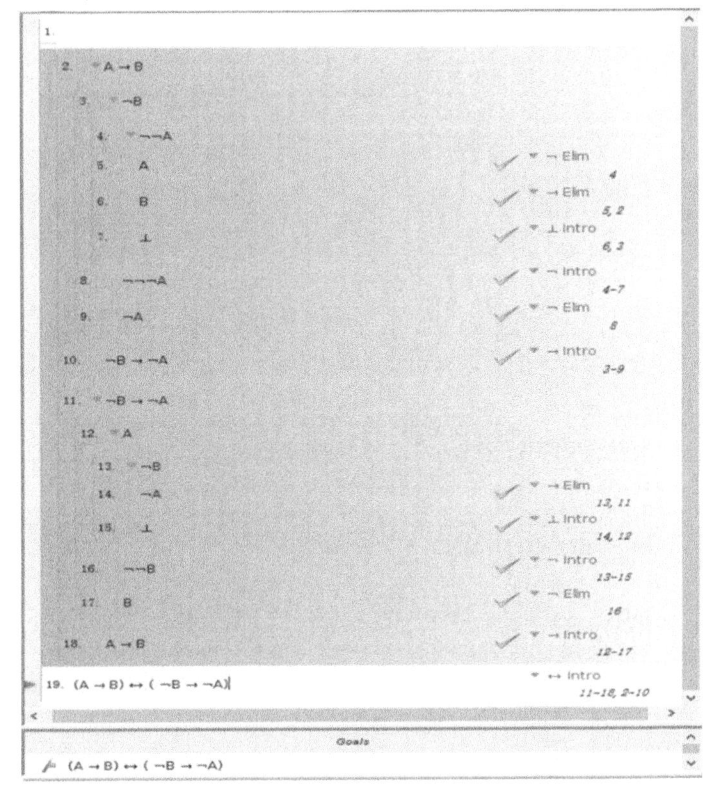

1.
2. A → B
3. ¬B
4. ¬¬A
5. A
¬ Elim 4
6. B
→ Elim 5, 2
7. ⊥
⊥ Intro 6, 3
8. ¬¬¬A
¬ Intro 4-7
9. ¬A
¬ Elim 8
10. ¬B → ¬A
→ Intro 3-9
11. ¬B → ¬A
12. A
13. ¬B
14. ¬A
→ Elim 13, 11
15. ⊥
⊥ Intro 14, 12
16. ¬¬B
¬ Intro 13-15
17. B
¬ Elim 16
18. A → B
→ Intro 12-17
19. (A → B) ↔ (¬B → ¬A)
↔ Intro 11-18, 2-10
Goals
(A → B) ↔ (¬B → ¬A)

定理 14　$\vdash(A\leftrightarrow B)\rightarrow(A\rightarrow B)$。

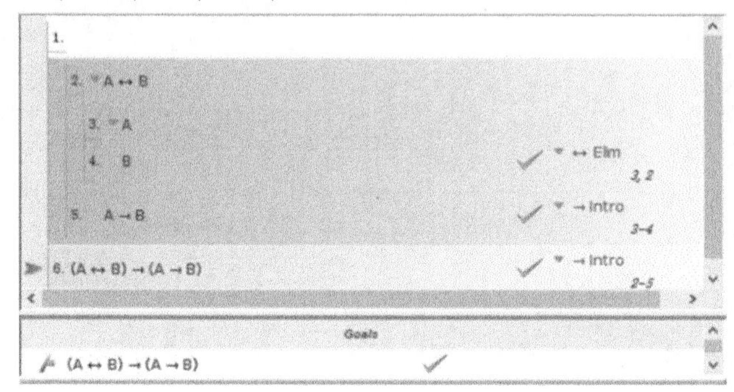

1.
2. A ↔ B
3. A
4. B
↔ Elim
3, 2
5. A → B
→ Intro
3-4
6. (A ↔ B) → (A → B)
→ Intro
2-5
Goals
(A ↔ B) → (A → B)

定理 15　$\vdash(A\leftrightarrow B)\rightarrow(B\rightarrow A)$。

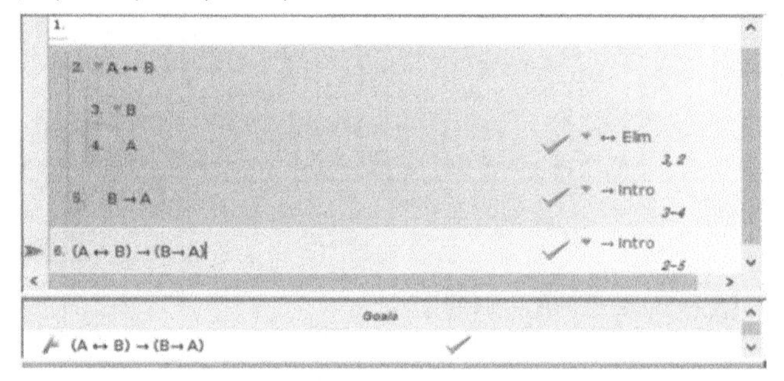

定理 16　$\vdash\neg(A\wedge B)\rightarrow(\neg A\vee\neg B)$。

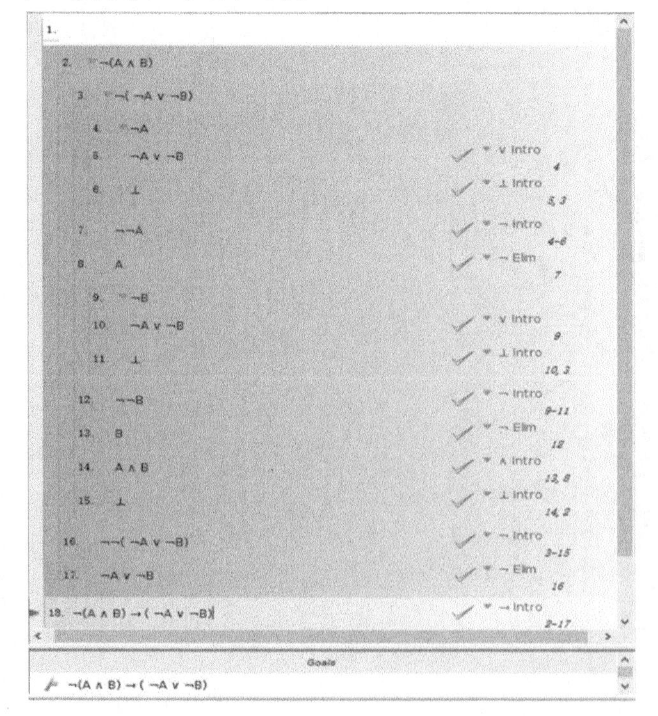

定理 17　$\vdash(\neg A\vee\neg B)\rightarrow\neg(A\wedge B)$。

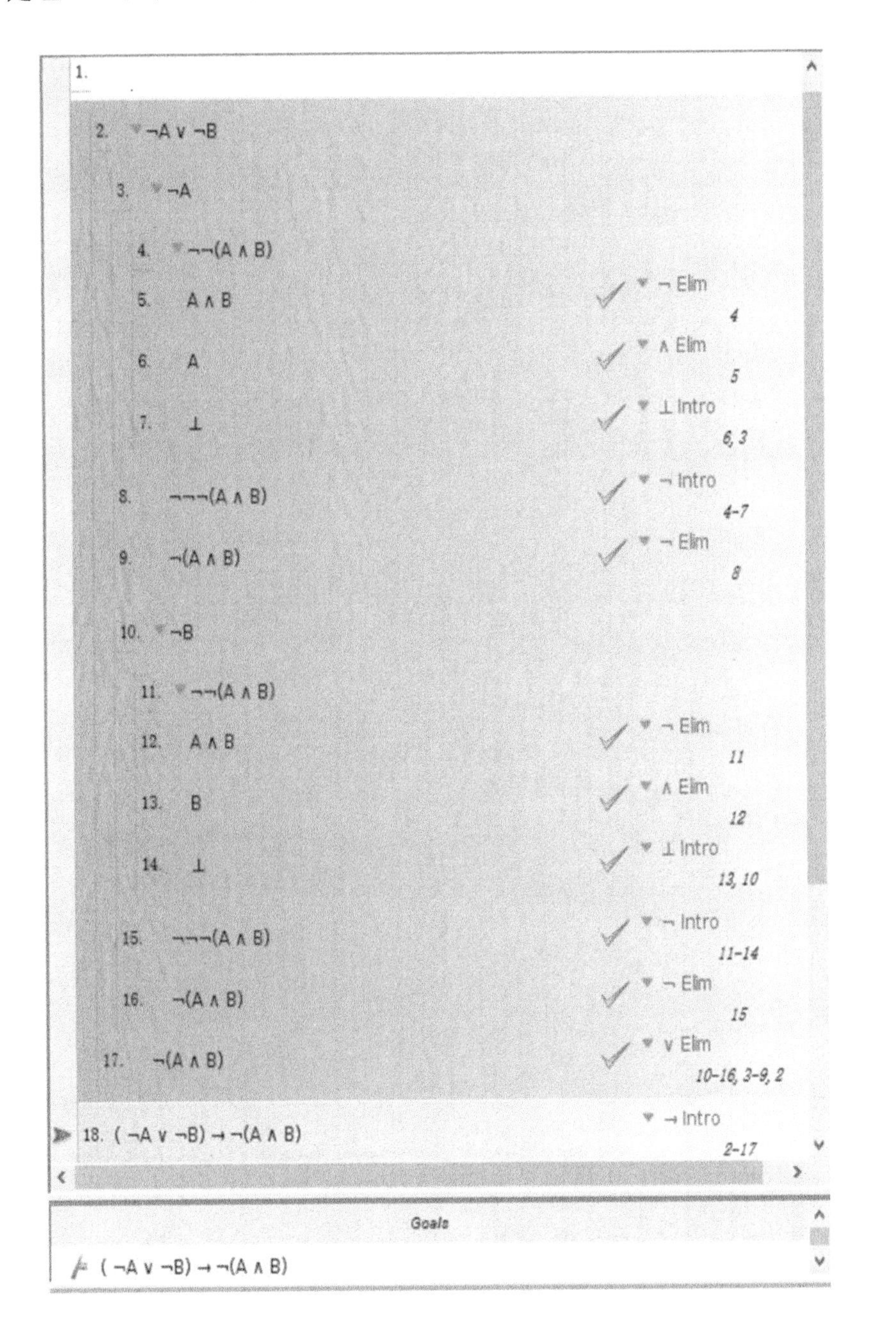

定理 18 ⊢¬(A∧B)↔(¬A∨¬B)。

1.			
2.	¬(A ∧ B)		
3.	¬(¬A ∨ ¬B)		
4.	¬A		
5.	¬A ∨ ¬B	∨ Intro	4
6.	⊥	⊥ Intro	5, 3
7.	¬¬A	¬ Intro	4–6
8.	A	¬ Elim	7
9.	¬B		
10.	¬A ∨ ¬B	∨ Intro	9
11.	⊥	⊥ Intro	10, 3
12.	¬¬B	¬ Intro	9–11
13.	B	¬ Elim	12
14.	A ∧ B	∧ Intro	13, 8
15.	⊥	⊥ Intro	14, 2
16.	¬¬(¬A ∨ ¬B)	¬ Intro	3–15
17.	¬A ∨ ¬B	¬ Elim	16
18.	¬A ∨ ¬B		
19.	¬A		
20.	¬¬(A ∧ B)		
21.	A ∧ B	¬ Elim	20
22.	A	∧ Elim	21
23.	⊥	⊥ Intro	22, 19
24.	¬¬¬(A ∧ B)	¬ Intro	20–23
25.	¬(A ∧ B)	¬ Elim	24
26.	¬B		
27.	¬¬(A ∧ B)		
28.	A ∧ B	¬ Elim	27
29.	B	∧ Elim	28
30.	⊥	⊥ Intro	29, 26
31.	¬¬¬(A ∧ B)	¬ Intro	27–30
32.	¬(A ∧ B)	¬ Elim	31
33.	¬(A ∧ B)	∨ Elim	26–32, 19–25, 18
34.	¬(A ∧ B) ↔ (¬A ∨ ¬B)	↔ Intro	18–33, 2–17

Goals

¬(A ∧ B) ↔ (¬A ∨ ¬B)

定理 19　⊢A→(B∨A)。

1.
2. A
3. B ∨ A　　∨ Intro 2
4. A → (B ∨ A)　　→ Intro 2-3

Goals
A → (B ∨ A)

定理 20　⊢A→(A∨A)。

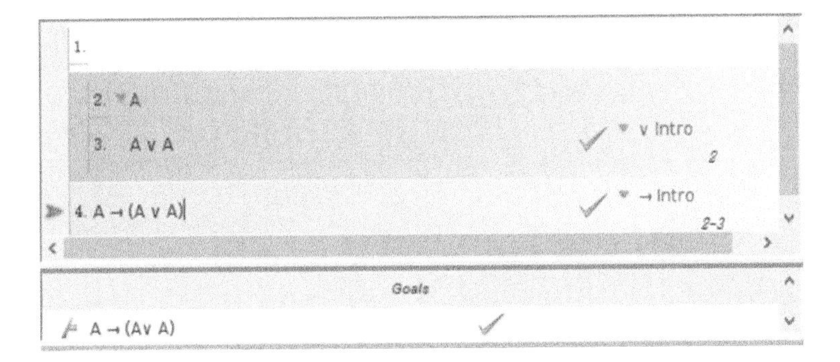

定理 21　⊢A↔(A∨A)。

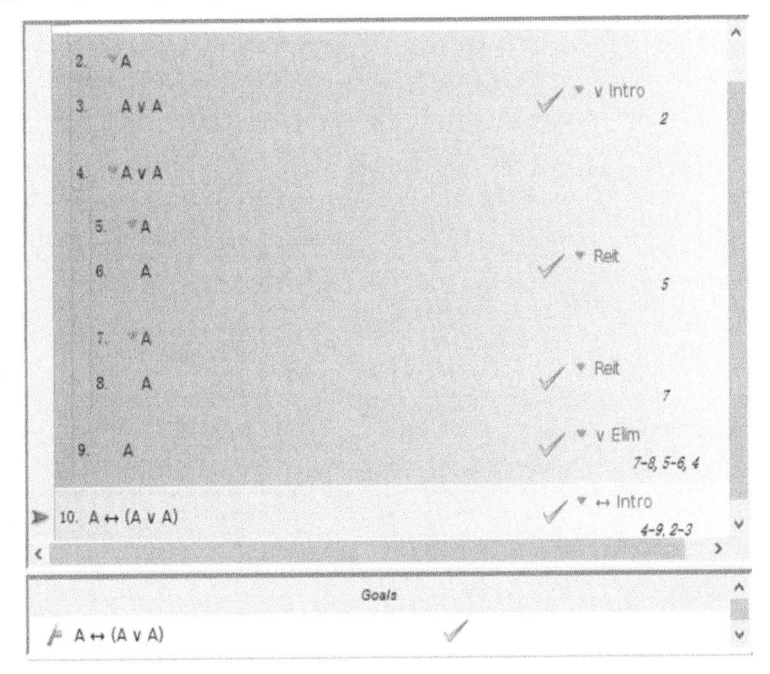

定理 22 $\vdash \neg(A \vee B) \to (\neg A \wedge \neg B)$。

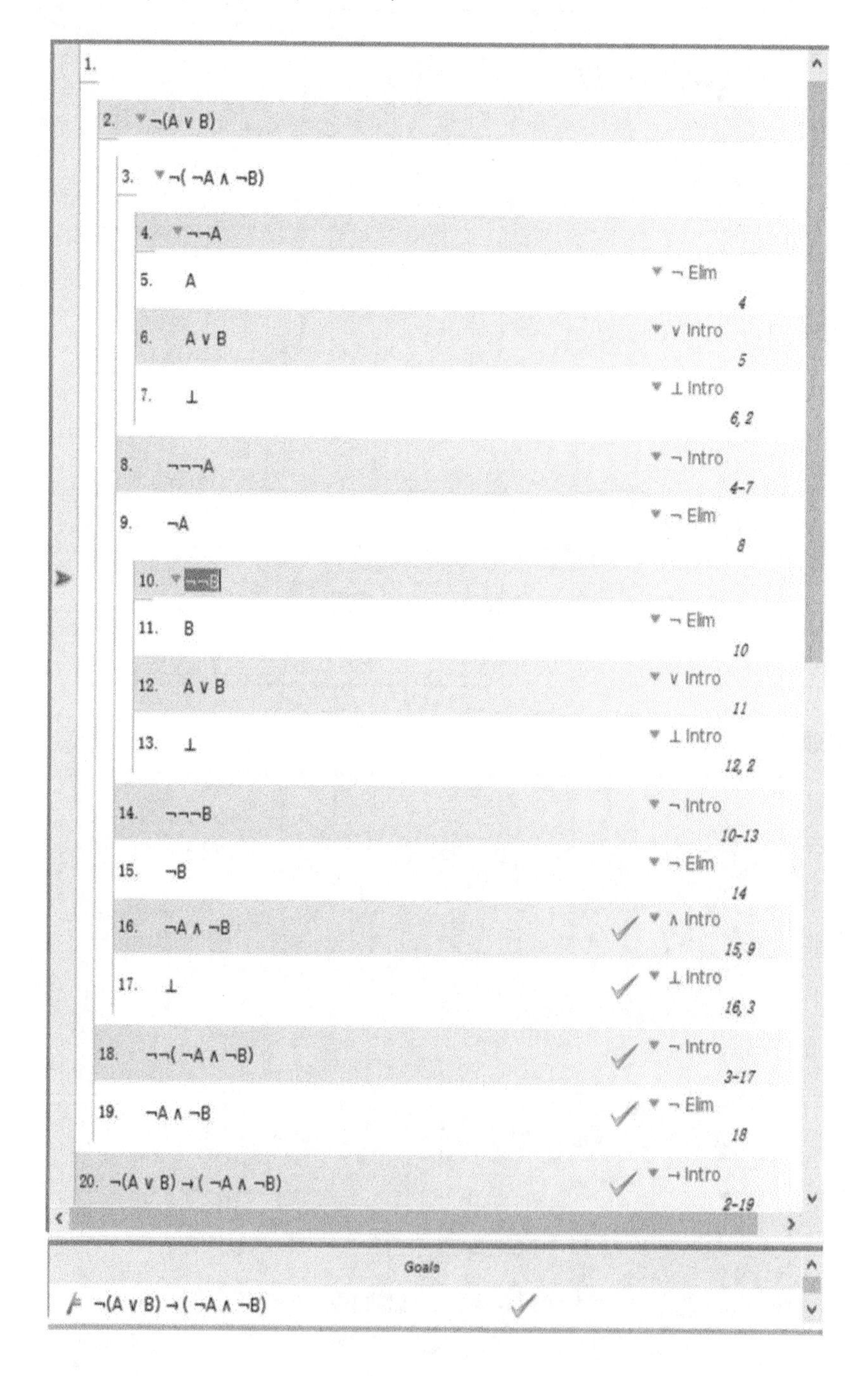
1.
2. ¬(A ∨ B)
3. ¬(¬A ∧ ¬B)
4. ¬¬A
5. A
¬ Elim
4
6. A ∨ B
∨ Intro
5
7. ⊥
⊥ Intro
6, 2
8. ¬¬¬A
¬ Intro
4-7
9. ¬A
¬ Elim
8
10. ¬¬B
11. B
¬ Elim
10
12. A ∨ B
∨ Intro
11
13. ⊥
⊥ Intro
12, 2
14. ¬¬¬B
¬ Intro
10-13
15. ¬B
¬ Elim
14
16. ¬A ∧ ¬B
∧ Intro
15, 9
17. ⊥
⊥ Intro
16, 3
18. ¬¬(¬A ∧ ¬B)
¬ Intro
3-17
19. ¬A ∧ ¬B
¬ Elim
18
20. ¬(A ∨ B) → (¬A ∧ ¬B)
→ Intro
2-19
Goals
⊢ ¬(A ∨ B) → (¬A ∧ ¬B)

定理 23　$\vdash(\neg A\wedge\neg B)\to\neg(A\vee B)$。

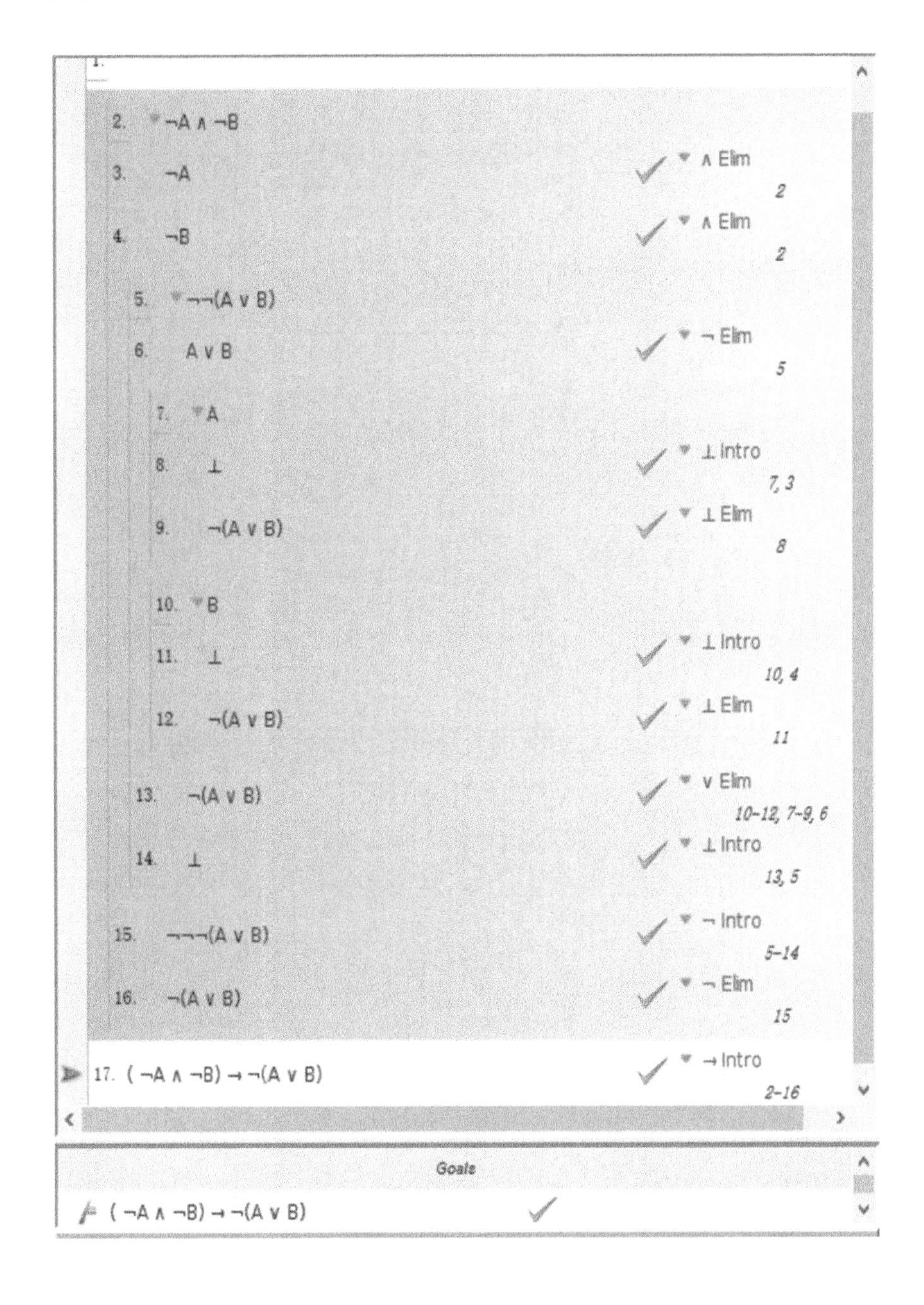

定理 24　$\vdash \neg(A \vee B) \leftrightarrow (\neg A \wedge \neg B)$。

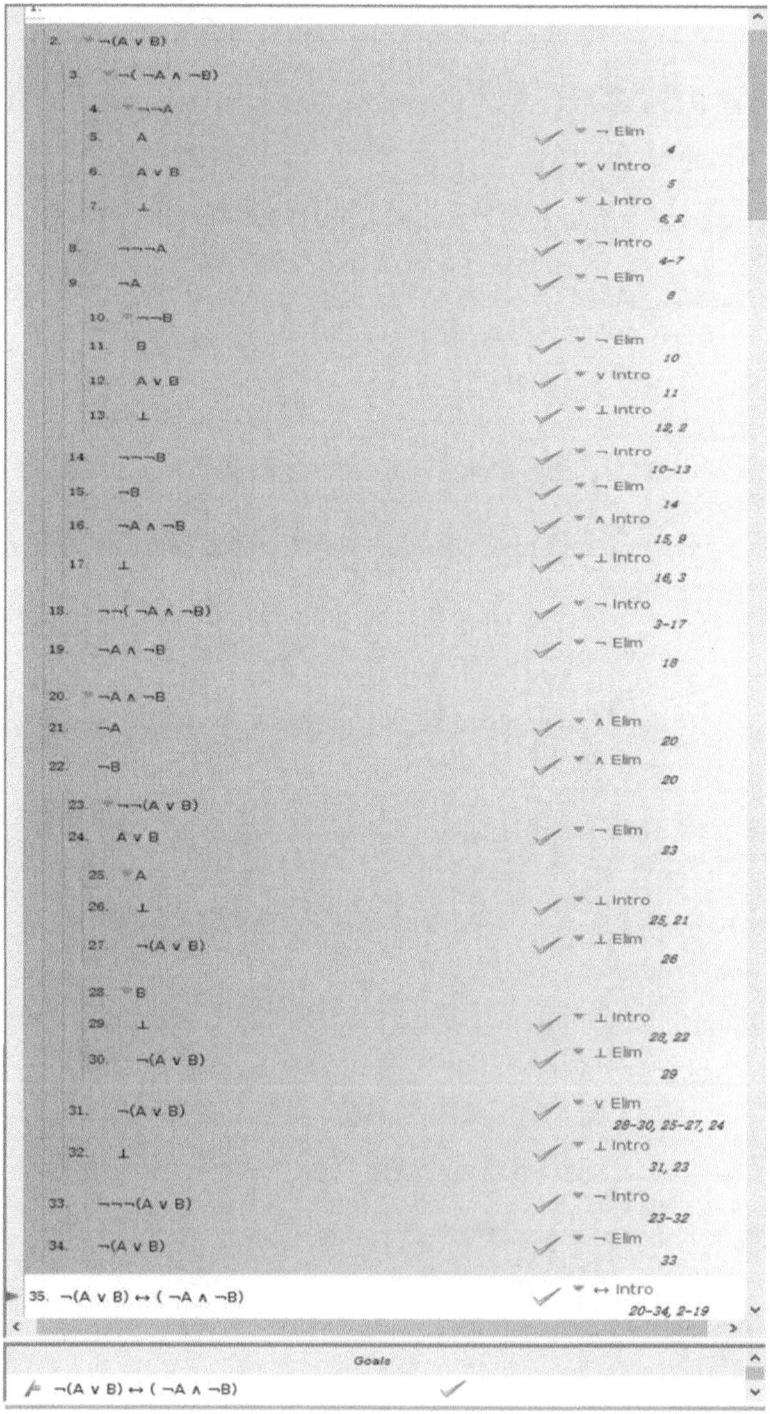

1.			
2.	$\neg(A \vee B)$		
3.	$\neg(\neg A \wedge \neg B)$		
4.	$\neg\neg A$		
5.	A	¬ Elim	4
6.	$A \vee B$	∨ Intro	5
7.	$\bot$	⊥ Intro	6, 2
8.	$\neg\neg\neg A$	¬ Intro	4-7
9.	$\neg A$	¬ Elim	8
10.	$\neg\neg B$		
11.	B	¬ Elim	10
12.	$A \vee B$	∨ Intro	11
13.	$\bot$	⊥ Intro	12, 2
14.	$\neg\neg\neg B$	¬ Intro	10-13
15.	$\neg B$	¬ Elim	14
16.	$\neg A \wedge \neg B$	∧ Intro	15, 9
17.	$\bot$	⊥ Intro	16, 3
18.	$\neg\neg(\neg A \wedge \neg B)$	¬ Intro	3-17
19.	$\neg A \wedge \neg B$	¬ Elim	18
20.	$\neg A \wedge \neg B$		
21.	$\neg A$	∧ Elim	20
22.	$\neg B$	∧ Elim	20
23.	$\neg\neg(A \vee B)$		
24.	$A \vee B$	¬ Elim	23
25.	A		
26.	$\bot$	⊥ Intro	25, 21
27.	$\neg(A \vee B)$	⊥ Elim	26
28.	B		
29.	$\bot$	⊥ Intro	28, 22
30.	$\neg(A \vee B)$	⊥ Elim	29
31.	$\neg(A \vee B)$	∨ Elim	28-30, 25-27, 24
32.	$\bot$	⊥ Intro	31, 23
33.	$\neg\neg\neg(A \vee B)$	¬ Intro	23-32
34.	$\neg(A \vee B)$	¬ Elim	33
35.	$\neg(A \vee B) \leftrightarrow (\neg A \wedge \neg B)$	↔ Intro	20-34, 2-19

Goals

$\vdash \neg(A \vee B) \leftrightarrow (\neg A \wedge \neg B)$

定理 25　$\vdash (A\wedge B)\to(B\wedge A)$。

1.
2. A ∧ B
3. A　　∧ Elim 2
4. B　　∧ Elim 2
5. B ∧ A　　∧ Intro 4, 3
6. (A ∧ B) → (B ∧ A)　　→ Intro 2-5

Goals

(A ∧ B) → (B ∧ A)

定理 26　$\vdash (A\wedge B)\to A$。

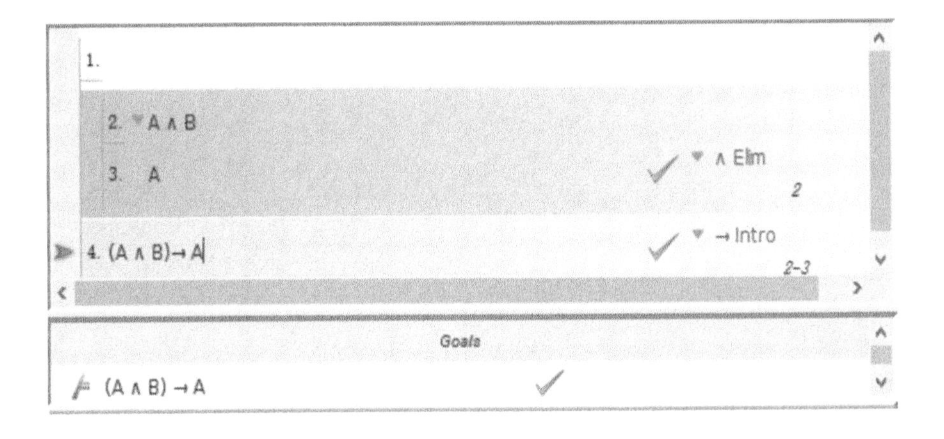

定理 27　⊢(A∧B)→B。

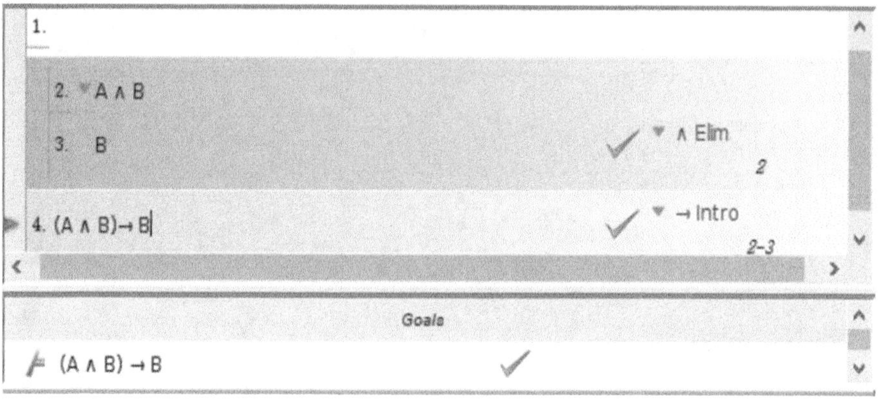

1.		
2.	A ∧ B	
3.	B	∧ Elim 2
4.	(A ∧ B)→B	→ Intro 2-3

Goals

⊢ (A ∧ B) → B ✓

定理 28　⊢(A∨(B∨C))→(B∨(A∨C))。

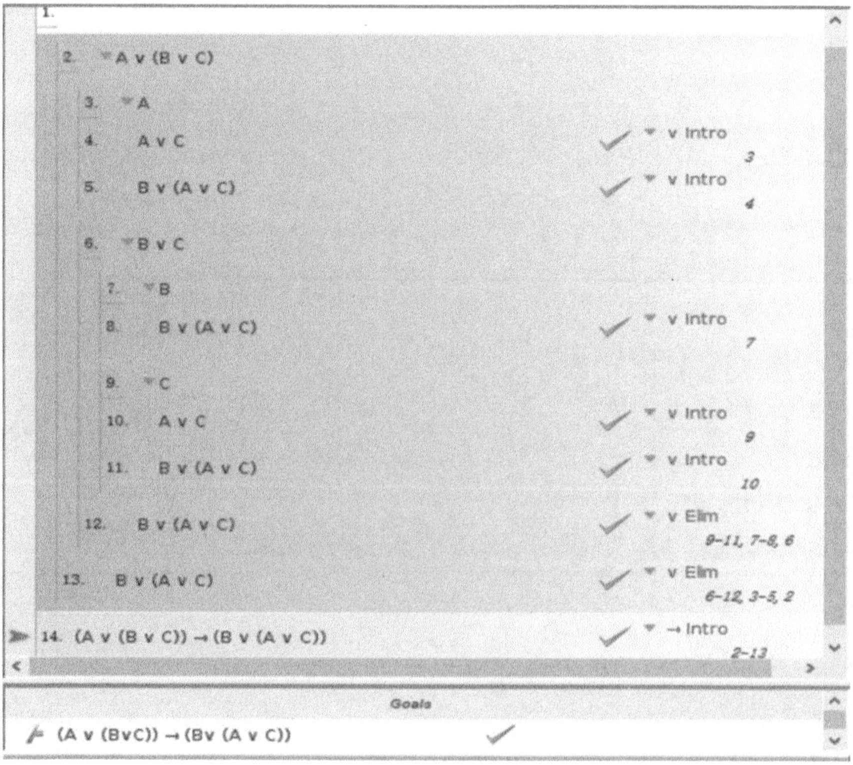

1.		
2.	A ∨ (B ∨ C)	
3.	A	
4.	A ∨ C	∨ Intro 3
5.	B ∨ (A ∨ C)	∨ Intro 4
6.	B ∨ C	
7.	B	
8.	B ∨ (A ∨ C)	∨ Intro 7
9.	C	
10.	A ∨ C	∨ Intro 9
11.	B ∨ (A ∨ C)	∨ Intro 10
12.	B ∨ (A ∨ C)	∨ Elim 9-11, 7-8, 6
13.	B ∨ (A ∨ C)	∨ Elim 6-12, 3-5, 2
14.	(A ∨ (B ∨ C)) → (B ∨ (A ∨ C))	→ Intro 2-13

Goals

⊢ (A ∨ (B∨C)) → (B∨ (A ∨ C)) ✓

定理 29　$\vdash (A\vee(B\vee C))\rightarrow((A\vee B)\vee C)$。

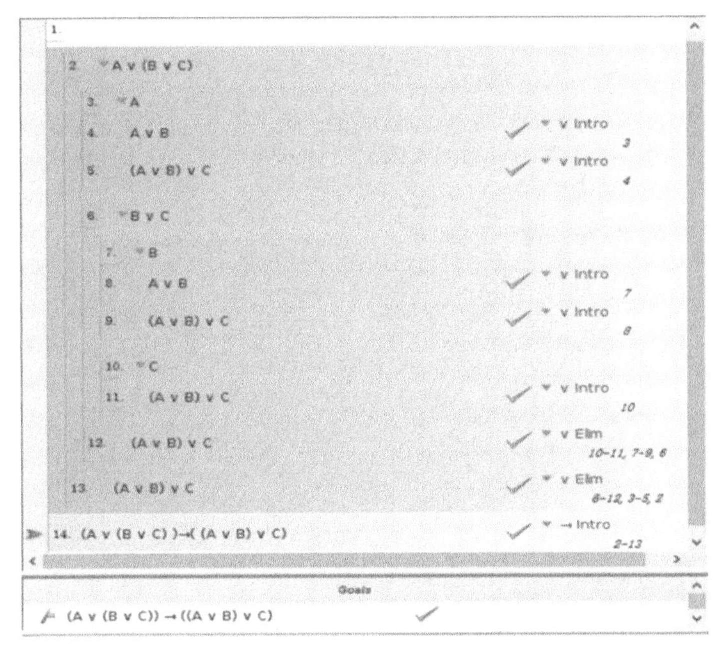

定理 30　$\vdash ((A\vee B)\vee C)\rightarrow(A\vee(B\vee C))$。

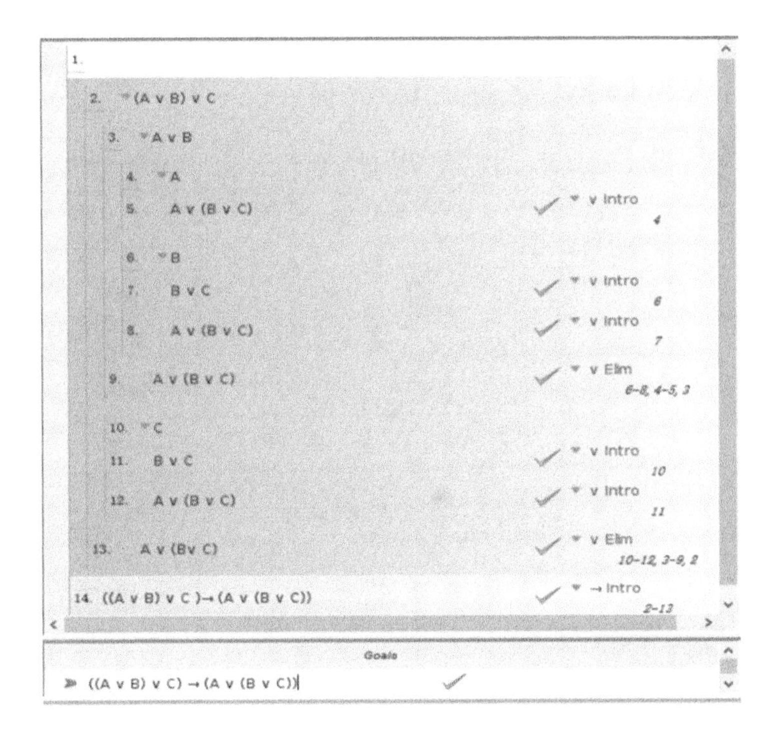

定理 31　$\vdash (A\vee(B\vee C))\leftrightarrow((A\vee B)\vee C)$。

1.			
2.	A v (B v C)		
3.	A		
4.	A v B	v Intro	3
5.	(A v B) v C	v Intro	4
6.	B v C		
7.	B		
8.	A v B	v Intro	7
9.	(A v B) v C	v Intro	8
10.	C		
11.	(A v B) v C	v Intro	10
12.	(A v B) v C	v Elim	6, 7-9, 10-11
13.	(A v B) v C	v Elim	6-12, 3-5, 2
14.	(A v B) v C		
15.	A v B		
16.	A		
17.	A v (B v C)	v Intro	16
18.	B		
19.	B v C	v Intro	18
20.	A v (B v C)	v Intro	19
21.	A v (B v C)	v Elim	18-20, 16-17, 15
22.	C		
23.	B v C	v Intro	22
24.	A v (B v C)	v Intro	23
25.	A v (B v C)	v Elim	22-24, 15-21, 14
26.	(A v (B v C))↔((A v B) v C)	↔ Intro	14-25, 2-13

Goals

(A v (B v C)) ↔ ((A v B) v C) ✓

定理 32　$\vdash(A\wedge(B\wedge C))\rightarrow((A\wedge B)\wedge C)$。

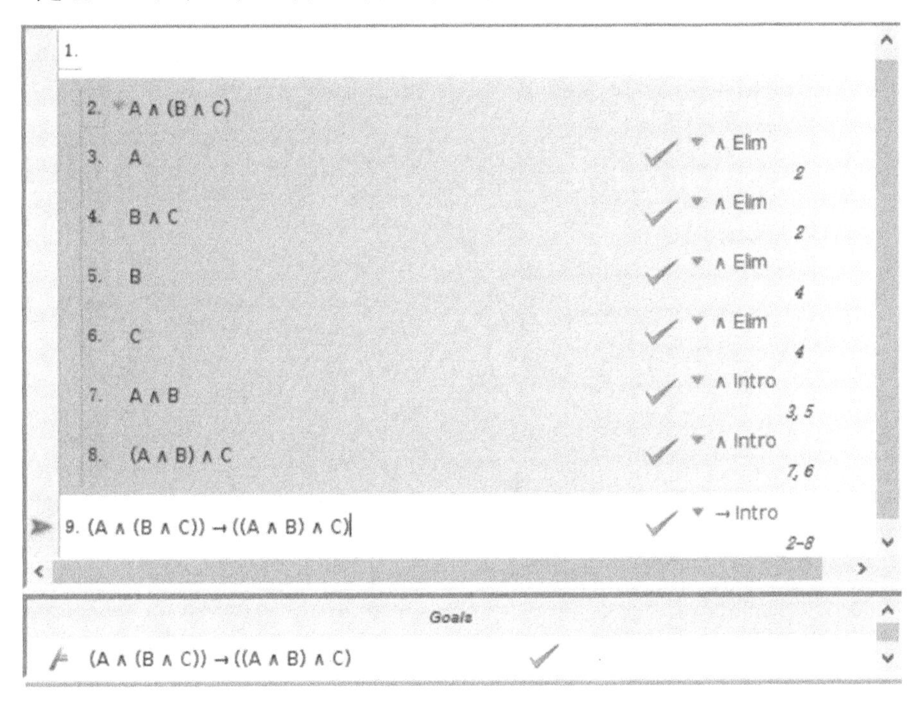

定理 33　$\vdash((A\wedge B)\wedge C)\rightarrow(A\wedge(B\wedge C))$。

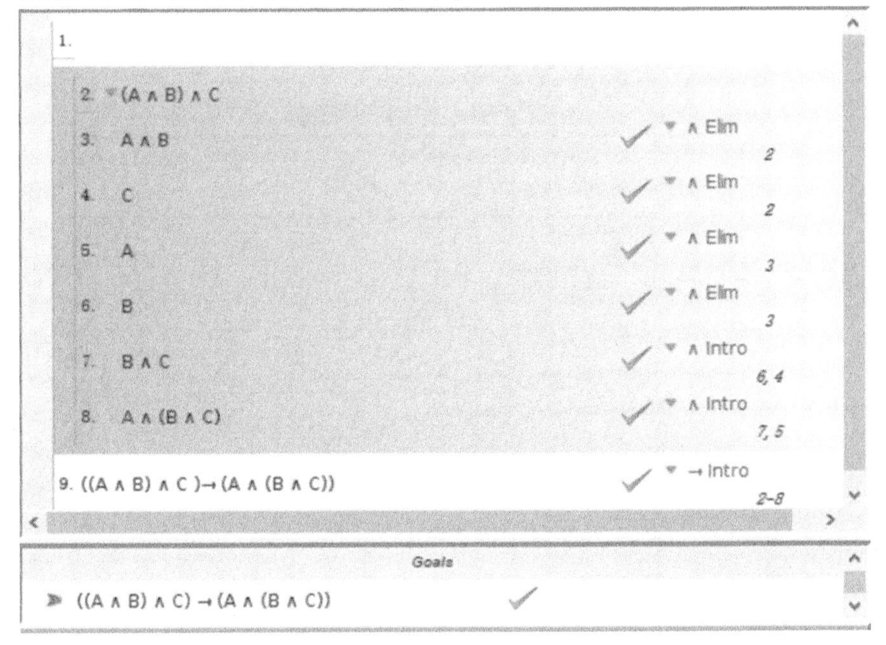

定理 34　$\vdash (A\wedge(B\wedge C))\leftrightarrow((A\wedge B)\wedge C)$。

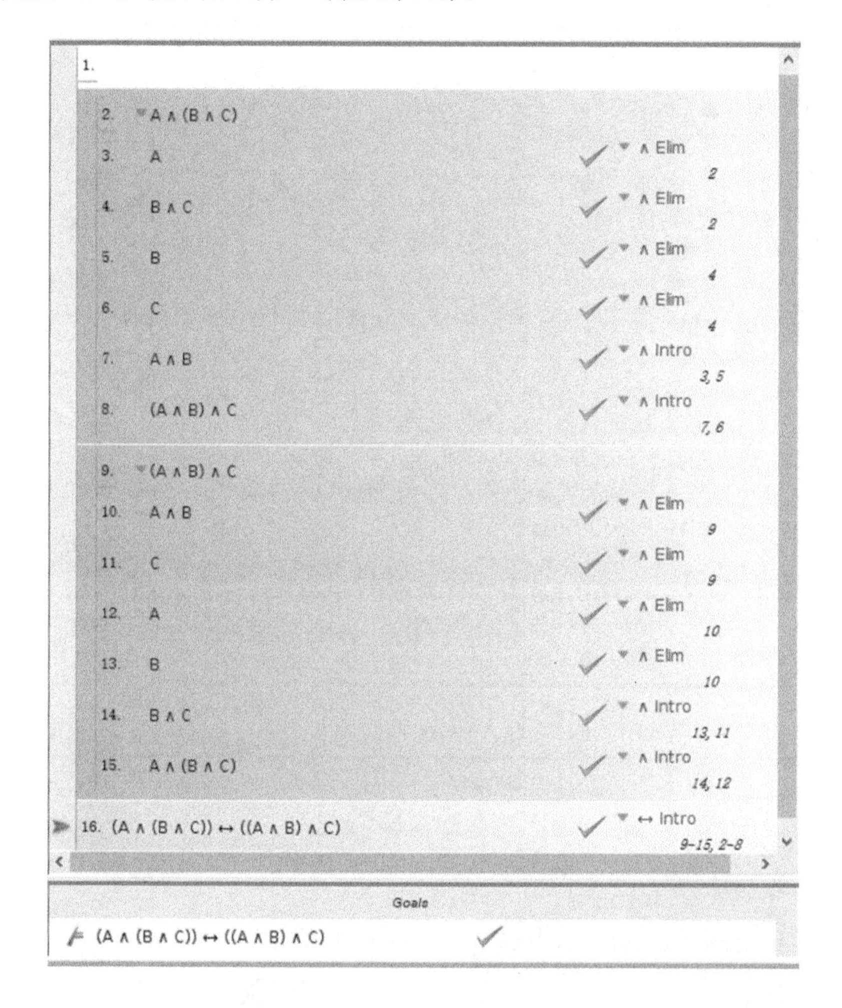

定理 35　$\vdash (A\rightarrow(B\rightarrow(A\wedge B)))$。

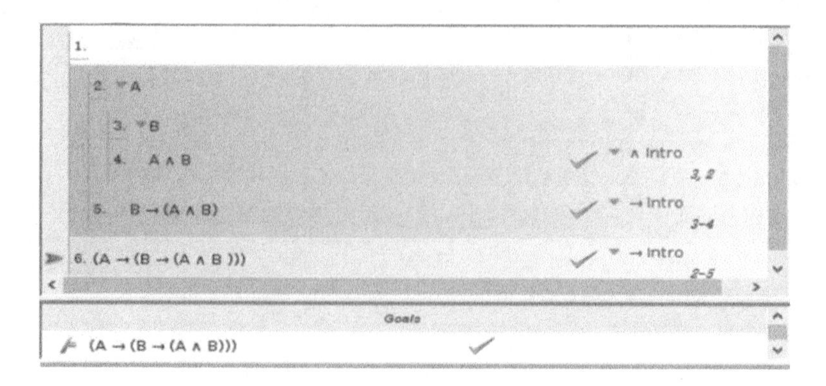

定理 36 $\vdash (A\rightarrow(B\rightarrow C))\rightarrow(B\rightarrow(A\rightarrow C))$。

1.		
2.	$A\rightarrow(B\rightarrow C)$	
3.	B	
4.	A	
5.	$B\rightarrow C$	→ Elim 4, 2
6.	C	→ Elim 5, 3
7.	$A\rightarrow C$	→ Intro 4-6
8.	$B\rightarrow(A\rightarrow C)$	→ Intro 3-7
9.	$(A\rightarrow(B\rightarrow C))\rightarrow(B\rightarrow(A\rightarrow C))$	→ Intro 2-8

Goals

$(A\rightarrow(B\rightarrow C))\rightarrow(B\rightarrow(A\rightarrow C))$

定理 37 $\vdash (A\rightarrow(B\rightarrow C))\rightarrow((A\wedge B)\rightarrow C)$。

1.		
2.	$A\rightarrow(B\rightarrow C)$	
3.	$A\wedge B$	
4.	A	∧ Elim 3
5.	$B\rightarrow C$	→ Elim 4, 2
6.	B	∧ Elim 3
7.	C	→ Elim 6, 5
8.	$(A\wedge B)\rightarrow C$	→ Intro 3-7
9.	$(A\rightarrow(B\rightarrow C))\rightarrow((A\wedge B)\rightarrow C)$	→ Intro 2-8

Goals

$(A\rightarrow(B\rightarrow C))\rightarrow((A\wedge B)\rightarrow C)$

定理 38　$\vdash((A\wedge B)\rightarrow C)\rightarrow(A\rightarrow(B\rightarrow C))$。

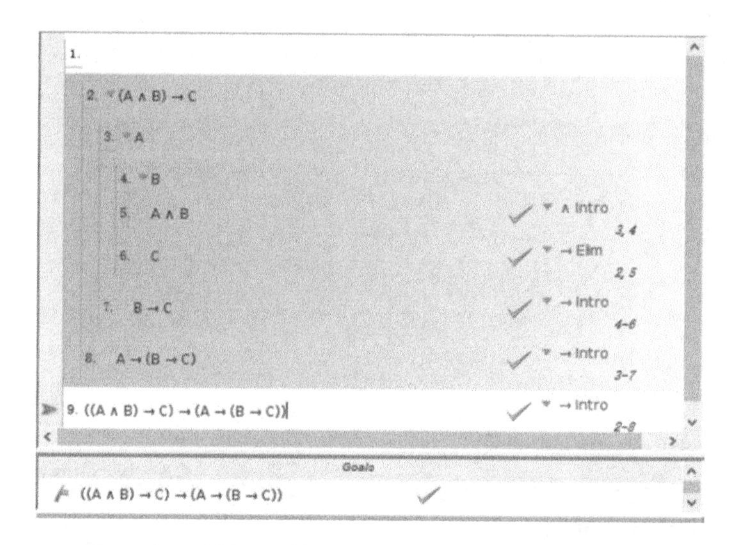

定理 39　$\vdash(A\rightarrow(B\rightarrow C))\leftrightarrow((A\wedge B)\rightarrow C)$。

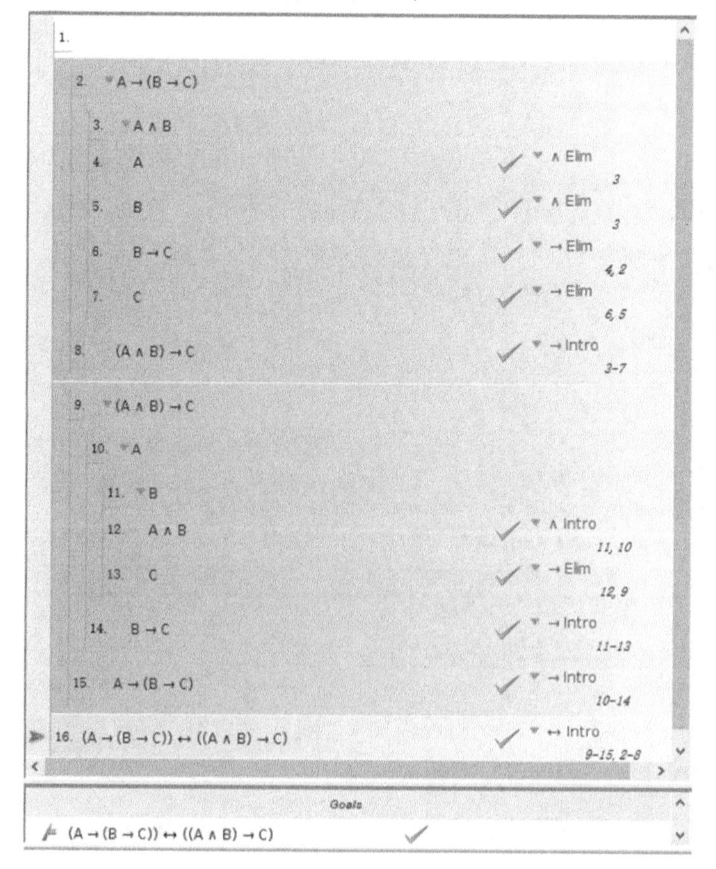

定理 40　$\vdash (A\to(A\to B))\to(A\to B)$。

1.
2. A → (A → B)
3. A
4. A → B　　→ Elim 3, 2
5. B　　→ Elim 4, 3
6. A → B　　→ Intro 3-5
7. (A → (A → B)) → (A → B)　　→ Intro 2-6

Goals
(A → (A → B)) → (A → B)

定理 41　$\vdash (A\to B)\to(A\to(A\to B))$。

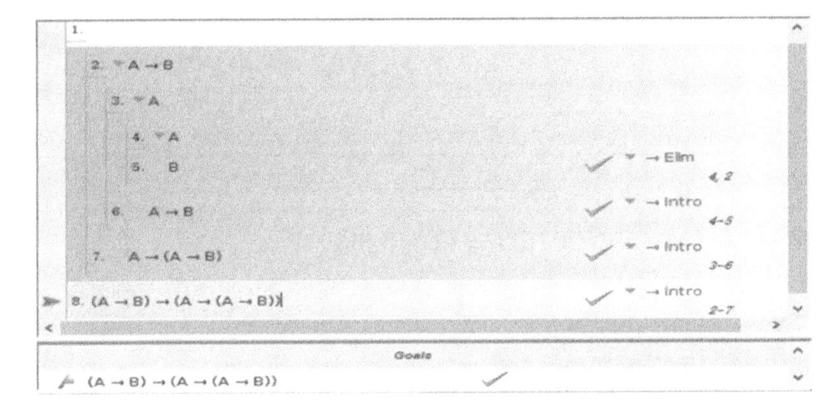

定理 42　$\vdash (A\to(A\to B))\leftrightarrow(A\to B)$。

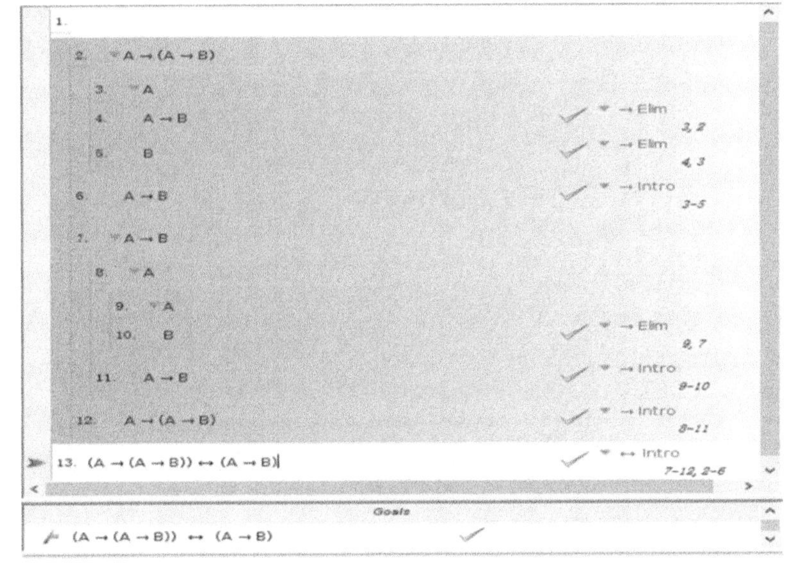

定理 43　$\vdash (A\vee(B\wedge C))\rightarrow((A\vee B)\wedge(A\vee C))$。

1.
2. A ∨ (B ∧ C)
3. A
4. A ∨ B　∨ Intro 3
5. A ∨ C　∨ Intro 3
6. (A ∨ B) ∧ (A ∨ C)　∧ Intro 4, 5
7. B ∧ C
8. B　∧ Elim 7
9. C　∧ Elim 7
10. A ∨ B　∨ Intro 8
11. A ∨ C　∨ Intro 9
12. (A ∨ B) ∧ (A ∨ C)　∧ Intro 10, 11
13. (A ∨ B) ∧ (A ∨ C)　∨ Elim 7-12, 3-6, 2
14. (A ∨ (B ∧ C)) → ((A ∨ B) ∧ (A ∨ C))　→ Intro 2-13

Goals
(A ∨(B ∧ C)) → ((A ∨ B) ∧ (A ∨ C))

定理 44　$\vdash((A\vee B)\wedge(A\vee C))\rightarrow(A\vee(B\wedge C))$。

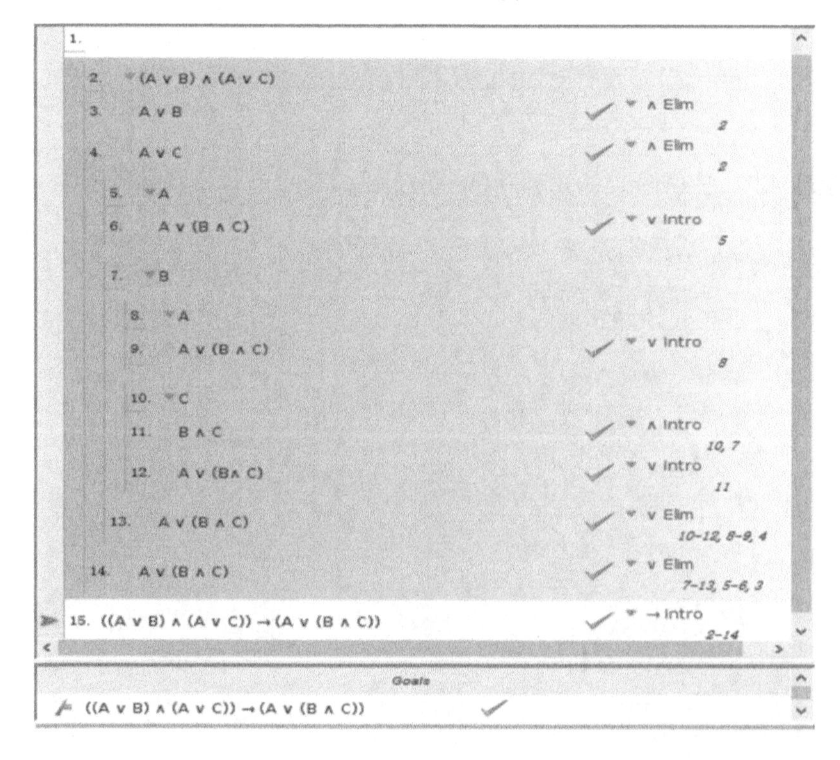

定理 45　$\vdash(A\vee(B\wedge C))\leftrightarrow((A\vee B)\wedge(A\vee C))$。

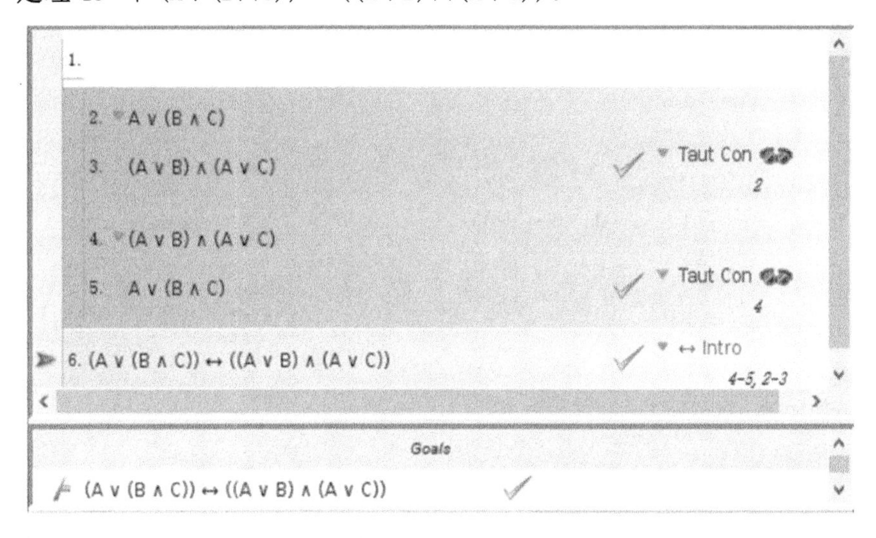

定理 46　$\vdash(A\wedge(B\vee C))\to((A\wedge B)\vee(A\wedge C))$。

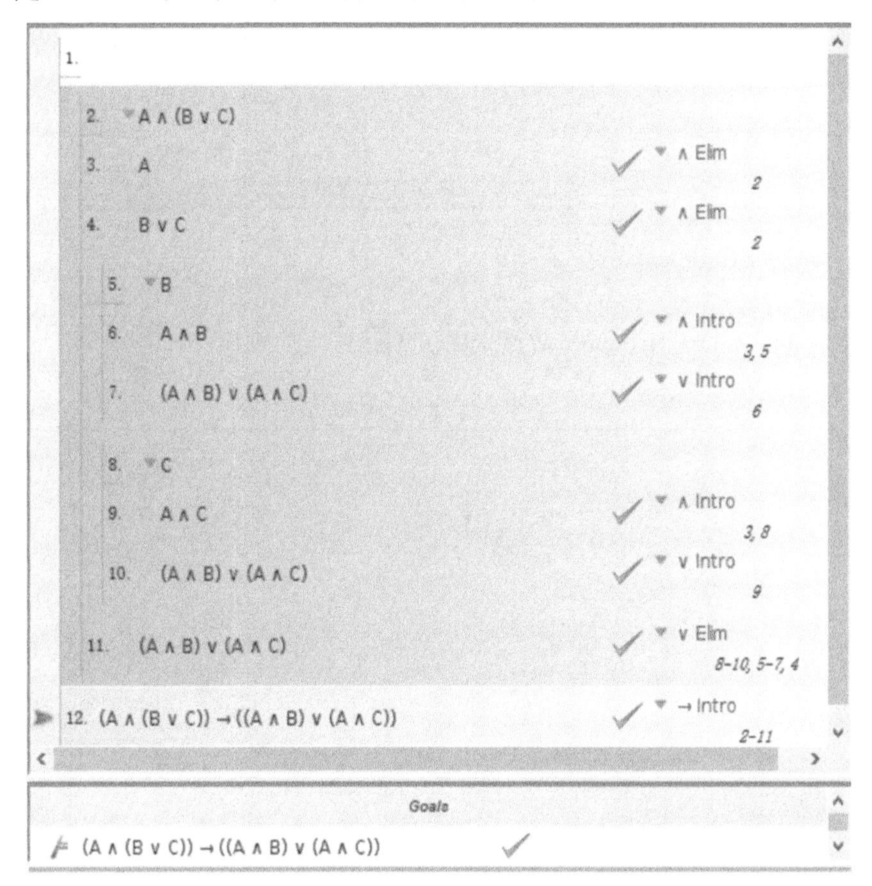

定理 47　⊢((A∧B)∨(A∧C))→(A∧(B∨C))。

1.
2. (A ∧ B) ∨ (A ∧ C)
3. A ∧ B
4. A　　∧ Elim 3
5. B　　∧ Elim 3
6. B ∨ C　　∨ Intro 5
7. A ∧ (B ∨ C)　　∧ Intro 4, 6
8. A ∧ C
9. A　　∧ Elim 8
10. C　　∧ Elim 8
11. B ∨ C　　∨ Intro 10
12. A ∧ (B ∨ C)　　∧ Intro 9, 11
13. A ∧ (B ∨ C)　　∨ Elim 8–12, 3–7, 2
14. ((A ∧ B) ∨ (A ∧ C)) → (A ∧ (B ∨ C))　　→ Intro 2–13

Goals
⊨ ((A ∧ B) ∨ (A ∧ C)) → (A ∧ (B ∨ C))

定理 48　⊢(A∧(B∨C))↔((A∧B)∨(A∧C))。

1.
2. A ∧ (B ∨ C)
3. A　　∧ Elim 2
4. B ∨ C　　∧ Elim 2
5. B
6. A ∧ B　　∧ Intro 5, 3
7. (A ∧ B) ∨ (A ∧ C)　　∨ Intro 6
8. C
9. A ∧ C　　∧ Intro 8, 3
10. (A ∧ B) ∨ (A ∧ C)　　∨ Intro 9
11. (A ∧ B) ∨ (A ∧ C)　　∨ Elim 8–10, 5–7, 4

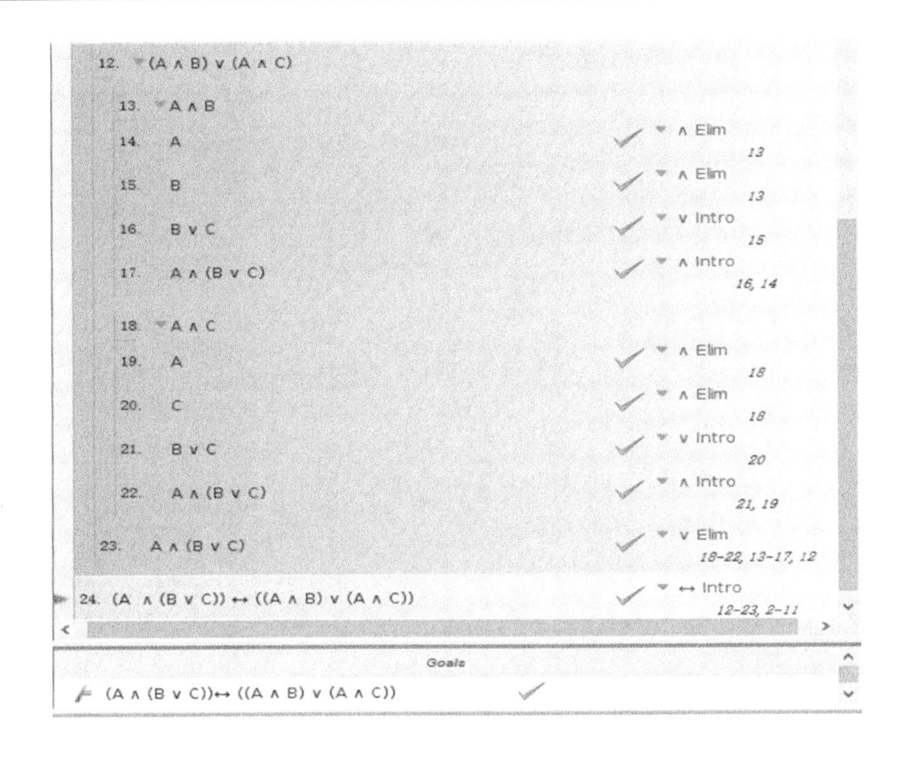

12. (A ∧ B) ∨ (A ∧ C)
13. A ∧ B
14. A　∧ Elim 13
15. B　∧ Elim 13
16. B ∨ C　∨ Intro 15
17. A ∧ (B ∨ C)　∧ Intro 16, 14
18. A ∧ C
19. A　∧ Elim 18
20. C　∧ Elim 18
21. B ∨ C　∨ Intro 20
22. A ∧ (B ∨ C)　∧ Intro 21, 19
23. A ∧ (B ∨ C)　∨ Elim 18-22, 13-17, 12
24. (A ∧ (B ∨ C)) ↔ ((A ∧ B) ∨ (A ∧ C))　↔ Intro 12-23, 2-11
Goals
(A ∧ (B ∨ C))↔ ((A ∧ B) ∨ (A ∧ C))

定理 49　$\vdash((A\rightarrow B)\wedge(A\rightarrow C))\rightarrow(A\rightarrow(B\wedge C))$。

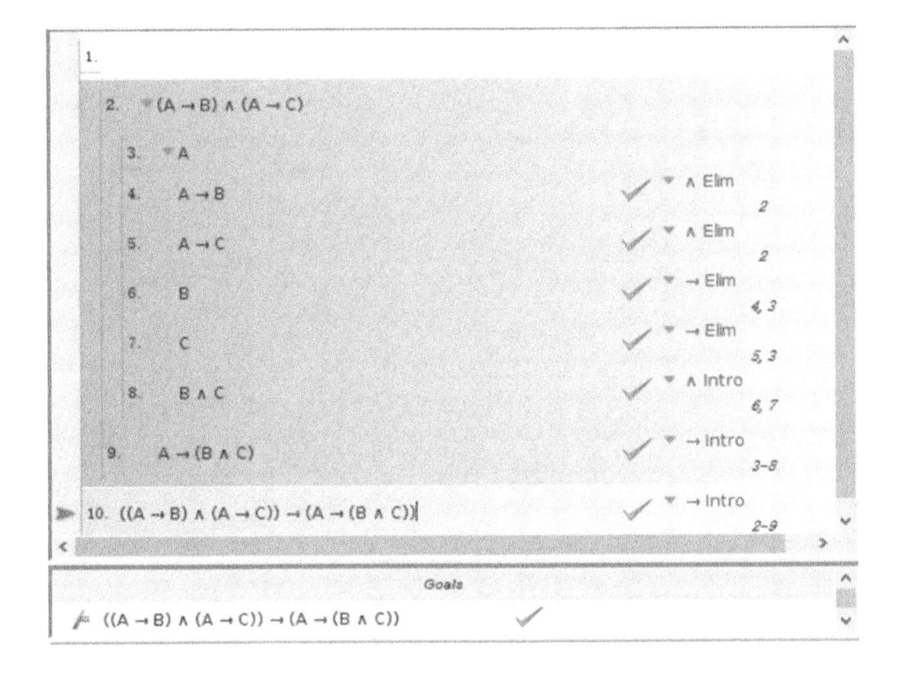

1.
2. (A → B) ∧ (A → C)
3. A
4. A → B　∧ Elim 2
5. A → C　∧ Elim 2
6. B　→ Elim 4, 3
7. C　→ Elim 5, 3
8. B ∧ C　∧ Intro 6, 7
9. A → (B ∧ C)　→ Intro 3-8
10. ((A → B) ∧ (A → C)) → (A → (B ∧ C))　→ Intro 2-9
Goals
((A → B) ∧ (A → C)) → (A → (B ∧ C))

定理 50　$\vdash (A \to B) \to (\neg A \vee B)$。

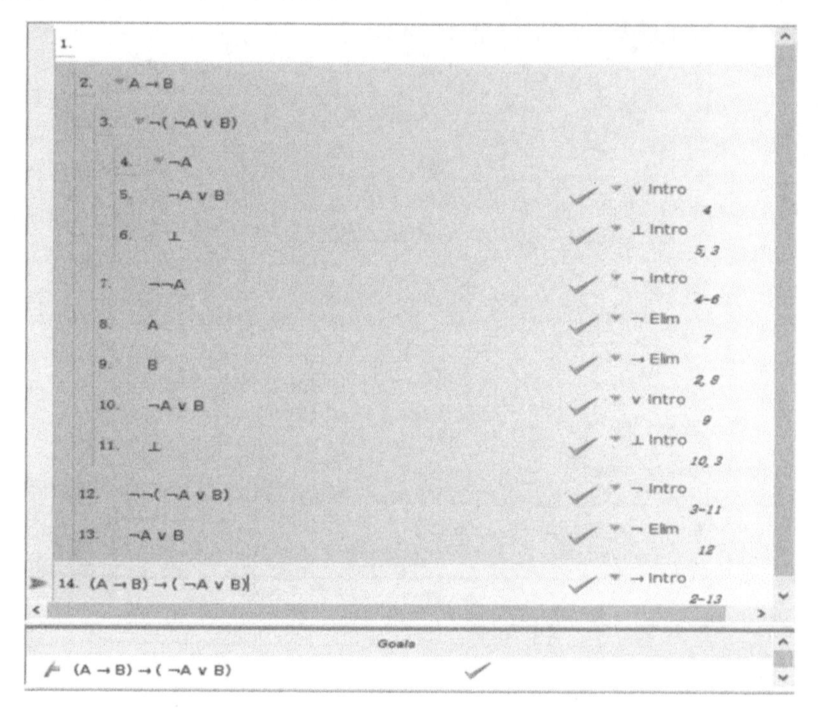

定理 51　$\vdash (\neg A \vee B) \to (A \to B)$。

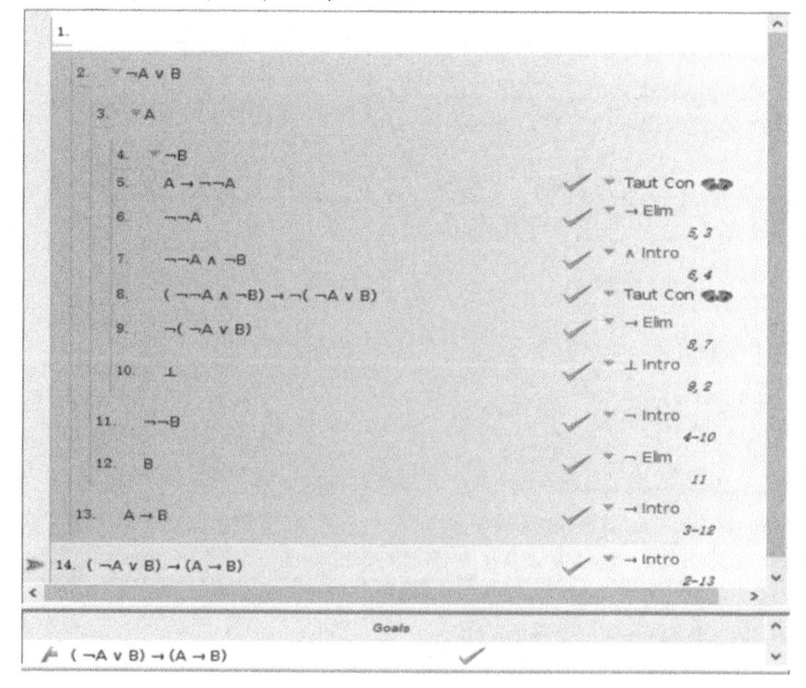

定理 52　$\vdash (A\rightarrow B)\leftrightarrow(\neg A\vee B)$。

1.			
2.	A → B		
3.	¬(¬A ∨ B)		
4.	¬A		
5.	¬A ∨ B	∨ Intro	4
6.	⊥	⊥ Intro	5, 3
7.	¬¬A	¬ Intro	4–6
8.	A	¬ Elim	7
9.	B	→ Elim	8, 2
10.	¬A ∨ B	∨ Intro	9
11.	⊥	⊥ Intro	10, 3
12.	¬¬(¬A ∨ B)	¬ Intro	3–11
13.	¬A ∨ B	¬ Elim	12
14.	¬A ∨ B		
15.	A		
16.	¬B		
17.	A → ¬¬A	Taut Con	
18.	¬¬A	→ Elim	17, 15
19.	¬¬A ∧ ¬B	∧ Intro	18, 16
20.	(¬¬A ∧ ¬B) → ¬(¬A ∨ B)	Taut Con	
21.	¬(¬A ∨ B)	→ Elim	20, 19
22.	⊥	⊥ Intro	21, 14
23.	¬¬B	¬ Intro	16–22
24.	B	¬ Elim	23
25.	A → B	→ Intro	15–24
26.	(A → B) ↔ (¬A ∨ B)	↔ Intro	14–25, 2–13

Goals

(A → B) ↔ (¬A ∨ B)

定理 53　$\vdash (A \to B) \to \neg(A \wedge \neg B)$。

1.			
2.	A → B		
3.	¬¬(A ∧ ¬B)		
4.	A ∧ ¬B	¬ Elim	3
5.	A	∧ Elim	4
6.	B	→ Elim	5, 2
7.	¬B	∧ Elim	4
8.	⊥	⊥ Intro	7, 6
9.	¬¬¬(A ∧ ¬B)	¬ Intro	3-8
10.	¬(A ∧ ¬B)	¬ Elim	9
11.	(A → B) → ¬(A ∧ ¬B)	→ Intro	2-10

Goals

(A → B) → ¬(A ∧ ¬B)

定理 54　$\vdash \neg(A \wedge \neg B) \to (A \to B)$。

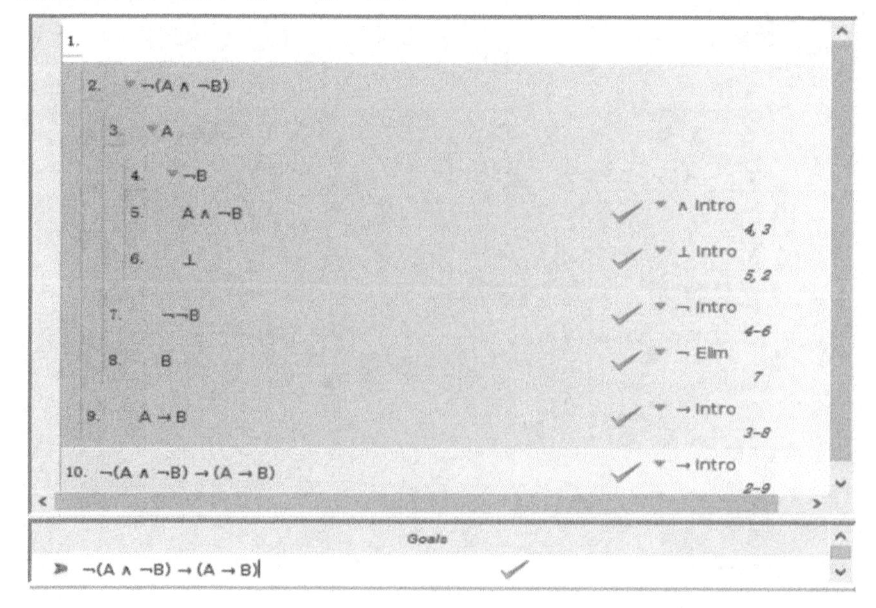

定理 55　$\vdash(A\rightarrow B)\leftrightarrow\neg(A\wedge\neg B)$。

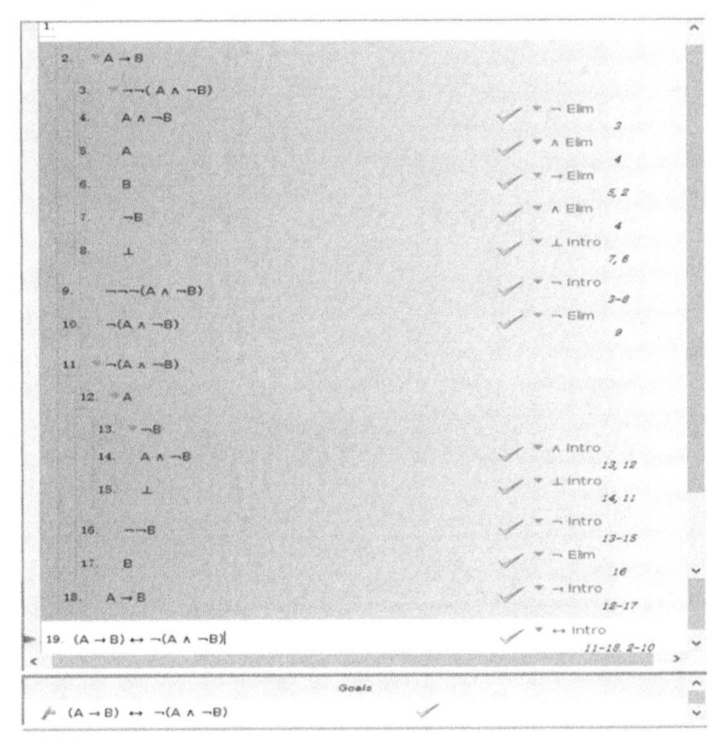

定理 56　$\vdash(A\wedge B)\rightarrow\neg(\neg A\vee\neg B)$。

2. A ∧ B
3. ¬¬(¬A ∨ ¬B)
4. ¬A ∨ ¬B　¬ Elim 3
5. ¬A
6. A　∧ Elim 2
7. ⊥　⊥ Intro 5, 6
8. ¬(¬A ∨ ¬B)　⊥ Elim 7
9. ¬B
10. B　∧ Elim 2
11. ⊥　⊥ Intro 10, 9
12. ¬(¬A ∨ ¬B)　⊥ Elim 11
13. ¬(¬A ∨ ¬B)　∨ Elim 9-12, 5-8, 4
14. ⊥　⊥ Intro 13, 3
15. ¬¬¬(¬A ∨ ¬B)　¬ Intro 3-14
16. ¬(¬A ∨ ¬B)　¬ Elim 15
17. (A ∧ B) → ¬(¬A ∨ ¬B)　→ Intro 2-16
Goals
(A ∧ B) → ¬(¬A ∨ ¬B)

定理 57　⊢¬(¬A∨¬B)→(A∧B)。

1.		
2.	¬(¬A ∨ ¬B)	
3.	¬(A ∧ B)	
4.	¬(A ∧ B) → (¬A ∨ ¬B)	Taut Con 3
5.	¬A ∨ ¬B	→ Elim 4, 3
6.	⊥	⊥ Intro 5, 2
7.	¬¬(A ∧ B)	¬ Intro 3-6
8.	A ∧ B	¬ Elim 7
9.	¬(¬A ∨ ¬B) → (A ∧ B)	→ Intro 2-8

Goals

¬(¬A ∨ ¬B) → (A ∧ B)

定理 58　⊢(A∧B)↔¬(¬A∨¬B)。

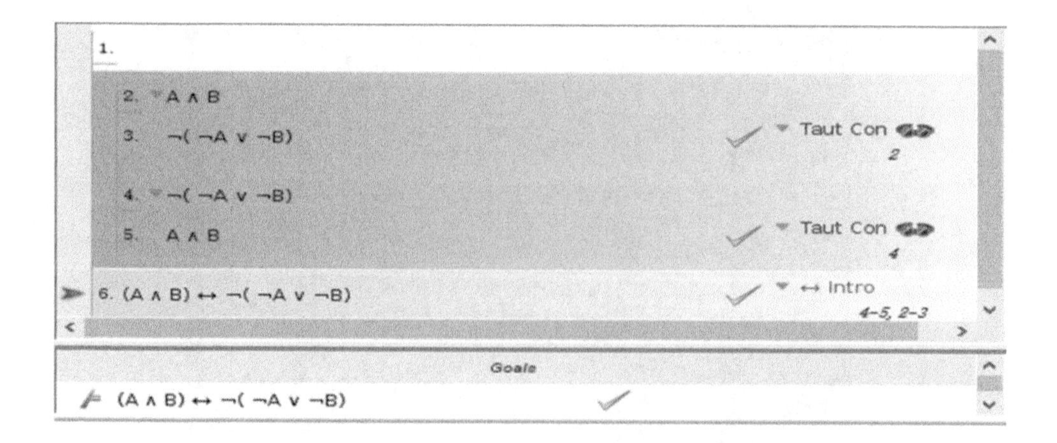

定理 59　$\vdash (A \vee B) \rightarrow \neg(\neg A \wedge \neg B)$。

2. A ∨ B
3. ¬¬(¬A ∧ ¬B)
4. ¬A ∧ ¬B　　¬ Elim 3
5. ¬A　　∧ Elim 4
6. ¬B　　∧ Elim 4
7. A
8. ⊥　　⊥ Intro 7, 5
9. ¬(¬A ∧ ¬B)　　⊥ Elim 8
10. B
11. ⊥　　⊥ Intro 10, 6
12. ¬(¬A ∧ ¬B)　　⊥ Elim 11
13. ¬(¬A ∧ ¬B)　　∨ Elim 10-12, 7-9, 2
14. ⊥　　⊥ Intro 13, 3
15. ¬¬¬(¬A ∧ ¬B)　　¬ Intro 3-14
16. ¬(¬A ∧ ¬B)　　¬ Elim 15
17. (A ∨ B) → ¬(¬A ∧ ¬B)　　→ Intro 2-16

Goals

(A ∨ B) → ¬(¬A ∧ ¬B)

定理 60　$\vdash \neg(\neg A \wedge \neg B) \rightarrow (A \vee B)$。

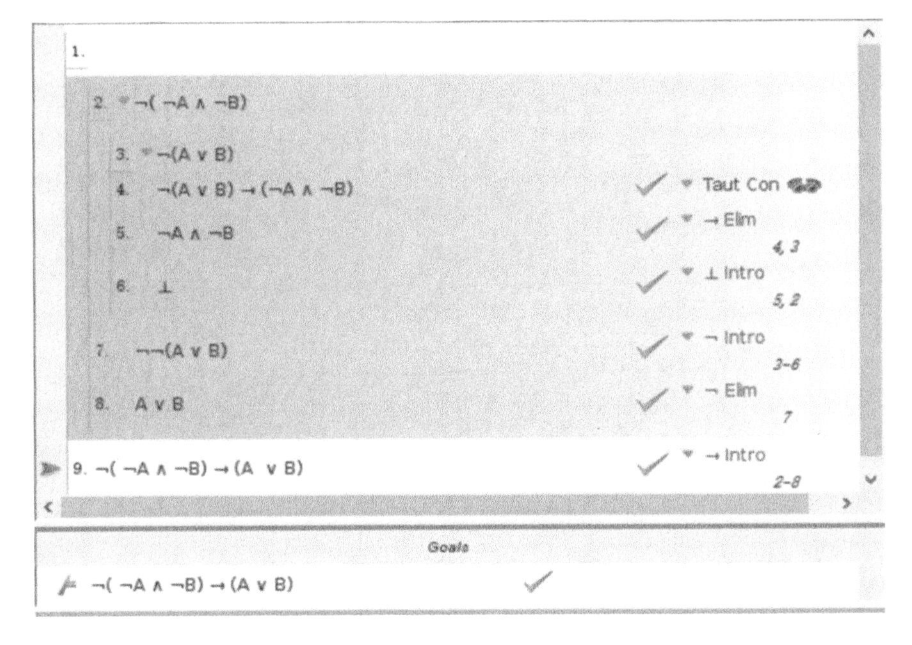

定理 61　$\vdash(A\vee B)\leftrightarrow\neg(\neg A\wedge\neg B)$。

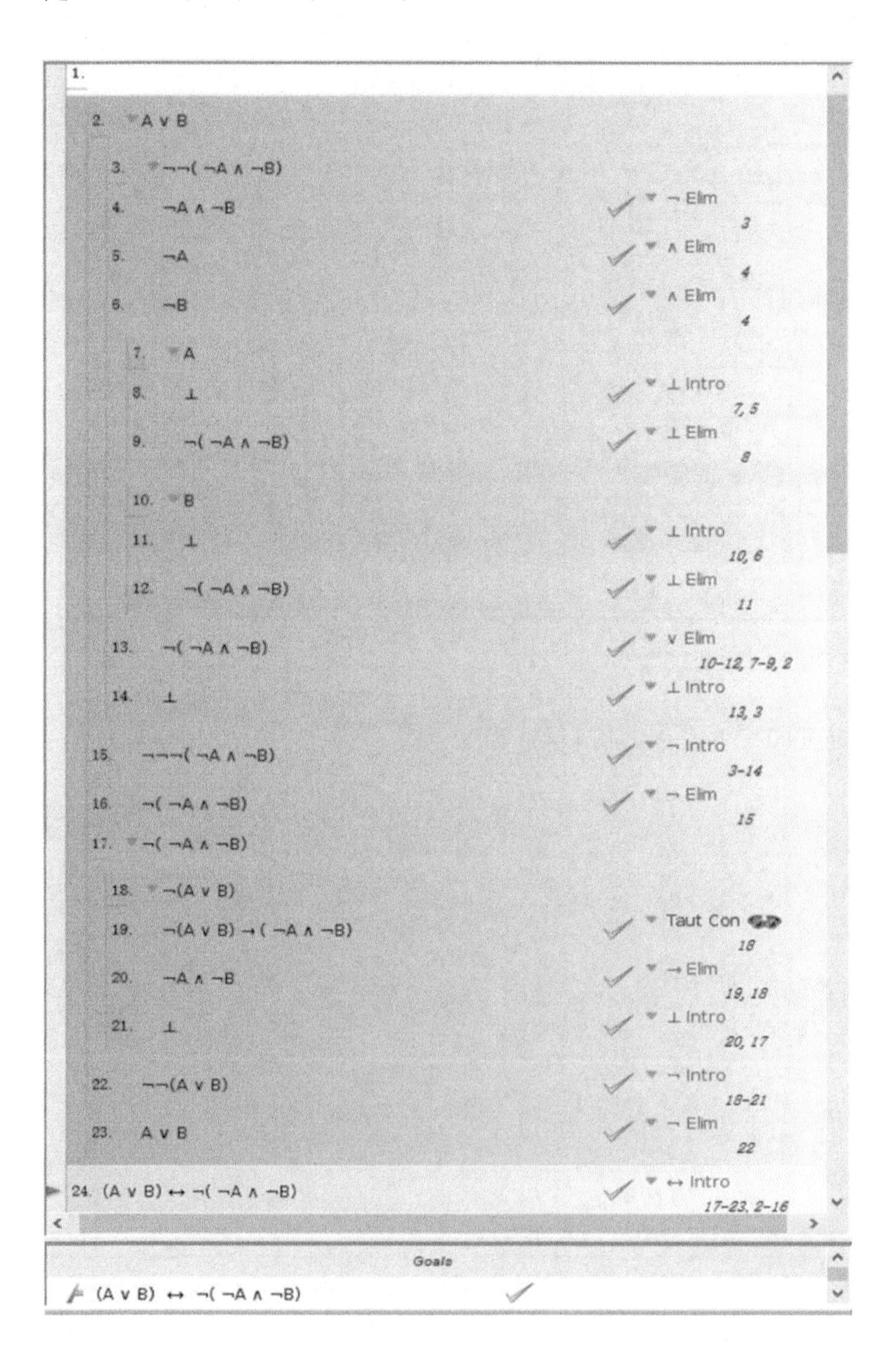

定理 62　$\vdash (A \leftrightarrow B) \rightarrow (\neg B \leftrightarrow \neg A)$。

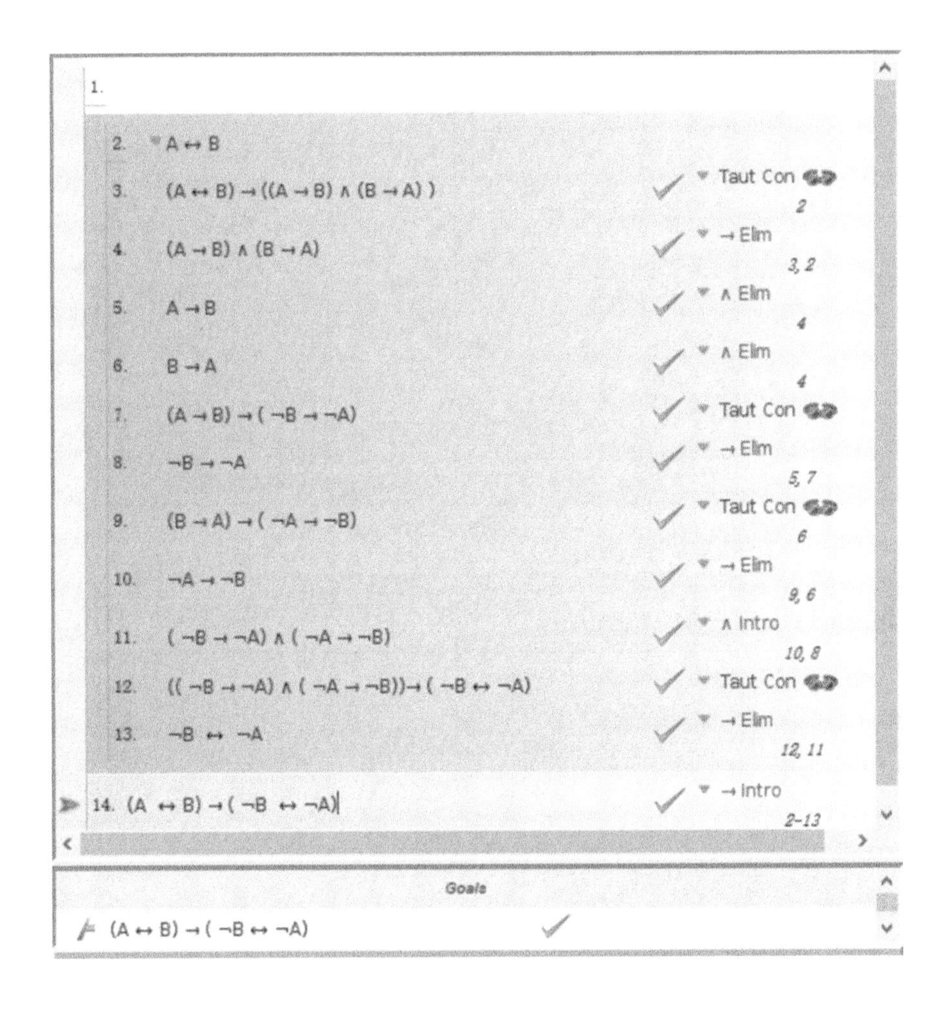

定理 63　$\vdash(A\leftrightarrow B)\rightarrow((B\leftrightarrow C)\rightarrow(A\leftrightarrow C))$。

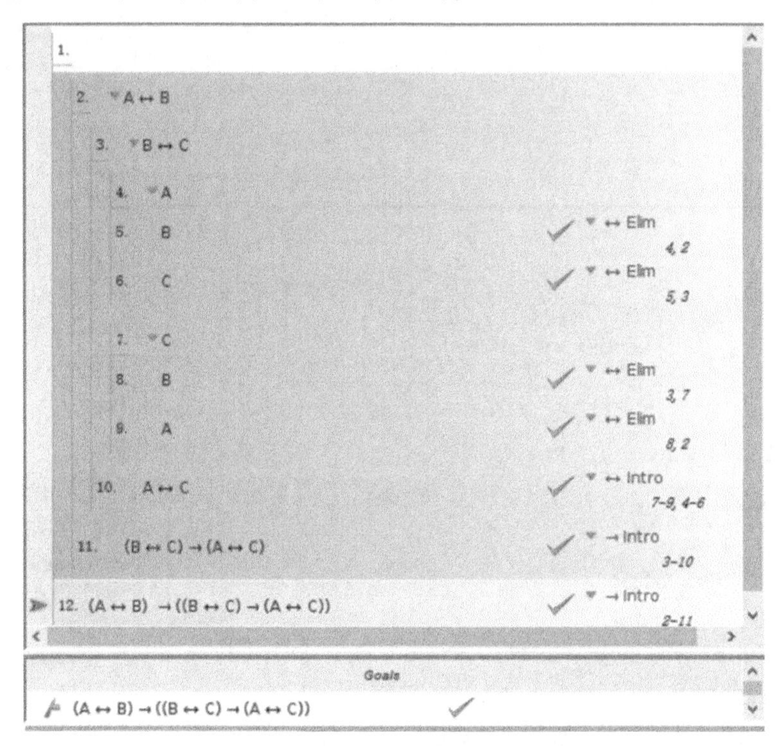

定理 64　$\vdash(A\leftrightarrow B)\rightarrow(B\leftrightarrow A)$。

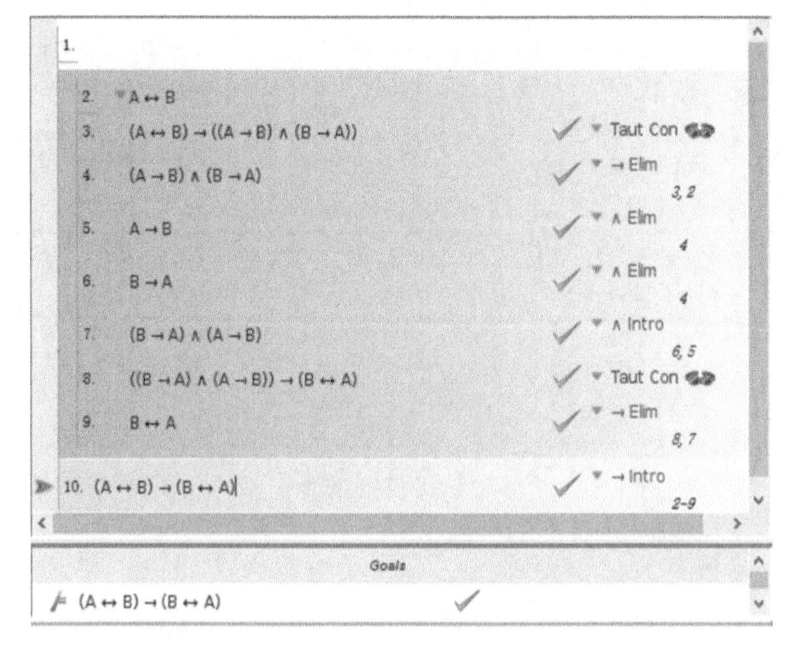

定理 65　$\vdash (A \leftrightarrow B) \to ((A \to B) \wedge (B \to A))$。

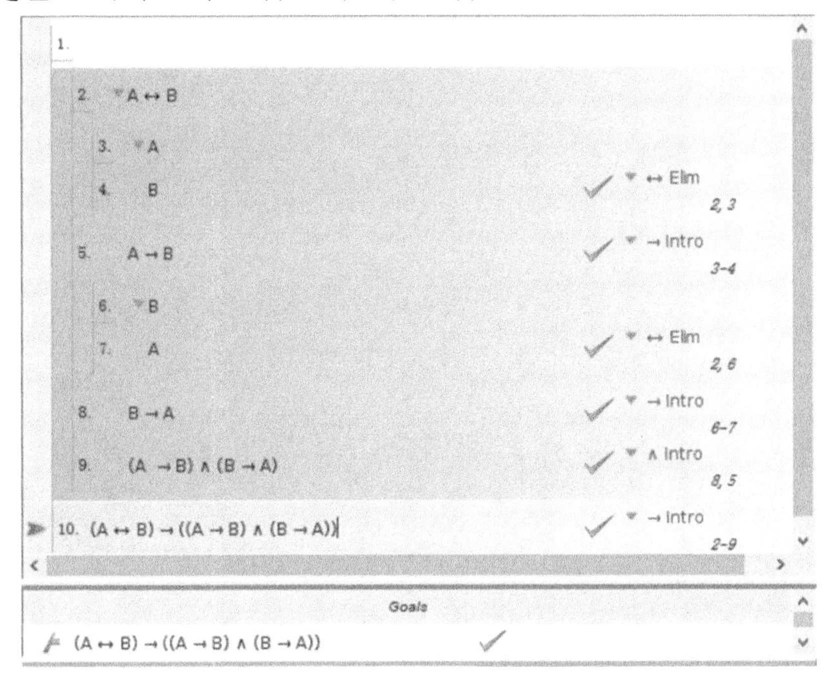

定理 66　$\vdash ((A \to B) \wedge (B \to A)) \to (A \leftrightarrow B)$。

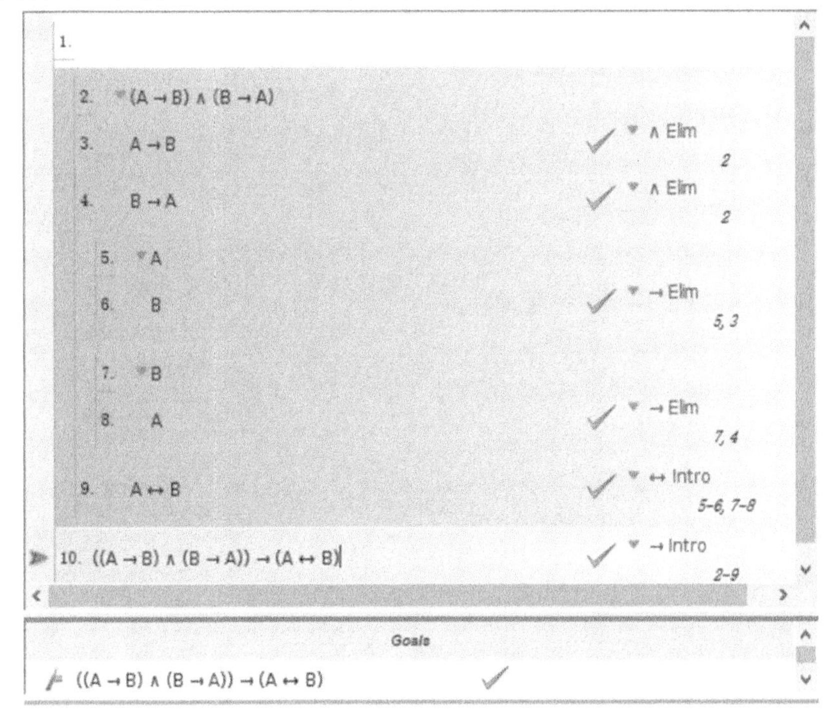

定理 67　$\vdash (A\leftrightarrow B)\leftrightarrow((A\rightarrow B)\wedge(B\rightarrow A))$。

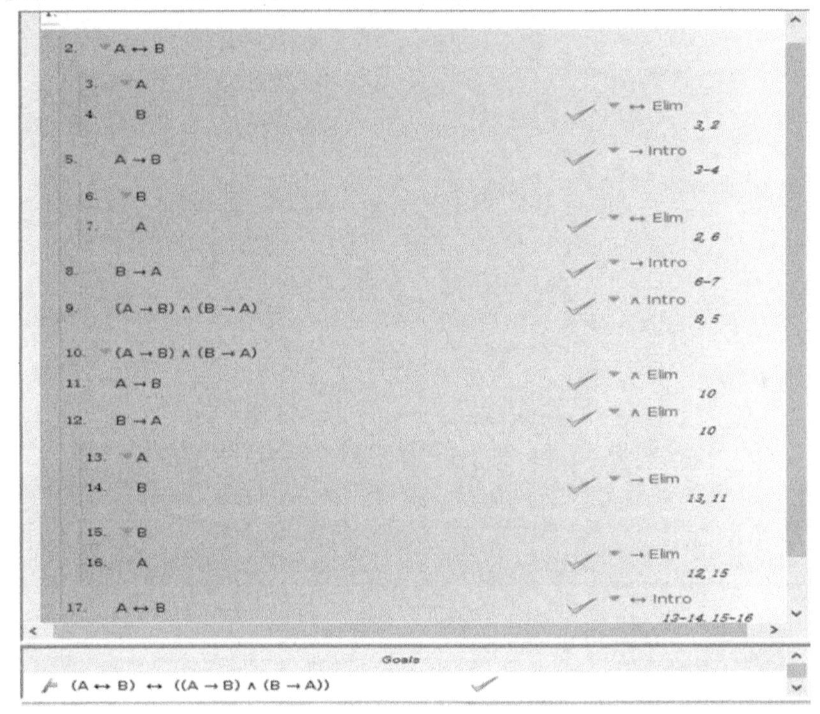

定理 68　$\vdash (A\leftrightarrow B)\rightarrow((\neg A\vee B)\wedge(\neg B\vee A))$。

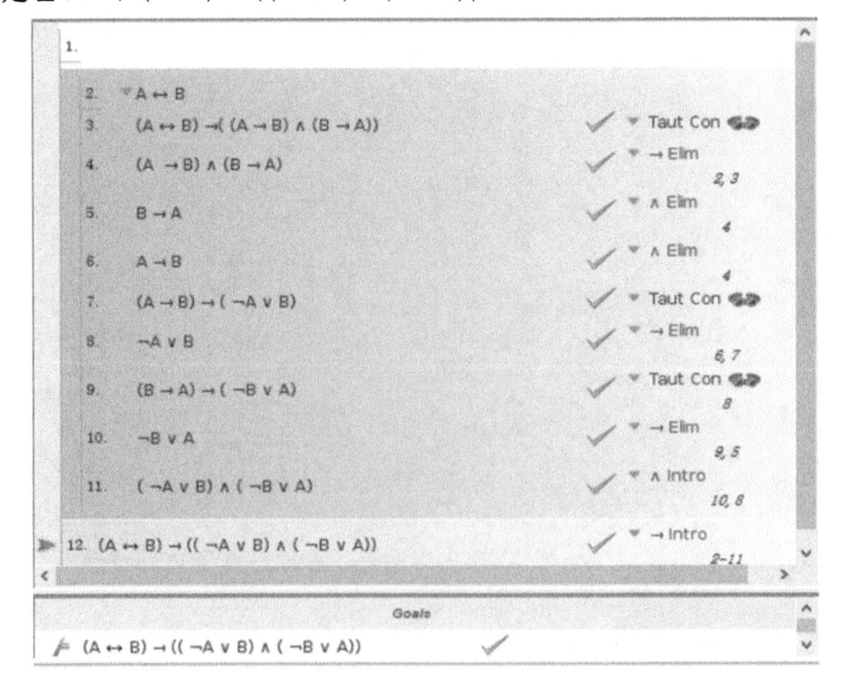

定理 69　$\vdash((\neg A\vee B)\wedge(\neg B\vee A))\rightarrow(A\leftrightarrow B)$。

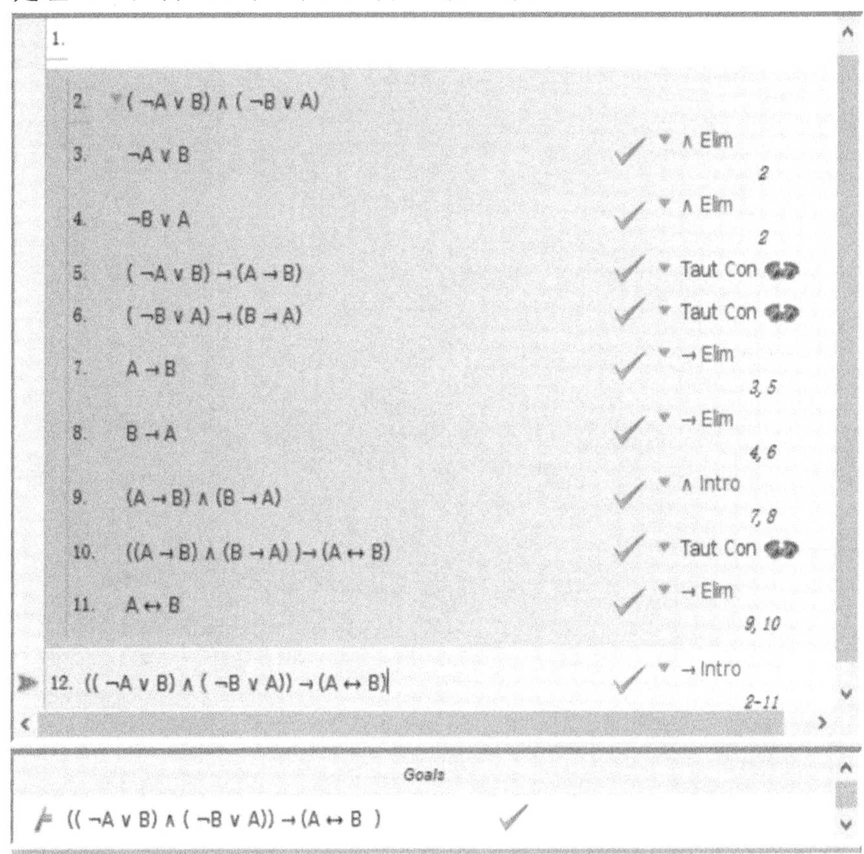

定理 70　$\vdash(A\leftrightarrow B)\leftrightarrow((\neg A\vee B)\wedge(\neg B\vee A))$。

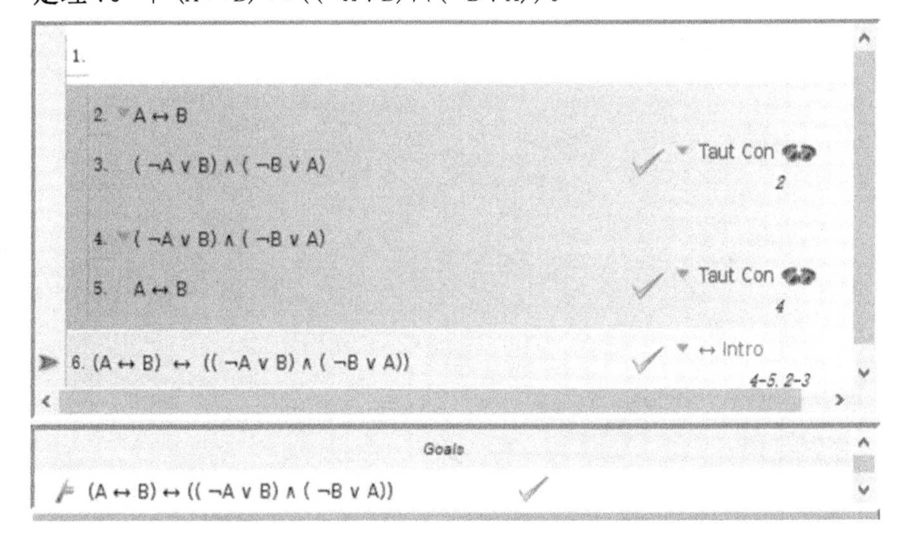

定理 71　$\vdash (A \leftrightarrow B) \to ((A \wedge B) \vee (\neg A \wedge \neg B))$。

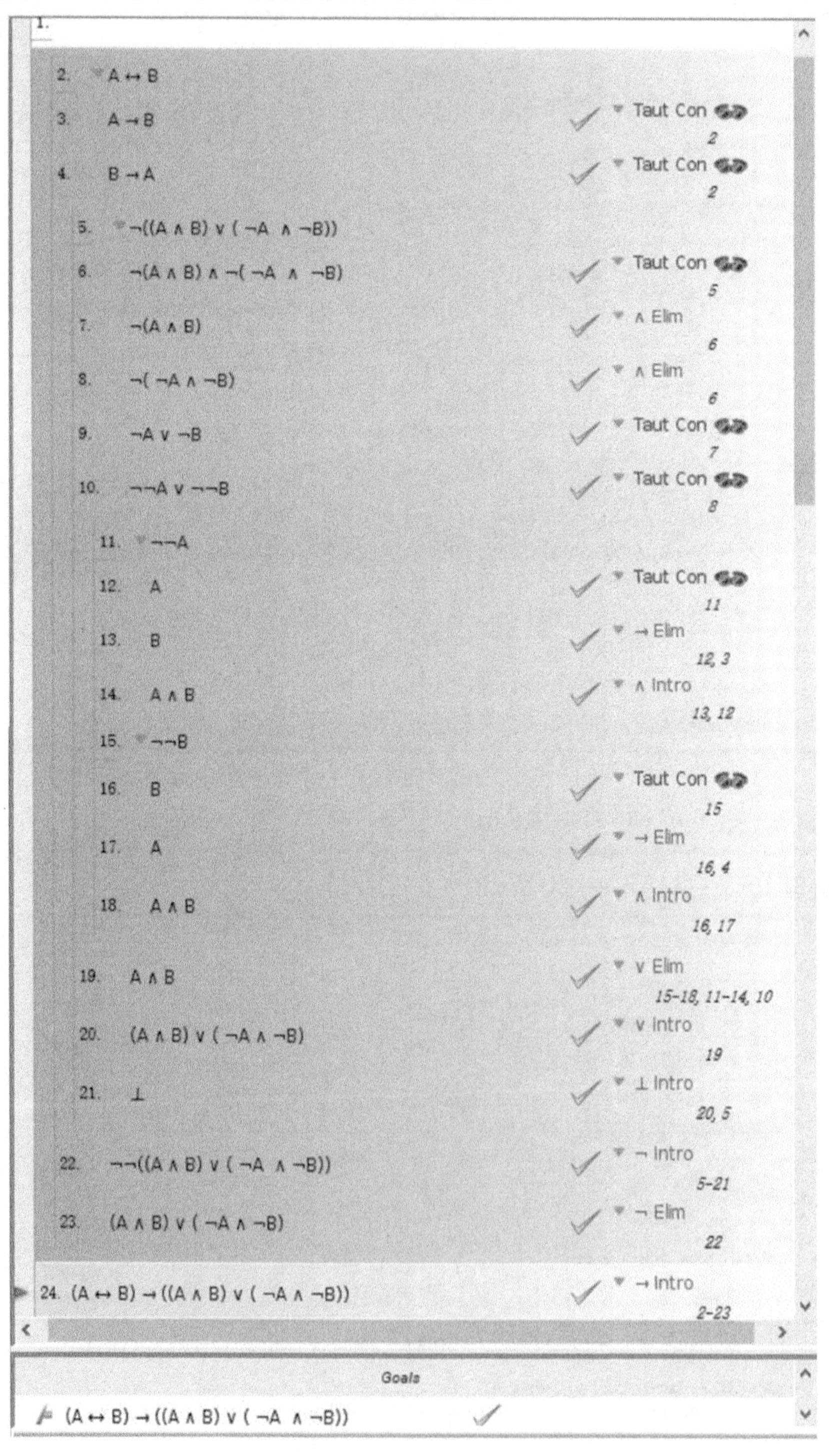

定理 72　$\vdash((A\wedge B)\vee(\neg A\wedge\neg B))\rightarrow(A\leftrightarrow B)$。

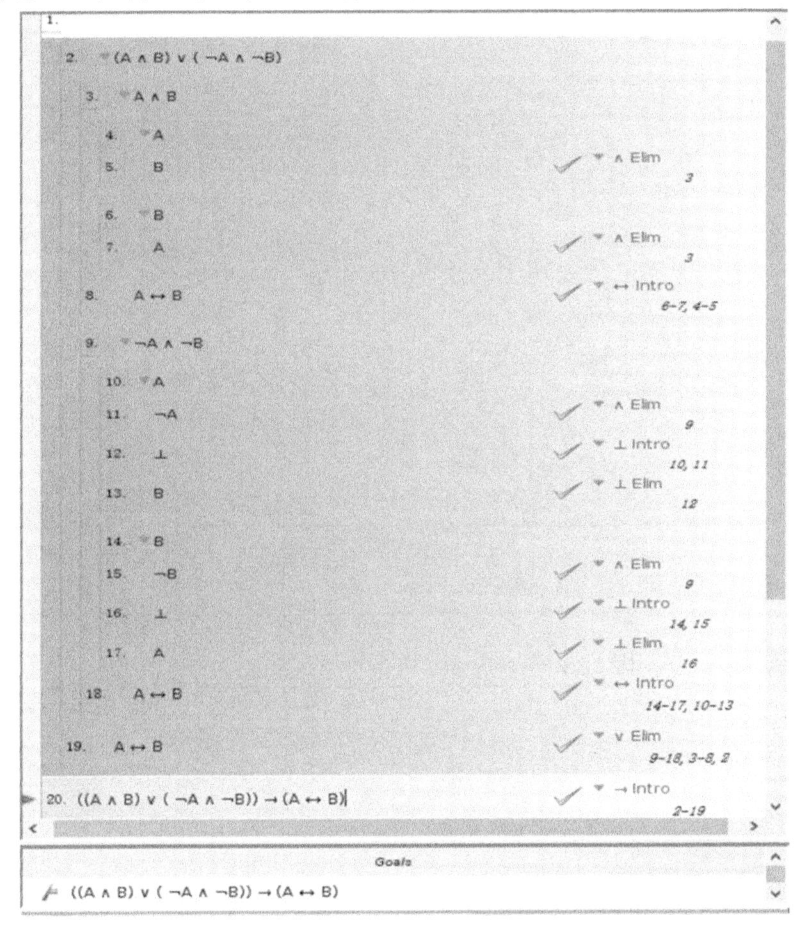

定理 73　$\vdash(A\leftrightarrow B)\leftrightarrow((A\wedge B)\vee(\neg A\wedge\neg B))$。

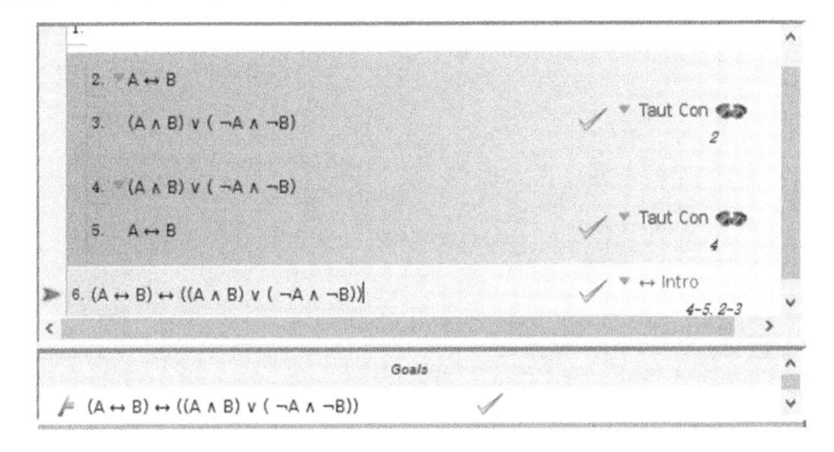

定理 74　$\vdash (A \to B) \to ((B \to A) \to (A \leftrightarrow B))$。

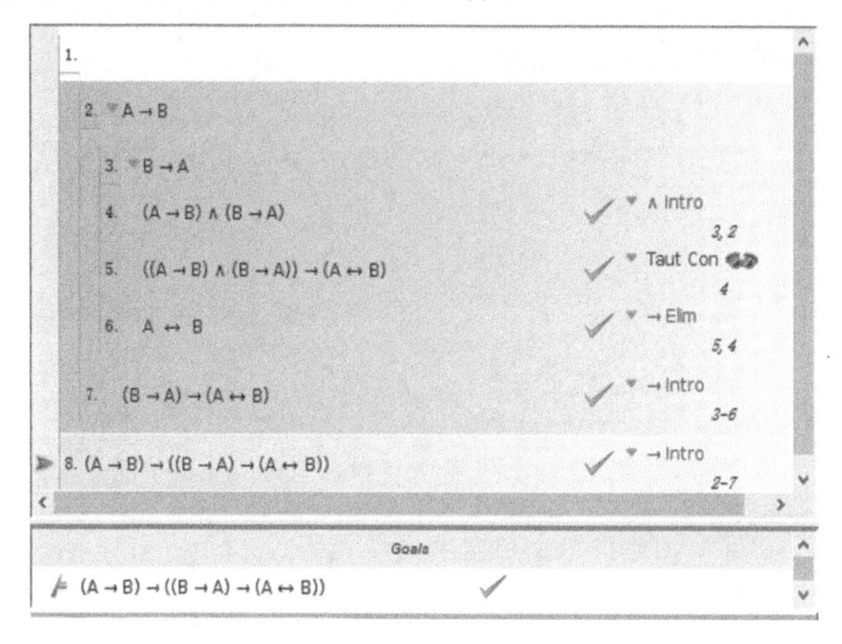

定理 75　$\vdash (A \lor B) \to (\neg A \to B)$。

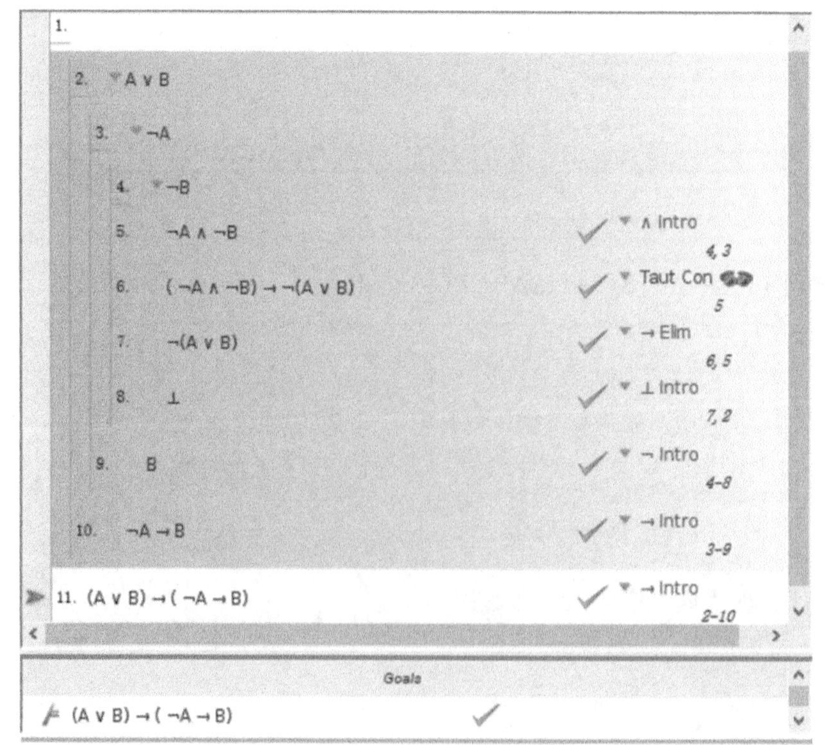

定理 76　$\vdash(\neg A\to B)\to(A\vee B)$。

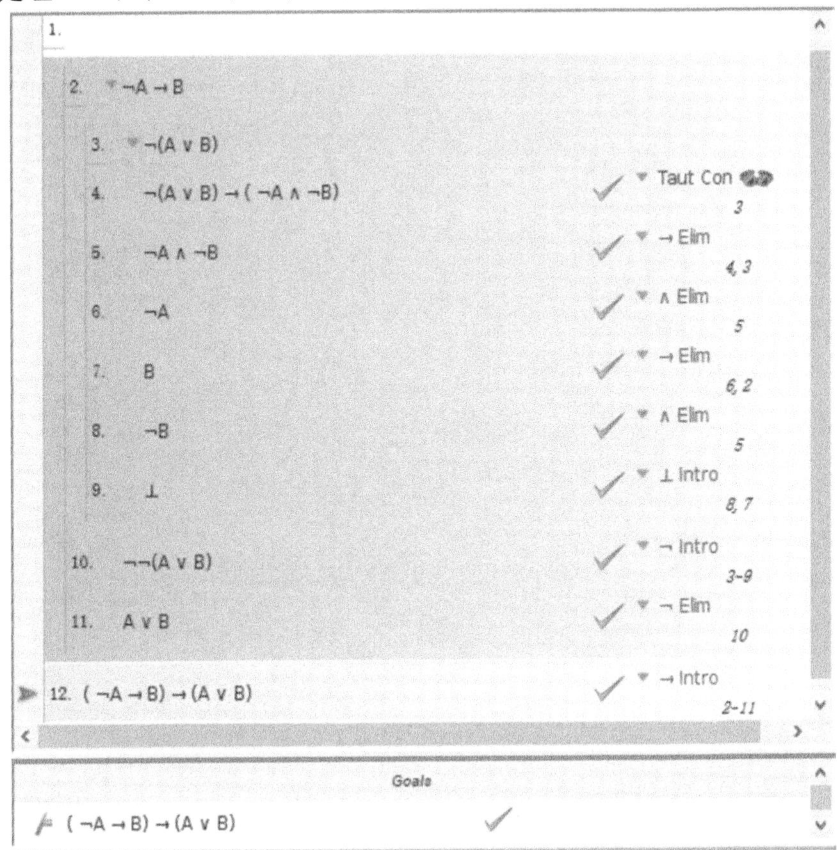

1.
2. ¬A → B
3. ¬(A ∨ B)
4. ¬(A ∨ B) → (¬A ∧ ¬B)
Taut Con
3
5. ¬A ∧ ¬B
→ Elim
4, 3
6. ¬A
∧ Elim
5
7. B
→ Elim
6, 2
8. ¬B
∧ Elim
5
9. ⊥
⊥ Intro
8, 7
10. ¬¬(A ∨ B)
¬ Intro
3-9
11. A ∨ B
¬ Elim
10
12. (¬A → B) → (A ∨ B)
→ Intro
2-11
Goals
(¬A → B) → (A ∨ B)

定理 77　$\vdash(A\vee B)\leftrightarrow(\neg A\to B)$。

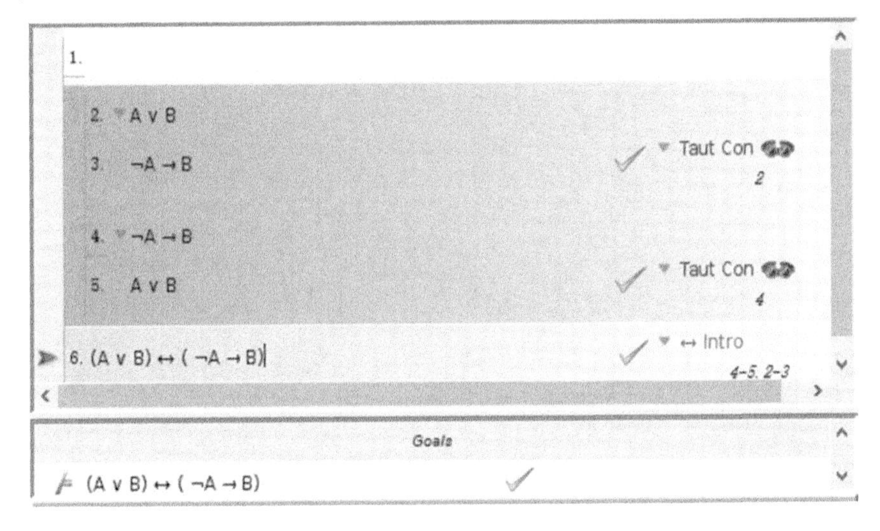

定理 78　$\vdash \neg(A \vee B) \rightarrow \neg(\neg A \rightarrow B)$。

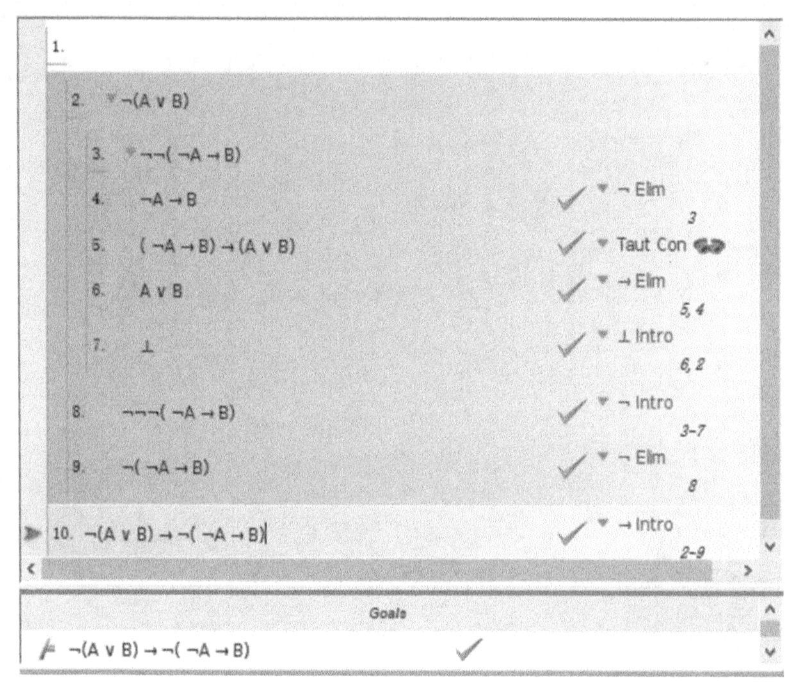

1.
2. ¬(A ∨ B)
3. ¬¬(¬A → B)
4. ¬A → B
¬ Elim
3
5. (¬A → B) → (A ∨ B)
Taut Con
6. A ∨ B
→ Elim
5, 4
7. ⊥
⊥ Intro
6, 2
8. ¬¬¬(¬A → B)
¬ Intro
3-7
9. ¬(¬A → B)
¬ Elim
8
10. ¬(A ∨ B) → ¬(¬A → B)
→ Intro
2-9
Goals
¬(A ∨ B) → ¬(¬A → B)

定理 79　$\vdash \neg(\neg A \rightarrow B) \rightarrow \neg(A \vee B)$。

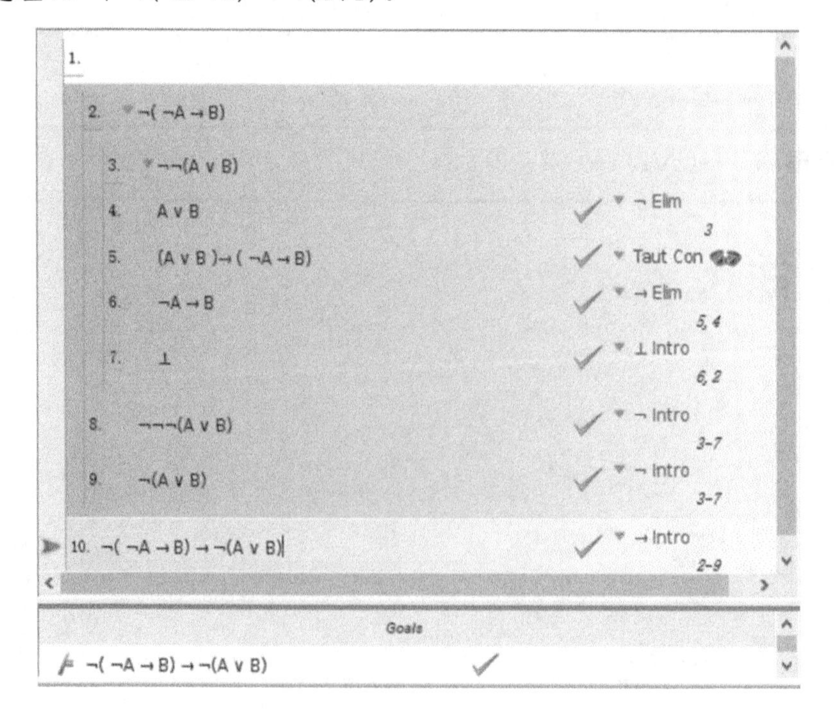

定理 80　$\vdash \neg(A \vee B) \leftrightarrow \neg(\neg A \rightarrow B)$。

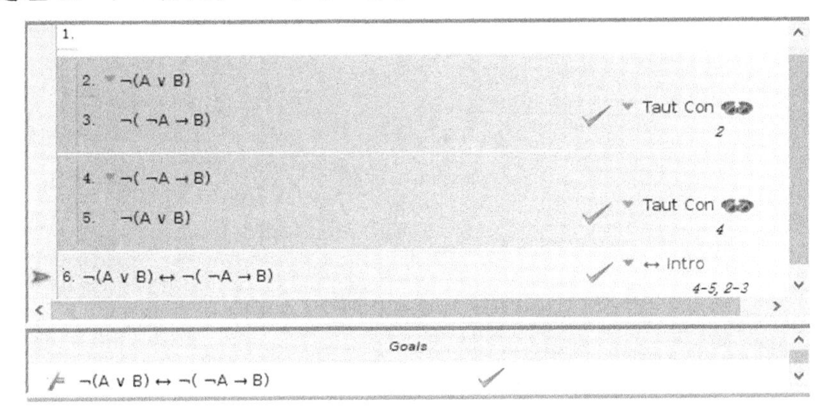

定理 81　$\vdash \neg(\neg A \vee \neg B) \rightarrow \neg(A \rightarrow \neg B)$。

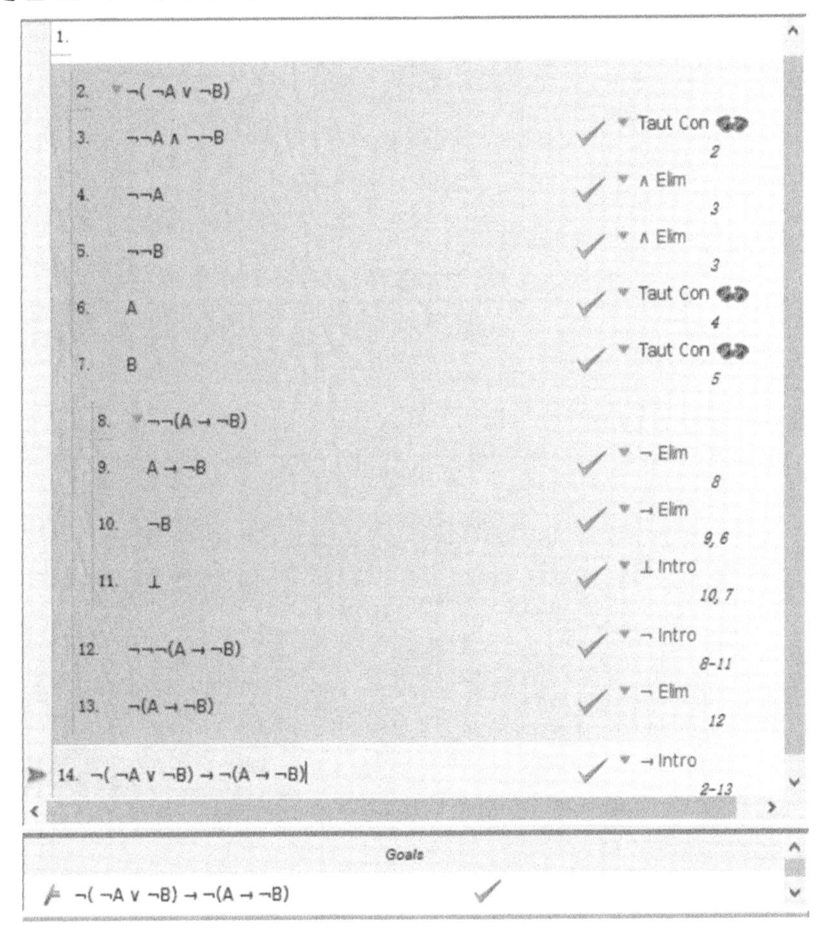

定理 82　$\vdash\neg(A\rightarrow\neg B)\rightarrow\neg(\neg A\vee\neg B)$。

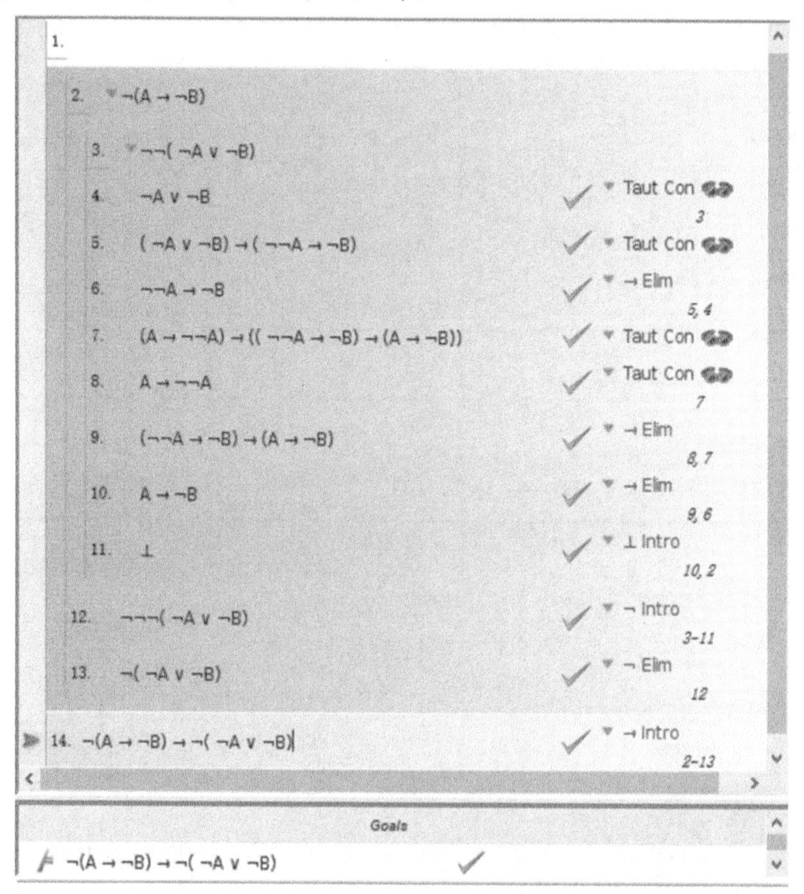

1.
2. ¬(A → ¬B)
3. ¬¬(¬A ∨ ¬B)
4. ¬A ∨ ¬B　Taut Con 3
5. (¬A ∨ ¬B) → (¬¬A → ¬B)　Taut Con
6. ¬¬A → ¬B　→ Elim 5, 4
7. (A → ¬¬A) → ((¬¬A → ¬B) → (A → ¬B))　Taut Con
8. A → ¬¬A　Taut Con 7
9. (¬¬A → ¬B) → (A → ¬B)　→ Elim 8, 7
10. A → ¬B　→ Elim 9, 6
11. ⊥　⊥ Intro 10, 2
12. ¬¬¬(¬A ∨ ¬B)　¬ Intro 3-11
13. ¬(¬A ∨ ¬B)　¬ Elim 12
14. ¬(A → ¬B) → ¬(¬A ∨ ¬B)　→ Intro 2-13
Goals
¬(A → ¬B) → ¬(¬A ∨ ¬B)

定理 83　$\vdash\neg(\neg A\vee\neg B)\leftrightarrow\neg(A\rightarrow\neg B)$。

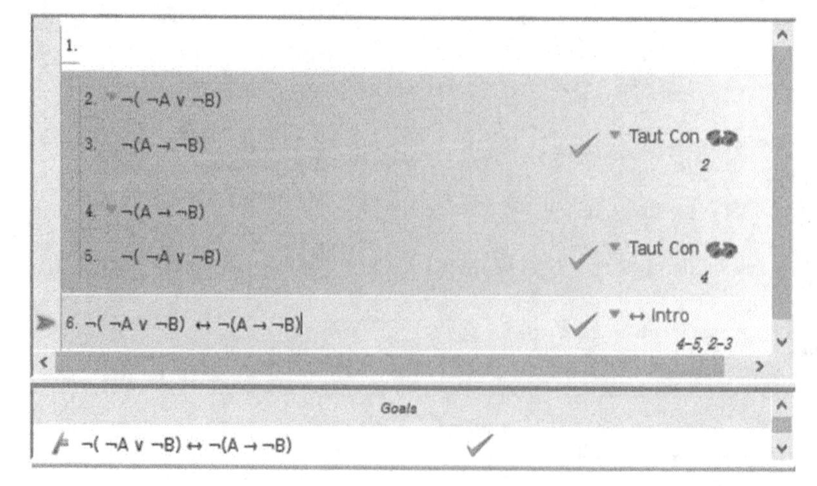

定理 84　$\vdash (A \wedge B) \rightarrow \neg(A \rightarrow \neg B)$。

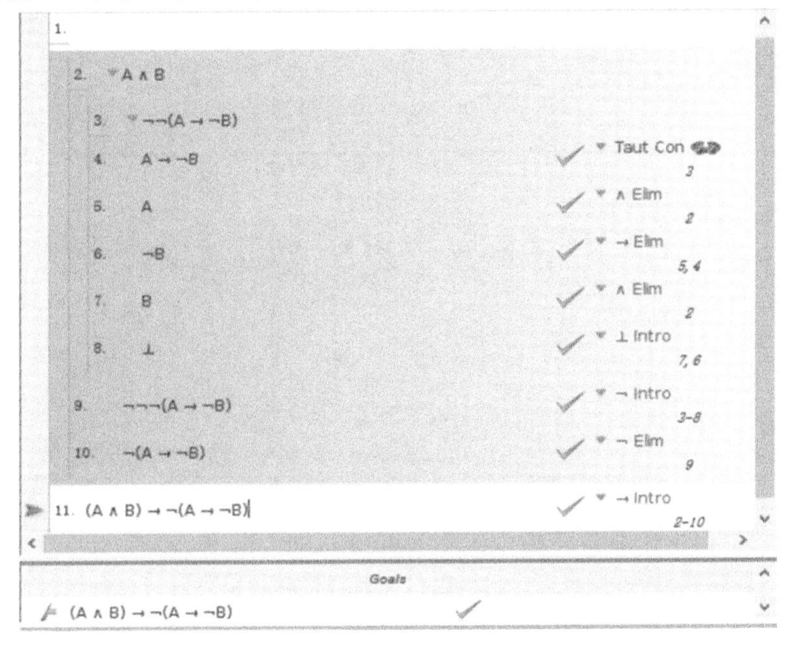

1.
2. A ∧ B
3. ¬¬(A → ¬B)
4. A → ¬B
5. A
6. ¬B
7. B
8. ⊥
9. ¬¬¬(A → ¬B)
10. ¬(A → ¬B)
11. (A ∧ B) → ¬(A → ¬B)
Taut Con 3
∧ Elim 2
→ Elim 5, 4
∧ Elim 2
⊥ Intro 7, 6
¬ Intro 3-8
¬ Elim 9
→ Intro 2-10
Goals
(A ∧ B) → ¬(A → ¬B)

定理 85　$\vdash \neg(A \rightarrow \neg B) \rightarrow (A \wedge B)$。

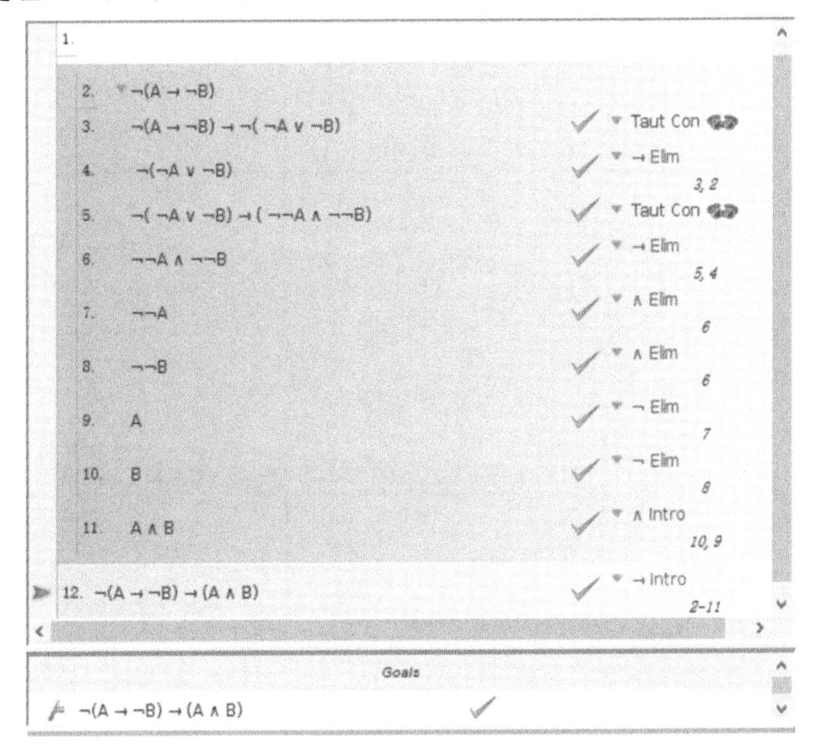

定理 86　$\vdash (A \wedge B) \leftrightarrow \neg (A \rightarrow \neg B)$。

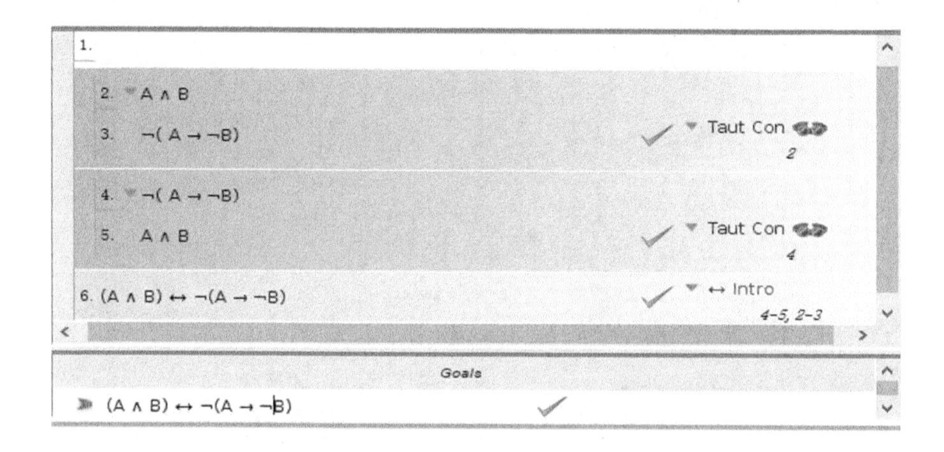

定理 87　$\vdash A \rightarrow (B \rightarrow A)$。

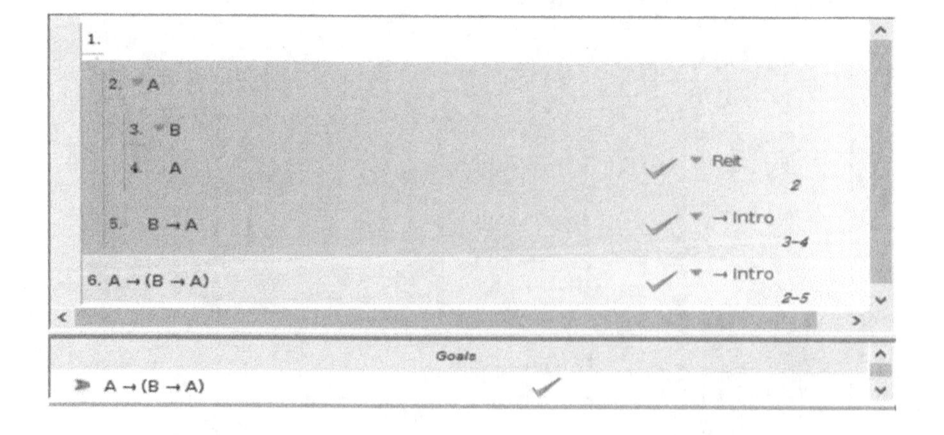

定理 88　$\vdash (A\to(B\to C))\to((A\to B)\to(A\to C))$。

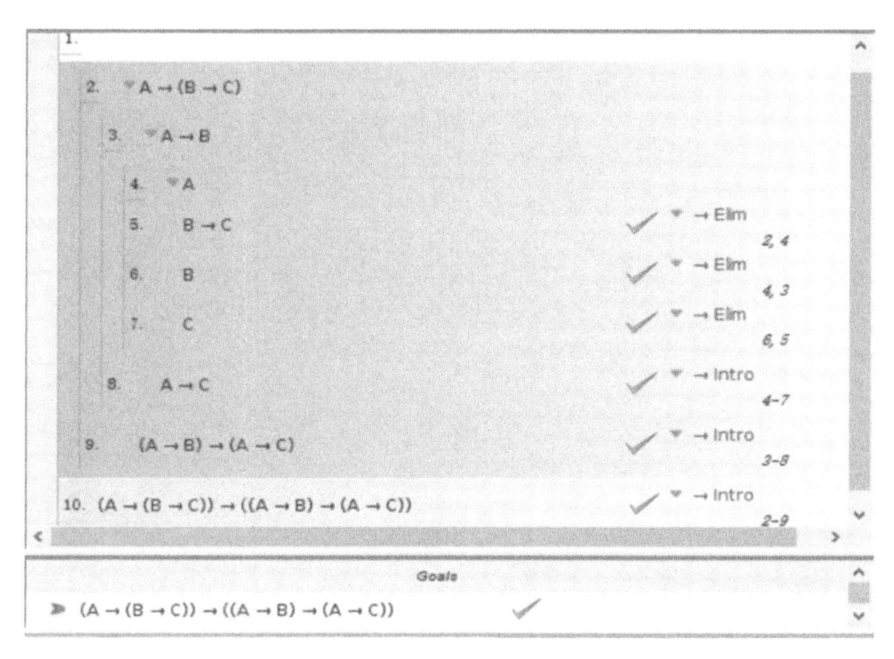

定理 89　$\vdash (\neg A\to B)\to((\neg A\to\neg B)\to A)$。

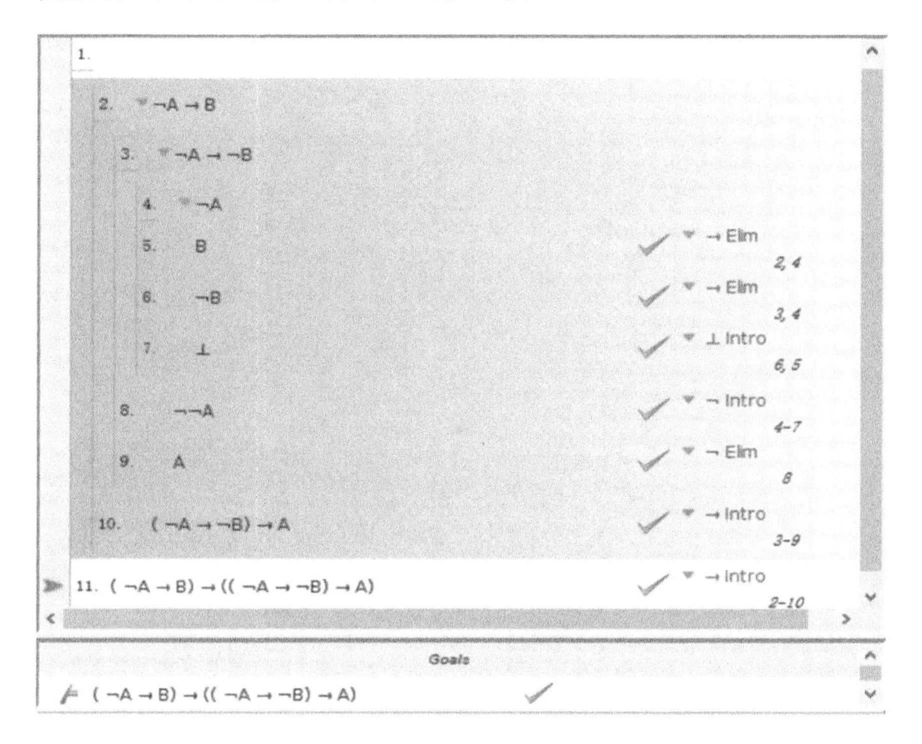

定理 90　$\vdash (A\to B)\to((C\to A)\to(C\to B))$。

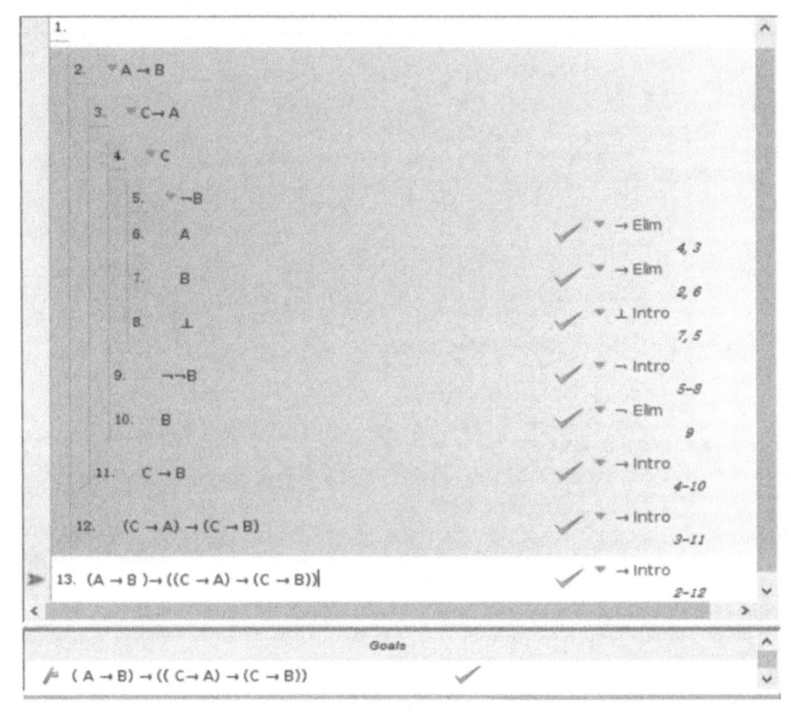

定理 91　$\vdash (A\to C)\to((B\to C)\to(A\vee B\to C))$。

1.
2. A → C
3. B → C
4. A ∨ B
5. A
6. C　→ Elim　5, 2
7. B
8. C　→ Elim　3, 7
9. C　∨ Elim　5-6, 7-8, 4
10. (A ∨ B) → C　→ Intro　4-9
11. (B → C) → ((A ∨ B)→ C)　→ Intro　3-10
12. (A → C) → ((B → C) → ((A ∨ B) → C))　→ Intro　2-11

Goals
(A → C) → ((B → C) → ((A ∨ B) → C))

定理 92　$\vdash((A\rightarrow B)\wedge(C\rightarrow D))\rightarrow((A\wedge C)\rightarrow(B\wedge D))$。

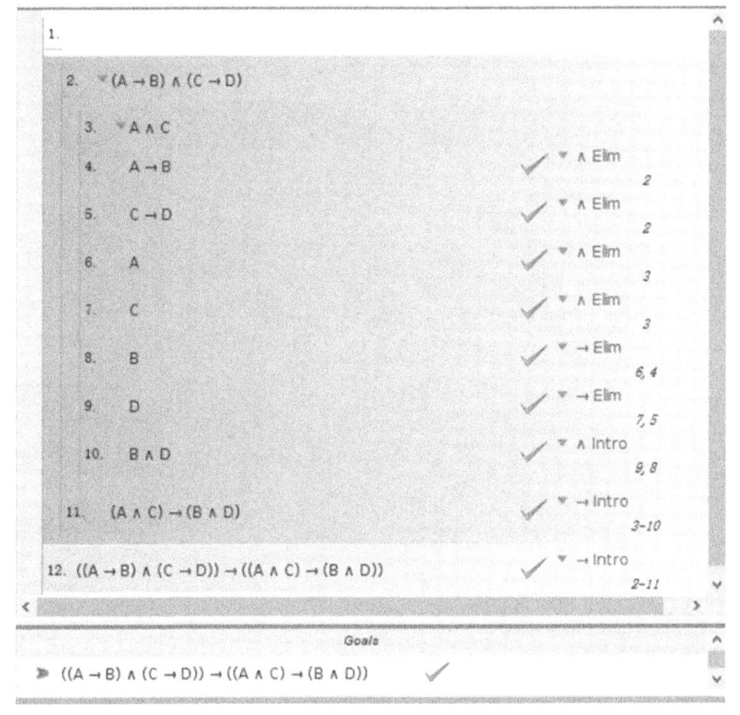

定理 93　$\vdash(A\rightarrow B)\rightarrow((\neg A\rightarrow B)\rightarrow B)$。

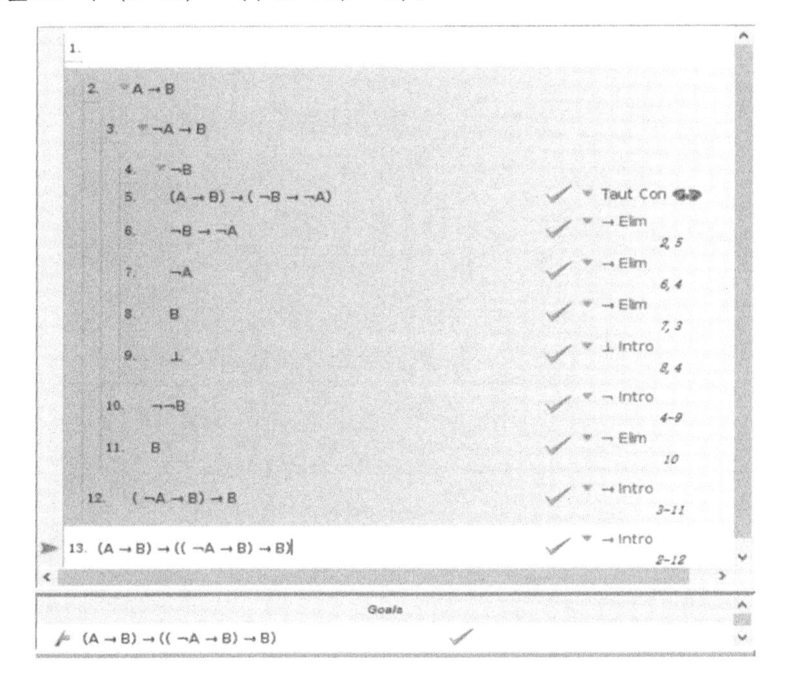

定理 94　$\vdash \neg(A \to B) \to (A \wedge \neg B)$。

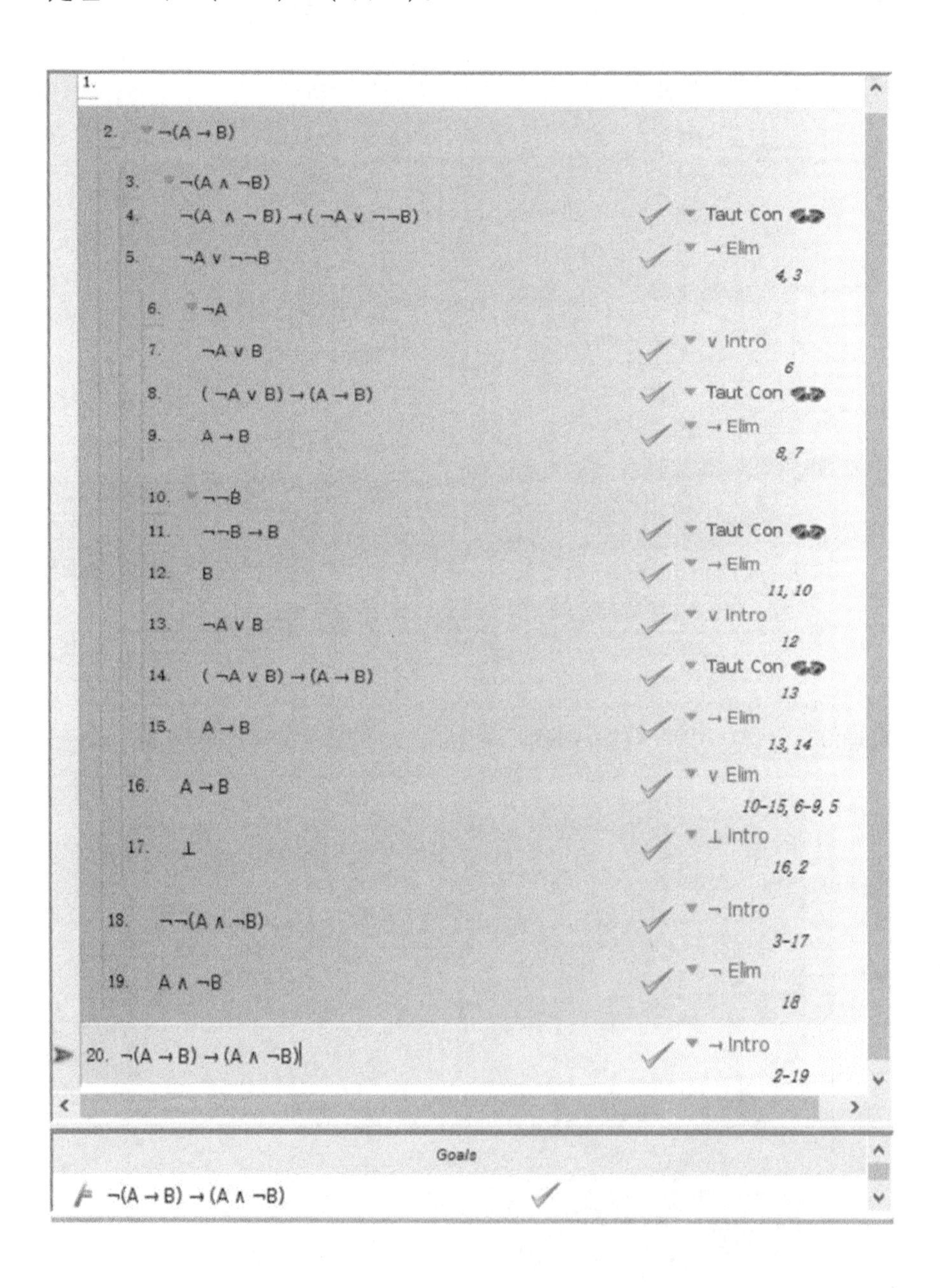

1.
2. ¬(A → B)
3. ¬(A ∧ ¬B)
4. ¬(A ∧ ¬ B) → (¬A ∨ ¬¬B)
Taut Con
5. ¬A ∨ ¬¬B
→ Elim
4, 3
6. ¬A
7. ¬A ∨ B
∨ Intro
6
8. (¬A ∨ B) → (A → B)
Taut Con
9. A → B
→ Elim
8, 7
10. ¬¬B
11. ¬¬B → B
Taut Con
12. B
→ Elim
11, 10
13. ¬A ∨ B
∨ Intro
12
14. (¬A ∨ B) → (A → B)
Taut Con
13
15. A → B
→ Elim
13, 14
16. A → B
∨ Elim
10-15, 6-9, 5
17. ⊥
⊥ Intro
16, 2
18. ¬¬(A ∧ ¬B)
¬ Intro
3-17
19. A ∧ ¬B
¬ Elim
18
20. ¬(A → B) → (A ∧ ¬B)
→ Intro
2-19
Goals
¬(A → B) → (A ∧ ¬B)

5.4　系统 FQC 定理的 Fitch 证明

本节仍然按照 2.2 节定理的证明顺序，用交互式计算机证明器 Fitch 给出它们的形式证明。

定理 1　$\vdash \forall x\mathrm{A} \to \mathrm{A}$。

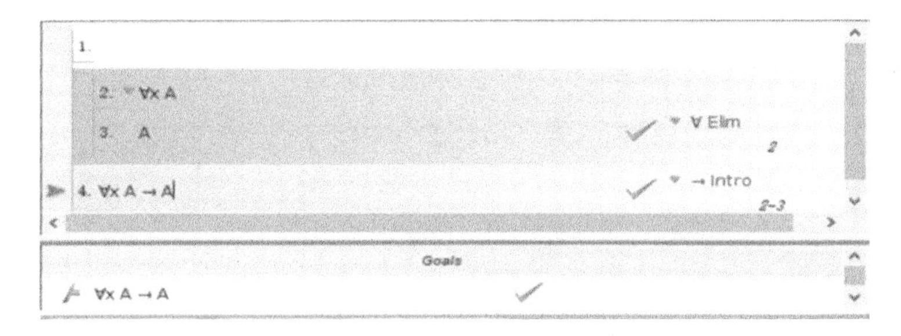

定理 2　$\vdash \mathrm{A} \to \forall x\mathrm{A}$，$x$不在 A 中自由出现。

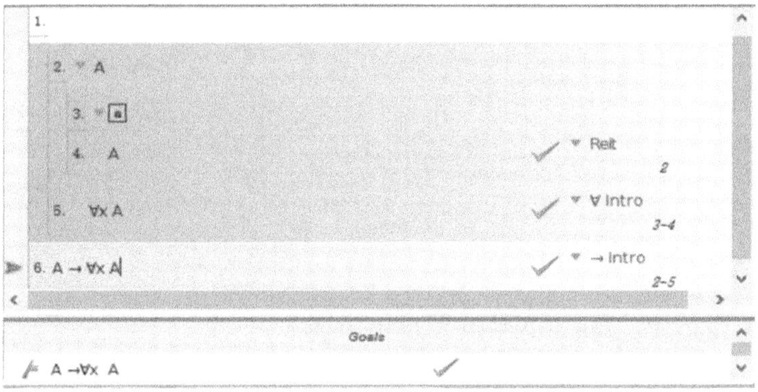

定理 3　$\vdash \mathrm{A} \leftrightarrow \forall x\mathrm{A}$，$x$不在 A 中自由出现。

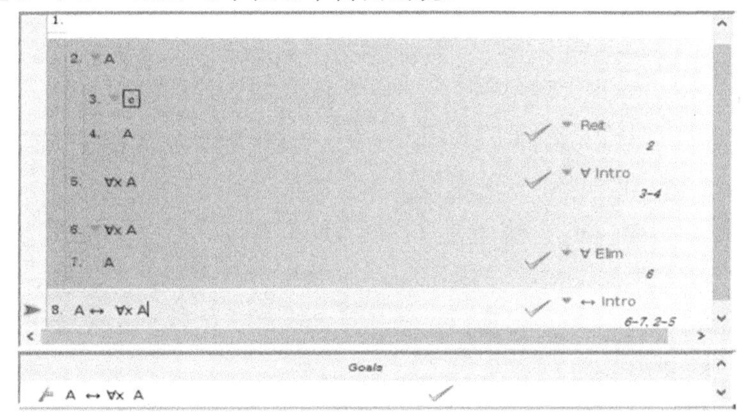

定理 4　$\vdash A \rightarrow \exists x A$。

1.
2. A
3. ∃x A　∃ Intro 2
4. A → ∃x A　→ Intro 2-3

Goals

⊨ A → ∃x A

定理 5　$\vdash \exists x A \rightarrow A$，$x$不在 A 中自由出现。

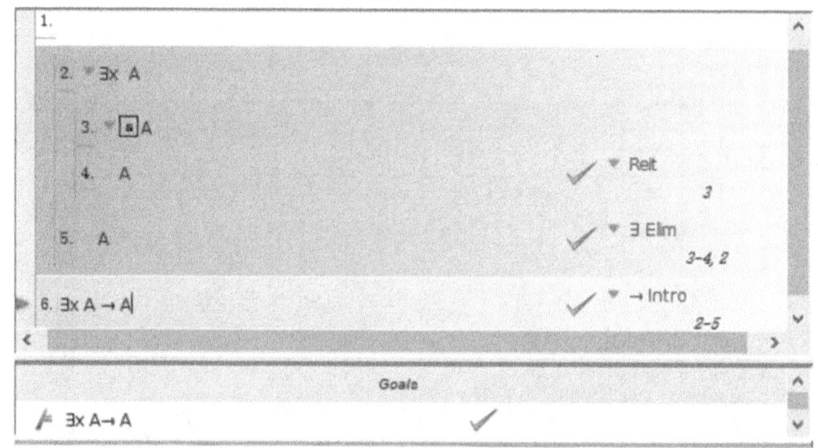

定理 6　$\vdash A \leftrightarrow \exists x A$，$x$不在 A 中自由出现。

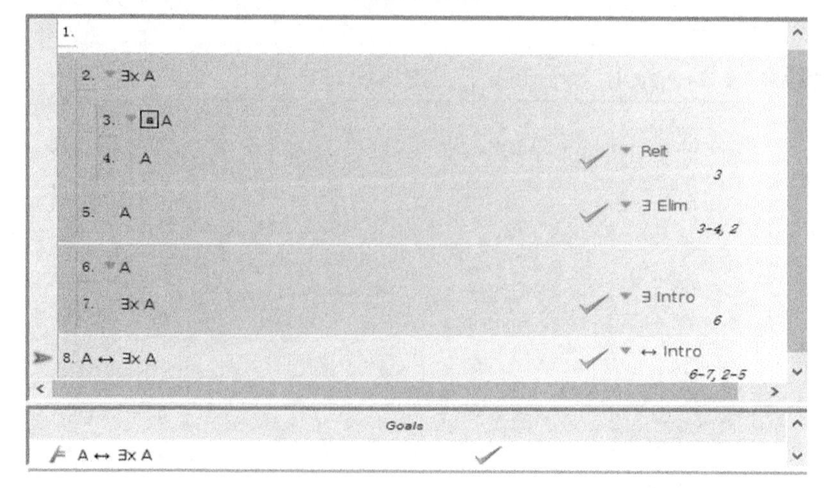

定理 7　$\vdash\forall x\mathrm{A}\to\exists x\mathrm{A}$。

1.
2. ∀x A
3. A　∀ Elim 2
4. ∃x A　∃ Intro 3
5. ∀x A→∃x A　→ Intro 2-4

Goals

∀x A → ∃x A

定理 8　$\vdash\exists x\mathrm{A}\to\forall x\mathrm{A}$，$x$不在 A 中自由出现。

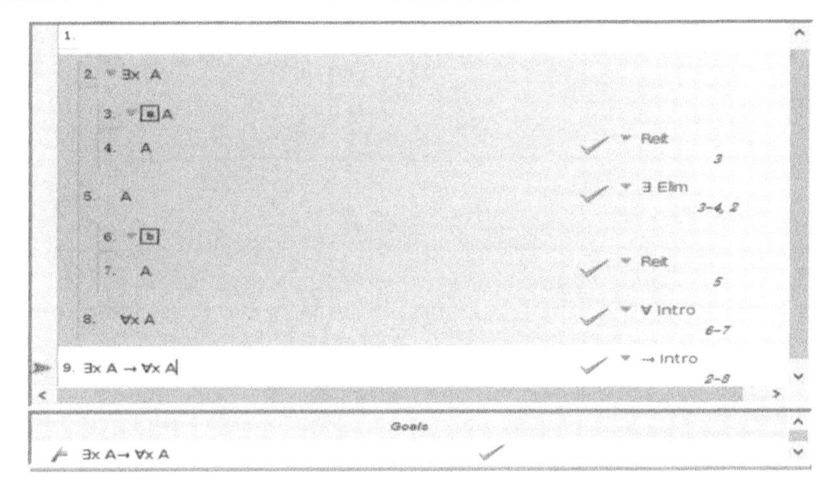

定理 9　$\vdash\forall x\mathrm{A}\leftrightarrow\exists x\mathrm{A}$，$x$不在 A 中自由出现。

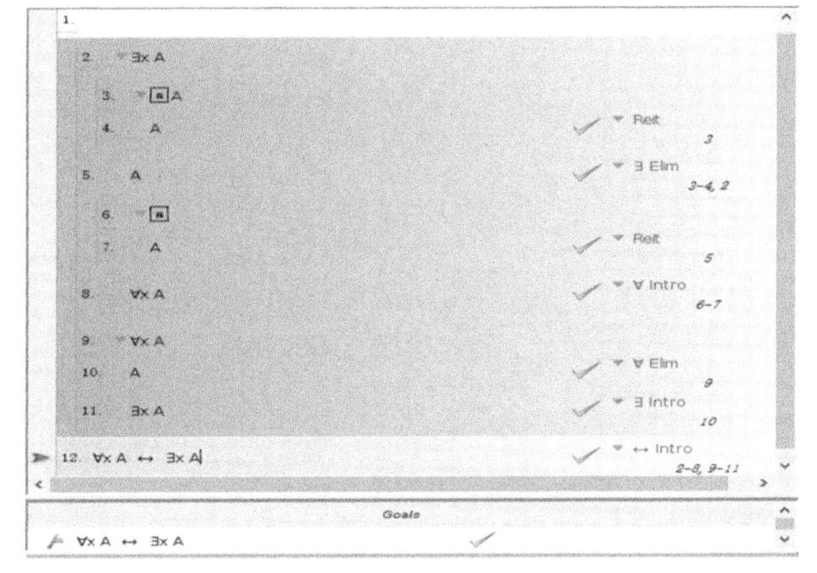

1.
2. ∃x A
3. a A
4. A
Reit
3
5. A
∃ Elim
3-4, 2
6. a
7. A
Reit
5
8. ∀x A
∀ Intro
6-7
9. ∀x A
10. A
∀ Elim
9
11. ∃x A
∃ Intro
10
12. ∀x A ↔ ∃x A
↔ Intro
2-8, 9-11
Goals
∀x A ↔ ∃x A

定理 10 $\vdash \forall x \forall y \mathrm{A} \to \forall y \forall x \mathrm{A}$。

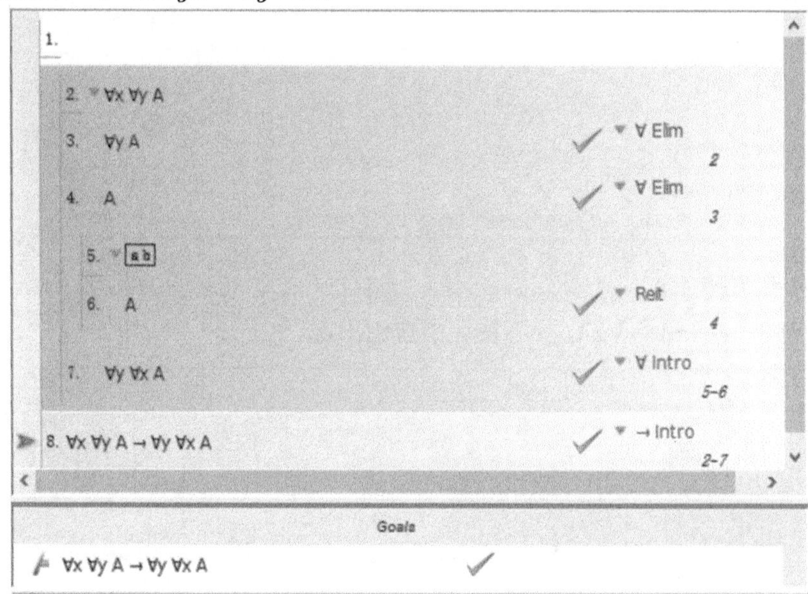

定理 11 $\vdash \exists x \forall y \mathrm{A} \to \forall y \exists x \mathrm{A}$。

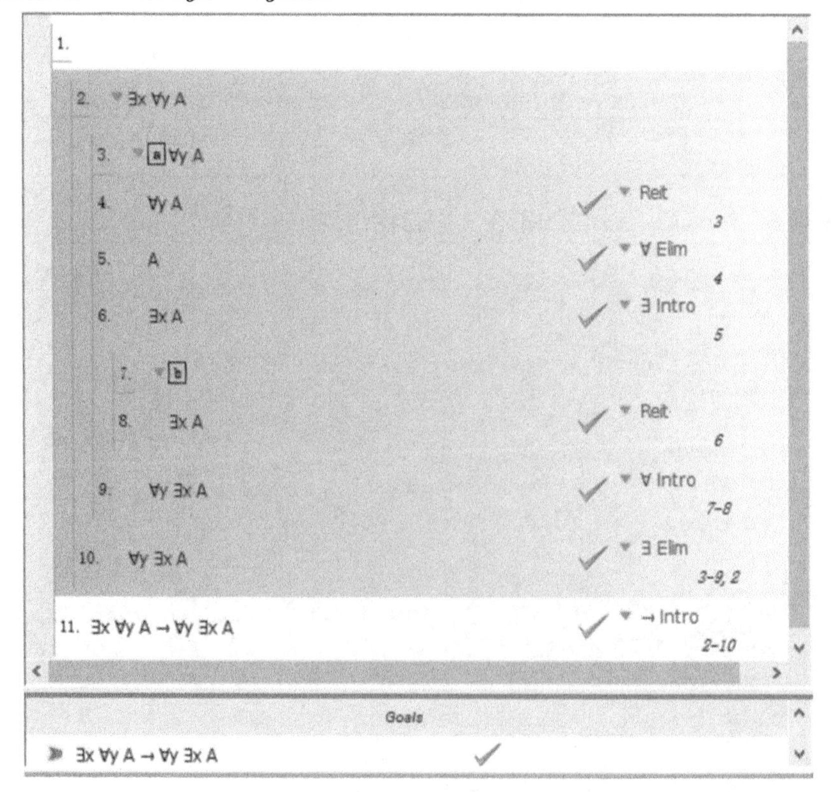

定理 12　$\vdash\exists x\exists y\mathrm{A}\rightarrow\exists y\exists x\mathrm{A}$。

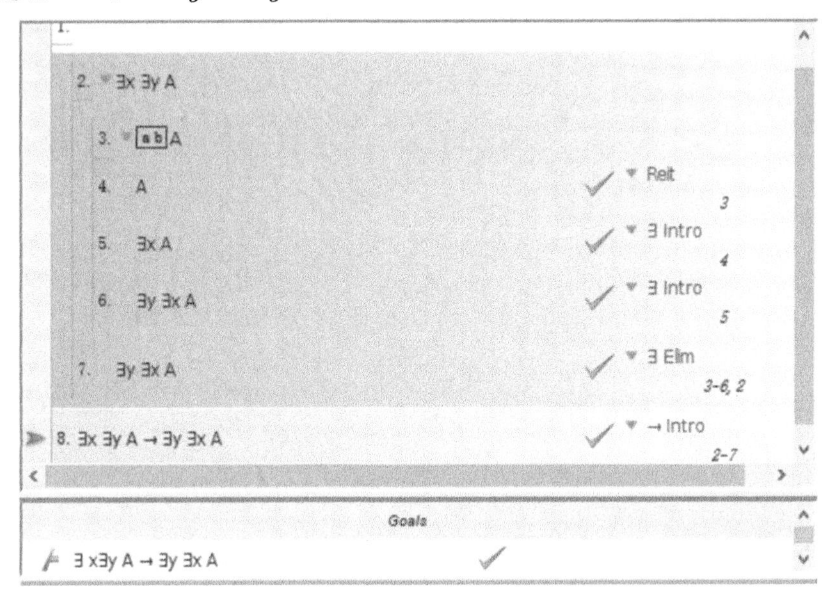

定理 13　$\vdash\forall x(\mathrm{A}\wedge\mathrm{B})\rightarrow(\forall x\mathrm{A}\wedge\forall x\mathrm{B})$。

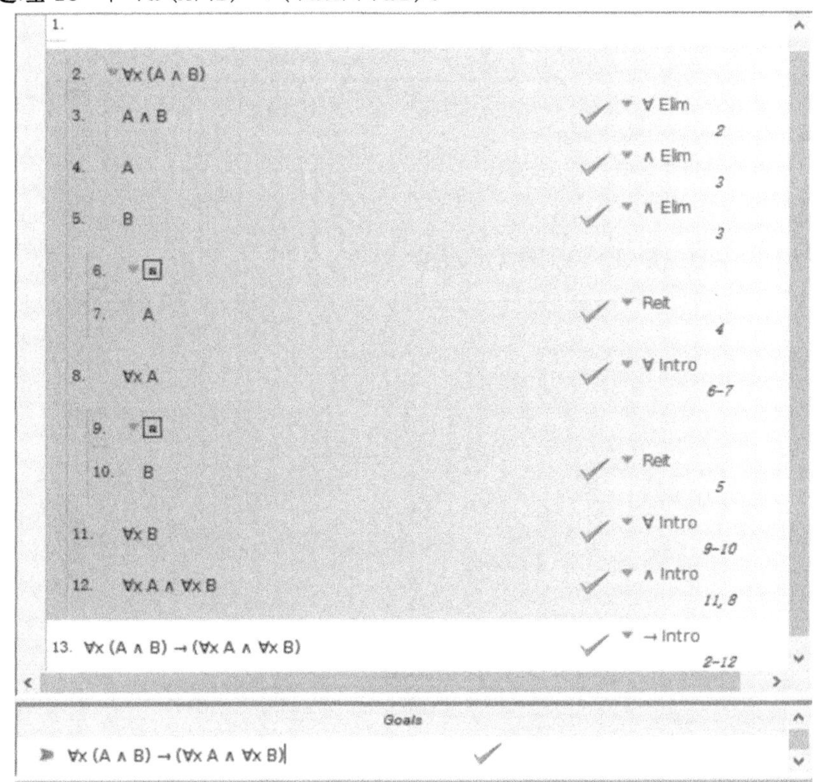

定理 14　$\vdash (\forall x\mathrm{A} \wedge \forall x\mathrm{B}) \rightarrow \forall x(\mathrm{A} \wedge \mathrm{B})$。

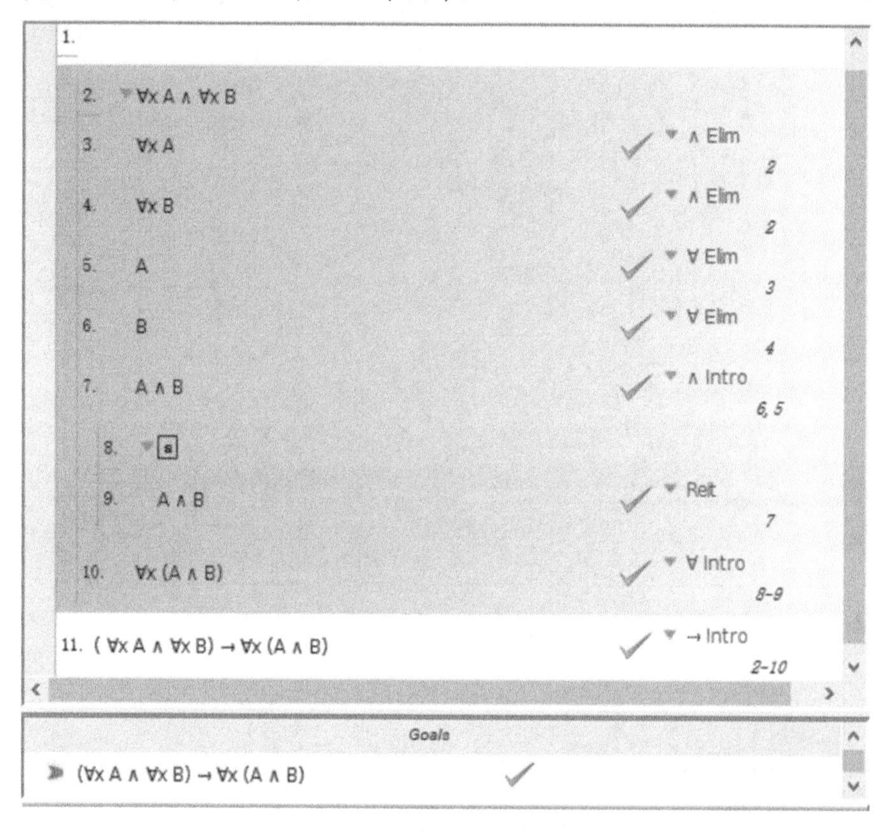

定理 15　$\vdash \forall x(\mathrm{A} \wedge \mathrm{B}) \leftrightarrow (\forall x\mathrm{A} \wedge \forall x\mathrm{B})$。

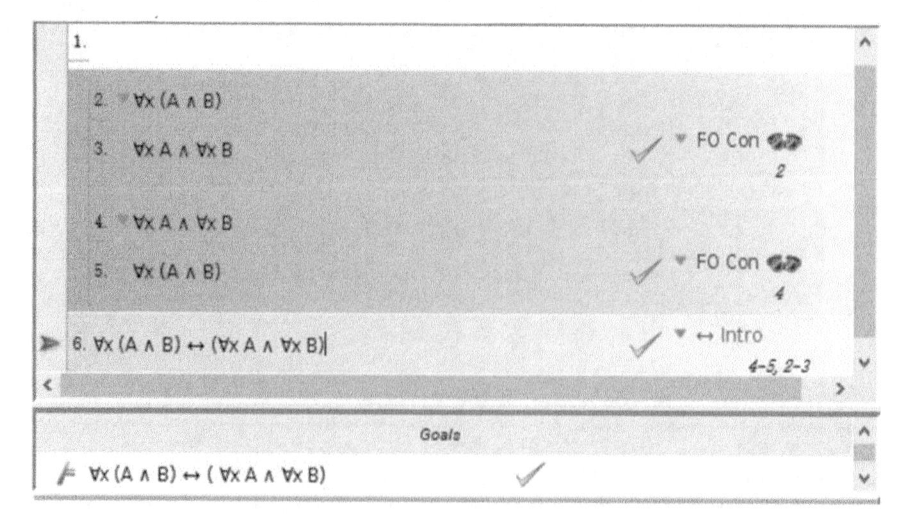

定理 16　$\vdash\forall x(\mathrm{A}\wedge\mathrm{B})\rightarrow(\mathrm{A}\wedge\forall x\mathrm{B})$，$x$不在 A 中自由出现。

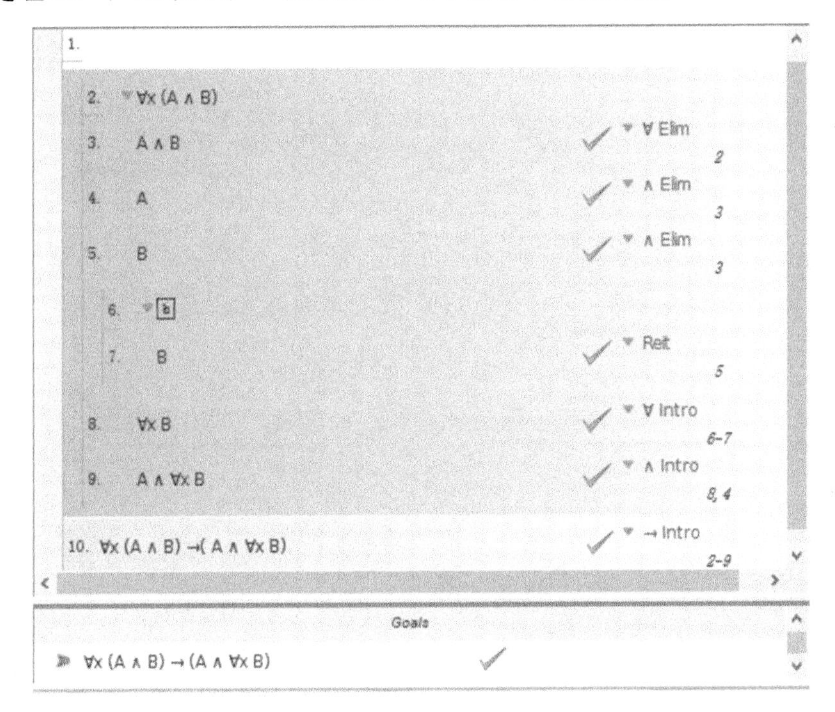

定理 17　$\vdash(\mathrm{A}\wedge\forall x\mathrm{B})\rightarrow\forall x(\mathrm{A}\wedge\mathrm{B})$，$x$不在 A 中自由出现。

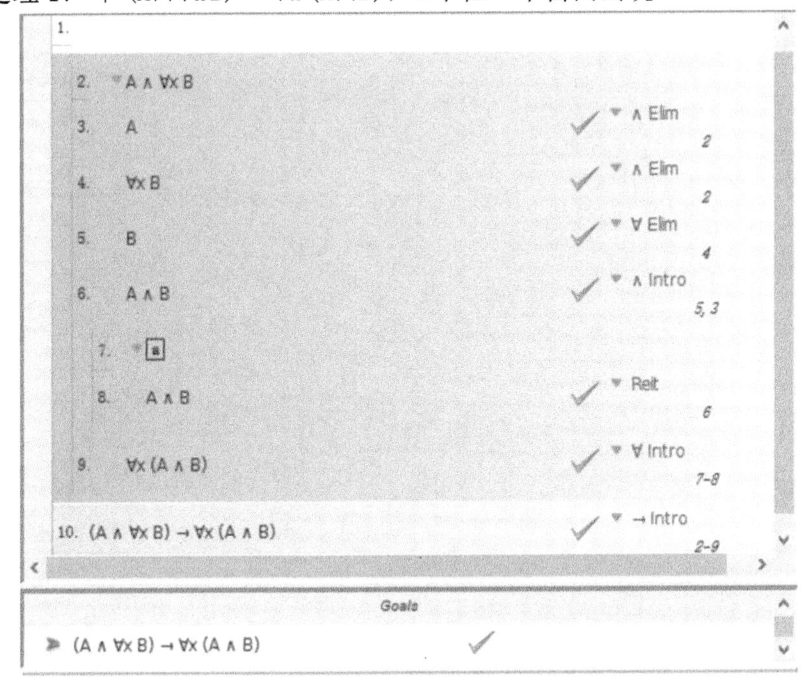

定理 18 $\vdash\forall x(\mathrm{A}\wedge\mathrm{B})\leftrightarrow(\mathrm{A}\wedge\forall x\mathrm{B})$，$x$不在 A 中自由出现。

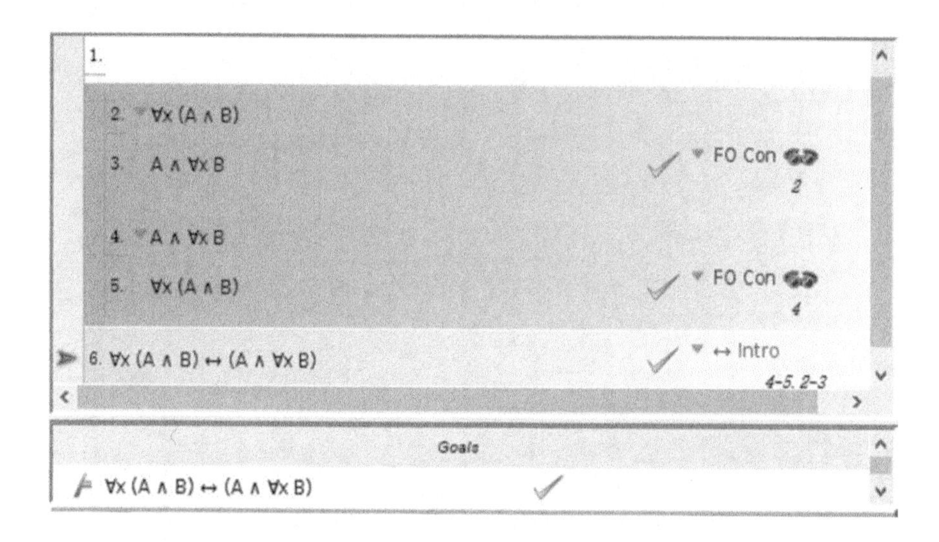

定理 19 $\vdash\forall x(\mathrm{A}\wedge\mathrm{B})\rightarrow(\forall x\mathrm{A}\wedge\mathrm{B})$，$x$不在 B 中自由出现。

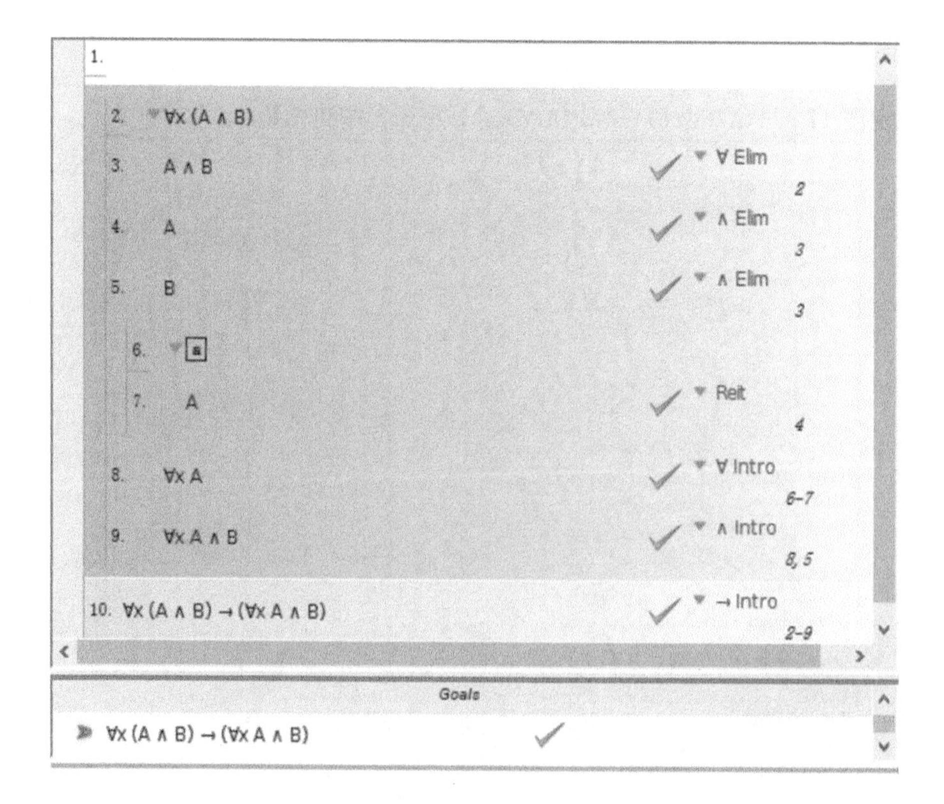

定理 20　$\vdash(\forall x\mathrm{A}\wedge\mathrm{B})\rightarrow\forall x(\mathrm{A}\wedge\mathrm{B})$，$x$不在 B 中自由出现。

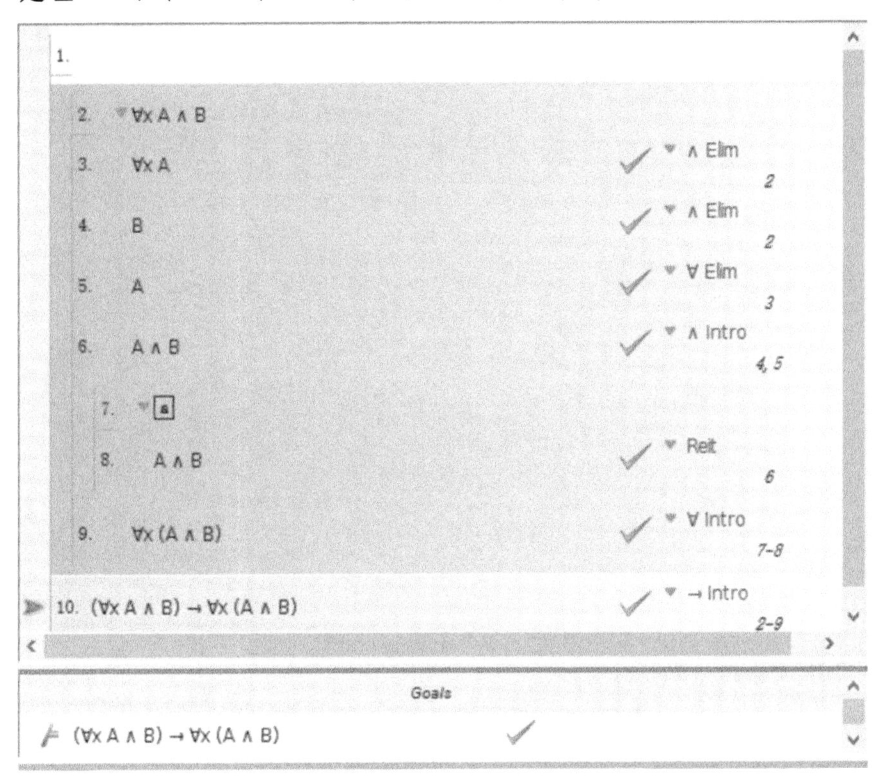

定理 21　$\vdash\forall x(\mathrm{A}\wedge\mathrm{B})\leftrightarrow(\forall x\mathrm{A}\wedge\mathrm{B})$，$x$不在 B 中自由出现。

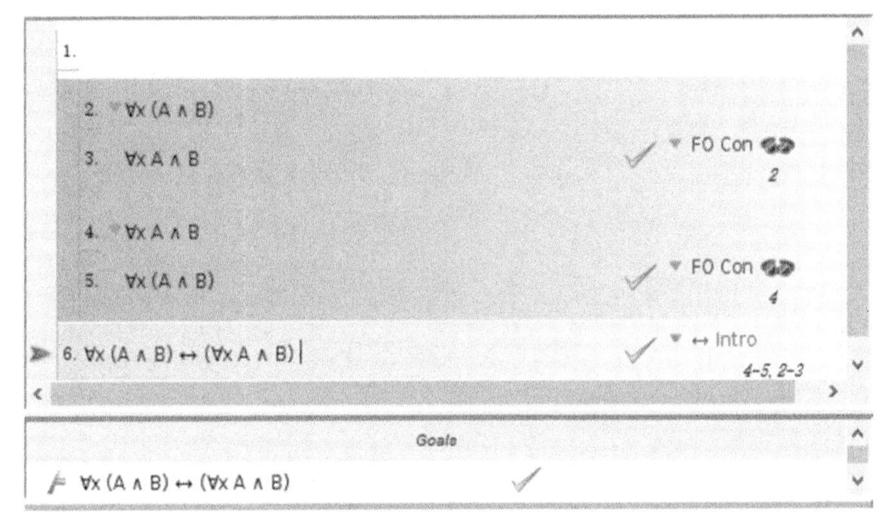

定理 22　$\vdash \exists x(\mathrm{A}\wedge\mathrm{B})\rightarrow(\exists x\mathrm{A}\wedge\exists x\mathrm{B})$。

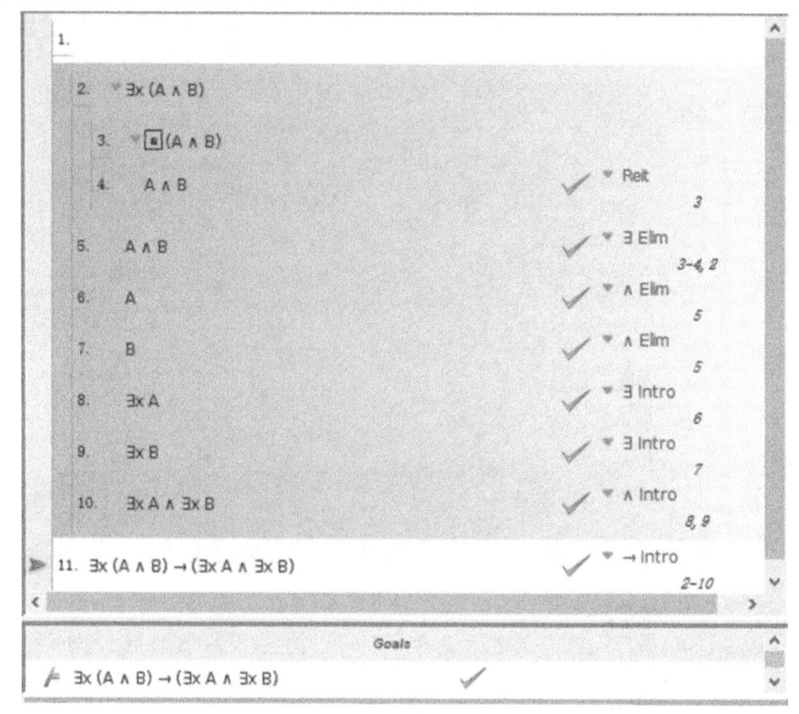

定理 23　$\vdash \exists x(\mathrm{A}\wedge\mathrm{B})\rightarrow(\exists x\mathrm{A}\wedge\mathrm{B})$，$x$不在 B 中自由出现。

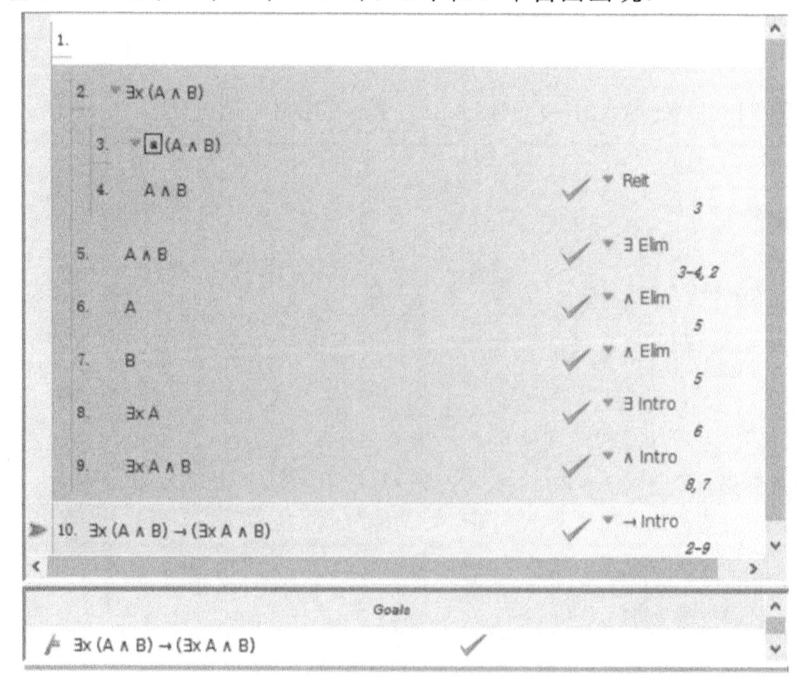

定理 24　$\vdash(\exists x\mathrm{A}\wedge\mathrm{B})\to\exists x(\mathrm{A}\wedge\mathrm{B})$，$x$不在 B 中自由出现。

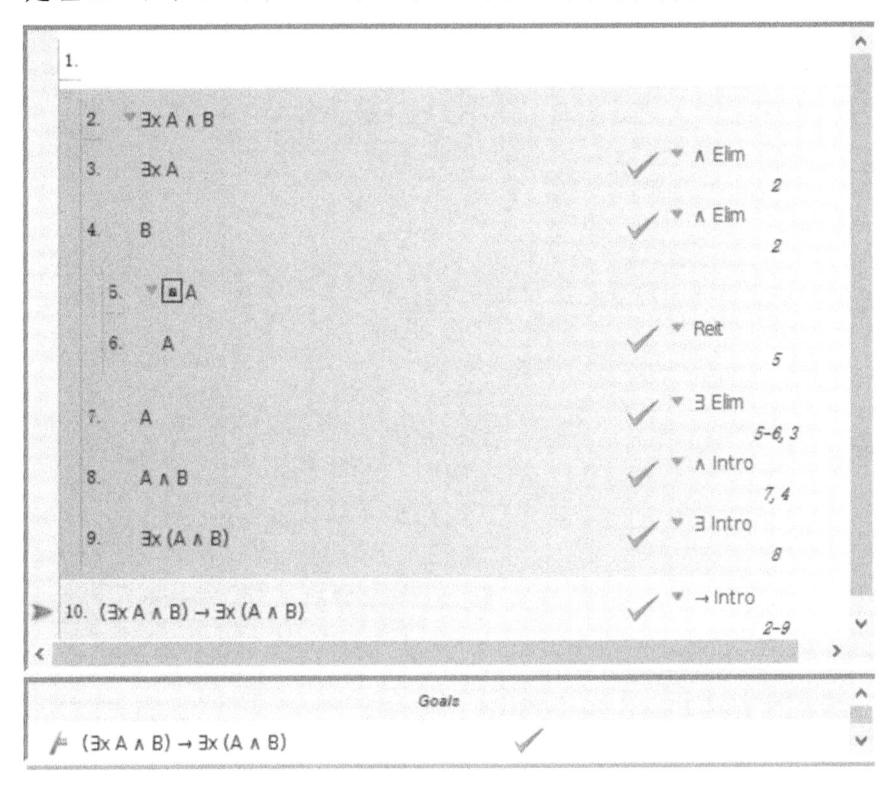

定理 25　$\vdash\exists x(\mathrm{A}\wedge\mathrm{B})\leftrightarrow(\exists x\mathrm{A}\wedge\mathrm{B})$，$x$不在 B 中自由出现。

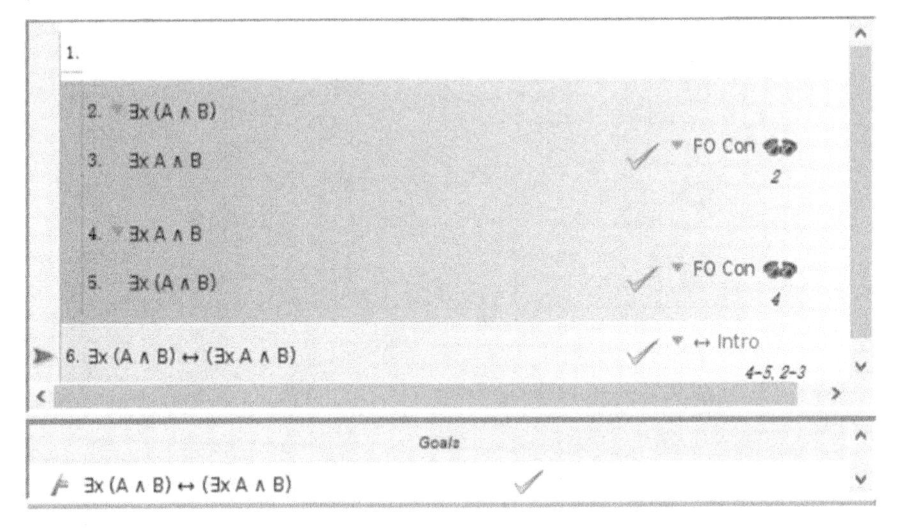

定理 26　$\vdash \exists x(\mathrm{A}\wedge \mathrm{B})\rightarrow(\mathrm{A}\wedge \exists x\mathrm{B})$，$x$不在 A 中自由出现。

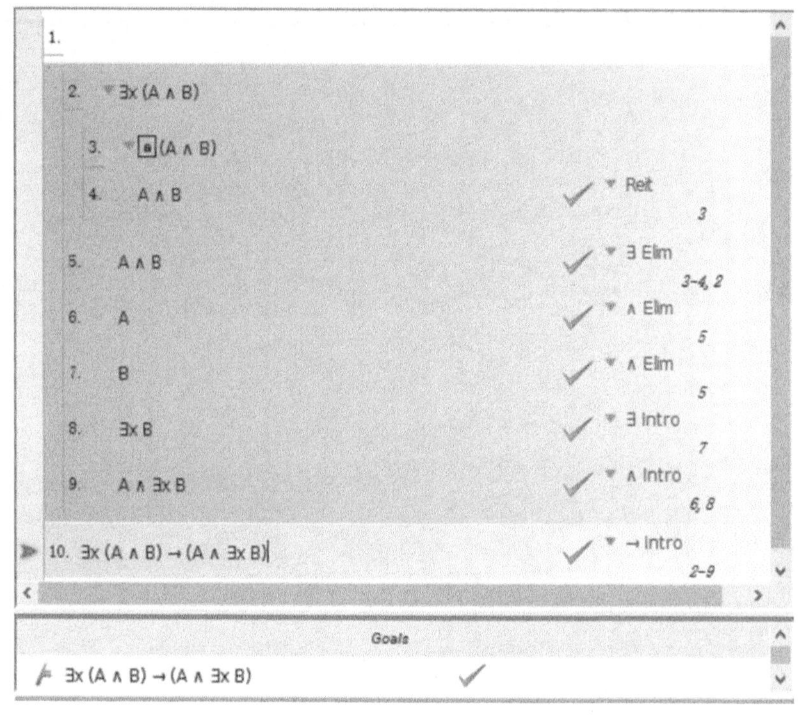

定理 27　$\vdash(\mathrm{A}\wedge \exists x\mathrm{B})\rightarrow \exists x(\mathrm{A}\wedge \mathrm{B})$，$x$不在 A 中自由出现。

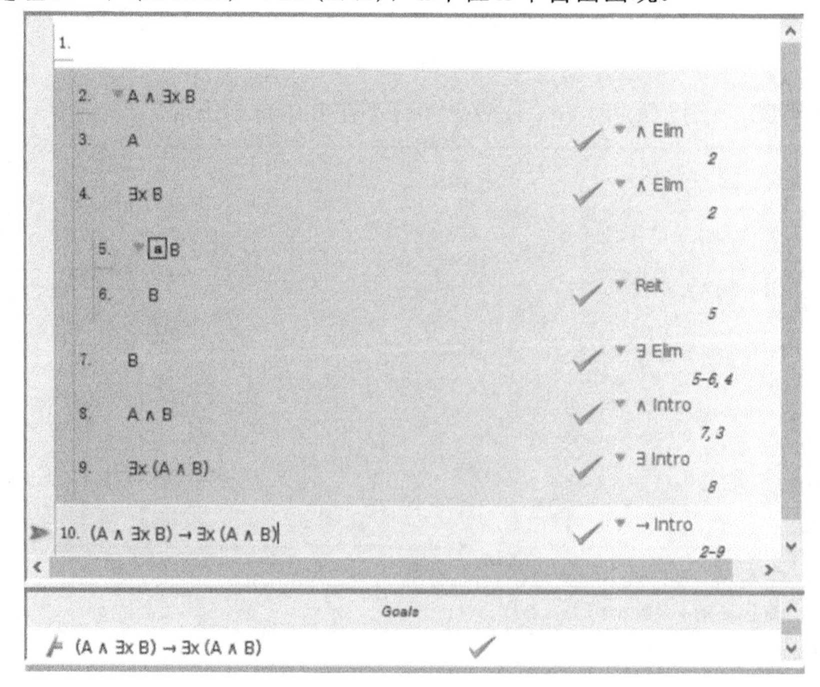

定理 28　$\vdash \exists x(\mathrm{A}\wedge\mathrm{B})\leftrightarrow(\mathrm{A}\wedge\exists x\mathrm{B})$，$x$不在 A 中自由出现。

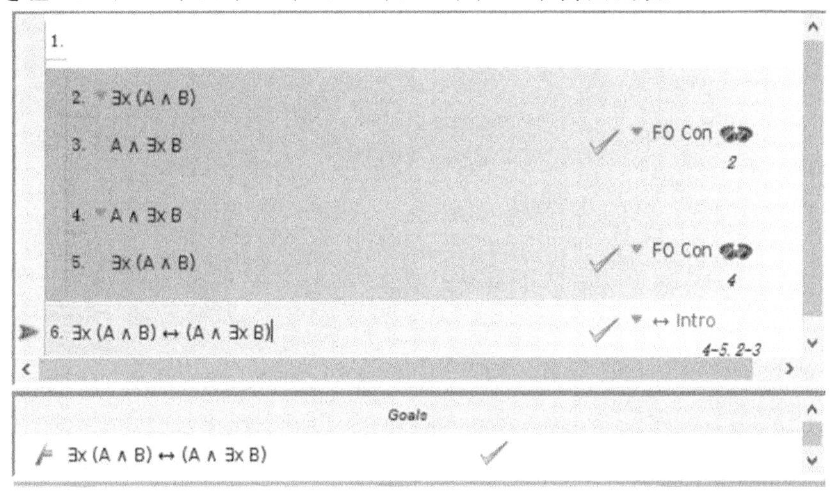

定理 29　$\vdash \forall x(\mathrm{A}\vee\mathrm{B})\rightarrow(\forall x\mathrm{A}\vee\mathrm{B})$，$x$不在 B 中自由出现。

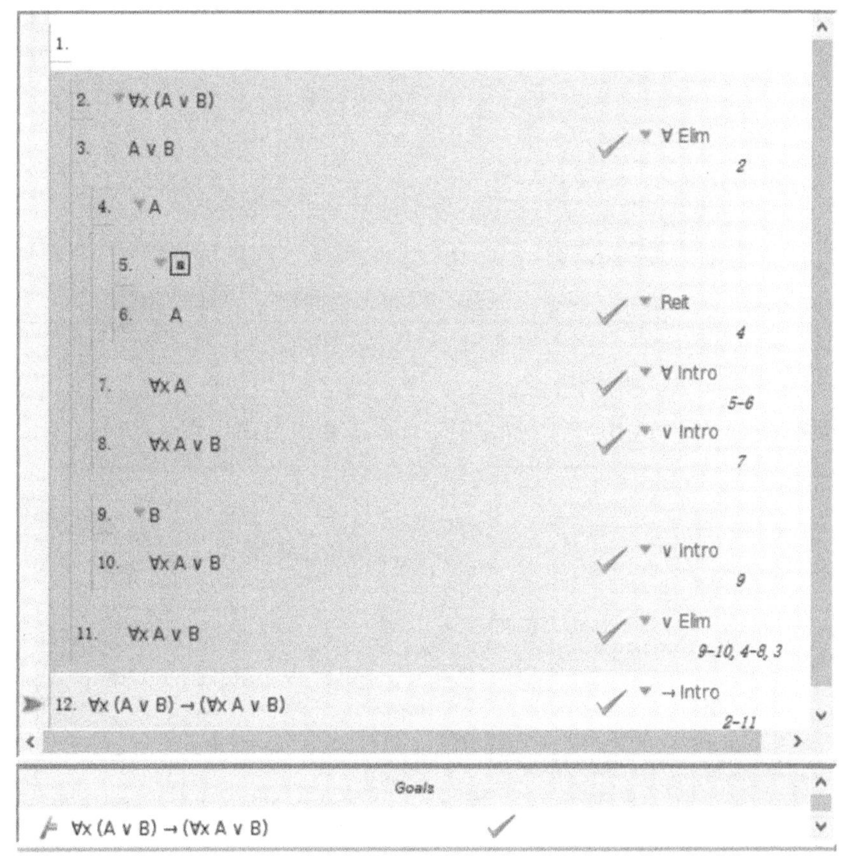

定理 30　$\vdash(\forall x \mathrm{A}\vee \mathrm{B})\rightarrow\forall x(\mathrm{A}\vee \mathrm{B})$，$x$不在 B 中自由出现。

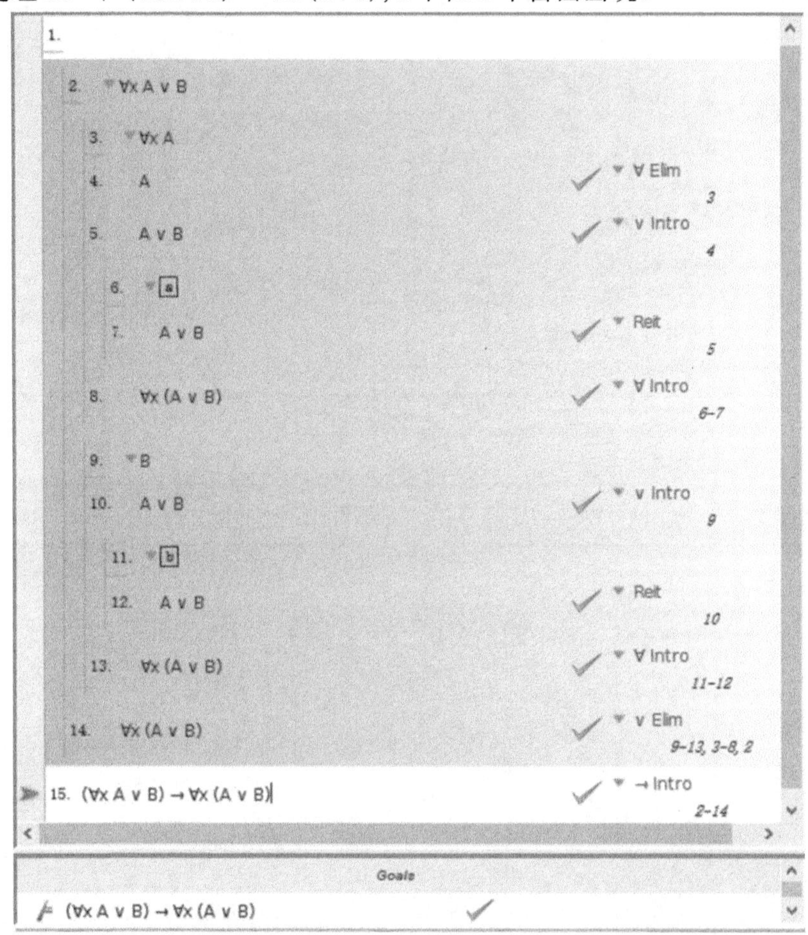

定理 31　$\vdash\forall x(\mathrm{A}\vee \mathrm{B})\leftrightarrow(\forall x \mathrm{A}\vee \mathrm{B})$，$x$不在 B 中自由出现。

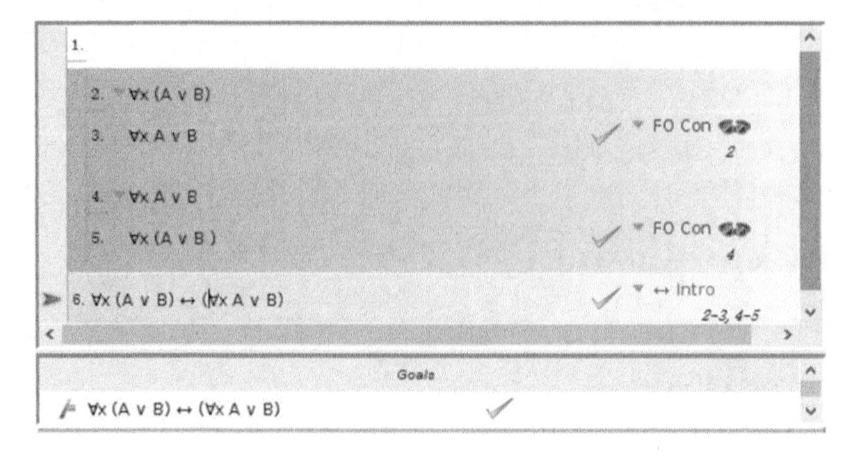

定理 32　$\vdash\forall x(\mathrm{A}\vee\mathrm{B})\rightarrow(\mathrm{A}\vee\forall x\mathrm{B})$，$x$不在 A 中自由出现。

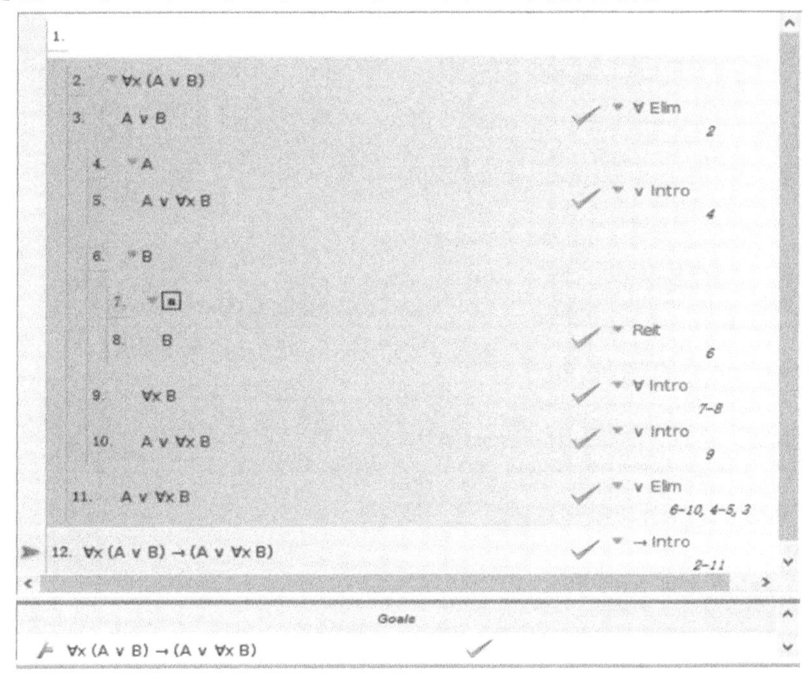

定理 33　$\vdash(\mathrm{A}\vee\forall x\mathrm{B})\rightarrow\forall x(\mathrm{A}\vee\mathrm{B})$，$x$不在 A 中自由出现。

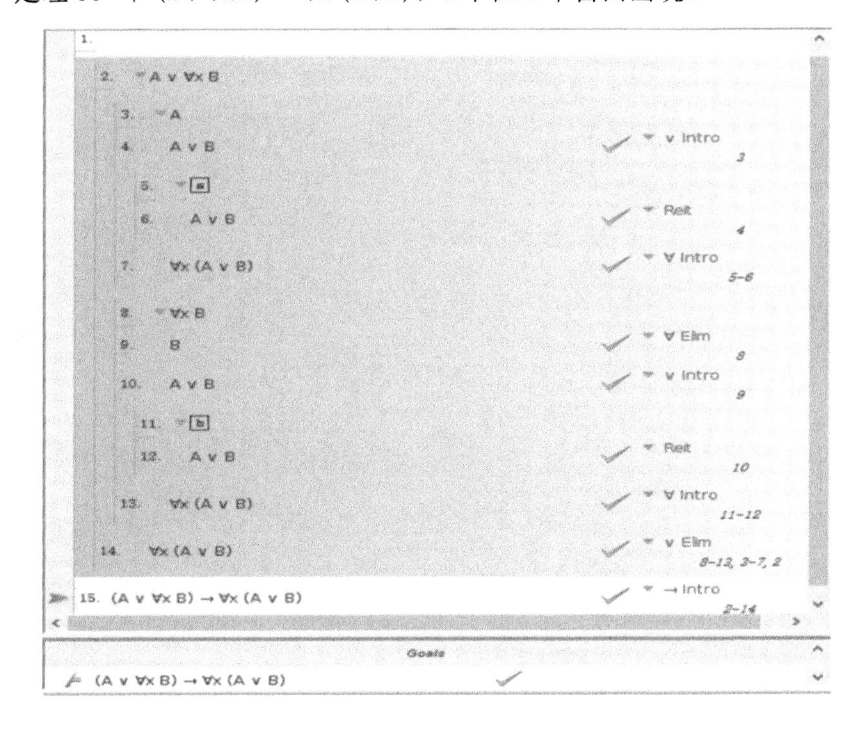

定理 34 $\vdash \forall x(\mathrm{A} \vee \mathrm{B}) \leftrightarrow (\mathrm{A} \vee \forall x\mathrm{B})$，$x$不在 A 中自由出现。

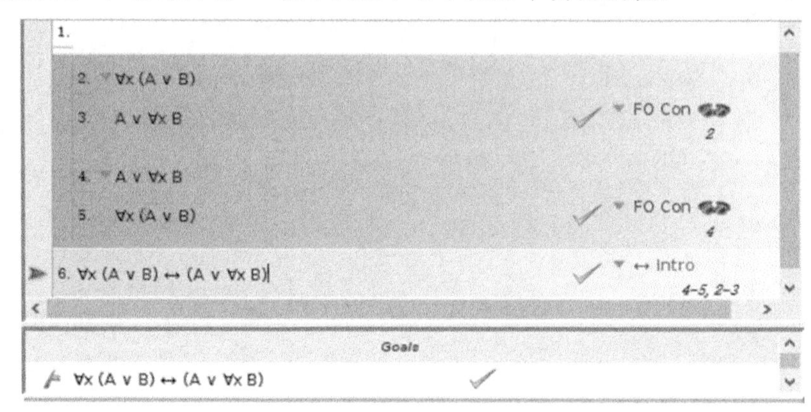

定理 35 $\vdash (\forall x\mathrm{A} \vee \forall x\mathrm{B}) \rightarrow \forall x(\mathrm{A} \vee \mathrm{B})$。

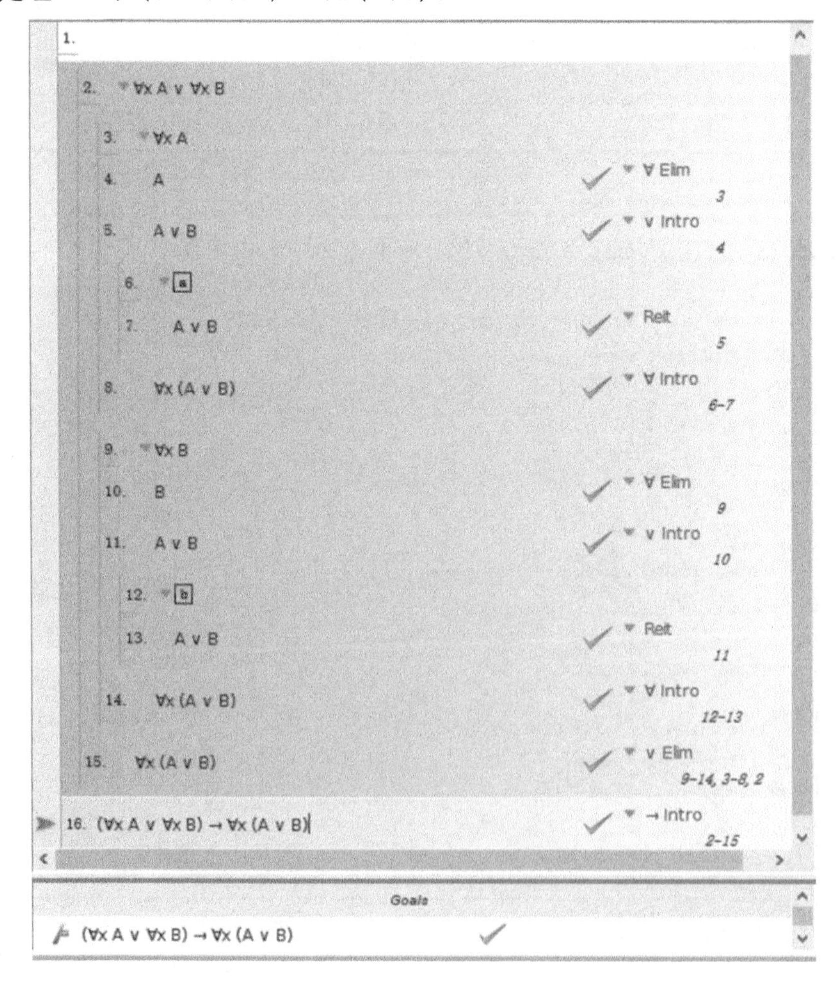

定理 36　$\vdash \exists x(A \vee B) \rightarrow (\exists xA \vee \exists xB)$。

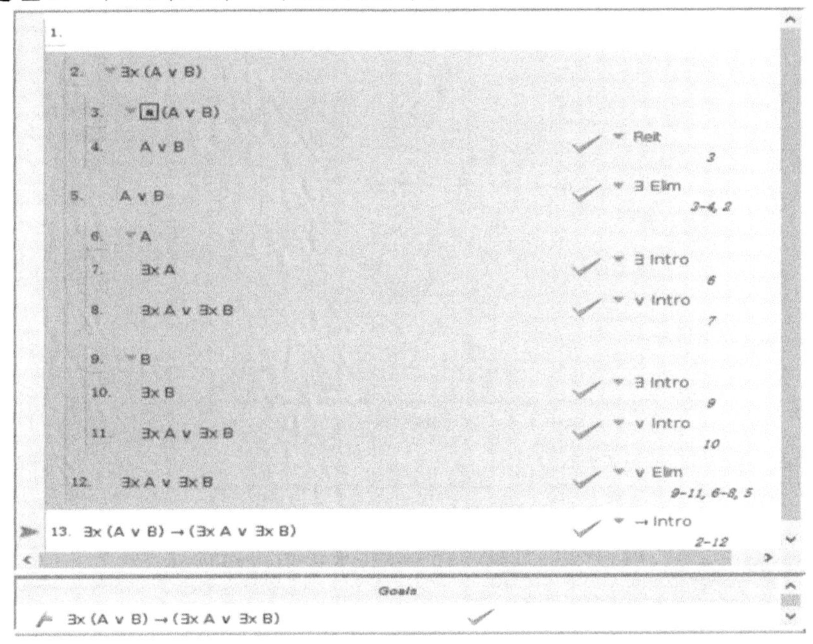

1.
2. ∃x (A ∨ B)
3. a (A ∨ B)
4. A ∨ B　Reit 3
5. A ∨ B　∃ Elim 3-4, 2
6. A
7. ∃x A　∃ Intro 6
8. ∃x A ∨ ∃x B　∨ Intro 7
9. B
10. ∃x B　∃ Intro 9
11. ∃x A ∨ ∃x B　∨ Intro 10
12. ∃x A ∨ ∃x B　∨ Elim 9-11, 6-8, 5
13. ∃x (A ∨ B) → (∃x A ∨ ∃x B)　→ Intro 2-12
Goals
∃x (A ∨ B) → (∃x A ∨ ∃x B)

定理 37　$\vdash (\exists xA \vee \exists xB) \rightarrow \exists x(A \vee B)$。

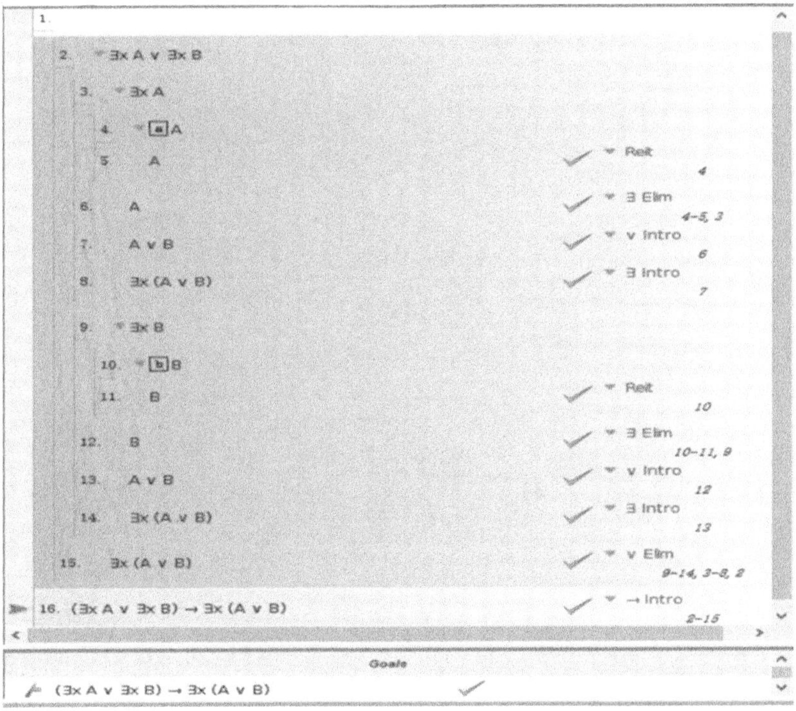

1.
2. ∃x A ∨ ∃x B
3. ∃x A
4. a A
5. A　Reit 4
6. A　∃ Elim 4-5, 3
7. A ∨ B　∨ Intro 6
8. ∃x (A ∨ B)　∃ Intro 7
9. ∃x B
10. b B
11. B　Reit 10
12. B　∃ Elim 10-11, 9
13. A ∨ B　∨ Intro 12
14. ∃x (A ∨ B)　∃ Intro 13
15. ∃x (A ∨ B)　∨ Elim 9-14, 3-8, 2
16. (∃x A ∨ ∃x B) → ∃x (A ∨ B)　→ Intro 2-15

Goals

(∃x A ∨ ∃x B) → ∃x (A ∨ B)

定理 38 $\vdash \exists x(A \vee B) \leftrightarrow (\exists x A \vee \exists x B)$。

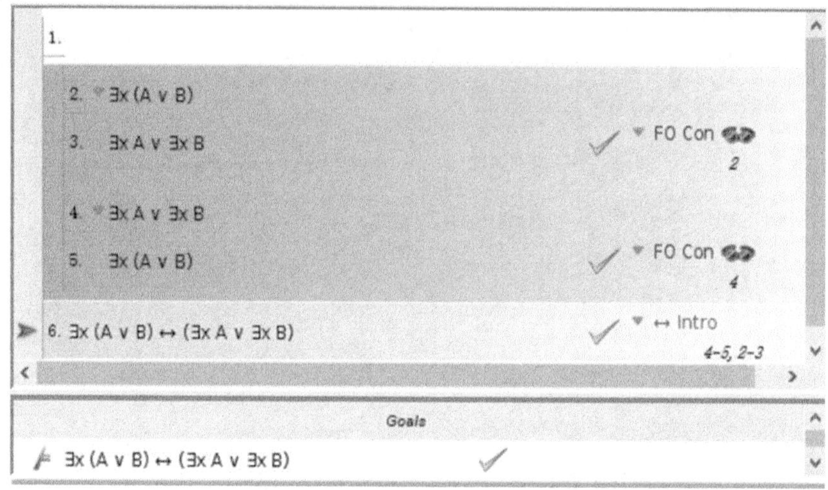

1.
2. ∃x (A ∨ B)
3. ∃x A ∨ ∃x B
FO Con
2
4. ∃x A ∨ ∃x B
5. ∃x (A ∨ B)
FO Con
4
6. ∃x (A ∨ B) ↔ (∃x A ∨ ∃x B)
↔ Intro
4-5, 2-3
Goals
∃x (A ∨ B) ↔ (∃x A ∨ ∃x B)

定理 39 $\vdash \exists x(A \vee B) \rightarrow (\exists x A \vee B)$，$x$不在 B 中自由出现。

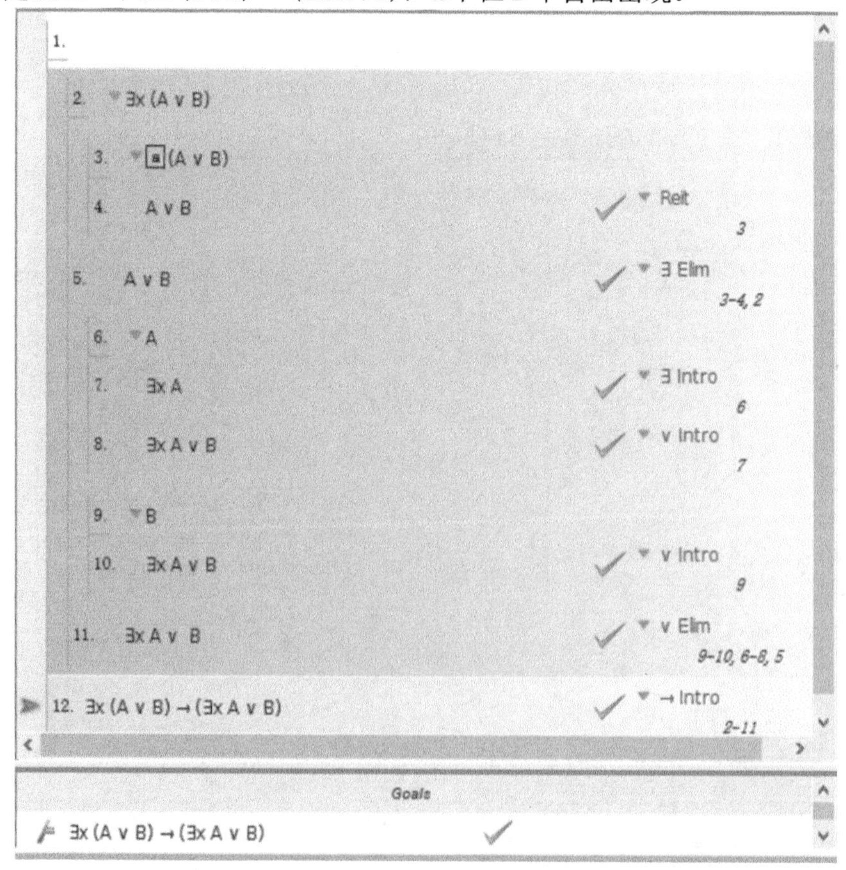

1.
2. ∃x (A ∨ B)
3. a (A ∨ B)
4. A ∨ B
Reit
3
5. A ∨ B
∃ Elim
3-4, 2
6. A
7. ∃x A
∃ Intro
6
8. ∃x A ∨ B
∨ Intro
7
9. B
10. ∃x A ∨ B
∨ Intro
9
11. ∃x A ∨ B
∨ Elim
9-10, 6-8, 5
12. ∃x (A ∨ B) → (∃x A ∨ B)
→ Intro
2-11
Goals
∃x (A ∨ B) → (∃x A ∨ B)

定理 40　$\vdash(\exists x\mathrm{A}\vee \mathrm{B})\rightarrow\exists x(\mathrm{A}\vee \mathrm{B})$，$x$不在 B 中自由出现。

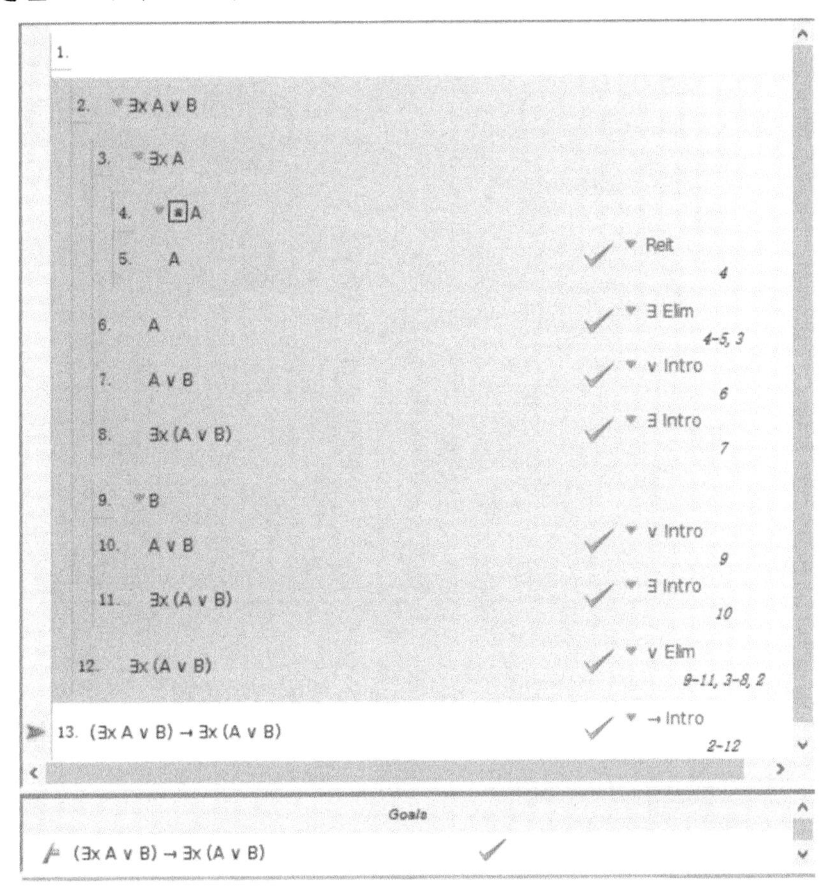

定理 41　$\vdash\exists x(\mathrm{A}\vee \mathrm{B})\leftrightarrow(\exists x\mathrm{A}\vee \mathrm{B})$，$x$不在 B 中自由出现。

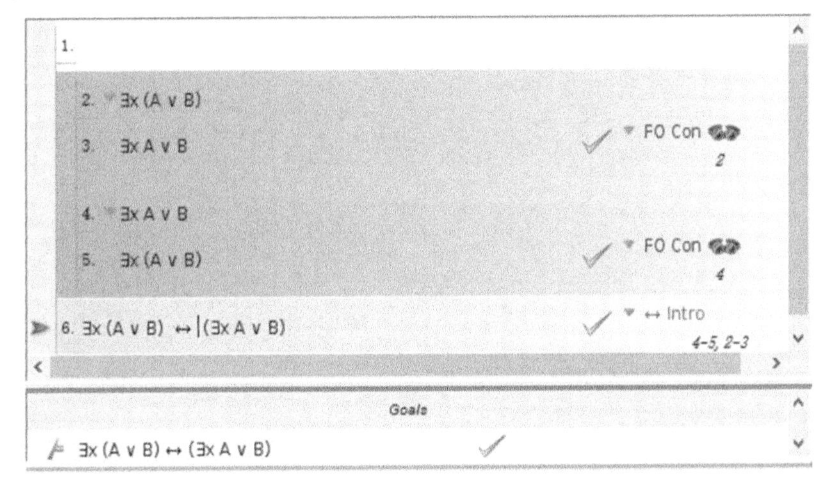

定理 42　$\vdash \exists x(\mathrm{A} \vee \mathrm{B}) \rightarrow (\mathrm{A} \vee \exists x\mathrm{B})$，$x$不在 A 中自由出现。

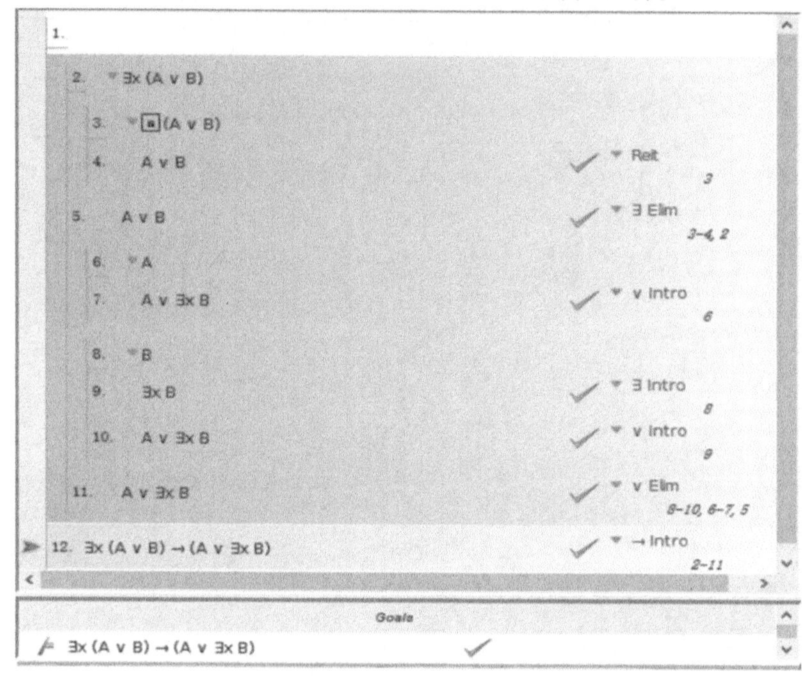

定理 43　$\vdash (\mathrm{A} \vee \exists x\mathrm{B}) \rightarrow \exists x(\mathrm{A} \vee \mathrm{B})$，$x$不在 A 中自由出现。

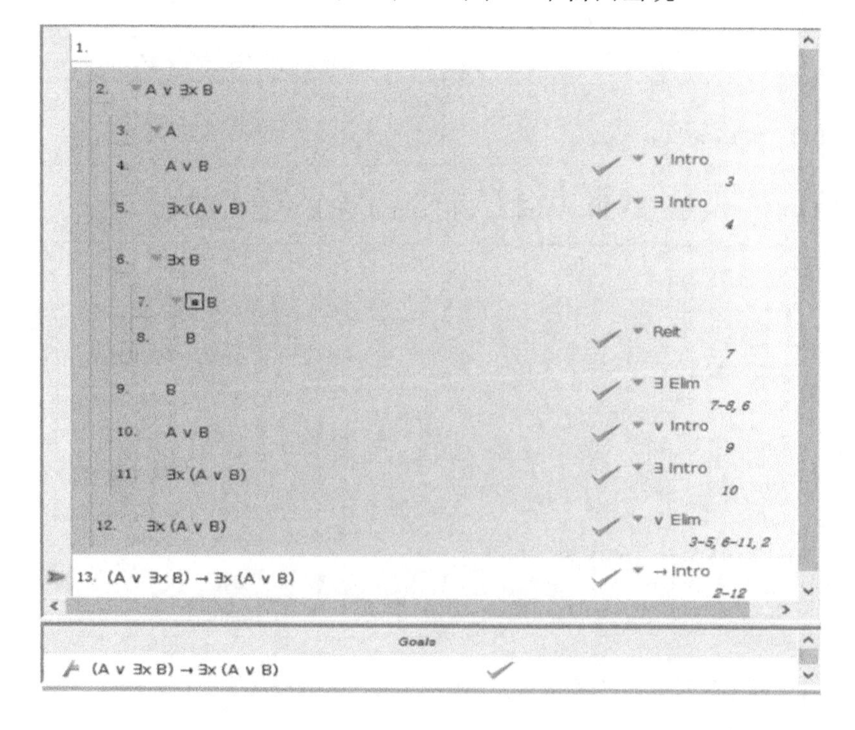

定理 44　$\vdash \exists x(\mathrm{A}\vee \mathrm{B})\leftrightarrow(\mathrm{A}\vee\exists x\mathrm{B})$，$x$不在 A 中自由出现。

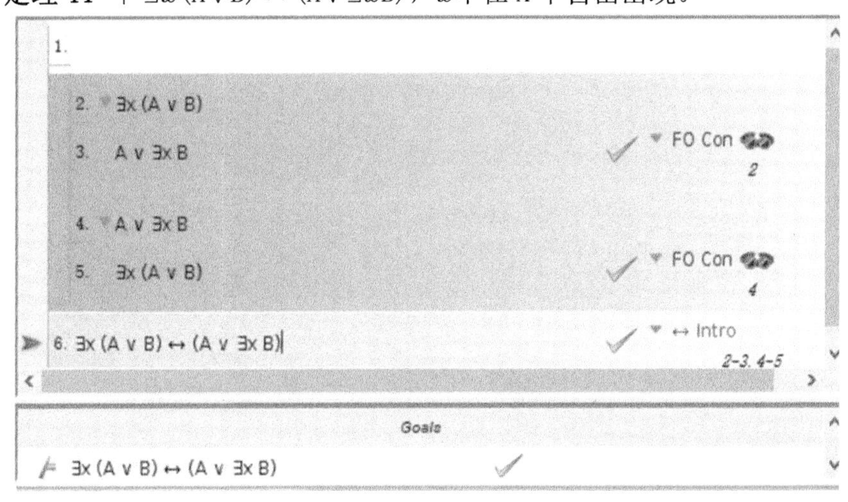

定理 45　$\vdash \forall x\neg \mathrm{A}\rightarrow\neg\exists x\mathrm{A}$。

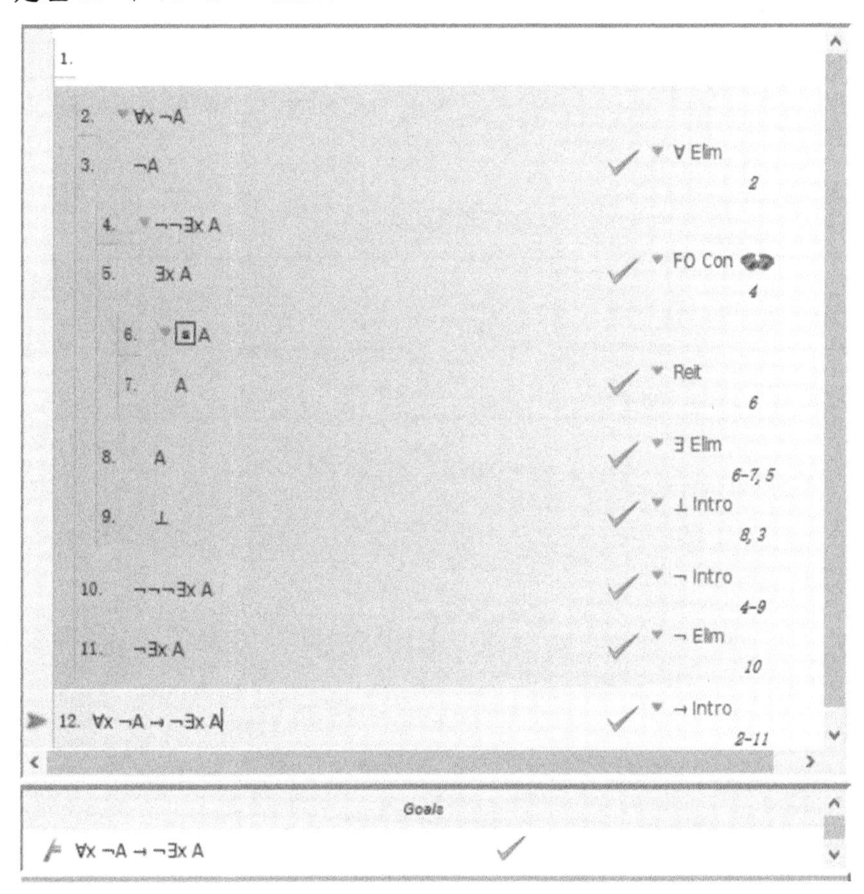

定理 46　$\vdash \neg\exists x \mathrm{A} \rightarrow \forall x \neg \mathrm{A}$。

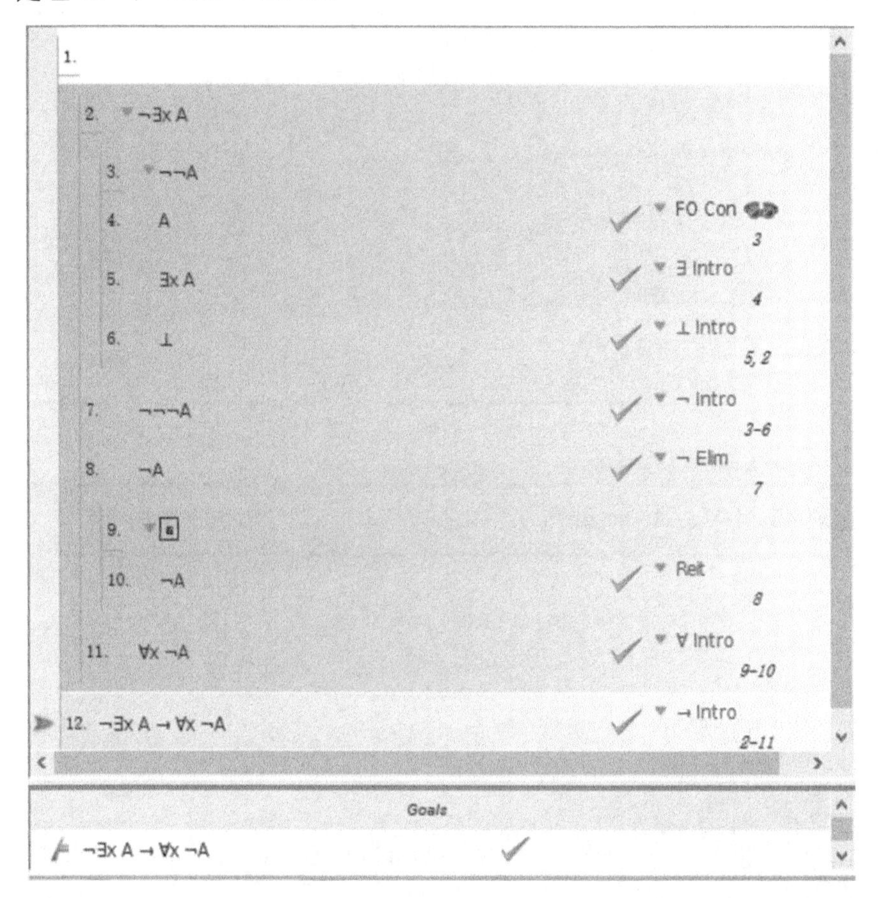

定理 47　$\vdash \forall x \neg \mathrm{A} \leftrightarrow \neg\exists x \mathrm{A}$。

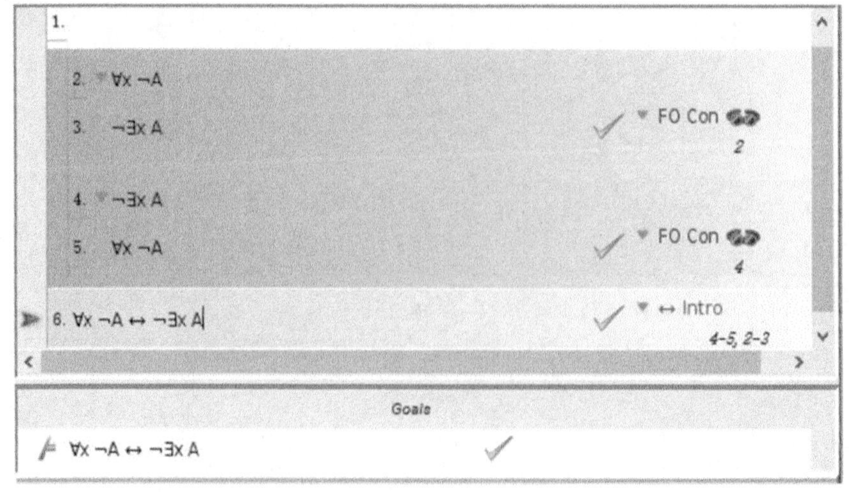

定理 48　$\vdash\exists x\neg\mathrm{A}\rightarrow\neg\forall x\mathrm{A}$。

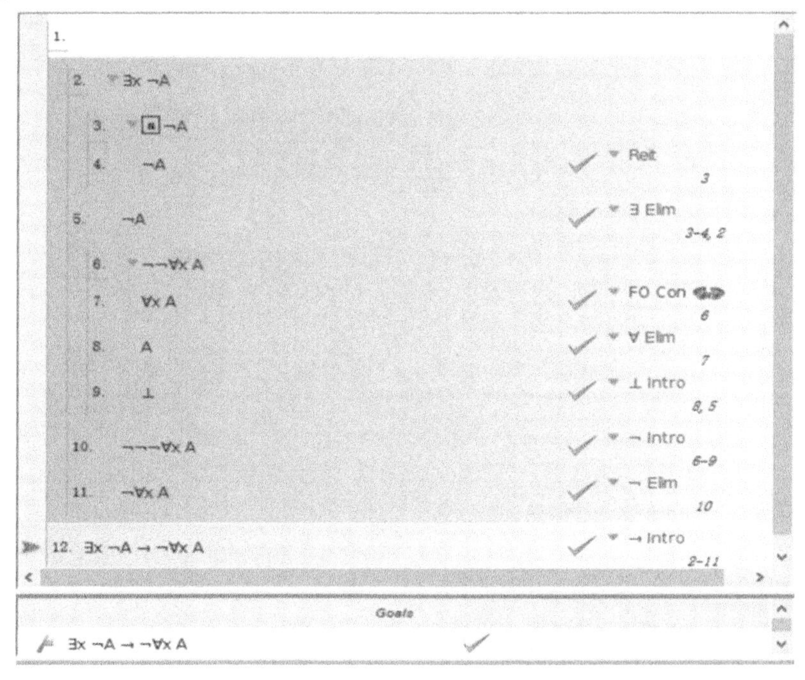

定理 49　$\vdash\neg\forall x\mathrm{A}\rightarrow\exists x\neg\mathrm{A}$。

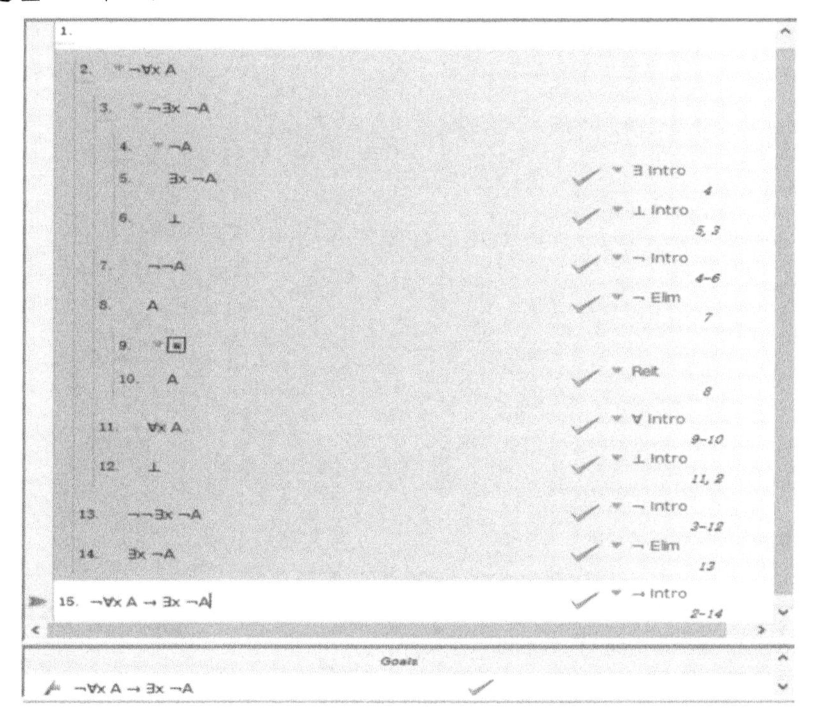

定理 50 $\vdash \exists x \neg \mathrm{A} \leftrightarrow \neg \forall x \mathrm{A}$。

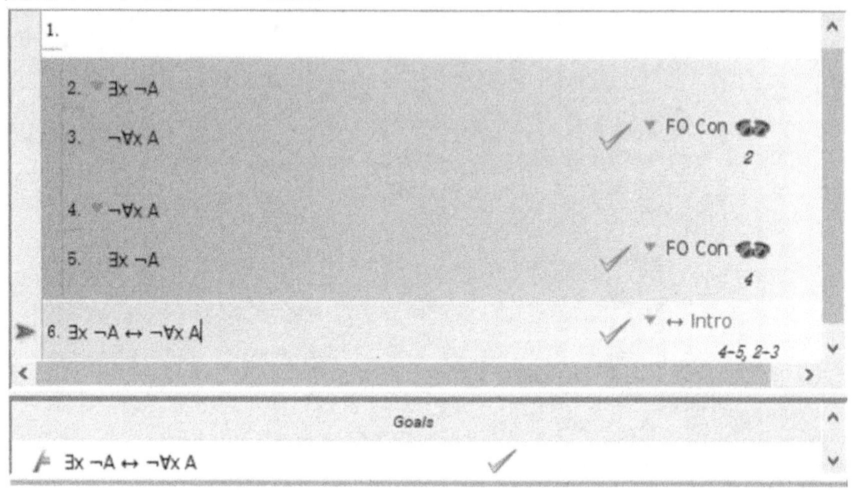

定理 51 $\vdash \forall x \mathrm{A} \rightarrow \neg \exists x \neg \mathrm{A}$。

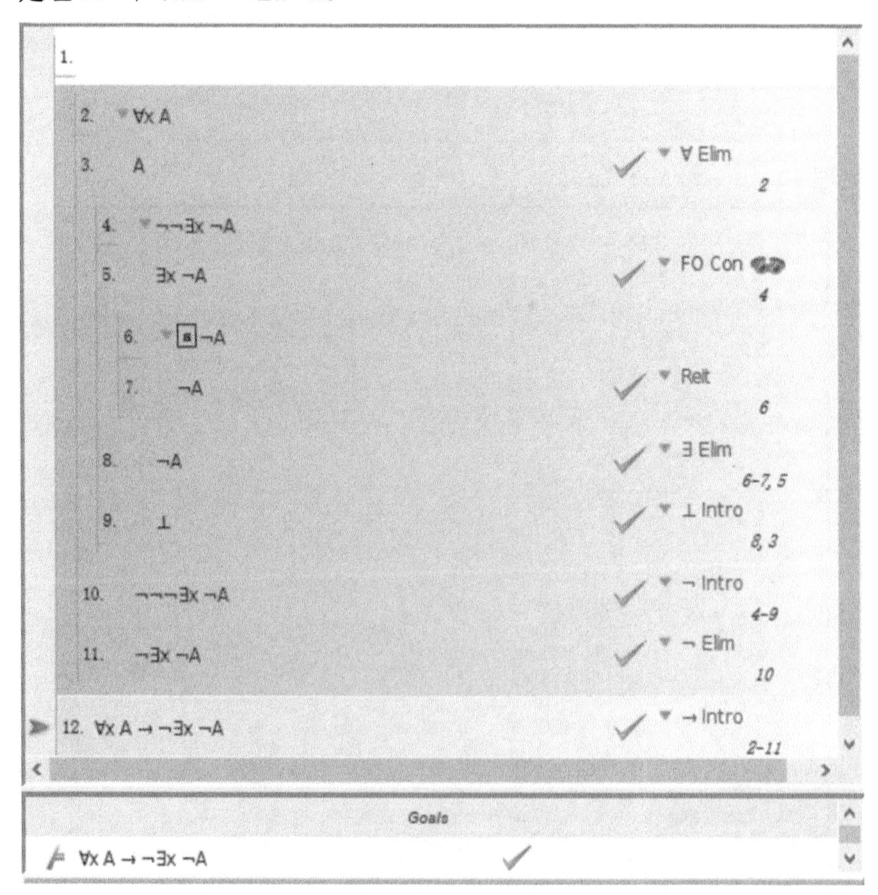

定理 52　$\vdash\neg\exists x\neg \mathrm{A}\rightarrow\forall x\mathrm{A}$。

1.
2. ¬∃x ¬A
3. ¬∀x A
4. ¬∀x A → ∃x ¬A　FO Con
5. ∃x ¬A　→ Elim 4, 3
6. ⊥　⊥ Intro 5, 2
7. ¬¬∀x A　¬ Intro 3-6
8. ∀x A　¬ Elim 7
9. ¬∃x ¬A → ∀x A　→ Intro 2-8

Goals

¬∃x ¬A → ∀x A

定理 53　$\vdash\forall x\mathrm{A}\leftrightarrow\neg\exists x\neg \mathrm{A}$。

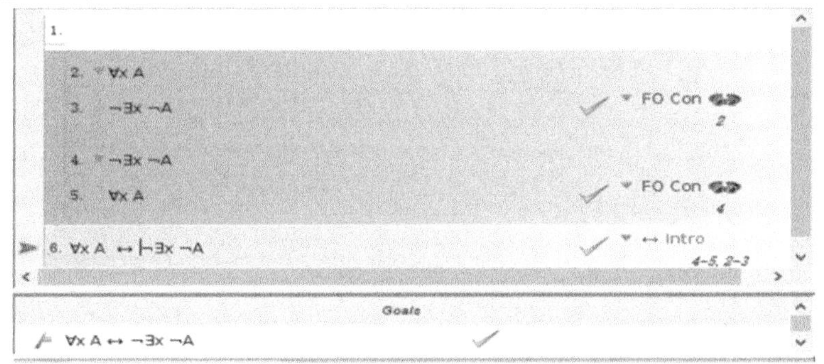

定理 54　$\vdash\exists x\mathrm{A}\rightarrow\neg\forall x\neg \mathrm{A}$。

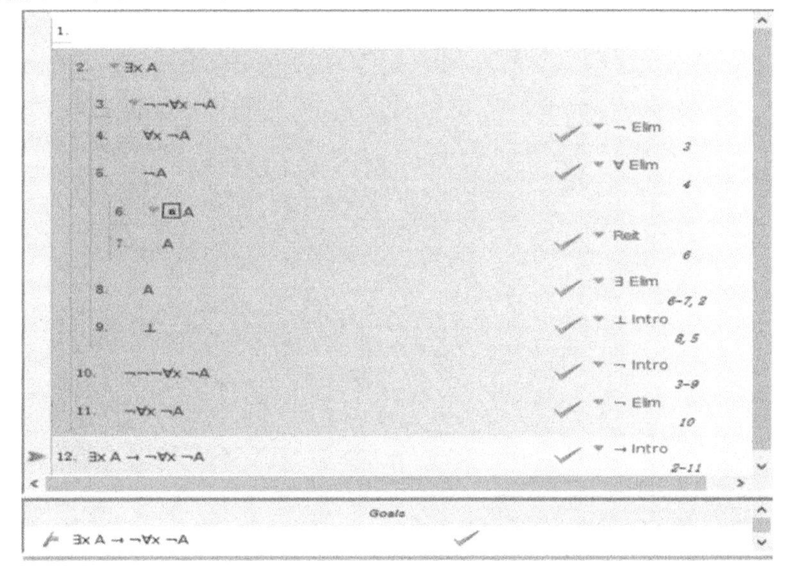

定理 55　$\vdash\neg\forall x\neg A\rightarrow\exists xA$。

1.
2. ¬∀x ¬A
3. ¬∃x A
4. ¬∃x A→ ∀x ¬A　　FO Con
5. ∀x ¬A　　→ Elim 4, 3
6. ⊥　　⊥ Intro 5, 2
7. ¬¬∃x A　　¬ Intro 3–6
8. ∃x A　　¬ Elim 7
9. ¬∀x ¬A → ∃x A　　→ Intro 2–8

Goals

¬∀x ¬A → ∃x A

定理 56　$\vdash\exists xA\leftrightarrow\neg\forall x\neg A$。

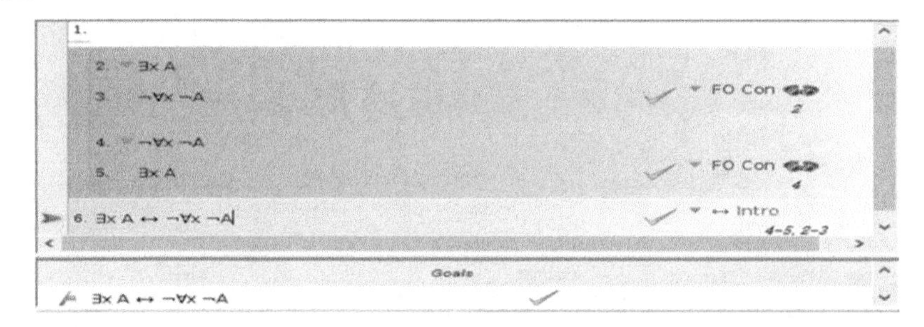

定理 57　$\vdash\forall x(A\rightarrow B)\rightarrow(\forall xA\rightarrow\forall xB)$。

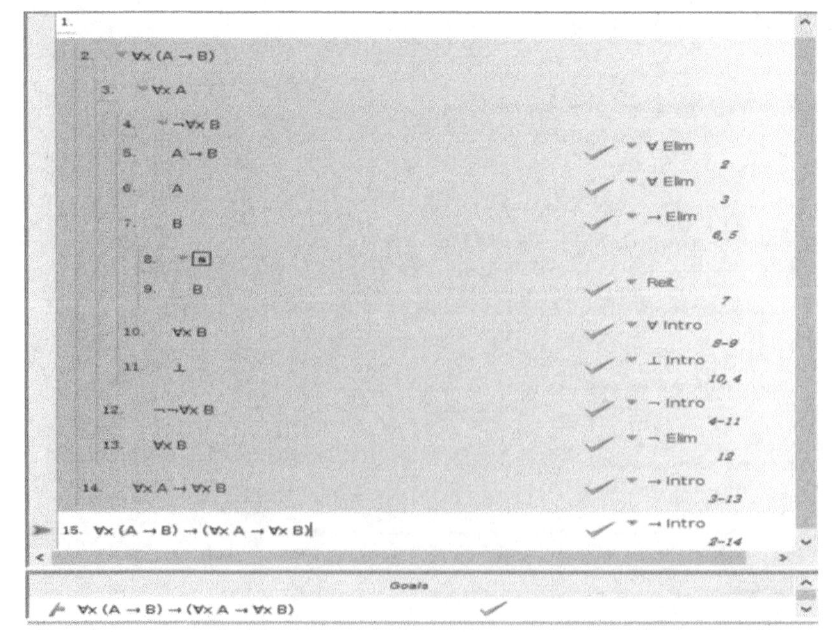

定理 58　$\vdash \forall x(\mathrm{A}\to\mathrm{B})\to(\exists x\mathrm{A}\to\exists x\mathrm{B})$。

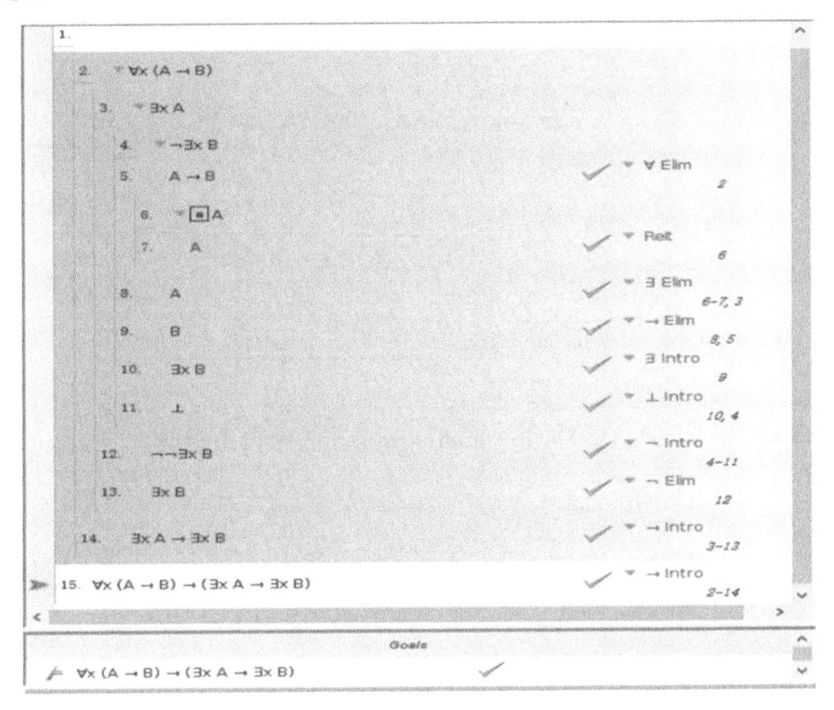

定理 59　$\vdash \forall x(\mathrm{A}\to\mathrm{B})\to(\mathrm{A}\to\forall x\mathrm{B})$，$x$不在 A 中自由出现。

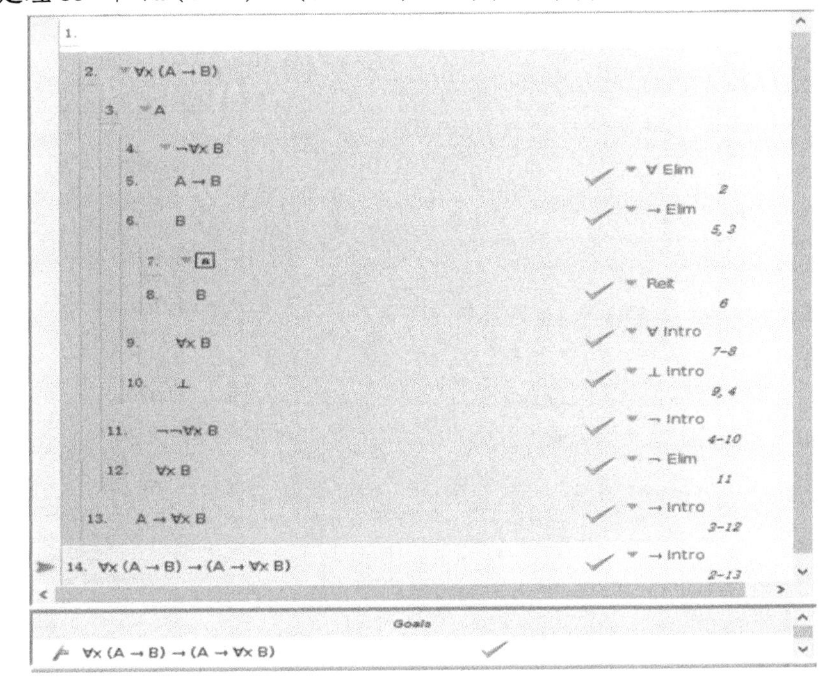

定理 60 $\vdash(A\to\forall xB)\to\forall x(A\to B)$，$x$不在 A 中自由出现。

1.
2. A → ∀x B
3. A
4. ∀x B — → Elim 2, 3
5. B — ∀ Elim 4
6. A → B — → Intro 3–5
7. [a]
8. A → B — Reit 6
9. ∀x (A → B) — ∀ Intro 7–8
10. (A → ∀x B) → ∀x (A → B) — → Intro 2–9

Goals
(A → ∀x B) → ∀x (A → B)

定理 61 $\vdash\forall x(A\to B)\leftrightarrow(A\to\forall xB)$，$x$不在 A 中自由出现。

1.
2. ∀x (A → B)
3. A → ∀x B — FO Con 2
4. A → ∀x B
5. ∀x (A → B) — FO Con 4
6. ∀x(A → B) ↔ (A → ∀x B) — ↔ Intro 4–5, 2–3

Goals
∀x (A → B) ↔ (A → ∀x B)

定理 62 $\vdash\exists x(A\to B)\to(A\to\exists xB)$，$x$不在 A 中自由出现。

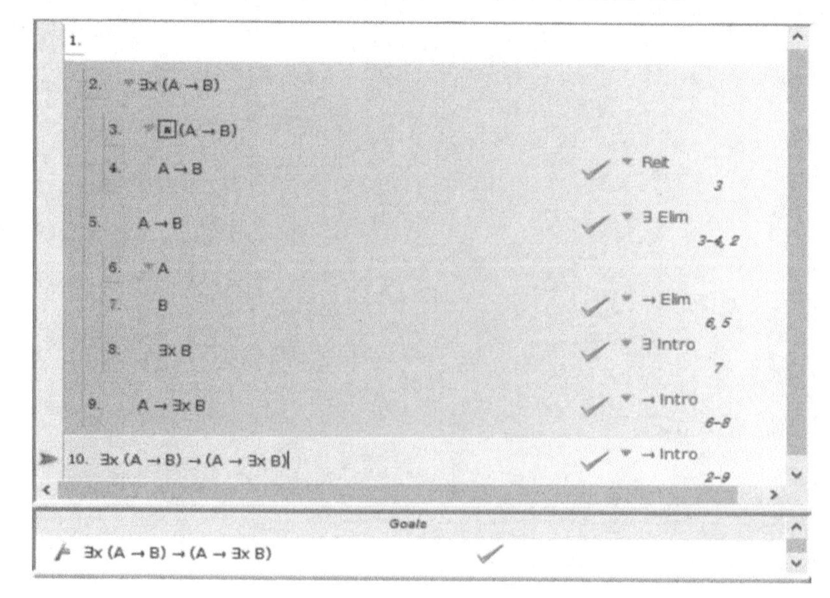

定理 63　$\vdash(\mathrm{A}\to\exists x\mathrm{B})\to\exists x(\mathrm{A}\to\mathrm{B})$，$x$不在 A 中自由出现。

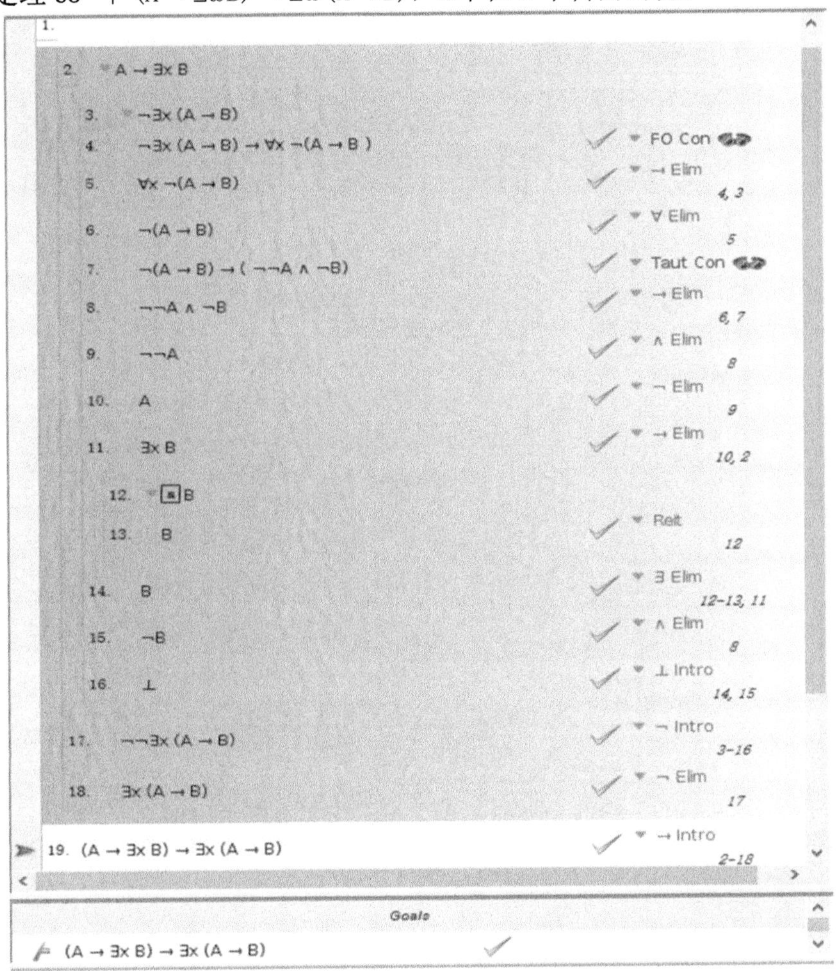

定理 64　$\vdash\exists x(\mathrm{A}\to\mathrm{B})\leftrightarrow(\mathrm{A}\to\exists x\mathrm{B})$，$x$不在 A 中自由出现。

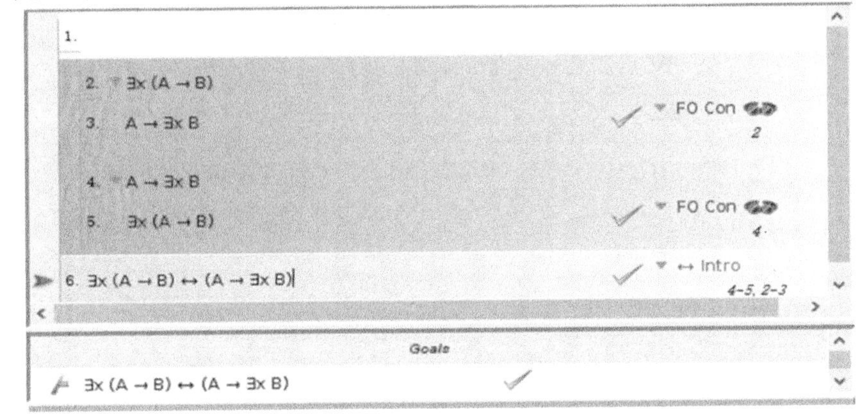

定理 65 $\vdash(\forall x\mathrm{A}\to\mathrm{B})\to\exists x(\mathrm{A}\to\mathrm{B})$，$x$不在 B 中自由出现。

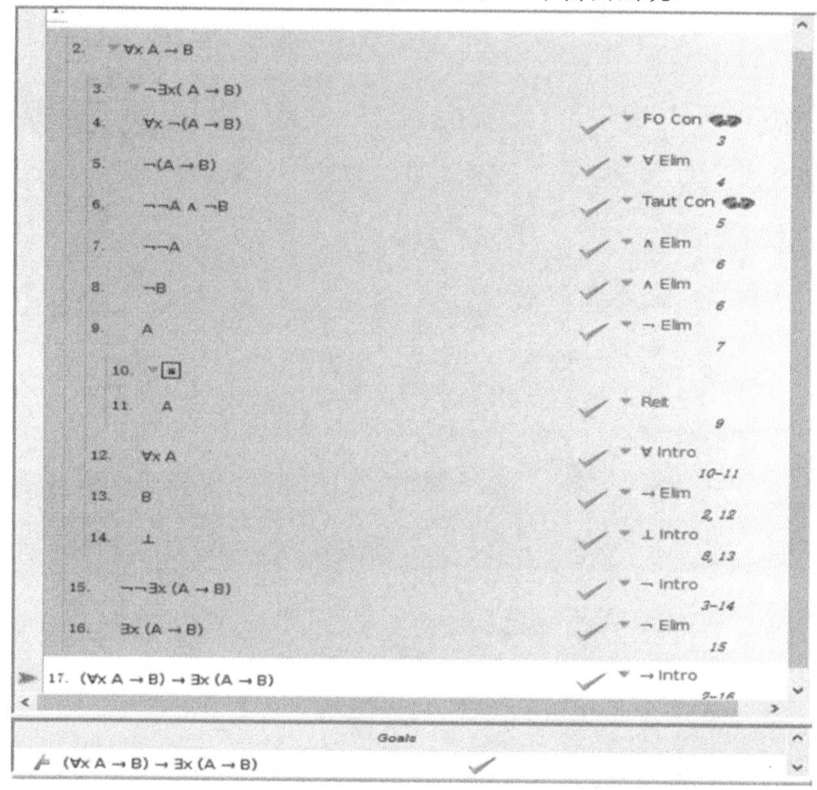

定理 66 $\vdash\exists x(\mathrm{A}\to\mathrm{B})\to(\forall x\mathrm{A}\to\mathrm{B})$，$x$不在 B 中自由出现。

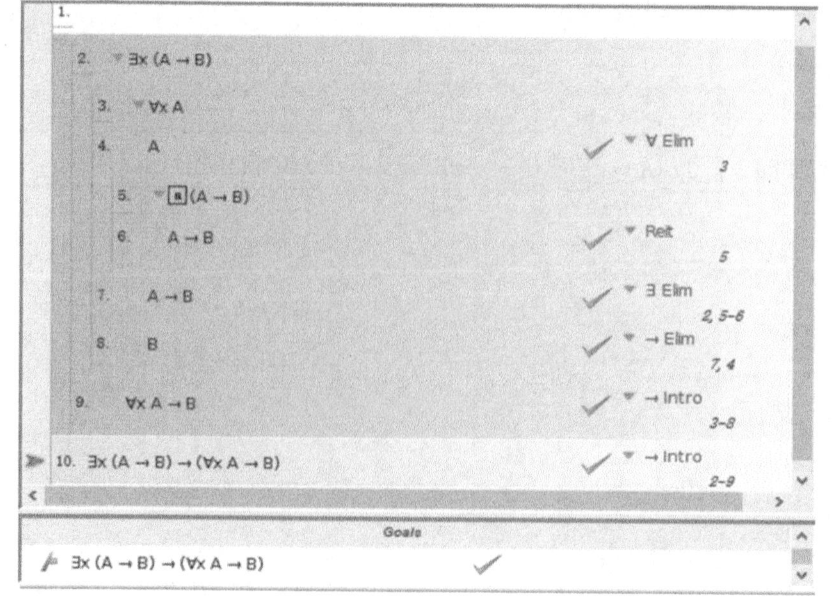

定理 67　$\vdash(\forall x\mathrm{A}\rightarrow\mathrm{B})\leftrightarrow\exists x(\mathrm{A}\rightarrow\mathrm{B})$，$x$不在 B 中自由出现。

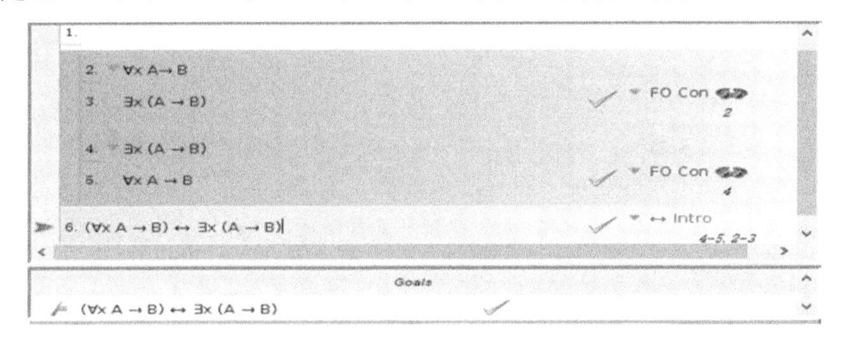

定理 68　$\vdash\forall x(\mathrm{A}\rightarrow\mathrm{B})\rightarrow(\exists x\mathrm{A}\rightarrow\mathrm{B})$，$x$不在 B 中自由出现。

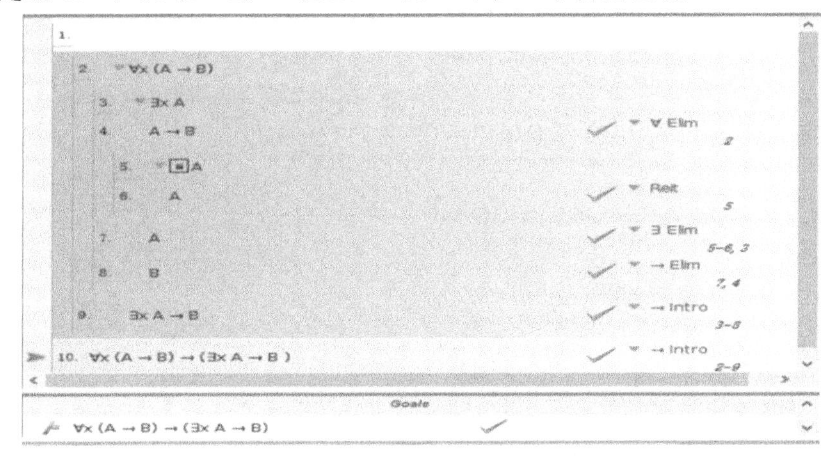

定理 69　$\vdash(\exists x\mathrm{A}\rightarrow\mathrm{B})\rightarrow\forall x(\mathrm{A}\rightarrow\mathrm{B})$，$x$不在 B 中自由出现。

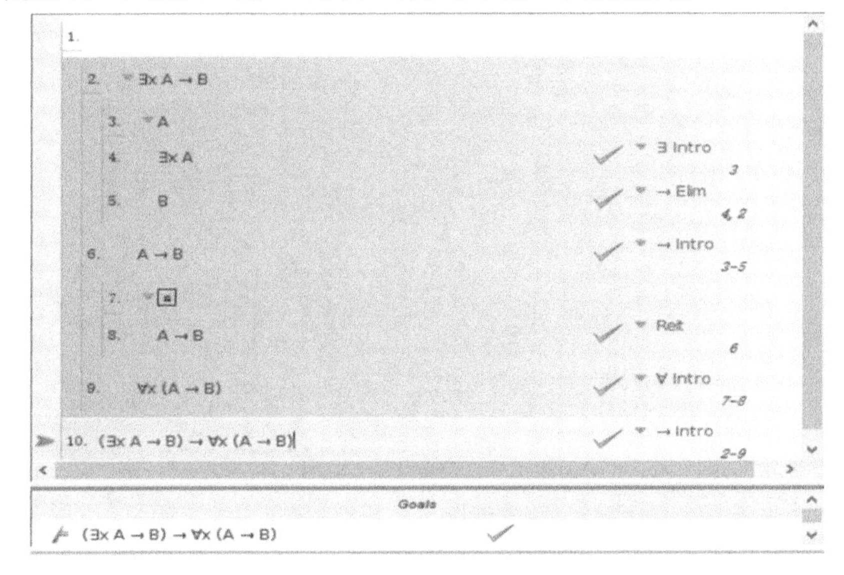

定理 70 $\vdash \forall x(A \to B) \leftrightarrow (\exists xA \to B)$，$x$不在 B 中自由出现。

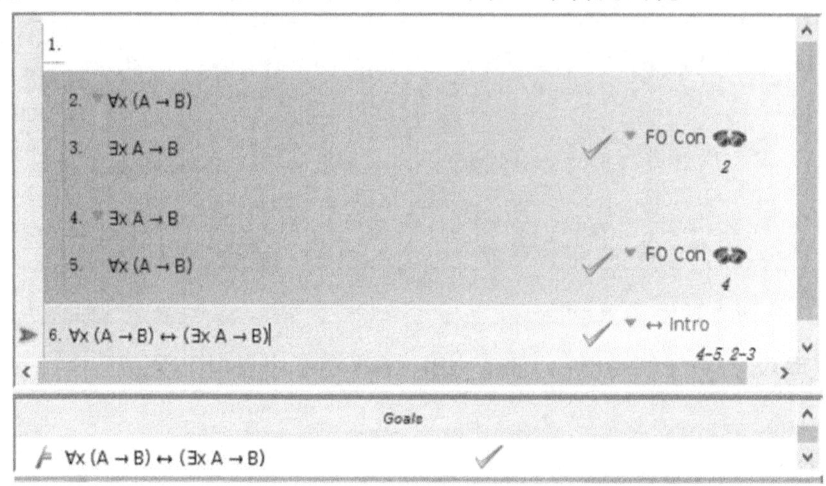

定理 71 $\vdash \forall x(A \to B) \to (\forall x(B \to C) \to \forall x(A \to C))$。

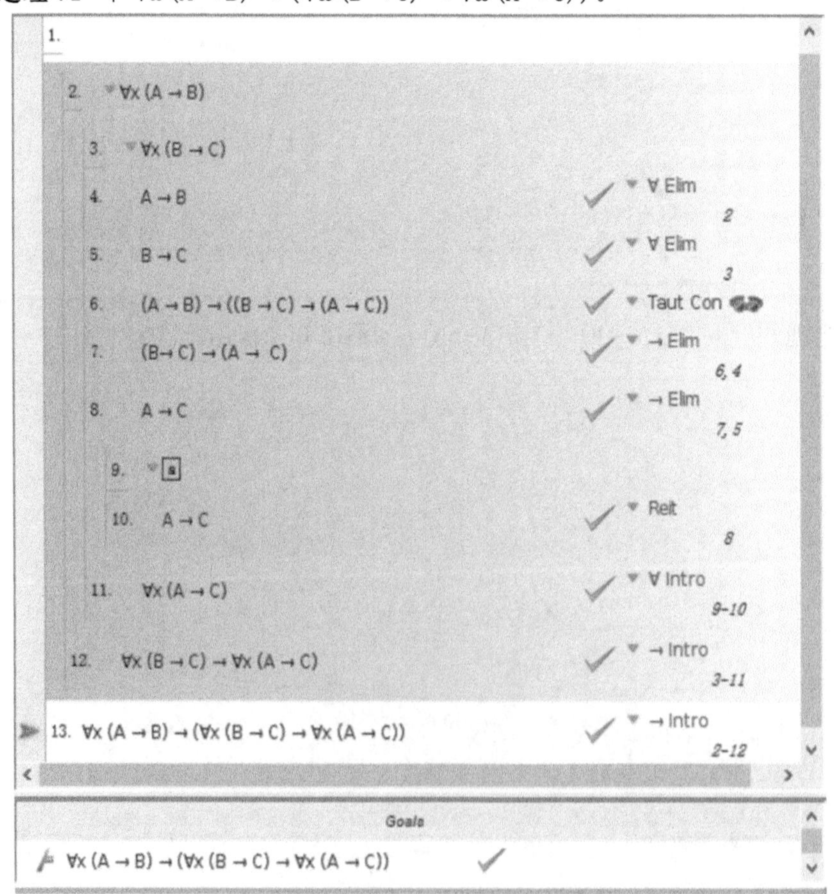

定理 72　$\vdash \forall x(\mathrm{A} \leftrightarrow \mathrm{B}) \rightarrow (\forall x\mathrm{A} \leftrightarrow \forall x\mathrm{B})$。

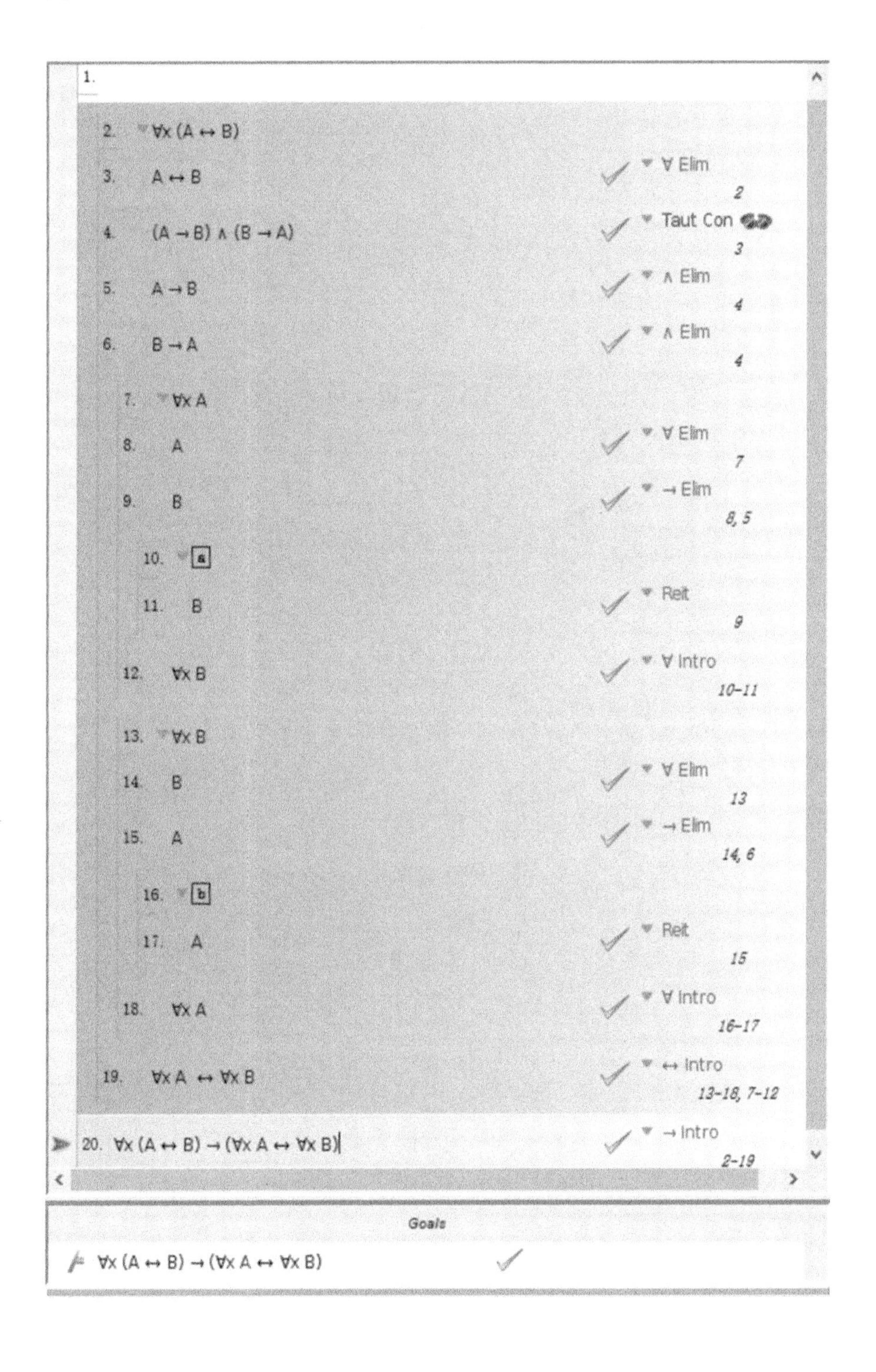

定理 73　$\vdash\forall x(\mathrm{A}\leftrightarrow\mathrm{B})\rightarrow(\exists x\mathrm{A}\leftrightarrow\exists x\mathrm{B})$。

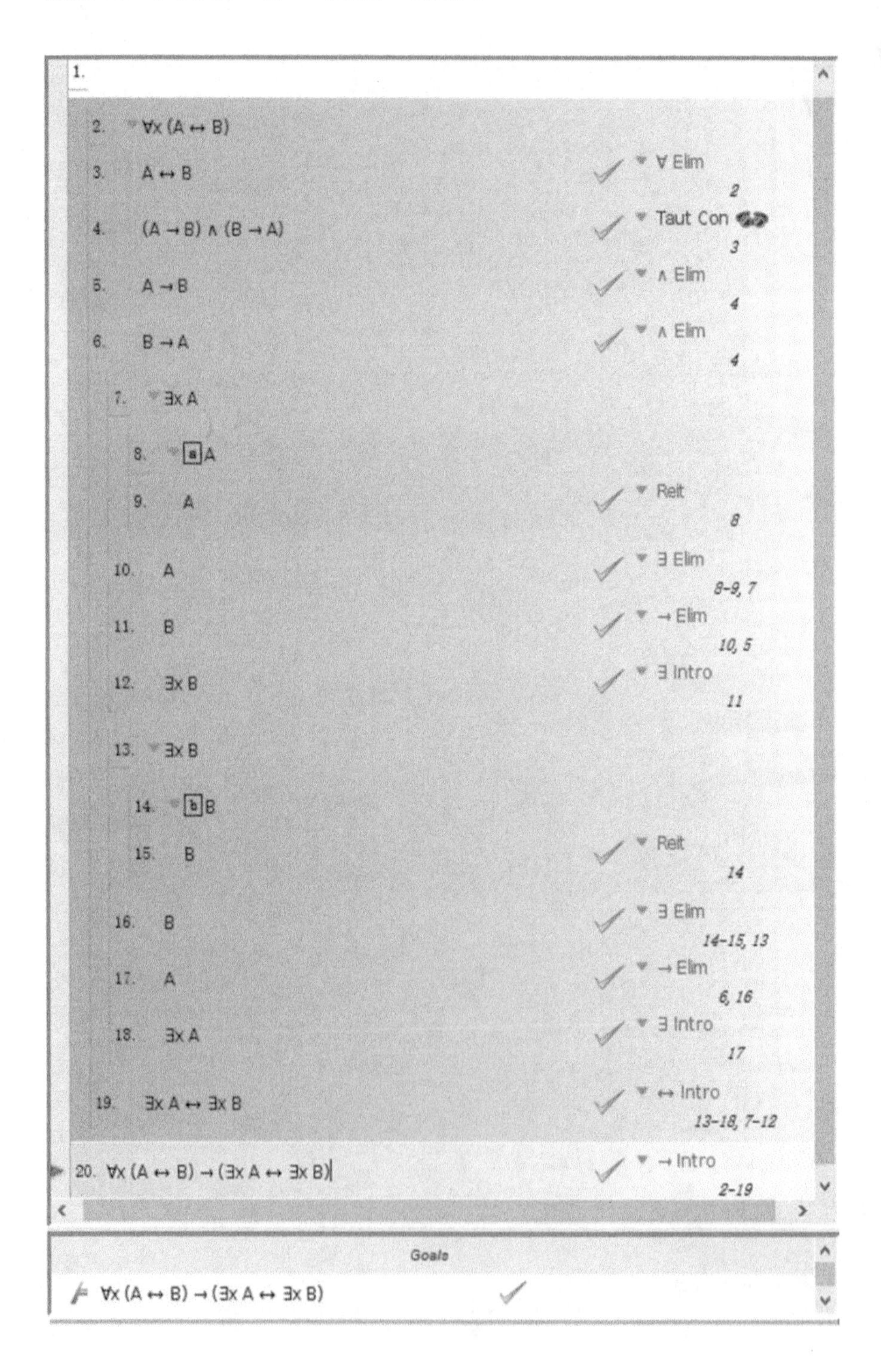